21 世纪全国高职高专机电系列技能型规划教材

机械加工工艺编制与实施
（上册）

主　编　于爱武
副主编　杨雪青　李世伟　黄永华
主　审　刘和山

北京大学出版社
PEKING UNIVERSITY PRESS

内 容 简 介

本书是工作过程导向课程的配套教材，它将新的课程对机械制造类专业所必需的切削机理、加工工艺系统、制造工艺及制造技术等方面的知识进行了科学的解构与重构。全书依据企业实现产品加工的实际工作过程，通过典型的轴类零件、套筒类零件、箱体类零件、齿轮类零件、叉架类零件的机械加工及减速器的装配等工作任务，以机械加工工艺规程编制与实施为主线，全面介绍了机械装备制造的机械加工工艺规程、装配工艺规程的制定原则和方法以及相关制造技术，并融入专业英语注解。全书分上、下两册，本册内容主要包括：机械加工工艺及规程基础，轴类、套筒类零件的机械加工工艺系统(机床、工件、刀具、夹具)的选用及其机械加工工艺规程的编制与实施。各项目后均附有配套的思考练习题，以便读者自测自检学习效果。根据生产和学习实际需要，本书还介绍了部分先进制造工艺技术知识。

本书适合作为高等职业院校、高等专科院校、成人高校、民办高校、中等职业院校机电类专业的教材，也可作为教改力度较大的机械制造类专业的教材，还可作为专业技术人员、社会从业人士的参考书和自学用书。

图书在版编目(CIP)数据

机械加工工艺编制与实施. 上册/于爱武主编. —北京：北京大学出版社，2014.3
(21 世纪全国高职高专机电系列技能型规划教材)
ISBN 978-7-301-23868-4

Ⅰ. ①机… Ⅱ. ①于… Ⅲ. ①机械加工—工艺学—高等职业教育—教材 Ⅳ. ①TG506

中国版本图书馆 CIP 数据核字(2014)第 020486 号

书　　　　名：	机械加工工艺编制与实施(上册)
著作责任者：	于爱武　主编
策划编辑：	赖青　邢琛
责任编辑：	邢琛
标准书号：	ISBN 978-7-301-23868-4/TH·0386
出版发行：	北京大学出版社
地　　　址：	北京市海淀区成府路 205 号　100871
网　　　址：	http://www.pup.cn　新浪官方微博：@北京大学出版社
电子信箱：	pup_6@163.com
电　　　话：	邮购部 62752015　发行部 62750672　编辑部 62750667　出版部 62754962
印　刷　者：	北京虎彩文化传播有限公司
经　销　者：	新华书店
	787 毫米×1092 毫米　16 开本　21 印张　491 千字
	2014 年 3 月第 1 版　2020 年 11 月第 4 次印刷
定　　　价：	50.00 元

未经许可，不得以任何方式复制或抄袭本书之部分或全部内容。
版权所有，侵权必究
举报电话：010-62752024　电子信箱：fd@pup.pku.edu.cn

前　言

　　结合职业教育理论发展和职业教育的特征，全书(分上、下两册)编写时以培养学生综合职业能力为宗旨，努力贯彻以职业实践活动为导向，以项目导向、任务驱动式教学为主线，以工业产品为载体的编写方针，突出职业教育的特点，并结合提高高职学生就业竞争力和发展潜力的培养目标，对机械制造理论知识和生产实践进行了有机整合，着重培养学生机械加工工艺规程编制与实施能力、专业知识综合应用能力及解决生产实际问题的能力。

　　本书是在高职机械制造类专业教育教学及课程体系改革、实践的基础上，引入工作过程系统化的理念，对机械制造技术、机械制造工艺学、金属切削原理与刀具、金属切削机床、机床夹具设计、金属材料及其热处理等课程进行了解构和重构，内容的选取和安排依照"必需、够用"的原则，实现了多门课程内容的有机结合。

　　根据行业企业发展需要和完成职业实践活动所需的知识、能力、素质要求，本书内容力求贴近零件制造和产品装配的生产实际，同时融入专业英语注解，突出知识的实用性、综合性和先进性。同时，本书以职业能力和操作技能培养为核心，在潜移默化中拓展学生知识面，不断提高学生专业知识的综合应用能力，促进学生职业素质的养成，使学生具有较强的就业竞争力和发展潜力。

　　本书是工作过程导向课程的配套教材，内容的设计遵循职业成长和认知规律，以工作过程相对稳定、学习难度递增、学生自主学习能力随之逐步增强的原则划分设计学习项目。全书(上下册)共有七个项目：机械加工工艺及规程、轴类零件机械加工工艺规程编制与实施、套筒类零件机械加工工艺规程编制与实施、箱体类零件机械加工工艺规程编制与实施、圆柱齿轮零件机械加工工艺规程编制与实施、叉架类零件机械加工工艺编制规程与实施、减速器机械装配工艺规程编制与实施。每个项目下设2~4个由简单到复杂的工作任务，以强化学生典型零件机械加工工艺规程编制与实施能力为主线，详细介绍机械制造所需的工艺系统(工件、机床、刀具、夹具)、制造技术、制造工艺等设计和应用知识，并将国家标准、行业标准和职业资格标准贯穿其中。根据任务要求，学生需要运用上述相关知识，通过自主学习、分组讨论、实践操作等环节，按照企业实现产品加工的工作过程——"产品零件图的加工工艺性分析→工艺方案设计→编制工艺文件→工艺准备→机床操作加工→加工质量检验→加工结果评估"来完成工作任务并进行具体任务实施的检查与评价。本书教学过程中注重从职业行动能力、工作过程知识和职业素养三个方面培养学生的职业能力和良好行为习惯；学生可在课内、课外(如第二课堂、兴趣小组等)等多途径的学习和实践中培养创新能力，体验岗位需求，积累工作经验。同时，本书还增加了与项目相关的拓展知识，介绍先进制造工艺技术，以满足学生模拟实际生产的个性化需求。

　　本书授课建议学时(含针对各项目的单项实训课时及集中实践环节)如下：

序　号		教学内容	建议学时
上册：	1	概述	2
	2	项目1　机械加工工艺及规程	8
	3	项目2　轴类零件机械加工工艺规程编制与实施	58
下册：	4	项目3　套筒类零件机械加工工艺规程编制与实施	16
	5	项目4　箱体类零件机械加工工艺规程编制与实施	28
	6	项目5　圆柱齿轮零件机械加工工艺规程编制与实施	12
	7	项目6　叉架类零件机械加工工艺规程编制与实施	8
	8	项目7　减速器机械装配工艺规程编制与实施	8
		集中实践环节	4W
		合计学时	140+4W

本书由淄博职业学院于爱武任主编，淄博职业学院杨雪青和李世伟、山东科技职业学院黄永华任副主编，山东大学教授刘和山任主审。具体编写分工如下：概述、项目1、5、6、7由于爱武、杨雪青、黄永华编写；项目2、3、4由杨雪青、于爱武、李世伟编写。此外，参加本书编写工作的还有淄博职业学院高淑娟、赵菲菲、庞红、孙传兵以及石艳玲、周岩峰、李飞(三位校外兼职教师)等多名具有丰富实践经验的合作企业工作人员。

本书在编写过程中，北京大学出版社、淄博柴油机总公司等合作企业、山东科技职业学院、淄博职业学院各级领导及同仁们给予了诸多支持和热情帮助，在此一并表示衷心感谢！

作为课程解构和重构以及教材改革的一次探索，更限于编者的水平，书中难免有错误和不当之处，敬请广大读者批评指正。

编　者
2013年11月

目　　录

概述 1

项目1　机械加工工艺及规程 6

任务1.1　生产过程和工艺过程认知 7
1.1.1　任务引入 7
1.1.2　相关知识 7
1.1.3　任务实施 10

任务1.2　机械加工工艺过程的组成认知 ... 12
1.2.1　任务引入 12
1.2.2　相关知识 15
1.2.3　任务实施 22

任务1.3　机械加工工艺规程的格式认知 ... 24
1.3.1　任务引入 24
1.3.2　相关知识 25
1.3.3　任务实施 37

项目小结 39
思考练习 39

项目2　轴类零件机械加工工艺规程编制与实施 41

任务2.1　光轴零件机械加工工艺规程编制与实施 42
2.1.1　任务引入 42
2.1.2　相关知识 42
2.1.3　任务实施 86

任务2.2　台阶轴零件机械加工工艺规程编制与实施 95
2.2.1　任务引入 95
2.2.2　相关知识 96
2.2.3　任务实施 131

任务2.3　传动轴零件机械加工工艺规程编制与实施 155
2.3.1　任务引入 155
2.3.2　相关知识 156
2.3.3　任务实施 188

任务2.4　长轴零件机械加工工艺规程编制与实施 207
2.4.1　任务引入 207
2.4.2　相关知识 208
2.4.3　任务实施 224

项目小结 237
思考练习 237

项目3　套筒类零件机械加工工艺规程编制与实施 243

任务3.1　轴承套零件机械加工工艺规程编制与实施 244
3.1.1　任务引入 244
3.1.2　相关知识 244
3.1.3　任务实施 285

任务3.2　滚花螺母机械加工工艺规程编制与实施 292
3.2.1　任务引入 292
3.2.2　相关知识 292
3.2.3　任务实施 298

任务3.3　支架套零件机械加工工艺规程编制与实施 301
3.3.1　任务引入 301
3.3.2　相关知识 301
3.3.3　任务实施 305

项目小结 316

思考练习 316

附录 318

附录1 机械加工余量 319

1.1 模锻件内外表面加工余量 319

1.2 磨削加工余量 320

1.3 总加工余量 321

1.4 工序余量 321

附录2 322

参考文献 324

概述

制造业(manufacturing industry)为人类创造着辉煌的物质文明。世界经济发展的趋势表明，制造业是一个国家经济发展的基石。

生产各种机械、仪器和工具的工业称为机械制造业。机械制造业是国民经济中最重要的一部分，是一个国家或地区经济发展的支柱产业。据统计，中国的制造业在工业总产值中占40%的比例。

在经济全球化的进程中，随着劳动和资源密集型产业向发展中国家转移，我国正在逐步成为世界的重要制造基地。但是，由于我国工业化进程起步较晚，与国际先进水平相比，我国的制造业和制造技术还存在着阶段性的差距。因此必须加强对制造技术领域的研究，大胆进行技术创新，同时积极引进和消化国外的先进制造技术和理念，尽快形成我国自主创新和跨越式发展的先进制造技术体系，使我国制造业在国内外市场竞争中立于不败之地。

一、机械制造技术

1. 概述

制造技术是使原材料变成产品的技术的总称,是国民经济得以发展,也是制造业本身赖以生存的关键基础技术。随着社会经济的不断发展,当前机械制造技术已成为国际间科技竞争的重点问题,也是衡量一个国家科技发展水平的重要标志。

精密和超精密加工、柔性化和自动化制造、高速高效切削、智能化控制是机械制造技术发展的主要方向。近年来,由于机械制造领域采用微电子技术、传感技术、机电一体化技术和电子计算机技术等,使机械制造技术取得了长足的发展。特别是计算机技术和人工智能技术在此领域的应用,更使得机械制造技术产生了根本性的改变,使其与系统的柔性化、集成化、智能化、精密化水平进一步得到了提高。

2. 机械制造技术的发展趋势

机械制造业的发展和进步,在很大程度上取决于机械制造技术的发展。机械制造技术是研究制造生产装备过程中的基本原理、技术和方法的一门工程技术。在科学技术高度发展的今天,现代工业对机械制造技术提出了越来越高的要求,如要求达到纳米($10\sim6nm$)的超精密加工,大规模集成电路硅片的超微细加工,重型装备超大型件的加工,难加工材料和具有特殊物理性能材料的加工等,诸如此类,给现代机械制造提出了许多新的课题和机遇。要提高产品质量和劳动生产率,降低成本,提高市场的竞争力,采用先进的制造技术是关键。

现代科学技术的迅猛发展,特别是微电子技术、计算机技术的迅猛发展,促使常规技术与精密检测技术、数控技术、传感技术、系统技术、伺服技术等相互结合,给机械制造技术的发展提供了新技术和新观念,使机械制造业发生了深刻的变化。

机械制造技术向精密加工和超精密加工方向发展。随着生产的发展和科学实验的需求,许多零件的形状越来越复杂,精度要求越来越高,表面粗糙度要求越来越低。相继出现了化学机械加工、电化学加工、超声波加工、激光加工、超精密研磨与抛光、纳米加工等特种加工、超精密加工技术和复合加工技术。实现精密和超精密加工,必须具有与之相适应的加工设备、工具、仪器以及加工环境与检测技术。

机械制造技术向高精度、高效率、高柔性化和自动化方向发展。计算机辅助设计与制造(CAD/CAM)、柔性制造系统(FMS)、计算机集成制造系统(CIMS)的应用越来越广泛,整个生产过程在计算机的控制下,实现自动化、柔性化、智能化、集成化,使产品质量和生产效率大大提高,缩短生产周期,提高经济效益。

发展高速切削、强力切削,提高切削加工效率也是机械制造技术发展的一个方向。要实现高速切削与强力切削,必须有与之相适应的机床和切削刀具。目前数控车床主轴转速已达 5000r/min,加工中心主轴转速已达 20000r/min,磨削速度普遍已达 $40\sim60m/s$,一般在 35m/s 左右,高的可达 $80\sim120m/s$。

3. 机械制造工程师的主要任务

1) 保证产品质量，制造优质的装备

制造合格的产品是机械制造工程师的首要任务。产品的质量包括零件的尺寸精度、形状、位置精度和表面粗糙度；零件材料的组织和性能要求；部件、机器的各项技术条件、使用性能和寿命要求等。

2) 提高劳动生产率

提高劳动生产率是人类不断追求的目标，只有提高劳动生产率社会才能进步，提高生产率也是机械制造业永恒的课题。人们不断应用先进的工艺装备，采用自动化加工生产线，采用数控机床、加工中心等；不断采用新刀具材料，改进刀具结构与角色，改善切削条件，减少辅助时间；通过 FMC 或 FMS 等来提高劳动生产率。这都是机械制造工程师的日常工作。

3) 降低生产成本，提高经济效益

在生产技术上，采用新材料、新工艺、新技术等可有效地降低成本。

4) 降低工人劳动强度，保证安全生产

机械工程师在设计和制造工艺装备、生产准备和制造过程中，都应把降低工人劳动强度和保证安全生产作为首要目标，做到"以人为本，安全第一"。

5) 环境保护

在机械制造的全过程中，要减少对环境的污染，不能只搞生产，不管环境。机械工程师要对切屑、粉尘、废切削液、油雾等采取适当措施，避免环境污染。

二、金属切削加工(machining of metals)

使用金属切削刀具从工件上切除多余(或预留)的金属(使之成为切屑)从而获得形状、尺寸精度、位置精度及表面质量都合乎技术要求的零件的一种机械加工方法，称为金属切削加工。在切削加工过程中，刀具与工件之间始终存在着相对运动和相互作用。

特别提示

金属切削加工通常分为机械加工(简称机加工)和钳工两大类。

机械加工(machinework)是利用机械力对各种工件进行加工的方法，主要用来加工机械零件，一般是通过工人操纵机床设备进行加工。其方法有车削、磨削、钻削、镗削、铣削、刨削、插削、拉削、齿形加工、珩削、超精加工和抛光等。

钳工(benchwork)一般是指通过操作者手持工具进行的切削加工、装配或维修，主要有划线、锯切、锉削、攻丝、套丝、刮削、研磨和零部件的装配等工作。

1. 切削运动(cutting motion)

金属切削加工时，任何一个工件都是经过由毛坯加工到成品的过程，在这个过程中，要使刀具对工件进行切削加工形成各种表面，必须使刀具与工件间产生相对运动，这种相对运动称为切削运动。切削运动按照在切削过程中的作用，一般分为主运动和进给运动。以车床加工外圆柱面为例，图 0.1 表示了车削运动、切削层及工件上形成的表面。

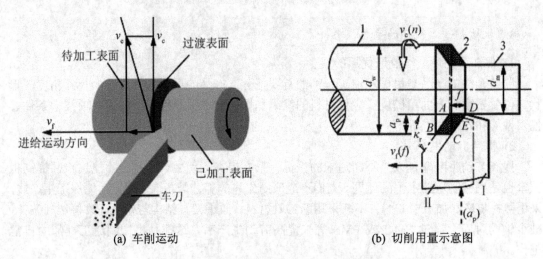

(a) 车削运动　　　　　　　　(b) 切削用量示意图

图 0.1　车削运动、切削层及工件上形成的表面

1—待加工表面；2—过渡表面；3—已加工表面

(1) 主运动(main motion)。主运动促使刀具和工件之间产生相对运动，切除工件上多余金属层，形成工件新表面，它是切削加工中最基本、最主要的运动，具有切削速度最高、消耗的机床功率最大的特点。在切削运动中，主运动只有一个，它可以由工件完成，也可以由刀具完成；可以是旋转运动，也可以是直线运动。

主运动的速度称为切削速度，可用 v_c 表示。车削外圆时的主运动是工件的旋转运动。

(2) 进给运动(feed motion)。进给运动是把被切削金属层间断或连续投入切削的一种运动，与主运动相配合即可不断地切除金属层，获得所需的表面。其特点是切削速度低，消耗功率小，可由一个或多个运动组成。如图 0.1(a)所示，外圆车削中沿工件轴向的纵向进给运动是连续的，沿工件径向的横向进给运动是间断的。在切削过程中可以有一个或多个进给运动，也可以没有进给运动。

进给运动的速度称为进给速度，用 v_f 表示。车削外圆时的进给运动是车刀沿平行于工件轴线方向的连续直线运动。

(3) 合成切削运动(resultant cutting motion)。由主运动和进给运动合成的运动，称为合成切削运动。**刀具切削刃上选定点相对工件的瞬时合成运动方向称为该点的合成切削运动方向**，其速度称为合成切削速度 v_e，如图 0.1(a)所示。

2. 工件上的加工表面

切削加工时在工件上产生的表面如图 0.1(a)所示。

(1) 待加工表面：是工件上有待切除的表面。

(2) 已加工表面：是工件上经刀具切削后产生的表面。

(3) 过渡表面(切削表面)：是工件上由刀具切削刃正在切削的那一部分表面，它在下一切削行程，在刀具或工件的下一转里被切除，或由下一切削刃切除。它是已加工表面和待加工表面之间的过渡表面。

3. 切削用量(cutting data)

切削用量是指切削速度 v_c、进给量 f(或进给速度 v_f)和背吃刀量 a_p (切削深度)三者的总称,也称为切削用量三要素。它是调整刀具与工件之间相对运动速度和相对位置所需的重要工艺参数,如图 0.1(b)所示,为车削外圆时的切削用量示意图。

(1) 切削速度 v_c(cutting speed)。切削速度是指切削刃上选定点相对于工件的主运动的瞬时速度。

$$v_c = \frac{\pi d_w n}{1000} \tag{0-1}$$

式中:v_c——切削速度(m/s 或 m/min);
$\quad\quad d_w$——工件待加工表面直径(mm);
$\quad\quad n$——工件的转速(r/s 或 r/min)。

(2) 进给量 f(feed)。指每转或每次往复行程中,工件与刀具间沿进给运动方向的相对位移量。

进给速度 v_f 是指单位时间内工件与刀具之间的相对位移量。可按下式计算:

$$v_f = nf \tag{0-2}$$

式中:v_f——进给速度(mm/s 或 mm/min);
$\quad\quad n$——主轴转速(r/s 或 r/min);
$\quad\quad f$——进给量(mm/r)。

(3) 背吃刀量 a_p(back engagement)。指在垂直于进给速度方向测量的切削层最大尺寸,又称切削深度(cutting depth)。对于外圆车削,如图 0.1(b)所示,背吃刀量为工件上已加工表面和待加工表面之间的垂直距离,单位为 mm。即

$$a_p = \frac{d_w - d_m}{2} \tag{0-3}$$

式中:d_w——工件待加工表面直径(mm);
$\quad\quad d_m$——工件已加工表面直径(mm)。

4. 切削层横截面要素

切削层是指切削时刀具切削工件一个单行程所切除的工件材料层。如图 0.1(b)所示,工件旋转一周回到原来的平面时,由于刀具纵向进给运动是连续的,刀具从位置Ⅰ移动到了位置Ⅱ,在两个位置间形成的工件材料层(图中 *ABCD* 阴影区域)就是切削层。

切削层的参数有以下几个。

(1) 切削层公称横截面积 A_D:简称切削层横截面积,它是在切削层尺寸平面内度量的横截面积,单位为 mm²。

(2) 切削层公称宽度 b_D:沿着切削表面度量的切削层尺寸。

(3) 切削层公称厚度 h_D:垂直于切削表面度量的切削层尺寸。

三者之间及它们与切削用量的关系如下:

$$h_D = f \sin K_r \tag{0-4}$$

$$b_D = \frac{a_p}{\sin K_r} \tag{0-5}$$

$$A_D = h_D b_D = a_p f \tag{0-6}$$

项目 1

机械加工工艺及规程

教学目标

最终目标	能正确理解并掌握生产过程、工艺过程及相关的机械加工工艺及规程基础知识,正确理解金属切削加工参数
促成目标	1. 能正确划分、分析零件机械加工和装配工艺过程 2. 能正确认识机械加工工艺规程的作用、格式及其内容 3. 能正确理解、分析金属切削运动、金属切削加工参数、各类基准 4. 能正确确定毛坯种类、加工余量及工件夹紧方式 5. 能查阅并贯彻相关国家标准和行业标准 6. 能注重培养学生的职业素养与习惯

引言

机械加工工艺就是利用机械加工的方法改变毛坯的形状、尺寸、相对位置和性能等,使其成为合格零件的全过程。规定零件机械加工工艺过程和操作方法等的工艺文件就是机械加工工艺规程,它是在具体的生产条件下,把较为合理的工艺过程和操作方法,按照规定的形式书写成工艺文件,经严格审批后用来指导生产。机械加工工艺规程一般包括下列内容:零件加工的工艺路线、各工序的具体内容及所用的设备和工艺装备、零件的检验项目及检验方法、切削用量、时间定额等。

任务 1.1　生产过程和工艺过程认知

1.1.1　任务引入

某产品的生产过程及其零、部件的加工工艺路线分别如图 1.1、图 1.2 所示。

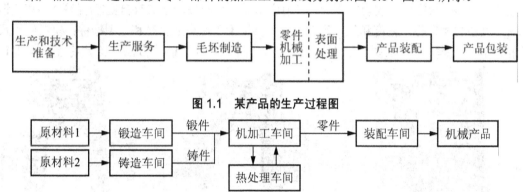

图 1.1　某产品的生产过程图

图 1.2　某产品零、部件加工工艺路线

通过分析上述两个图，认知生产过程和工艺过程，同时理解工艺过程中的机械加工工艺过程和装配工艺过程的概念。

1.1.2　相关知识

1. 常用的机械加工工艺基本术语

1) 工件(workpiece)

机械加工中的加工对象称为工件。它可以是单个零件，也可以是固定在一起的几个零件的组合体。

2) 毛坯(blank)

根据零件(或产品)所要求的形状、工艺尺寸等而制成的供进一步加工用的生产对象称为毛坯。

3) 工艺装备(technological equipment)

工艺装备简称工装，指的是用来保证某种产品生产的一些设施。在机械加工中主要指夹具、刀具和量具。

2. 常用的毛坯种类

常用的毛坯有以下几种。

1) 铸件(casting)

对形状复杂的毛坯(如箱体、床身、机架、壳体等)，一般可用铸造方法制造。目前大多数铸件采用砂型铸造，对精度要求较高的小型铸件，可采用特种铸造，如金属型铸造(见图 1.3)、精密铸造、离心铸造、压力铸造和熔模铸造等。各种铸造方法及工艺特点见表 1-1。

7

2) 锻件(forging)

毛坯经锻造后可得到连续和均匀的金属纤维组织。如图 1.4(a)所示为曲轴毛坯的锻造的纤维组织分布情况。由于曲轴经弯曲锻造而成，其纤维组织沿曲轴轮廓分布，曲轴工作时最大拉应力与纤维组织方向平行，而冲击力与纤维组织方向垂直，这样的曲轴不易发生断裂。而如图 1.4(b)所示的曲轴是经机械加工而成，因其纤维组织方向分布不合理，曲轴工作时极易沿轴肩处发生断裂。因此锻件的力学性能较好，常用于受力复杂的重要钢质零件毛坯。采用先进的精密锻造方法可使毛坯形状及尺寸非常接近成品，从而使机械加工工作量大为减少。根据生产规模的不同，目前应用最广泛的锻造方法有自由锻(见图 1.5)和模锻两种。其中自由锻件的精度和生产率较低，主要用于单件小批生产和大型锻件；模锻件的尺寸精度和生产率较高，主要用于批量较大的中小锻件。各种锻造方法及工艺特点见表 1-1。

图 1.3　金属型铸造图

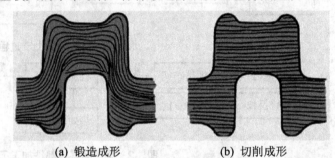

(a) 锻造成形　　　　　(b) 切削成形

图 1.4　锻钢曲轴中纤维组织分布

3) 型材(profile)

型材主要有棒材、板材、线材等。常用截面形状有圆形、方形、六角形和特殊截面形状。就其制造方法，又可分为热轧和冷拉两大类。热轧型材尺寸较大，精度较低，但价格便宜，用于一般零件的毛坯。冷拉型材尺寸较小，精度较高，易于实现自动送料，但价格较高，多用于批量较大、精度要求较高的毛坯生产，适用于自动机床加工。

4) 焊接件(weldment)

焊接件是根据需要将型材-型材、型材-锻件、型材-铸钢件焊接而成的毛坯件，主要用于单件小批生产和大型零件及样机试制。其优点是制造方便、简单，生产周期短，节省材料，减轻重量。但抗振性较差，热变形较大，需经时效处理后才能进行机械加工。图 1.6 所示为熔焊示意图。

图 1.5　自由锻

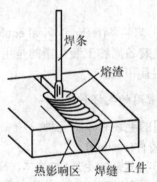

图 1.6　熔焊

5) 冲压件(stamping parts)

冲压件是通过冲压设备对薄钢板进行冷冲压加工而得到的零件，它可以非常接近成品要求，冲压零件可以作为毛坯，有时还可以直接成为成品。冲压件的尺寸精度高。但因冲压模具昂贵，故多用于批量较大而零件厚度较小的中小型零件。

6) 冷挤压件(cold extrusion parts)

冷挤压件是在压力机上通过挤压模挤压而成。其生产效率高，冷挤压毛坯精度高，表面粗糙度小，可以不再进行机械加工，但要求材料塑性好，主要为有色金属和塑性好的钢材。适用于大批大量生产中制造形状简单的小型零件。

7) 粉末冶金件(powder metallurgic parts)

粉末冶金件是以金属粉末为原料，在压力机上通过模具压制成形后经高温烧结而成。其生产效率高，零件的精度高，表面粗糙度小，一般可不再进行精加工，但金属粉末成本较高，适用于大批大量生产中压制形状较简单的小型零件。

除此之外，还有工程塑料制品、新型陶瓷、复合材料制品等其他毛坯，在机械加工中有一定范围的应用，并且随着技术的发展，这些新型毛坯的应用数量和范围会越来越大。各类毛坯制造方法及工艺特点见表 1-1。

表 1-1 各类毛坯制造方法及工艺特点

毛坯制造方法	最大质量/kg	最小壁厚/mm	工件形状	材料	生产方式	精度等级(IT)	尺寸公差值/mm	表面粗糙度/μm	其他
手工砂型铸造	不限制	3～5	最复杂	铁碳合金、有色金属及其合金	单件小批生产	14～16	1～8	—	余量大，一般为 1～10mm；由砂眼和气泡造成的废品率高；表面有结砂硬皮，且结构颗粒大；适于铸造大件；生产率很低
机械砂型铸造	250	3～5	最复杂		大批大量生产	14	1～3	—	生产率比手制砂型高几倍甚至十几倍；设备复杂；要求工人的技术低；适于制造中小型铸件
金属型铸造	100	1.5	简单或平常			11～12	0.1～0.5	12.5	因免去每次制造铸型，生产率高；单边余量一般为 1～3mm；结构精密，能承受较大压力；占用生产面积小
离心铸造	200	3～5	主要是旋转体			15～16	1～8	12.5	生产率高，每件只需 2～5min；力学性能好且少砂眼；壁厚均匀；不需泥芯和浇注系统
压力铸造	10～16	0.5(锌)1.0(其他合金)	由模具制造难易度而定	锌、铝、镁、铜、锡、铅各金属的合金		11～12	0.05～0.15	6.3	生产率最高，每小时可制 50～500 件；设备昂贵；可直接制取零件或仅需少许加工
熔模铸造	小型零件	0.8	非常复杂	适于切削困难的材料	单件及成批生产	—	0.05～0.2	25	占用生产面积小，每套设备约需 30～40m²；铸件机械性能好；便于组织流水线生产；铸造延续时间长，铸件可不经加工

续表

毛坯制造方法	最大质量/kg	最小壁厚/mm	工件形状	材料	生产方式	精度等级(IT)	尺寸公差值/mm	表面粗糙度/μm	其他
壳模铸造	200	1.5	复杂	铸铁和有色金属	小批至大量	12～14	—	12.5～6.3	生产率最高,一个制砂工班产为0.5～1.7t;外表余量为0.25～0.5mm;孔余量最小为0.08～0.25mm;便于机械化与自动化生产;铸件无硬皮
自由锻造	不限制	不限制	简单	碳素钢、合金钢	单件小批生产	14～16	1.5～2.5	—	生产率低且需高级技工;余量大,为3～30mm;适用于机修厂和重型机械厂的锻造
模锻(利用锻锤)	通常至100	2.5	由锻模制造难易而定	碳素钢、合金钢及合金	成批及大量生产	12～14	0.4～2.5	12.5	生产率高且不需要高级技工;材料消耗少,锻件力学性能好,强度增高
精密模锻	通常100	1.5	由锻模制造难易而定	碳素钢、合金钢及合金	成批及大量生产	11～12	0.05～0.1	6.3～3.2	光压后的锻件可不经机械加工或直接进行精加工
型材	—	—	简单	各种材料	各种类型	—	—	—	余量大,机械性能好;适于制造小型工件
型材焊接件	—	—	较复杂	钢材	单件小批生产	—	—	—	余量一般,有内应力;适于制造大、中型工件
冲压件	—	—	复杂	钢	大批大量生产	8～10	—	—	生产率较高;材料利用率较高;余量小,机械性能好;适于制造各种尺寸的工件
粉末冶金件	—	—	较复杂	铁、铜、铝基材料	成批及大量生产	7～9	—	—	生产率较高;材料利用率高;余量很小,机械性能一般;适于制造中、小尺寸的工件
工程塑料件	—	—	复杂	工程塑料	成批及大量生产	9～11	—	—	材料利用率较高;余量较小,机械性能一般;适于制造中、小寸的工件

1.1.3 任务实施

机械产品的制造过程包括市场调查研究、产品功能定位、结构设计、生产制造、销售服务、信息反馈和改进功能等环节,如图1.7所示,其中产品的生产制造是整个制造过程的核心,是机械产品由设计向实际产品转化的过程,这一过程将直接影响产品的质量及其功能的实现。在产品的生产制造过程中,机械加工所使用的机床、刀具、夹具和工件组成了一个相对独立的统一体,通常将之称为工艺系统。机械加工中工艺系统的各个环节通过共同配合实现预定加工要求,以确保产品生产的优质、高效、低成本。

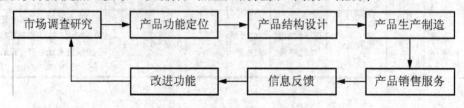

图1.7 机械产品的制造过程

1. 生产过程(productive process)

(1) 如图 1.1 所示,根据设计信息将原材料或半成品转变为产品的全部过程称为生产过程。机械产品的生产过程一般包括如下内容。

① 生产和技术准备:如生产计划的制订、生产资料的准备、工艺编制、专用工艺装备的设计和制造等。

② 生产服务:如原材料、外购件、外协件和工艺装备的供应、运输、保管等。

③ 毛坯制造:如铸造、锻造、焊接、冲压等。

④ 零件机械加工。

⑤ 热处理及其他表面处理。

⑥ 产品装配:如部装、总装、试验、检验和油漆等。

⑦ 产品包装、入库。

(2) 在现代制造业中,通常是组织专业化生产的。如汽车制造,汽车上的发动机、底盘、轮胎、仪表、电气设备、标准件及其他许多零部件都是由其他专业厂生产的,汽车制造厂只生产一些关键零、部件和配套件,并最后组装成完整的产品——汽车。这样更有利于提高产品质量,提高劳动生产率和降低生产成本。因此,一个工厂或生产车间的生产过程可能只是整个产品生产过程的一部分。

(3) 各个车间的生产过程具有不同的特点,同时又相互关联。如图 1.2 所示,铸造车间或锻造车间的成品是机械加工车间的"原材料",而机械加工车间的成品又是装配车间的"原材料"。由此可知,机械产品的生产过程是一个复杂的过程,产品按专业化组织生产,可使工厂的生产过程变得较为简单,便于组织生产,有利于保证产品质量,提高劳动生产率和降低成本,是现代机械工业的发展趋势。

2. 工艺过程(manufacturing process)

(1) 所谓"工艺",就是制造零件、产品的方法。图 1.1 所示的某产品的整个生产过程中,毛坯制造、零件机械加工、表面处理和产品装配过程均直接改变生产对象的形状、尺寸、相对位置和性能等,使其成为成品或半成品,这个过程称为机械制造工艺过程,简称工艺过程。如毛坯制造工艺过程、机械加工工艺过程、热处理工艺过程、装配工艺过程等。工艺过程组成如图 1.8 所示。

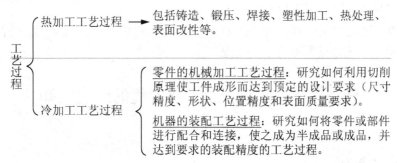

图 1.8 机械制造工艺过程组成

(2) 工艺过程是生产过程的主要组成部分,是生产过程的主体。这一过程将直接影响产品的质量,所以是整个生产过程的核心。

本课程重点学习机械加工工艺过程和装配工艺过程。

① 阶梯轴单件小批生产的机械加工工艺过程。表 1-2 中的阶梯轴加工工艺过程，是采用合理有序安排的机械加工的方法(主要是车削、铣削)逐步地改变毛坯的形状、尺寸和表面质量使其成为合格零件的过程，这一过程称为机械加工工艺过程。

表 1-2　阶梯轴单件小批生产的机械加工工艺过程

工序号	工序内容	设备	零件毛坯	零件简图
1	车端面，钻中心孔；调头车端面，钻中心孔	车床		
2	车大外圆及倒角；调头车小外圆及倒角	车床		
3	铣键槽；去毛刺	铣床		

② 部件和产品的装配是采用按一定顺序布置的各种装配工艺方法，把组成产品的全部零、部件按设计要求正确地结合在一起、形成产品的过程，这就是机械装配工艺过程。

见表 1-3，一级直齿圆柱齿轮减速器总成按规定的技术要求，将加工好的零件或部件进行配合和装配，使其成为成品或半成品，这个过程称为装配工艺过程。

表 1-3　一级直齿圆柱齿轮减速器的装配工艺过程

工序号	工序内容	减速器分解图
1	装配时按先内后外的顺序进行；按合理顺序装配轴，齿轮和滚动轴承，注意方向；按其合理装拆方法滚动轴承装配；挡油环、封油环，按技术要求合理调整轴向间隙	
2	合上箱盖	
3	安装好定位销钉	
4	装配上、下箱之间的连接螺栓	
5	装配轴承盖、观察孔盖板	

3. 辅助过程(supporting process)

图 1.1 所示的生产过程中，生产和技术准备、生产服务以及产品包装过程与原材料变成成品间接有关，这些过程称为辅助过程。

任务 1.2　机械加工工艺过程的组成认知

1.2.1　任务引入

图 1.9 所示为圆盘零件简图。单件小批生产时其加工工艺过程见表 1-4；成批生产时其加工工艺过程见表 1-5。分析圆盘的机械加工工艺过程，认识机械加工工艺过程的组成。

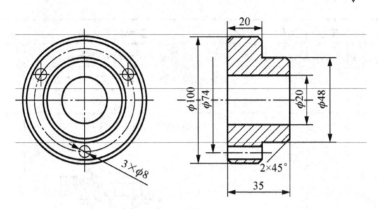

图1.9 圆盘零件

表1-4 圆盘零件单件小批机械加工工艺过程

工序号	工序名称	安装	工位	工步	工序内容	进给次数	设备
1	车削	I	1		(用三爪自定心卡盘夹紧毛坯小端外圆)		车床
				1	车大端端面	2	
				2	车大端外圆至 $\phi100$	2	
				3	钻 $\phi20$ 孔	1	
				4	倒角	1	
		II	1		(工件调头，用三爪自定心卡盘夹紧大端外圆)		

续表

工序号	工序名称	安装	工位	工步	工序内容	进给次数	设备
				1	车小端端面，保证尺寸 35mm	2	
				2	车小端外圆至 φ48，保证尺寸 20mm	2	
				3	倒角	1	
2	钻削	I		3	(用可转位夹具装夹工件) 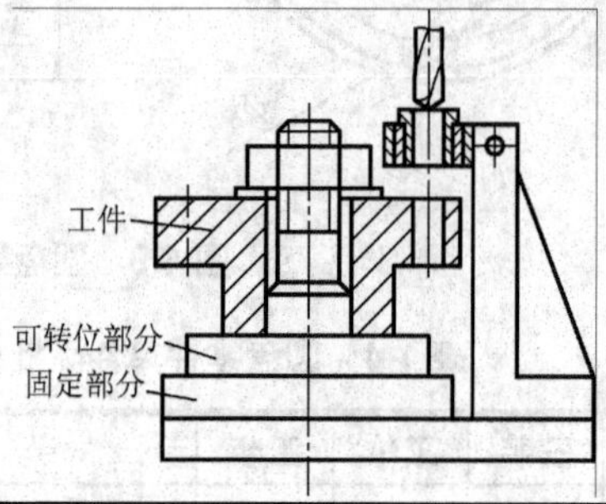		钻床
				1	依次加工三个 φ8 孔	1	
				2	在夹具中修去孔口的锐边及毛刺		锉刀

表 1-5　圆盘零件成批机械加工工艺过程

工序号	工序名称	安装	工位	工步	工序内容	走刀次数	设备
1	车削	I		1	(用三爪自定心卡盘夹紧毛坯小端外圆)		车床(第1台)
				1	车大端端面	2	
				2	车大端外圆至 φ100	2	
				3	钻 φ20 孔		
				4	倒角		
2	车削	I		1	(以大端面及涨胎心轴) 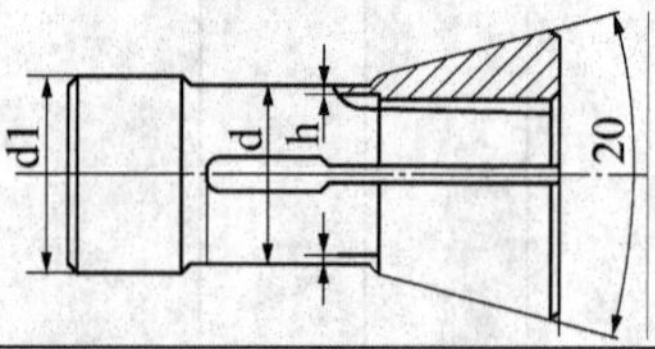		车床(第2台)
				1	车小端端面，保证尺寸 35mm	2	
				2	车小端外圆至 φ48，保证尺寸 20mm	2	
				3	倒角	1	

续表

工序号	工序名称	安装	工位	工步	工序内容	走刀次数	设备
3	钻削	I	3	1	(用专用钻床夹具装夹工件) 同时钻孔 3×φ8 	1	钻床
4	钳	I		1	修去孔口的锐边及毛刺		风砂轮

1.2.2 相关知识

1. 生产类型及其工艺特征

1) 生产纲领

生产纲领是指企业在计划期内生产的产品产量和进度计划,因计划期常常定为一年,所以又称年产量。零件的生产纲领要记入备品和废品的数量,可按下式计算:

$$N = Qn(1+a\%)(1+b\%) \tag{1-1}$$

式中:N——零件的年产量(件/年);

Q——产品的年产量(台/年);

n——每台产品中该零件的数量(件/台);

$a\%$——备品率;

$b\%$——废品率。

生产纲领的大小决定了产品(或零件)的生产类型,不同的生产类型有不同的工艺特征。生产纲领的大小对生产组织和零件加工过程起着重要作用,它决定了各工序所需专业化和自动化的程度,决定了所应选用的工艺方法和工艺装备。制定工艺规程时必须考虑这些工艺特征对零件加工过程的影响。因此,生产纲领是制定和修改工艺规程的重要依据。

2) 生产类型

生产类型是指企业(或车间、工段、班组、工作地)生产专业化程度的分类,一般分为单件生产、成批生产和大量生产三种类型。

(1) 单件生产。单件生产的基本特点是生产的产品种类很多,每种产品产量很少,而且很少重复生产。例如,重型机械产品制造,专用设备制造和新产品试制等。

(2) 成批生产。成批生产的基本特点是分批轮流生产几种不同的产品,每种产品均有一定的数量,生产呈周期性重复。例如,机床、电机、纺织机械的制造等多属于成批生产。每批制造的相同产品的数量称为批量,根据批量的大小,成批生产可分为小批生产、中批生产和大批生产三种类型。其中小批生产和单件生产的工艺特点相似，常合称为单件小批生产；大批生产和大量生产的工艺特点相似，常合称为大批大量生产。中批生产的工艺特点则介于单件小批生产和大批大量生产之间。

(3) 大量生产。大量生产的基本特点是产量大、品种少，大多数工作地点长期重复地进行某个零件的某一道工序的加工。例如，汽车、拖拉机、轴承、自行车的制造都属于大量生产。

生产类型的划分除了与生产纲领有关外，还应考虑产品的大小及复杂程度或工作地每月担负的工序数(见表 1-6)。

表 1-6 生产类型与生产纲领的关系

生产类型	生产纲领(台/年或件/年)			工作地每月担负工序数
	轻型机械或轻型零件 (≤15kg)	中型机械或中型零件 (>15～50kg)	重型机械或重型零件 (>50kg)	工序数/月
单件生产	≤100	≤10	≤5	不作规定
小批生产	>100～500	>10～200	>5～100	>20～40
中批生产	>500～5 000	>200～500	>100～300	>10～20
大批生产	>5 000～50 000	>500～5 000	>300～1 000	>1～10
大量生产	>50 000	>5 000	>1 000	1

注：轻型、中型和重型机械可分别以缝纫机、机床(或柴油机)和轧钢机为代表。

3) 各种生产类型的工艺特征

生产类型不同，产品制造的工艺方法、所用的加工设备和工艺装备以及生产组织管理形式均不同。对于简单零件的单件生产，一般只制定工艺路线；而对于重要零件的单件生产、各类零件的成批和大量生产，就要制定详细的工艺规程，以免造成质量事故和经济损失。各种生产类型的工艺特征可参考表 1-7。

表 1-7 各种生产类型的工艺特征

生产类型 工艺特点	单件生产	成批生产	大量生产
加工对象	经常改变	周期性改变	固定不变
毛坯的制造方法及加工余量	铸件用木模手工造型，锻件用自由锻；毛坯精度低，加工余量大	部分铸件用金属模，部分锻件采用模锻；毛坯精度和加工余量中等	铸件广泛采用金属模机器造型，锻件广泛采用模锻以及其他高生产率的毛坯制造方法；毛坯精度高，加工余量小
机床设备及其布置形式	采用通用机床；机床按类别和规格大小采用"机群式"排列布置	采用部分通用机床和部分高生产率的专用机床；机床设备按加工零件类别分"工段"排列布置	广泛采用高生产率的专用机床及自动机床；按流水线形式排列布置

续表

生产类型 工艺特点	单件生产	成批生产	大量生产
工艺装备	大多采用通用夹具、标准附件、通用刀具与万能量具；很少采用专用夹具，靠划线及试切法达到精度要求	广泛采用专用夹具，部分靠划线装夹，达到精度要求；较多采用专用刀具和专用量具	广泛采用专用高效夹具、复合刀具、专用量具或自动检测装置；靠调整法达到精度要求
对工人的技术要求	需要技术水平较高的工人	需要一定技术水平的工人	对操作工人的技术水平要求较低，对调整工人的技术水平要求较高
工艺文件	有工艺过程卡片，关键工序需工序卡片	有较详细的工艺过程卡片或工艺卡片，关键零件需工序卡片	有工艺过程卡片、工艺卡片和工序卡片，关键工序需调整目卡和检验卡
零件的互换性	用修配法，钳工修配，缺乏互换性	大部分具有互换性。装配精度要求高时，灵活应用分组装配法和调整法，少数用修配法	具有广泛的互换性。某些装配精度较高处，采用分组装配法和调整法
生产率	低	中等	高
单件加工成本	较高	中等	较低

2. 工件的夹紧(clamping)

1) 夹紧简述

如上所述，工件在加工前需要定位和夹紧，这是两项十分重要的工作。关于定位，将在项目2中详细论述，这里主要对工件在机床上或夹具中的夹紧进行概略说明。

夹紧的目的是防止工件在切削力、重力、惯性力等的作用下发生位移或振动，以免破坏工件的定位。因此正确设计的夹紧机构应满足下列基本要求：

(1) 夹紧应不破坏工件的正确定位；

(2) 夹紧装置应有足够的刚性和强度；

(3) 夹紧时不应破坏工件表面，不应使工件产生超过允许范围的变形；

(4) 能用较小的夹紧力获得所需的夹紧效果；

(5) 工艺性好，在保证生产率的前提下结构应简单紧凑，便于制造、操作和维修；手动夹紧机构应具有自锁功能。

2) 工件夹紧力(clamping force)三要素的确定

根据上述的基本要求，正确确定夹紧力的三要素(方向、作用点、大小)不容忽视。

(1) 夹紧力方向的确定。一般情况下，夹紧力的方向应符合下列基本要求：

① 夹紧力的方向不应破坏工件定位。图1.10(a)所示为不正确的夹紧方案，因夹紧力有向上的分力 F_{vz}，使工件离开原来的正确定位位置；而图1.10(b)为正确夹紧方案。

② 夹紧力的方向应尽可能垂直于工件的主要定位表面，使定位基面与定位元件接触良好，保证工件定位准确可靠。

③ 夹紧力的方向应尽量与工件受到的切削力、重力等的方向一致，以减小夹紧力。

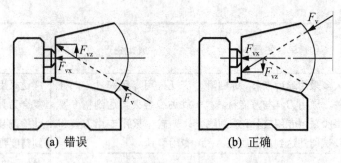

(a) 错误　　　　　　　　　(b) 正确

图 1.10　夹紧力的方向应有助于定位

(2) 夹紧力作用点的确定。

① 夹紧力的作用点应落在定位元件的支承范围内。图 1.11 所示的夹紧力的作用点落到了定位元件的支承范围之外，夹紧时破坏了正确位置，因而是不正确的。

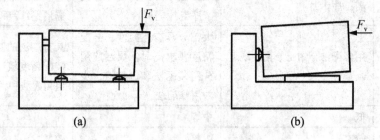

图 1.11　夹紧力作用点的位置不正确

② 夹紧力的作用点应位于工件刚性较好的部位。图 1.12(a)所示，薄壁套筒的轴向刚性比径向刚性好，用卡爪径向夹紧时工件变形大，若沿轴向施加夹紧力，变形就会小得多。夹紧如图 1.12(b)所示的薄壁箱体时，夹紧力不应作用在箱体的顶面，而应作用在刚性较好的凸边上。或如图 1.12(c)所示改为三点夹紧，改变着力点的位置，以减少夹紧变形。

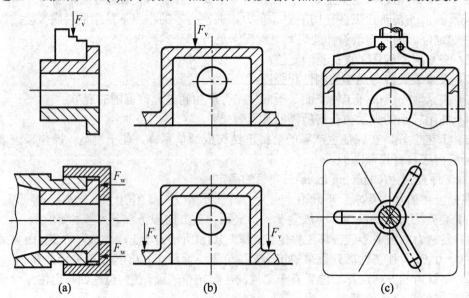

图 1.12　夹紧力作用点与夹紧变形的关系

③ 夹紧力的作用点应尽量靠近工件的加工部位，以减小切削力对夹紧点的力矩，防止或减小工件的加工振动或弯曲变形。如无法靠近，就采用辅助支承。

如图1.13所示，夹紧力远离加工部位，因此应在加工部位加上辅助夹紧机构，以防止加工时产生振动，影响加工质量和安全。

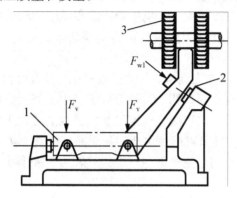

图 1.13　增设辅助支承和辅助夹紧力

1—工件；2—辅助支承；3—铣刀

(3) 夹紧力大小的估算。

加工过程中，工件受到切削力、离心力、惯性力及重力等的作用，夹紧力必须保证工件的位置不发生变化，但夹紧力也不能过大，过大会造成工件变形。理论上夹紧力的作用应与上述力(力矩)的作用相平衡。但是切削力的大小和方向在加工过程中是变化的，因此夹紧力的大小一般只能进行粗略的估算。估算的方法如下：

① 找出对夹紧最不利的瞬时状态，估算此状态下所需的夹紧力。

② 为了简便，只考虑主要因素在力系中的影响，略去次要因素在力系中的影响。

③ 根据工件状态，列出力(力矩)的平衡方程式，解出夹紧力的大小，还应适当考虑安全系数。

④ 类比法。根据同类夹具的使用情况进行估算。如需进行夹紧力估算可参阅有关资料。

3. 机床夹具(fixture)

在机床上装夹工件所使用的工艺装备称为机床夹具。它的主要功用是实现工件的定位和夹紧，使工件在加工时相对于机床和刀具处于一个正确的加工位置，以保证加工精度。使用机床夹具的技术经济效果十分显著。

1) 机床夹具功用和分类

(1) 夹具主要有以下作用。

① 稳定地保证工件的加工精度。采用夹具安装，可以准确地确定工件与机床、刀具之间的相互位置，工件的位置精度由夹具保证，不受工人技术水平的影响，其加工精度高而且稳定。

② 缩短加工时间，提高生产率，降低生产成本。用夹具装夹工件，无需划线、找正便能使工件迅速地定位和夹紧，显著地减少了辅助工时；用夹具装夹工件提高了工件的刚性，因此可加大切削用量，减少机动时间；可以使用多件、多工位夹具装夹工件，并采用高效夹紧机构，这些因素均有利于提高劳动生产率。另外，采用夹具后，产品质量稳定，废品

率下降，可以安排技术等级较低的工人进行工件加工，明显地降低了生产成本。

③ 减轻劳动强度，改善工人劳动条件。用夹具装夹工件方便、快速、省力、安全，不仅可以减轻工人的劳动强度，还改善了劳动条件，同时降低了对工人技术水平的要求。

④ 扩大机床的工艺范围，改变或扩大机床用途。由于工件的种类很多，而机床的种类和台数有限，采用不同夹具，可实现一机多能，提高机床的利用率。

(2) 夹具分类。机床夹具种类繁多，可按不同的方式进行分类，常用的分类方法如图 1.14 所示。

① 通用夹具：通用夹具是指结构、尺寸已规格化，且具有很大通用性的夹具，如三爪自定心卡盘、四爪单动卡盘、平口钳、万能分度头、中心架、电磁工作台等。其特点是适用性强、不需调整或稍加调整即可装夹一定形状范围内的各种工件。这类夹具已商品化，且成为机床附件。采用这类夹具可缩短生产准备周期，减少夹具品种，从而降低生产成本。其缺点是夹具的加工精度不高，生产率也较低，且较难装夹形状复杂的工件，故适用于单件小批生产中。

② 专用夹具：专用夹具是针对某一工件的某一工序的加工要求而专门设计和制造的夹具。其特点是针对性极强，通用性差，是夹具设计研究的主要对象。通常可以设计的结构紧凑，操作方便、迅速、省力。在产品相对稳定、批量较大的生产中，常用各种专用夹具，可获得较高的生产率和加工精度。专用夹具的设计制造周期较长，随着现代多品种及中、小批生产的发展，专用夹具在适应性和经济性等方面已产生许多问题。

③ 可调夹具：可调夹具是针对通用夹具和专用夹具的缺陷而发展起来的一类新型夹具。对不同类型和尺寸的工件，只需调整或更换原来夹具上的个别定位元件和夹紧元件便可使用。可调夹具在多品种、小批量生产中得到广泛应用。它一般又分为通用可调夹具和成组夹具两种。

a. 通用可调夹具：通用范围大，适用性广，加工对象不太固定。

b. 成组夹具：是在采用成组加工技术基础上发展起来的一类夹具。它是根据成组加工工艺的原则，将零件按形状、尺寸和工艺特征等进行分组，专门为成组工艺中某组零件设计的可调整"专用夹具"，调整范围仅限于本组内的工件。使用时只需稍加调整或更换部分元件，即可加工同一组内的各个工件。这类夹具从外形上看，与通用可调夹具不易区别。但它与通用可调夹具相比，具有使用对象明确、设计科学合理、结构紧凑、调整方便等优点。

④ 组合夹具：组合夹具是一种模块化的夹具，并已商品化。由许多标准的模块元件组合而成。标准的模块元件具有较高精度和耐磨性，可根据零件加工工序的需要拼装，组装成各种夹具，夹具用毕即可拆卸，留待组装新的夹具。由于使用组合夹具可缩短生产准备周期，元件能重复多次使用，并具有可减少专用夹具数量等优点，因此组合夹具适合于单件、中小批多品种生产和数控加工，特别适用于新产品的试制，是一种较经济的夹具。

⑤ 自动线夹具：一般分为两种：一种为固定式夹具，它与专用相似；另一种为随行夹具，使用中夹具随着工件一起运动，并将工件沿着自动线从一个工位移至下一个工位进行加工。

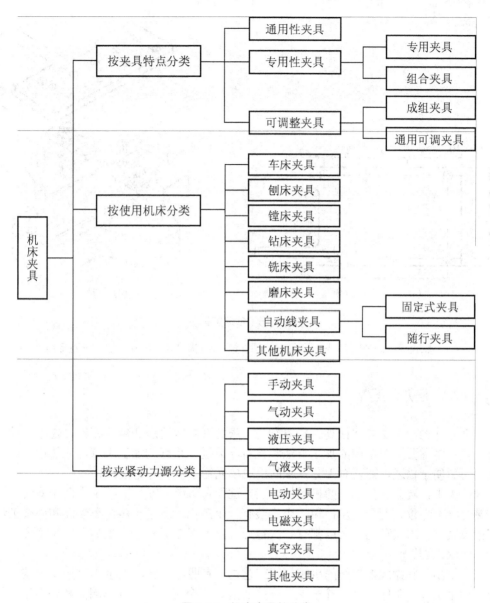

图 1.14 机床夹具的分类

2) 夹具组成

机床夹具通常由以下几部分组成。

(1) 定位装置：用于确定工件在夹具中的正确位置。图 1.15 所示钻床夹具中的挡销 6、圆柱销 4、菱形销 7 均为定位元件。

(2) 夹紧装置：将工件压紧夹牢，并保证工件在加工过程中正确位置不变。图 1.15 中的压板 3 是夹紧元件。

(3) 其他装置或元件：根据工件结构和工序要求的不同，一些夹具根据需要还要设计一些其他装置或元件，如分度装置、对刀元件、连接元件、导向元件等。图 1.15 中的钻套 2 为导向元件。

(4) 夹具体：夹具的基础件，是夹具的基座和骨架。用来配置、安装夹具中的定位元件、夹紧元件及其他装置或元件，使夹具组成一个整体。

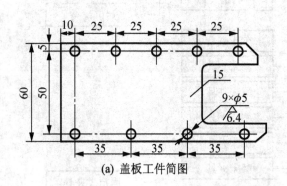
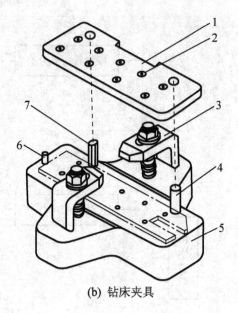

(a) 盖板工件简图　　　　　　　　(b) 钻床夹具

图 1.15　钻床夹具

1—钻模板；2—钻套；3—压板；4—圆柱销；5—夹具体；6—挡销；7—菱形销

1.2.3　任务实施

一个零件的加工工艺往往是比较复杂的，根据其技术要求和结构特点，在不同的生产条件下，常常需要采用不同的加工方法和设备，通过一系列的加工步骤，才能使毛坯变成零件。为了便于描述，需要对工艺过程的组成单元给予科学的定义。

表 1-4 中，圆盘小批生产的机械加工工艺过程有两道工序，工序 1 有两个安装，第一个安装有一个工位、四个工步；第二个安装有一个工位、三个工步；车端面和外圆工步因加工余量大需分二次车削，所以都有二次走刀。而工序 2 只有一个安装、三个工位、二个工步、一次走刀。

表 1-5 中，圆盘成批生产的机械加工工艺过程有四道工序，工序 1 有一个安装、一个工位、四个工步；工序 2 有一个安装、一个工位、三个工步。同理车端面和外圆工步都有二次走刀。而工序 3 只有一个安装、三个工位、一个工步、一次走刀。

由此可知，机械加工工艺过程均由若干个按顺序排列的工序组成，毛坯依次通过各工序变为成品。而工序又可分为若干个安装、工位、工步和走刀。

1. 工序(process)

由表 1-4 可知，圆盘单件小批生产的机械加工工艺过程分车削和钻削两道工序，因为这两道工序的操作工人、加工设备及加工的连续性均已发生了变化，故划分为两道工序。而在车削工序中，虽然工件安装了两次，有多个加工表面和多种加工方法(如车、钻等)，但其操作工人、加工设备及加工连续性(划分工序的要素)均未改变，所以属于同一工序。在钻削工序中，工步 2(修去三个孔口的毛刺)虽然使用的加工设备与工步 1(依次钻 3×φ8mm孔)的不同，但操作工人、工作地和加工连续性均未改变，故与工步 1 仍属同一工序。

表 1-5 中的圆盘成批生产的机械加工工艺过程与单件小批生产不同，分为四道工序。

虽然工序 1 和工序 2 同为车削，但由于操作工人、加工设备及加工连续性均已变化，因此划分为两道工序；同样工序 3(钻削)与工序 4(钳工)也因为操作工人、使用设备和工作地均不相同，因此划分为两道工序。

一个或一组工人，在一台机床或一个工作地，对一个或同时对几个工件所连续完成的那一部分工艺过程，称为工序。划分工序的主要依据是工作地点(或机床)是否变动和加工是否连续。这里的"连续"是指对一个具体的工件的加工是连续进行的，中间没有插入另一个工件的加工。

工序不仅是组成工艺过程的基本单元，也是制订时间定额，配备工人和设备，安排作业和进行质量检验的基本单元。

2. 安装(install)

表 1-4 中的工序 1，先用三爪自定心卡盘夹紧毛坯小端外圆完成四个工步的加工后，将工件调头，再用三爪自定心卡盘夹紧工件大端外圆，该工序共安装工件两次，共有两个安装。而工序 2 采用的是回转夹具，只安装一次就能完成工序 2 的全部工序内容。

工件加工前，在机床或夹具上先占据一个正确的位置(定位)，然后再夹紧的过程称为装夹。工件(或装配单元)经一次装夹后所完成的那一部分工艺内容称为安装。在一道工序中可以有一个或多个安装。

工件加工中应尽量减少装夹次数，因为多一次装夹就多一次装夹误差，而且增加了辅助时间。因此生产中常用各种分度头、回转工作台、回转夹具或移动夹具等，以便在工件一次装夹后，可使其处于不同的位置加工。

3. 工位(station)

圆盘单件小批生产的机械加工工艺过程的钻削工序采用可转位夹具装夹工件，一次装夹工件后，可在三个位置钻孔，当钻完一个孔后，圆盘连同夹具的可转位部分一起转过 120°，然后钻另一个孔，依次完成三个孔的钻削，共有三个工位。

为完成一定的工序内容，一次装夹工件后，工件(或装配单元)与夹具或设备的可动部分一起相对刀具或设备的固定部分所占据的每一个位置，称为工位。一道工序可以只有一个工位，也可以有多个工位。

如图 1.16 所示，为一利用回转工作台或回转夹具，在一次安装中顺次完成装卸工件、钻孔、扩孔、铰孔四个工位加工的实例。采用这种多工位加工方法，可以提高加工精度和生产率。

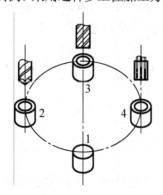

图 1.16 多工位加工

1—装卸工件；2—钻孔；3—扩孔；4—铰孔

4. 工步(work step)

在一个工序中往往需要采用不同的刀具来加工许多不同的表面。为了便于分析和描述较复杂的工序，可将工序再进一步划分为若干工步。

表1-4中的工序1，在安装I中完成大端面、外圆的车削、钻$\phi 20mm$孔、车倒角等加工，由于其加工表面和使用刀具均已不同，故划分为四个工步。

在加工表面(或装配时的连接表面)和加工(或装配)工具不变的情况下所连续完成的那一部分工序内容称为工步。一个工序可以包括几个工步，也可以只有一个工步。

一般来说，构成工步的任一要素(加工表面、刀具及加工连续性)改变后，即成为另一个工步。但下面指出的情况应视为一个工步。

(1) 一次装夹中连续进行的若干相同的工步，应视为一个工步。表1-4中的工序2，一次装夹中连续完成钻三个$\phi 8mm$孔，应作为一个工步。

(2) 为了提高生产率，有时用几把刀具同时加工几个表面或采用复合刀具加工，如图1.17所示，此时也应视为一个工步，称为复合工步。

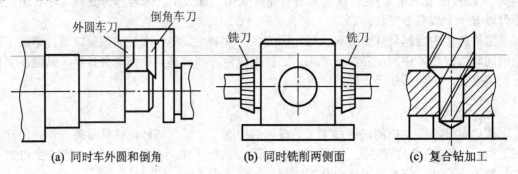

(a) 同时车外圆和倒角　　(b) 同时铣削两侧面　　(c) 复合钻加工

图1.17　复合工步

5. 走刀(feed)

表1-4中的车削工序，车削端面和外圆时因切削余量较大，考虑到机床功率、刀具强度、切削振动等问题，所以分二次切削。

在一个工步内，若被加工表面的切削余量较大，需分几次切削，则每进行一次切削就称为一次走刀。一个工步可以包括一次走刀或几次走刀。

任务1.3　机械加工工艺规程的格式认知

1.3.1　任务引入

图1.18所示零件是某机床变速箱体中操纵机构上的拨动杆，用作把转动变为拨动，实现操纵机构的变速功能。该零件生产类型为中批生产。

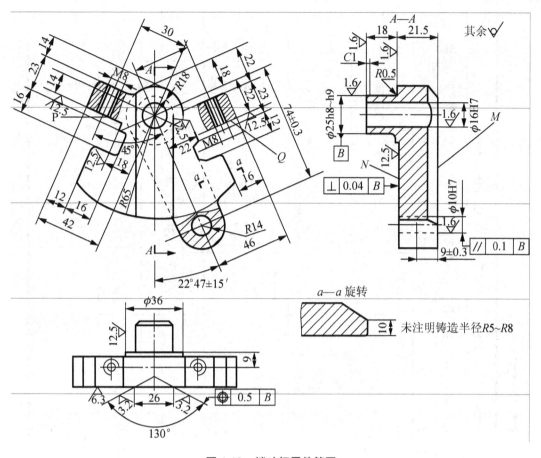

图 1.18 拨动杆零件简图

该零件的"机械加工工艺过程卡片"见表 1-8。其中第 5 工序的"机械加工工序卡片"见表 1-9。试分析其中的内容,读懂零件的加工要求。

1.3.2 相关知识

1. 机械加工工艺规程基础知识

零件的工艺过程,往往是根据其不同的结构、不同的材料、不同的技术要求,采用不同的加工方法、加工设备、工装等。为确保零件的制造质量、生产效率和低成本,要认真研究和分析在不同的生产批量和生产条件下,工艺系统各环节间的相互影响,然后根据不同的生产要求制定合理的加工工艺规程,并将这些工艺规程的内容填入一定格式的卡片,成为工艺文件,以指导车间及工人的生产和操作。

1) 机械加工工艺规程(process planning)

工艺规程是规定产品或零部件制造工艺过程和操作方法等的工艺文件。其中,规定零件机械加工工艺过程和操作方法等的工艺文件称为机械加工工艺规程。正确的工艺规程是在长期总结生产实践的基础上,依据科学理论和必要的工艺试验并结合具体的生产条件而制定的。其具体作用如下。

表 1-8 拨动杆机械加工工艺过程卡片

(企业名称)		机械加工工艺过程卡片		产品型号	JCBSX	零件图号	CJ-BDG-2010	共1页	第1页
				产品名称	机床变速箱	零件名称	拨动杆		
材料牌号	HT200	毛坯种类	铸件	毛坯外形尺寸		每毛坯件数	1	每台件数	1
工序号	工序名称	工序内容		车间	工段	设备	工艺装备	工时(准终/单件)	备注
1	铸造			铸					
2	时效			热					
3	铣	铣 M 平面		金工		X62	V 口虎钳、面铣刀		
4	车	车 φ25mm 外圆、钻、扩、铰 φ16H7 孔、车 N 面、倒角		金工		C6140	车夹具、锥柄钻头等		120
5	钻	钻、扩、铰 φ10H7 孔		金工		Z35	钻夹具、钻头等		
6	刨	粗刨、精刨 130°槽		金工		B665	刨夹具、成形刨刀		
7	铣	铣 P、Q 面		金工		X62	铣夹具、三面刃铣刀		
8	钻	钻 2×M8 的底孔 2×φ6.5mm		金工		Z35	回转钻模、钻头		
9	钻	攻螺纹 2×M8		金工		Z35	回转钻模、M8 丝锥		
10	检	检验、入库		检					
				设计(日期)	校对(日期)	审核(日期)	标准化(日期)	会签(日期)	
标记	处数	更改文件号	签字	日期	标记	处数	更改文件号	签字	日期

表 1-9 拨动杆机械加工工序卡片

(企业名称)	机械加工工序卡片		产品型号	JCBSX	零件图号		CJ-BDG-2010		共 10 页	第 5 页
			产品名称	机床变速箱	零件名称		拨动杆		材料牌号	HT200
			车间	工序号		工序名称		每台件数		1
			毛坯种类	毛坯外形尺寸		每毛坯可制件数		同时加工件数		1
			铸件			1				
			设备名称	设备型号		设备编号		切削液		
			摇臂钻床	Z35						
			夹具编号		夹具名称				工序工时/min	
					专用钻夹具			准终		单件
			工位器具编号		工位器具名称					
工步号	工步内容	工艺装备	主轴转速 /r·min⁻¹	切削速度 /m·min⁻¹	进给量 /mm·r⁻¹	背吃刀量 /mm		进给次数	工步工时 机动	辅助
1	钻孔 φ10H7 至尺寸 φ9mm	钻夹具，φ9mm 钻头	195	13.5	0.3			1		
2	扩孔 φ10H7 至尺寸 φ9.8mm	扩孔刀 φ9.8mm	68	6.2				1		
3	铰孔至 φ10H7	铰刀 φ10H7	68	7.5	0.18			1		
			设计(日期)	校对(日期)	审核(日期)	标准化(日期)		会签(日期)		

(1) 工艺规程是指导生产的主要技术文件，是指挥现场生产的依据。对于大批大量生产的企业，由于生产组织严密，分工细致，要求工艺规程比较详细，才能便于组织和指挥生产。对于单件小批生产的企业，工艺规程可以简单些。但无论生产规模大小，都必须有工艺规程，否则生产调度、技术准备、关键技术研究、器材配置等都无法安排，生产将陷入混乱。同时，工艺规程也是处理生产问题的依据，如产品质量问题，可按工艺规程来明确各生产单位的责任。按照工艺规程进行生产，便于保证产品质量、获得较高的生产效率和经济效益。

(2) 工艺规程是生产组织和管理工作的基本依据。首先，有了工艺规程，在新产品投产前，就可以进行有关生产前的技术准备工作。例如为零件的加工准备机床，设计和制造专用的工艺装备等。其次，企业的设计和调度部门根据工艺规程，安排各零件的投料时间和数量，调整设备负荷，各工作地按工时定额有节奏地进行生产等，使整个企业的各科室、车间、工段和工作地紧密配合，保证均衡地完成生产计划。

(3) 工艺规程是新建和改(扩)建工厂或车间的基本技术文件。在新建或改(扩)建工厂或车间时，只有根据工艺规程和生产纲领，才能准确确定生产所需机床的种类、规格和数量；工厂或车间的面积；机床的布局，生产工人的工种、技术等级及数量；各辅助部门的安排等。

(4) 工艺规程是进行技术交流的重要文件。先进的工艺规程起着交流和推广先进经验的作用，能指导同类产品的生产，缩短工厂摸索和试制的过程。

工艺规程是经过逐级严格审批的，因而也是工厂生产中的工艺纪律，有关人员必须严格执行。但工艺规程并不是固定不变的，它应不断地反映工人的革新创造，及时地吸取国内外先进工艺技术，不断予以改进和完善，以便更好地指导生产。

2) 制定工艺规程的原则

制定工艺规程的原则是：保证在一定生产条件下，以最高的生产率、最低的成本、可靠地生产出符合要求的产品，即优质、高效、低成本。在制定工艺规程时应注意以下问题。

(1) 技术上的先进性。在制定工艺规程时，要了解国内外本行业的工艺技术的发展水平，通过必要的工艺试验，积极采用先进的工艺和工艺装备。

(2) 经济上的合理性。在一定的生产条件下，可能会出现几种能保证零件技术要求的工艺方案，此时应通过核算或相互对比，选择经济上最合理方案，使产品的能源、材料消耗和生产成本最低。

(3) 有良好的劳动条件。在制定工艺规程时，要注意保证工人操作时有良好而安全的劳动条件。因此，在工艺方案上要注意采用机械化或自动化措施，以减轻工人繁杂的体力劳动。

另外，制定工艺规程时还应该做到正确、统一、完整和清晰；所用的术语、符号、计量单位、编号等都要符合有关标准。

3) 制定工艺规程的主要依据(原始资料)

制定工艺规程的原始资料主要有以下几项。

(1) 产品图样及技术条件。如产品的装配图和零件图。

(2) 产品的工艺方案。如产品验收质量标准、毛坯资料等。

(3) 产品的生产纲领(年产量),以便确定生产类型。

(4) 产品零部件工艺路线表或车间分工明细表,用以了解产品及企业的管理情况。

(5) 现有生产条件和资料,包括毛坯的生产能力,专用设备及工艺装备的制造能力,工人的技术水平,有关机械加工车间的设备和工艺装备的条件(如规格、性能、新旧程度和现有精度)等。

(6) 有关工艺标准。如各种工艺手册和图表,还应熟悉本企业的各种企业标准和行业标准。

(7) 国内外同类产品的有关工艺资料。工艺规程的制定,要经常研究国内外有关工艺资料,积极引进适用的先进的工艺技术,不断提高工艺水平,以获得最大的经济效益。

4) 制定工艺规程的步骤

(1) 计算零件的生产纲领,确定生产类型。

(2) 分析产品装配图和零件图。主要包括零件的加工工艺性、装配工艺性、主要加工表面及技术要求,了解零件在产品中的功用。

(3) 明确毛坯状况,确定毛坯的类型、结构形状、制造方法等。

(4) 拟定工艺路线。包括确定各表面的加工方案、划分加工阶段、选择定位基准、确定工序集中和分散的程度,合理安排加工顺序等。

(5) 设计工序内容。包括确定各工序的加工余量,计算工序尺寸及其公差;选择设备及工装;确定切削用量、计算时间定额等。

(6) 填写工艺文件。

5) 工艺文件格式与内容

将工艺规程的内容填入一定格式的卡片,成为生产准备和施工依据的工艺文件。工艺文件的格式可根据工厂具体情况自行确定,常用的工艺文件一般有三种:机械加工(或装配)工艺过程卡片、机械加工(或装配)工艺卡片和机械加工(或装配)工序卡片。(注:与装配相关的工艺文件将在项目七中详细介绍)

(1) 机械加工工艺过程卡片:以工序为单位,简要地列出整个零件加工所经过的工艺路线(包括毛坯制造、机械加工和热处理等)。它是制定其他工艺文件的基础,也是生产准备、编排作业计划和组织生产的依据。在这种卡片中,由于各工序的说明不够具体,故一般不直接指导工人操作,而多作为生产管理方面使用。但在单件小批生产中,由于通常不编制其他较详细的工艺文件,就以这种卡片指导生产。机械加工工艺过程卡片格式见表1-10。

(2) 机械加工工艺卡片:以工序为单位,详细地说明整个工艺过程的一种工艺文件。它是用来指导工人生产、帮助车间管理人员和技术人员掌握整个零件加工过程的一种主要技术文件,广泛用于成批生产的零件和关键(重要)零件的小批生产中。

机械加工工艺卡片内容包括零件的材料、重量、毛坯种类、工序号、工序名称、工序内容、工艺参数、操作要求以及采用的设备和工艺装备等。机械加工工艺卡片格式见表1-11。

(3) 机械加工工序卡片:是在工艺过程卡片和工艺卡片的基础上,为一道工序制订的工艺文件。它更详细地说明整个零件各个工序的要求,是用来具体指导工人操作的工艺文件。在这种卡片上要画出工序简图,说明该工序每一工步的加工内容、工艺参数、操作要求、装夹定位说明以及所用的设备和工艺装备等。一般用于大批大量生产的零件。机械加工工序卡片格式见表1-12。

表1-10 机械加工工艺过程卡片格式

(企业名称)		机械加工工艺过程卡片		产品型号		零(部)件图号			共 页	
				产品名称		零(部)件名称			第 页	
材料牌号		毛坯种类		毛坯外型尺寸		每毛坯件数		每合件数	备注	
工序号	工序名称	工序内容		车间	工段	设备	工艺装备		工时	
									准终	单件
						设计 (日期)	审核 (日期)	标准化 (日期)	会签 (日期)	
标记	处数	更改 文件号	签字	日期	标记	处数	更改 文件号	签字	日期	

表 1-11 机械加工工艺卡片格式

(企业名称)		机械加工工艺过程卡片		产品型号		零(部)件图号			共 页
				产品名称		零(部)件名称			第 页
材料牌号		毛坯种类	毛坯外型尺寸		每毛坯件数	每台件数		备注	
工序	工步	工序内容	同时加工零件数	设备名称及编号	切削用量			工艺装备名称及编号		技术等级	工时
					背吃刀量 /mm	切削速度 /m·min⁻¹	每分钟转数或往复次数	进给量 /mm·r⁻¹	夹具	刀具	量具		准终	单件
									设计(日期)	审核(日期)	标准化(日期)		会签(日期)	
标记	处数	更改文件号	签字	日期	标记	处数	更改文件号	签字	日期					

表1-12 机械加工工序卡片格式

(企业名称)	机械加工工序卡片	产品型号		零(部)件图号		共 页
		产品名称		零(部)件名称		第 页
			车间	工序号	工序名称	材料牌号
			毛坯种类	毛坯外形尺寸	每坯件数	每台件数
			设备名称	设备型号	设备编号	同时加工件数
			工位器具编号	工位器具名称		冷却液
			夹具编号	夹具名称		
						工序工时
						准终 单件
工步号	工步内容	工艺装备	主轴转速 /r·min⁻¹	切削速度 /m·min⁻¹	进给量 /mm·r⁻¹	背吃刀量 /mm	走刀次数	定额
								机动 辅助
			设计 (日期)		审核 (日期)	标准化 (日期)	会签 (日期)	
标记	处数	更改文件号	签字	日期	标记	处数	更改文件号	签字 日期

2. 加工余量(machining allowance)

零件加工工艺路线确定后，在进一步安排各个工序的具体内容时，应正确确定工序的工序尺寸，为确定工序尺寸，首先应确定加工余量。

由于毛坯不能达到零件所要求的精度和表面粗糙度，因此要留有加工余量，以便经过机械加工来达到这些要求。加工余量是指加工过程中从加工表面切除的金属层厚度。加工余量可分为总加工余量和工序加工余量。由毛坯转变为零件的过程中，在某加工表面上切除金属层的总厚度，称为该表面的总加工余量(又称毛坯余量)。一般情况下，总加工余量并非一次切除，而是分在各工序中逐渐切除，故每道工序所切除的金属层厚度称为该工序加工余量(简称工序余量)。

1) 工序余量

工序余量是相邻两工序的工序尺寸之差，即某一加工表面在一道工序中切除的金属层厚度。对于如图 1.19 所示的平面等单边加工表面，加工余量就等于切除的金属层厚度，称为单边余量，其单边加工余量为：

对于外表面(见图 1.19(a))： $Z_1 = A_1 - A_2$ (1-2)

对于内表面(见图 1.19(b))： $Z_2 = A_2 - A_1$ (1-3)

式中：A_1——前道工序的工序尺寸；

A_2——本道工序的工序尺寸。

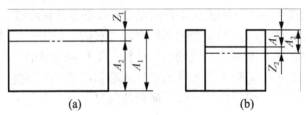

图 1.19 单边加工余量

对于外圆和孔等对称表面，其加工余量在直径方向是对称分布的，为双边加工余量，如图 1.20 所示。即

对于轴(见图 1.20(a))： $2Z_2 = d_1 - d_2$ (1-4)

对于孔(见图 1.20(b))： $2Z_2 = D_2 - D_1$ (1-5)

式中：$2Z_2$——直径上的加工余量；

D_1、d_1——前道工序的工序尺寸(直径)；

D_2、d_2——本道工序的工序尺寸(直径)。

当加工某个表面的工序分几个工步时，则相邻两工步尺寸之差就是工步余量。它是某工步在加工表面上切除的金属层厚度。

2) 总加工余量

总加工余量是指零件从毛坯变为成品的整个加工过程中某一表面所切除金属层的总厚度，即零件毛坯尺寸与零件图上设计尺寸之差。总加工余量等于各工序加工余量之和，即

$$Z_{总} = \sum_{i=1}^{n} Z_i \tag{1-6}$$

式中：$Z_{总}$——总加工余量；
　　　Z_i——第 i 道工序加工余量；
　　　n——该表面的工序数。

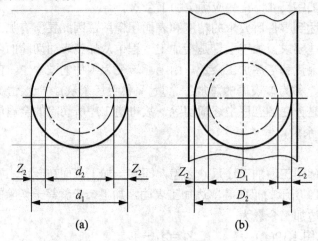

图 1.20　双边加工余量

在工件上留加工余量的目的是为了切除上一道工序所留下来的加工误差和表面缺陷，如铸件表面冷硬层、气孔、夹砂层，锻件表面的氧化皮、脱碳层、表面裂纹，切削加工后的内应力层和表面粗糙度等，从而提高工件的精度和降低表面粗糙度。

加工余量的大小对加工质量和生产效率均有较大影响。加工余量过大，不仅增加了机械加工的劳动量，降低了生产率，而且增加了材料、工具和能量消耗，提高了加工成本。若加工余量过小，则既不能消除上道工序的各种缺陷和误差，又不能补偿本工序加工时的装夹误差，造成废品。其选取原则是在保证质量的前提下，使余量尽可能小。一般说来，越是精加工，工序余量越小。

3. 基准(datum)及其分类

机械零件是由若干个表面组成的，各组成表面之间有一定的相互位置和距离尺寸要求，在加工过程中必须以一个或几个基准为依据测量、加工其他表面，以保证零件图上所规定的要求。基准是零件图上用以确定其他点、线、面位置的那些点、线、面。根据基准的功用不同，可分为设计基准和工艺基准两大类。

1) 设计基准

在零件图上用以确定其他点、线、面位置的基准称为设计基准。

图 1.21(a)所示零件，对尺寸 20mm 而言，A、B 面互为设计基准；图 1.21(b)中，ϕ50mm 圆柱面的设计基准是 ϕ50mm 的轴线，ϕ30mm 圆柱面的设计基准是 ϕ30mm 的轴线。就同轴度而言，ϕ50mm 的轴线是 ϕ30mm 轴线的设计基准。图 1.21(c)所示零件，圆柱面的下素线 D 为槽底面 C 的设计基准。作为设计基准的点、线、面在工件上不一定具体存在，例如，表面的几何中心、对称线、对称平面等。

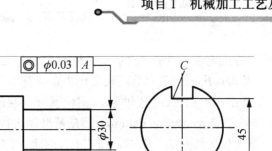

图 1.21 设计基准示例

2) 工艺基准

零件在机械加工和装配过程中所使用的基准，称为工艺基准。工艺基准按不同的用途可分为工序基准、定位基准、测量基准和装配基准。

(1) 工序基准(process datum)。在工序图(或其他工艺文件)上用来确定本工序所加工表面加工后的尺寸、形状、位置的基准。所标定的被加工表面位置的尺寸，称为工序尺寸。

图 1.21(c)中，加工 C 表面时按尺寸 45 进行加工，则母线 D 为本工序的工序基准，加工尺寸 45 为工序尺寸。

(2) 定位基准(locating datum)。定位基准是在加工中用作工件定位的基准。它是工件上直接与夹具的定位元件相接触的点、线、面。在加工中用作定位时，它使工件在工序尺寸方向上获得确定的位置。定位基准是由技术人员编制工艺规程时确定的。

定位基准除了是工件的实际表面外，也可以是表面的几何中心、对称线或对称面，在工件上并不一定存在，但必须由相应的实际表面来体现，这些实际存在的表面统称为定位基面。

与之对应，定位元件上与定位基面相配合的表面称为限位基面，它的理论轴线称为限位基准。如图 1.22 所示的钻套，用内孔装在心轴上磨削 $\phi 40h6$ 外圆表面时，内孔表面是定位基面，孔的中心线即为定位基准；心轴外圆表面称为限位基面，其轴线称为限位基准。当工件以平面定位时，定位基准和定位基面、限位基准和限位基面完全一致。

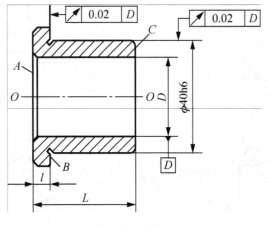

图 1.22 钻套

根据工件上定位基准的表面状态不同,定位基准又可分为粗基准和精基准。

① 粗基准:用未加工的毛坯表面作为定位基准,则该基准称为粗基准。

② 精基准:用加工过的表面作为定位基准,则该基准称为精基准。

(3) 测量基准(measuring datum)。测量基准是工件在测量及检验时用来测量已加工表面尺寸及位置所使用的基准。例如,图 1.21(c)中检验 45 尺寸时,D 为测量基准;图 1.22 的钻套,以内孔 D 套在检验心轴上检验 ϕ40h6 外圆的径向跳动和端面 B 的端面跳动时,内孔即为测量基准。

(4) 装配基准(assembling datum)。装配时,用来确定零件在部件或机器中的位置所用的基准称为装配基准。

图 1.23 所示的齿轮,以内孔和左端面确定安装在轴上的位置,内孔和左端面就是齿轮的装配基准。

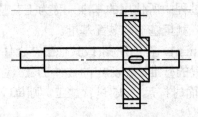

图 1.23　齿轮的装配基准

图 1.24 所示是表明各种基准及其相互关系的例子。

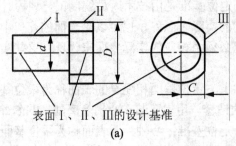

(a)

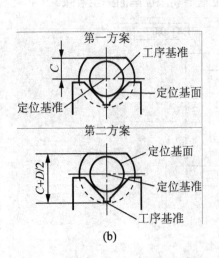

(b)

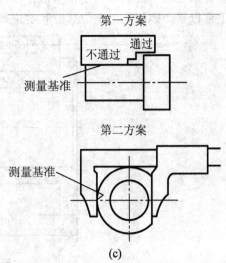

(c)

图 1.24　各种基准的示例

1.3.3 任务实施

工艺规程是企业加工产品的主要技术依据，只有按既定的工艺规程进行生产，才能保证产品的加工达到"优质、高效、低成本"，以获得最佳经济效益，所以首先应正确识读工艺文件的内容。

1. 机械加工工艺过程卡片的识读

1) 表头

由表 1-8 可知，该卡片是机床变速箱体中操纵机构上拨动杆的机械加工工艺过程卡片，机床变速齿轮箱体的图号是 CJ-BDG-2010(按零件图样填写)。

2) 毛坯信息

零件材料牌号为 HT200 的灰铸铁(按零件图样填写)，毛坯种类是铸件。

3) 加工工艺过程

因拨动杆是中批生产，具体指导其生产的工艺文件是机械加工工序卡片，所以其机械加工工艺过程卡片中的工序内容编写得比较简单。

从工艺过程卡片中可知，机床变速箱体拨动杆由金工车间负责加工，整个工艺过程共有 10 道工序，各工序的加工内容及最终加工尺寸简要明确，从设备型号可知，各工序所使用的设备一般为通用机床；卡片中填写的夹具说明，各工序所使用的夹具大多都是专用夹具。因刀具、量具和辅具的种类较多，且在工序卡片中已清楚说明，故在工艺过程卡片中可以不填写。由卡片中可以看出，各工序的工时不均衡，工序 4 的工序最长、工时最多，其次是工序 6 和工序 5，在安排加工设备和人员时应考虑如何解决工序均衡、工件流动及临时存放等问题。从其加工过程中可以看出，加工顺序的安排有以下特点：

(1) 先加工基准面后加工其他表面；

(2) 先加工面后加工孔；

(3) 先加工主要表面后加工次要表面。

2. 机械加工工序卡片的识读

1) 表头

由表 1-9 可知，机械加工工序卡片表头的填写内容与机械加工工艺过程卡片相同。

2) 工序卡片

(1) 工序基本信息和使用的设备及夹具。本工序的工序号和工序名称、加工零件的名称及材料、毛坯信息、使用设备及夹具等栏填写的内容均与工艺过程卡片的一致，只是加工设备和夹具栏更详细地说明了其型号、名称。通用或标准设备和夹具，除说明其型号和名称外，有时还说明其规格和精度。

(2) 加工内容。按加工顺序简明描述各个工步的加工内容、尺寸及精度要求，与工艺附图配合识读，工序的加工过程一目了然。

(3) 工艺装备。工艺装备栏填写了工序或各工步所使用的刀具、量具和辅助工具，说明使用的专用工艺装备的编号(或名称)及标准的工艺装备的名称、规格和精度。

(4) 切削用量。清楚说明了各工步的切削用量，以便指导操作者加工时选择。

(5) 工时。各工步的机动时间、辅助时间及工序工时均清晰说明。

3) 工艺附图

一般工序卡片都绘制工序图或工步示意图。

(1) 各工步的加工内容通过示意图清晰表达，图形按机械制图标准绘制，可采用适合的视图和剖视图，允许不按比例绘制。当工步较少且加工内容较简单时，只需绘制工序最终加工示意图。

(2) 示意图中的粗实线表示该工序的加工表面，细实线表示非加工表面，突出表示加工部位。

(3) 毛坯图的画法。在确定了毛坯种类、形状和尺寸后，还应绘制一张毛坯图，作为毛坯生产单位的产品图样。绘制毛坯图，是在零件图的基础上，在相应的加工表面上加上毛坯余量。但绘制时还要考虑毛坯的具体制造条件，如铸件上的孔、锻件上的孔和空挡、法兰等的最小铸出和锻出条件；铸件和锻件表面的起模斜度(拔模斜度)和圆角；分型面和分模面的位置等。并用双点划线在毛坯图中表示出零件的表面，以区别加工表面和非加工表面。

(4) 在示意图上清晰地标明了本工序各工步的加工尺寸及精度要求、表面粗糙度、测量基准等。

(5) 示意图中的三处定位符号(▽)和数字，说明以左端面和外圆定位，左端面限制三个自由度，外圆面限制二个自由度，另外在拨动杆的 N 面部分还有一处辅助支承，用符号(⊥)表示。夹紧符号(↓)指明夹紧部位。

有关机械加工的定位、夹紧符号应符合机械工业部标准 JB/T 5061—2006 的规定，见表 1-13。

表 1-13 机械加工定位、夹紧符号

标注位置	分类	独立		联动	
		标注在视图轮廓线上	标注在视图正面上	标注在视图轮廓线上	标注在视图正面上
定位点	固定式	∧2	◇3	∧∧	◇◇
	活动式	⩕	⟡	⩕⩕	⟡⟡
机械夹紧		↓	↓	↓↓	↓↓
液压夹紧		Y↓	Y↓	Y↓↓	Y↓↓
气动夹紧		Q↓	Q↓	Q↓↓	Q↓↓
电磁夹紧		D↓	D↓	D↓↓	D↓↓

特别提示

毛坯图的绘制步骤如下：

(1) 用双点划线画出简化了次要细节的零件图的主视图，将确定的加工余量叠加在各相应被加工表面上，即得到毛坯轮廓，轮廓线用粗实线表示。

(2) 为表达清楚零件的内部结构，可画出必要的剖视图。

(3) 在图上标出毛坯主要尺寸及公差，标出加工余量的名义尺寸。

(4) 标明毛坯的技术要求，如毛坯精度、热处理及硬度、圆角尺寸、起模斜度、表面质量要求(气孔、缩孔、夹砂等)等。

项 目 小 结

> 本项目通过循序渐进的三个工作任务，从完成任务角度出发，结合企业生产实例讲解生产过程和工艺过程、机械加工工艺过程的组成及机械加工工艺规程的格式等知识，从而全面认识机械加工工艺及规程，为后续学习及合理编制与实施典型零件的机械加工规程和装配工艺规程奠定基础。

思 考 练 习

1．机械零件常用毛坯种类有哪些？
2．什么是生产过程、工艺过程、辅助过程？
3．机械加工工艺过程和装配工艺过程有何差别？
4．对夹紧装置的基本要求有哪些？
5．选择夹紧力的方向和作用点应遵循什么原则？
6．机床夹具的功用是什么？机床夹具一般有哪些类型？一般都由哪些元件组成？
7．机械加工工艺过程中，工序、安装、工位、工步、走刀五个部分相互关系如何？
8．如图 1.25 所示的六角螺钉，毛坯为棒料，其机械加工工艺过程见表 1-14。试分析其工艺过程中的工序、安装、工位和工步。(注：中批生产)

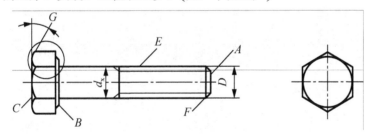

图 1.25 六角螺钉

表 1-14 六角螺钉的加工工艺过程

工序号	工序名称	工序内容	设 备	工 装	备 注
1	车	车端面 A；车外圆 E、端面 B；倒角 F；切断	车床	三爪卡盘	
2	车	车端面 C；倒棱 G	车床	三爪卡盘	
3	铣	铣六方(复合工步)	铣床	旋转夹具	
4	车	(1) 车螺纹外径 D	车床	三爪卡盘	走刀 3 次
		(2) 车螺纹			走刀 6 次

9. 如何划分生产类型？各种生产类型的工艺特征是什么？
10. 切削加工的加工余量是如何确定的？
11. 何谓设计基准、定位基准、工序基准、测量基准、装配基准？各举例说明。
12. 切削用量三要素是什么？
13. 什么是工艺规程？它在生产中有何作用？
14. 常用的工艺规程有哪几种？各适用在何场合？
15. 如何正确识读工艺文件的内容？

项目 2

轴类零件机械加工工艺规程编制与实施

教学目标

最终目标	能合理编制典型轴类零件的机械加工工艺规程并实施，加工出合格的零件
促成目标	1. 能正确分析轴类零件的结构和技术要求 2. 能根据实际生产需要合理选用机床、工装；合理选择金属切削加工参数 3. 能合理编制轴类零件机械加工工艺规程，正确填写其机械加工工艺文件 4. 能考虑加工成本，对零件的加工工艺进行优化设计 5. 能正确刃磨常用车刀 6. 能合理进行轴类零件精度检验 7. 能查阅并贯彻相关国家标准和行业标准 8. 能进行设备的常规维护与保养，执行安全文明生产 9. 能注重培养学生的职业素养与习惯

引言

轴类零件(axial parts)是机器常用零件之一，其主要功用是支承传动件(齿轮、带轮、离合器等)，传递转矩和承受载荷。常见轴的种类如图 2.1 所示。

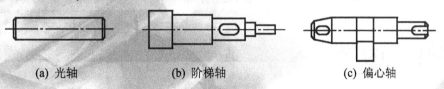

(a) 光轴　　　　　　　(b) 阶梯轴　　　　　　　(c) 偏心轴

图 2.1　常见轴的种类

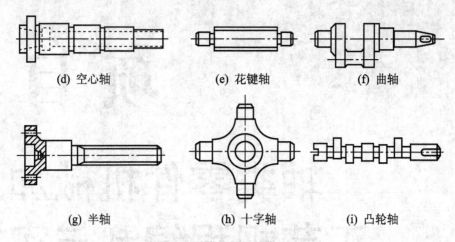

(d) 空心轴　　　　(e) 花键轴　　　　(f) 曲轴

(g) 半轴　　　　(h) 十字轴　　　　(i) 凸轮轴

图 2.1　常见轴的种类(续)

从结构特征来看，轴类零件是长度 L 大于直径 d 的旋转体零件。其加工表面主要是内、外圆柱面，内、外圆锥面，螺纹、花键和沟槽等，通常采用车削、磨削等方法加工。

轴类零件是机械结构中用于传递运动和动力的重要零件之一，其加工质量直接影响到机械的使用性能和运动精度。

任务 2.1　光轴零件机械加工工艺规程编制与实施

2.1.1　任务引入

编制图 2.2 所示的光轴的机械加工工艺规程并实施。生产类型为小批生产(60 件)。材料：45#热轧圆钢。

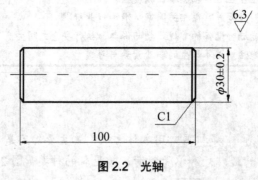

图 2.2　光轴

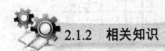

2.1.2　相关知识

一、车削加工

车削加工(turning processing)就是在车床上利用工件的旋转运动和刀具的直线运动来改变毛坯(图 2.3(a))的形状和尺寸，把它加工成符合图样要求的零件，如图 2.3(b)所示。

 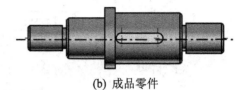

(a) 毛坯　　　　　　　　　　(b) 成品零件

图 2.3　车削加工零件

车削的工艺特点及应用：

(1) 加工精度较高。

对于轴、套、盘类零件，由于各加工面具有同一回转轴线，并与车床主轴回转轴线重合，可在一次装夹中加工出不同直径的外圆、内孔和端面，可保证各加工面间的同轴度和垂直度等。

(2) 适用于有色金属工件的精加工。

对精度较高、表面粗糙度值较小的有色金属工件，若采用磨削，易堵塞砂轮，较难加工。若用金刚石车刀以小的背吃刀量(a_p＜0.15mm)和进给量(f＜0.1mm/r)，高的切削速度(v_c＝5m/s)进行精车，公差等级可达 IT5—IT6，表面粗糙度 Ra 值可达：0.4～0.2μm；

(3) 生产率高。

多数车削过程是连续的，切削层公称横截面积不变(不考虑毛坯余量不均)，切削力变化小，切削过程平稳，可采用高速切削；另外，车床的工艺系统及刀杆刚度好，可采用较大的背吃刀量和进给量，如强力切削等。

(4) 生产成本较低。

车刀结构简单，制造、刃磨和安装都比较方便。另外，许多夹具已作为附件生产，使生产准备时间缩短，从而降低成本。

(5) 适应性好。

车削加工适应于多种材料、多种表面、多种尺寸和多种精度，在各种生产类型中是不可缺少的加工方法。

车削加工范围广泛，在机械工业中占有非常重要的地位和作用。在机械加工的各类机床中，车床几乎要占总数的 1/2 左右。

1. 车床(lathe)

1) 车床的功能

车床是主要用车刀对旋转的工件进行车削加工的机床。车床适用于加工各种轴类、套筒类和盘类等回转体零件上的回转表面，如内外圆柱面、内外圆锥面、成形回转表面，还可车削端面及各种常用螺纹，还可以进行钻孔、扩孔、铰孔、滚花等工作。车削加工的主要工艺范围如图 2.4 所示。

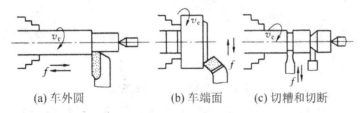

(a) 车外圆　　　　(b) 车端面　　　　(c) 切槽和切断

图 2.4　普通卧式车床加工的典型表面

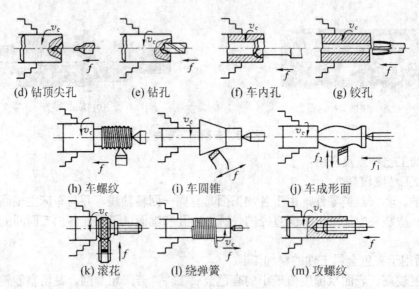

(d) 钻顶尖孔　　(e) 钻孔　　(f) 车内孔　　(g) 铰孔

(h) 车螺纹　　(i) 车圆锥　　(j) 车成形面

(k) 滚花　　(l) 绕弹簧　　(m) 攻螺纹

图 2.4　普通卧式车床加工的典型表面(续)

2) 车床类型

按照用途和功能不同，车床主要分为以下几种类型。

(1) 卧式车床(图 2.5)及落地车床(图 2.6)。

(2) 立式车床(图 2.7(a)、(b))。

(3) 六角车床。

(4) 多刀半自动车床(图 2.8(a))。

(5) 仿形车床及仿形半自动车床。

(6) 单轴自动车床(图 2.8(b))。

(7) 多轴自动车床及多轴半自动车床。

此外，还有各种专门化车床，例如凸轮车床、曲轴车床、高精度丝杠车床等。在所有车床中，以卧式车床应用最为广泛。卧式车床加工尺寸公差等级可达 IT8—IT7，表面粗糙度 Ra 值可达 $1.6\mu m$。下面主要介绍最常用的 CA6140 型卧式车床。

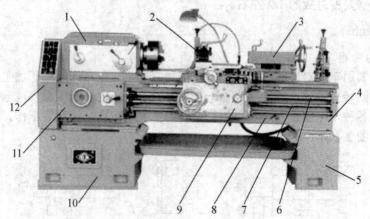

图 2.5　CA6140 型卧式车床

1—主轴箱；2—刀架；3—尾座；4—床身；5、10—床脚；6—丝杠；
7—光杠；8—操纵杆；9—溜板箱；11—进给箱；12—交换齿轮箱

图 2.6 落地车床

(a) 单柱式　　　　　　　　　(b) 双柱式

图 2.7 立式车床

(a) 液压多刀半自动车床　　　　(b) 单主轴双尾轴无油封式自动车床

图 2.8 其他车床类型

3) 车床的型号

金属切削机床(简称机床)按万能性程度(机床工艺范围大小)分为通用机床和专用机床。

通用机床型号的编制：

现行的金属切削机床型号是按国家标准 GB/T 15375—1994《金属切削机床型号编制方法》编制的。通用机床按其产品工作原理、结构、性能特点及使用范围，划分为 11 类，每类划分 10 个组，每组又划分 10 个系(系列)。

机床型号的编制是采用大写汉语拼音字母和阿拉伯数字按一定的规则组合排列的，用以表示机床的类别、类型、主参数、性能和结构特点等。其型号由基本部分和辅助部分组成，中间用"/"隔开，读作"之"。前者需统一管理，后者纳入型号与否由企业自定。其型号构成如下：

如 CA6140 型卧式车床中，C 为类代号，表示车床；A 为结构特性代号，以示与 C6140、CY6140 等的区别；61 说明该机床属于车床类 6 组 1 系；40 为该车床的主参数，表示最大加工直径是 400mm。无第二主参数、重大改进顺序号及变型代号。

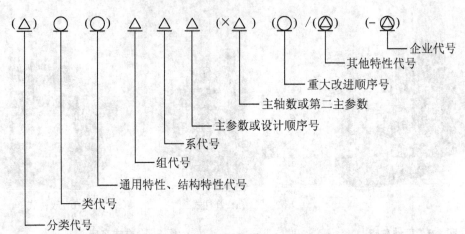

注：(1) 有"（ ）"的代号或数字，当无内容时，则不表示。若有内容则不带括号；
(2) 有"○"符号者，为大写的汉语拼音字母；
(3) 有"△"符号者，为阿拉伯数字；
(4) 有"⬢"符号者，为大写的汉语拼音字母、或阿拉伯数字、或两者兼有之。

知识拓展

通用机床型号的编制

机床类别和类代号见表2-1。

表2-1 机床类别和类代号

类别	车床	钻床	镗床	磨床			齿轮加工机床	螺纹加工机床	铣床	刨插床	拉床	锯床	其他机床
代号	C	Z	T	M	2M	3M	Y	S	X	B	L	G	Q
读音	车	钻	镗	磨	二磨	三磨	牙	丝	铣	刨	拉	割	其

当某类机床除有普通形式外，还有某种通用特性时，则类代号之后按表2-2所示加通用特性代号予以区分，可多个同时使用。某些类型机床仅有某种通用特性，而无普通形式者，则通用特性不予表示。通用特性代号有统一固定含义，各类机床型号中所表示意义相同。

表2-2 机床通用特性代号

通用特性	高精度	精密	自动	半自动	数控	加工中心（自动换刀）	仿形	轻型	加重型	简式或经济型	柔性加工单元	数显	高速
代号	G	M	Z	B	K	H	F	Q	C	J	R	X	S
读音	高	密	自	半	控	换	仿	轻	重	简	柔	显	速

对主参数值相同而结构、性能不同的机床，在型号中加结构特性代号以区别。根据各类机床的具体情况，对某些结构性代号，可以赋予一定含义，但结构特性代号与通用特性代号不同，它在型号中没有统一含义，只在同类机床中起区分机床结构、性能不同作用。当型号中有通用特性代号时，结构特性代号应排在通用特性代号之后。结构特性代号，用大写汉语拼音字母表示，但通用特性代号已用字母和"I、O"两个字母，均不能作为结构特性

代号。可用作结构特性代号的字母有 A、D、E、L、N、P、T、U、V、W、Y, 当单个字母不够用时, 可将两个字母组合起来使用, 如 AD、AE 等, 或 DA、EA 等。

机床组、系代号, 用两位阿拉伯数字表示, 位于类代号或特性代号之后。机床型号中主参数用折算值表示, 位于组、系代号之后。当折算值大于1时, 则取整数, 前面不加"0"; 当折算值小于1时, 则取小数点后第一位数, 并在前面加"0"。

常见机床的主参数名称及折算系数见表2-3。

表2-3 常见机床的主参数名称及折算系数

机床名称	主参数名称	主参数折算系数	机床名称	主参数名称	主参数折算系数
卧式车床	床身上最大回转直径	1/10	立式升降台铣床	工作台面宽度	1/10
摇臂钻床	最大钻孔直径	1	卧式升降台铣床	工作台面宽度	1/10
卧式坐标镗床	工作台面宽度	1/10	龙门刨床	最大刨削长度	1/100
外圆磨床	最大磨削直径	1/10	牛头刨床	最大刨削长度	1/10

某些通用机床, 当无法用一个主参数表示时, 则型号中用设计顺序号表示, 设计顺序号由1开始, 当设计顺序号大于10时, 由01开始编号。

多轴车床、多轴钻床和排式钻床等机床, 其主轴数应以实际数值列入型号, 置于主参数之后, 用"×"分开, 读作"乘"。单轴, 可省略, 不予表示。

第二主参数(多轴机床主轴数除外), 一般不予表示。如有特殊情况, 需型号中表示时, 一般以折算成两位数为宜, 最多不超过三位数。以长度、深度值等表示, 其折算系数为 1/100; 以直径宽度值等表示, 其折算系数为 1/10; 以厚度、最大模数值等表示, 其折算系数为 1。当折算值大于1时, 则取整数; 当折算值小于1时, 则取小数点后第一位数, 并在前面加"0"。

当机床结构、性能有更高的要求, 并需按新产品重新设计、试制和鉴定时, 才按改进的先后顺序选用 A、B、C 等汉语拼音字母(但"I、O"两字母不选用)进行编号, 加在型号基本部分尾部, 以区别原机床型号。重大改进设计不同于完全的新设计, 它是在原有机床基础上进行改进设计, 因此, 重大改进后的产品与原型号的产品是一种取代关系。凡属局部的小改进, 或增减某些附件、测量装置及改变装夹工件的方法等, 因对原机床的结构、性能没有作重大改变, 故不属重大改进, 其型号不变。

其他特性代号主要反映各类机床特性, 如数控机床, 可用来反映不同控制系统等; 加工中心可反映控制系统、自动交换主轴头、自动交换工作台等; 柔性加工单元, 可反映自动变换主轴箱; 一机多能机床, 可补充表示某些功能; 一般机床, 可以反映同一型号机床的变型等。其他特性代号, 置于辅助部分之首。其中同一型号机床的变型代号一般应放在其他特性代号之首位。

企业代号包括机床生产厂代号和机床研究单位代号。机床生产厂代号一般由大写汉语拼音字母和阿拉伯数字组成, 字母取机床生产厂名称中一个、两个或三个字母, 数字取机床生产厂名称中序号; 机床研究单位代号, 一般由该单位名称中三个大写汉语拼音字母组合表示, 机床生产厂和机床研究单位代号, 均由型号管理部门统一规定。

通用机床型号示例:

(1) 大河机床厂生产第一次重大改进, 其最大钻孔直径为 25mm 四轴立式排钻床, 型号为 Z5625×4A/DH。

(2) 中捷友谊厂生产最大钻孔直径为 40mm, 最大跨距为 1 600mm 摇臂钻床, 型号为 Z3040×16/S2。

(3) 瓦房店机床厂生产最大车削直径为 1 250mm, 第一次重大改进数显单柱立式车床, 型号为 CX5112A/WF。

(4) 最大回转直径为 400mm 半自动曲轴磨床, 型号为 MB8240。因加工需要, 在此型号机床基础上变换第一种型式半自动曲轴磨床, 其型号为 MB8240/1, 变换第二种型式型号则为 MB8240/2, 依次类推。

(5) 某机床厂生产最大磨削直径为 320mm 半自动万能外圆磨床, 其型号为 MBE1432。

(6) 某机床厂设计试制第五种仪表磨床为立式双轮轴颈抛光机,这种磨床无法用一个主参数表示,故其型号为 MO405。后来,又设计了第六种为轴颈抛光机,其型号为 MO406。

4) CA6140 型车床的组成与技术性能

(1) 图 2.4 所示为 CA6140 型卧式车床,其主要组成部件及功用见表 2-4。

表 2-4 CA6140 型卧式车床主要组成部件及功用

部件名称	功　用
主轴箱 1	又称床头箱。 支承主轴并把动力经变速传动机构传给主轴,使主轴通过卡盘带动工件按需要的转速旋转,以实现主运动。
刀架 2	由纵溜板、横溜板、上溜板和方刀架组成。 装夹车刀,实现其纵向、横向或斜向进给运动。
尾座 3	可沿导轨纵向调整其位置,可安装顶尖支承工件,也可以安装钻头、铰刀等孔加工刀具进行孔加工
床身 4,床腿 5、10	是基础构件,用来支承和连接各主要部件,使它们在工作时保持准确的相对位置
丝杠 6	在车削螺纹时使用,使车刀按要求的速比作精确的直线移动
光杠 7	将进给箱的运动传递给溜板箱,使床鞍、中滑板和车刀按要求的速度作直线进给运动
溜板箱 9	溜板:包括床鞍、中滑板、小滑板,用来实现各种进给运动 溜板箱:把进给箱通过光杠或丝杠传来的运动传递给刀架,使刀架实现纵向进给、横向进给、快速移动或车螺纹。其上有各种操作手柄(如操纵杆 8)和操作按钮,方便工人操作。
进给箱 11	又称走刀箱,箱内装有进给运动的齿轮变换机构,可通过改变光杠或丝杠转速,以获得不同的机动进给量或加工螺纹的导程
交换齿轮箱 12	其中装有交换挂轮,将主轴的运动传递给进给箱传动轴,并与进给箱的齿轮变速机构配合,用于车削各种不同导程的螺纹

(2) CA6140 型卧式车床主要技术性能参数,见表 2-5。

表 2-5 CA6140 型卧式车床的主要技术参数

床身上最大工件回转直径/mm	400
最大工件长度(4 种规格)/mm	750;1 000;1 500;2 000
最大车削长度/mm	650;900;1 400;1 900
刀架上最大工件回转直径/mm	210
主轴转速范围/r·min^{-1}	正转 24 级:10～1 400
	反转 12 级:14～1 580
进给量范围/mm·r^{-1}	纵向进给量 64 级:0.028～6.33;
	横向进给量 64 级:0.014～3.16
床鞍与刀架快速移动速度/m·min^{-1}	4

	续表
车削螺纹范围	米制螺纹 44 种：$T=1\sim192$mm
	英制螺纹 20 种：$a=2\sim24$ 牙/in
	模数螺纹 39 种：$m=0.25\sim48$mm
	径节螺纹 37 种：$DP=1\sim96$ 牙/in
主电动机功率/kW	7.5
主电动机最高转速/r·min^{-1}	1450

5) CA6140 型车床的传动系统

CA6140 型车床的传动系统见图 2.9。整个传动系统由主运动传动链、车螺纹传动链、纵向进给传动链、横向进给传动链及快速移动传动链五部分组成。

下面分别介绍上述传动链的工作情况。

(1) 主运动传动链。CA6140 型卧式车床的主运动是主轴的旋转运动，其传动链是主电动机至主轴之间的传动联系。

主运动传动链由主电动机(7.5kW，1450r/min)经V型带传动$\phi130/\phi230$，传至主轴箱内的轴Ⅰ。轴Ⅰ上安装有双向多片式摩擦离合器 M_1(控制主轴的起动、停止及转向)，M_1 左边的摩擦片结合时，主轴正转；右边的结合时，主轴反转；当两边的摩擦片都脱开时，主轴停转。轴Ⅰ的运动经离合器 M_1 和双联滑移齿轮变速装置传至轴Ⅱ，再经三联滑移齿轮变速装置传至轴Ⅲ。轴Ⅲ的运动可经两条传动路线传至主轴。当主轴Ⅵ上的滑移齿轮 z50 处于左边位置时，轴Ⅲ的运动直接由齿轮 z63 传至滑移齿轮 z50(与主轴用花键连接)，从而带动主轴高速旋转；当滑移齿轮 z50 右移，与齿轮 z63 脱开啮合，并通过其内齿轮与主轴上大齿轮 z58 左端齿轮啮合(即 M_2 结合)时，轴Ⅲ的运动经轴Ⅲ～Ⅳ间及轴Ⅳ～Ⅴ间两组双联滑移齿轮变速装置传至轴Ⅴ，再经齿轮副 $\frac{26}{58}$ 使主轴获得中、低转速。当轴Ⅰ上 M_1 右边结合时，轴Ⅰ经 M_1 和 $\frac{50}{34}\times\frac{34}{30}$ 两级齿轮副使轴Ⅱ反转，从而带动主轴实现反转。

主运动的传动路线表达式为：

$$电动机 - \frac{\phi130}{\phi230} - Ⅰ - \begin{bmatrix} M_1(正转) - \begin{bmatrix} \frac{51}{43} \\ \frac{56}{38} \end{bmatrix} \\ M_1(反转) - \frac{50}{34} - Ⅶ - \frac{34}{30} \end{bmatrix} - Ⅱ - \begin{bmatrix} \frac{39}{41} \\ \frac{22}{58} \\ \frac{30}{50} \end{bmatrix} - Ⅲ - \begin{bmatrix} M_2 - \begin{bmatrix} \frac{20}{80} \\ \frac{50}{50} \end{bmatrix} - Ⅳ - \begin{bmatrix} \frac{20}{80} \\ \frac{50}{50} \end{bmatrix} - Ⅴ - \frac{26}{58} \\ M_2 - \frac{63}{50} \end{bmatrix} - Ⅵ(主轴)$$

通过传动路线可以看出，电动机到Ⅰ轴之间只有一种传动比，所以Ⅰ轴只能获得一种转速。Ⅰ轴到Ⅱ轴之间若离合器左合(主轴正转)有两种传动比，即Ⅰ轴、Ⅱ轴之间可获得两种变化的转速。依次类推，Ⅱ、Ⅲ轴之间可获得三种变化的转速。Ⅲ、Ⅳ轴之间可获得两种变化的转速。Ⅳ、Ⅴ轴之间可获得两种变化的转速。Ⅴ、Ⅵ轴之间可获得一种变化的转速。Ⅲ、Ⅵ轴之间可获得五种变化的转速。所以主轴的正转转速级数为 $2\times3\times(2\times2+1)$ $=30$，但由于轴Ⅲ～Ⅴ间的四种传动比是：

$$u_1 = \frac{50}{50} \times \frac{51}{50} \approx 1 \qquad u_2 = \frac{20}{80} \times \frac{51}{50} \approx \frac{1}{4}$$

$$u_3 = \frac{50}{50} \times \frac{20}{80} = \frac{1}{4} \qquad u_4 = \frac{20}{80} \times \frac{20}{80} = \frac{1}{16}$$

其中 $u_2 \approx u_3$，再考虑到带传动的打滑系数，轴Ⅲ～Ⅴ间只有三种不同传动比。故主轴实际只获得的 $2\times3\times(3+1)=24$ 级不同的正转转速。同理，主轴的反转转速级数为：$3\times(3+1)=12$ 级。

(2) 车螺纹传动链。

CA6140型卧式车床可车削米制、模数制、英制和径节制四种标准螺纹，另外还可加工大导程螺纹、非标准螺纹及较精密螺纹。

车螺纹时，传动链两端主轴与刀架之间必须保证严格的运动关系，即主轴转一转，刀架带动车刀必须准确地移动一个被加工螺纹的导程。其运动平衡式为：

$$1_{主轴} \times u_{定} u_x L_{丝} = L_{工}$$

式中：$u_{定}$——从主轴到丝杠之间全部定比传动副的总传动比，是一常数；

u_x——从主轴到丝杠之间换置机构的可变传动比；

$L_{丝}$——车床丝杠的导程。CA6140型车床使用单头、螺距为12mm的丝杠，故$L_{丝}=12$mm；

$L_{工}$——被加工螺纹的导程(mm)。

上式中，$u_{定}$、$L_{丝}$ 都是定值，可见，要加工不同导程的螺纹，关键是调整车螺纹传动链中换置机构的传动比。

① 车标准螺纹和大导程螺纹

加工标准螺纹时，主轴Ⅵ的运动经 $\frac{58}{58}$ 的齿轮啮合传递到Ⅸ轴，再经 $\frac{33}{33}$ 或 $\frac{33}{25}$、$\frac{25}{33}$ 到Ⅺ轴，若挂轮机构的齿数比为 $\frac{63}{100}$、$\frac{100}{75}$，则当进给箱中离合器 M_5 结合，M_3、M_4 脱开时，为加工米制螺纹传动路线；当离合器 M_3、M_5 结合，M_4 脱开时，为加工英制螺纹传动路线。若挂轮机构的齿数比为 $\frac{64}{100}$、$\frac{100}{97}$，则当离合器 M_5 结合，M_3、M_4 脱开时，为加工模数螺纹传动路线；当离合器 M_3、M_5 结合，M_4 脱开时，为加工径节螺纹传动路线。如果主轴Ⅵ的运动经 $\frac{58}{26}$、$\frac{80}{20}$、$\frac{50}{50}$（或 $\frac{80}{20}$）、$\frac{44}{44}$、$\frac{26}{58}$ 的齿轮啮合传递到Ⅸ轴，则为加工大导程螺纹传动路线。

表2-6是CA6140型卧式车床加工四种螺纹时，进给传动链中各机构的工作状态对照表。通过改变挂轮组的传动比及离合器 M_3、M_4、M_5 的工作状态，即可加工四种制式不同的螺纹。

表2-6 CA6140型卧式车床车削各种螺纹时的工作状态

螺纹种类	螺距/mm	挂轮机构	离合器状态	移换机构	基本组传动方向
米制螺纹	P	$\frac{63}{100} \times \frac{100}{75}$	M_5 结合，M_3、M_4 脱开	轴Ⅻ Z25 左转 轴ⅩⅤ Z25 右转	轴ⅩⅢ→轴ⅩⅣ
模数螺纹	$P_m = \pi m$	$\frac{64}{100} \times \frac{100}{97}$			

续表

螺纹种类	螺距/mm	挂轮机构	离合器状态	移换机构	基本组传动方向
英制螺纹	$P_a = \dfrac{25.4}{a}$	$\dfrac{63}{100} \times \dfrac{100}{75}$	M3、M5 结合 M4 脱开	轴XII Z25 右转 轴XV Z25 左转	轴XIV→轴XIII
径节螺纹	$P_{DP} = \dfrac{25.4\pi}{DP}$	$\dfrac{64}{100} \times \dfrac{100}{97}$			

表 2-7 列出了米制、英制、模数制、径节制四种标准螺纹的螺距参数及其螺距 P、导程 L 之间的换算关系。

表 2-7 各种标准螺纹的螺距及其螺距 P、导程 L 之间的换算关系

螺纹种类	螺距参数	螺距/mm	导程/mm
米制	螺距 P/mm	$P=P$	$L=K \cdot P$
模数制	模数 m/mm	$P_m = \pi m$	$L_m = KP_m = K\pi m$
英制	每英寸牙数 a/(牙/in)	$P_a = \dfrac{25.4}{a}$	$L_a = KP_a = 25.4K/a$
径节制	径节 DP(牙/in)	$P_{DP} = \dfrac{25.4\pi}{DP}$	$L_{DP} = KP_{DP} = 25.4K\pi/DP$

在 CA6140 型车床上车削四种制式的螺纹时，传动路线表达式总结如下：

$$\text{主轴IV} - \left[\begin{array}{c} \dfrac{58}{58} \\ \text{(正常螺纹导程)} \\ \dfrac{58}{26} - \text{V} - \dfrac{80}{20} - \text{IV} - \left[\begin{array}{c}\dfrac{50}{50}\\\dfrac{80}{20}\end{array}\right] - \text{III} - \dfrac{44}{44} - \text{VIII} - \dfrac{26}{58} \\ \text{(扩大螺纹导程)} \end{array} \right] - \text{IX} - \left[\begin{array}{c} -\dfrac{33}{33}- \\ \text{(右螺纹)} \\ \dfrac{33}{25} - \text{X} - \dfrac{25}{33} \\ \text{(左螺纹)} \end{array} \right] - \text{XI} -$$

$$- \left[\begin{array}{c} \dfrac{63}{100} \times \dfrac{100}{75} \\ \text{(米、英螺纹)} \\ \dfrac{64}{100} \times \dfrac{100}{97} \\ \text{(模数、径节螺纹)} \end{array} \right] - \text{XII} - \left[\begin{array}{c} M_{3\text{开}} \dfrac{25}{36} - \text{XIII} - u_{\text{基}} - \text{XIV} - \dfrac{25}{36} \times \dfrac{36}{25} \\ \text{(米制及模数螺纹)} \\ M_{3\text{合}} - \text{XIV} - \dfrac{1}{u_{\text{基}}} - \text{XIII} - \dfrac{36}{25} \\ \text{(英制及径节螺纹)} \end{array} \right] - \text{XV} - u_{\text{倍}} - \text{XVII} - M_{5\text{合}} - \text{XVII} \text{(丝杠)} - \text{刀架}$$

$$- \dfrac{a}{b} \times \dfrac{c}{d} - \text{XI} - M_{3\text{合}} - \text{XIV} - M_{4\text{合}}$$
(非标准螺纹)

表达式中传动比 $u_{\text{基}}$ 表示轴XIII～XIV间滑移齿轮变速机构的八种传动比：$\dfrac{6.5}{7}$、$\dfrac{7}{7}$、$\dfrac{8}{7}$、$\dfrac{9}{7}$、$\dfrac{9.5}{7}$、$\dfrac{10}{7}$、$\dfrac{11}{7}$ 和 $\dfrac{12}{7}$，对应的齿轮啮合情况是 $\dfrac{26}{28}$、$\dfrac{28}{28}$、$\dfrac{32}{28}$、$\dfrac{36}{28}$、$\dfrac{19}{14}$、$\dfrac{20}{14}$、$\dfrac{33}{21}$ 和 $\dfrac{36}{21}$。一般，把该变速机构称为基本螺距机构或基本组，它是获得各种螺纹导程的基本变速机构。

传动比 $u_{\text{倍}}$ 表示轴XV～XVII间滑移齿轮变速机构的传动比，是用来配合基本组扩大螺

纹加工范围的,故称该变速机构为增倍机构或增倍组。通过 $u_基$ 和 $u_倍$ 的不同组合就可以得到各种标准螺距值。增倍组的传动比有四种组合,分别为:

$$u_{倍1}=\frac{28}{35}\times\frac{35}{28}=1 \quad\quad u_{倍2}=\frac{18}{45}\times\frac{35}{28}=\frac{1}{2}$$

$$u_{倍3}=\frac{28}{35}\times\frac{15}{48}=\frac{1}{4} \quad\quad u_{倍4}=\frac{18}{45}\times\frac{15}{48}=\frac{1}{8}$$

当加工多头螺纹、螺线油槽等大导程螺纹时,可通过扩大主轴Ⅵ至轴Ⅸ之间的传动比倍数来实现。具体为:将轴Ⅸ右端的滑移齿轮 z58 右移,使之与轴Ⅷ上的齿轮 z26 啮合。此时,主轴至轴Ⅸ间的传动路线为:

$$主轴Ⅳ-\frac{58}{26}-Ⅴ-\frac{80}{20}-Ⅳ-\begin{bmatrix}\frac{50}{50}\\\frac{80}{20}\end{bmatrix}-Ⅲ-\frac{44}{44}-Ⅶ-\frac{26}{58}-Ⅸ$$

扩大的传动比为:

$$u_{扩1}=\frac{58}{26}\times\frac{80}{20}\times\frac{50}{50}\times\frac{44}{44}\times\frac{26}{58}=4 \quad\quad u_{扩2}=\frac{58}{26}\times\frac{80}{20}\times\frac{80}{20}\times\frac{44}{44}\times\frac{26}{58}=16$$

与车削标准螺纹时的 $u_常=\frac{58}{58}=1$ 相比,被加工螺纹的螺距在原来的基础上扩大了 4 倍或 16 倍,通常称该变速机构为扩大螺距机构。应当说明,在加工大导程螺纹时,主轴Ⅵ至轴Ⅲ间的传动联系为主传动链与车螺纹传动链所共有,此时主轴只能低速旋转。具体说,当 $u_扩=4$ 时,主轴转速在 40~125r/min(较低六级转速);当 $u_扩=16$ 时,主轴转速在 10~32r/min(最低六级转速)。若主轴转速大于 125r/min,则不能加工大导程螺纹,但这对实际加工并无影响,因为从操作的可能性看,只能在主轴低速旋转时,才能加工大导程螺纹。通过扩大螺距机构,车床可车削导程为 14~192mm 的米制螺纹 24 种,模数为 3.25~48mm 的模数螺纹 28 种,径节为 1~6 牙/in 的径节螺纹 13 种。

② 车非标准螺纹和精密螺纹。

加工非标准或精密螺纹时,将离合器 M_3、M_4、M_5 全部结合,使轴Ⅻ、轴ⅩⅣ、轴ⅩⅦ和丝杠联成一体,在这种情况下,主轴至丝杠间的传动路线大大缩短,从而减少了传动积累误差,可加工出较高精度的螺纹。此时,要加工螺纹的螺距值,可通过改变挂轮架上齿轮 a、b、c、d 的齿数来得到。其运动平衡式为:

$$L=1_{主轴}\times\frac{58}{58}\times\frac{33}{33}\times u_挂\times12$$

式中:$u_挂$——挂轮组传动比。化减后得:$u_挂=\frac{a}{b}\cdot\frac{c}{d}=\frac{L}{12}$

(3) 纵向和横向进给运动传动链。

车外圆、端面时,进给运动是刀架的纵向、横向直线移动。纵向、横向进给运动传动链的两端件也是主轴与刀架,它们的运动关系是:主轴转一周,刀架纵向或横向移动一个进给量。

CA6140 型卧式车床作机动进给时,从主轴Ⅵ至进给箱中 Ⅹ~Ⅶ 轴的传动路线与车削螺纹时的传动路线相同。由于车外圆、端面时，主轴与刀架之间没有严格的运动关系，为了保证丝杠的精度，减少丝杠的磨损，传动路线由进给箱经光杠传至溜板箱。此时XVII轴上的滑移齿轮z28处于左位，使离合器M_5脱开，切断了进给箱与丝杠的联系。运动由齿轮副$\frac{28}{56}$及联轴节传至光杠XIX轴，再由光杠通过溜板箱中的传动机构，分别传至齿轮齿条机构带动刀架实现纵向进给，或传至中滑板横向进给丝杠XXVII轴，带动刀架实现横向机动进给。

纵、横向机动进给传动路线表达式为：

$$主轴 VI - \begin{bmatrix} 米制螺纹的传动路线 \\ 英制螺纹的传动路线 \end{bmatrix} - XVI - \frac{28}{56} - XIX(光杠) - \frac{36}{32} \times \frac{32}{56} - XX -$$

$$- M_6(超越离合器) - M_7(超越离合器) - \frac{4}{29} - XXI -$$

$$\begin{bmatrix} \frac{40}{48} \rightarrow M_9 \uparrow \\ \frac{40}{30} \times \frac{30}{48} \rightarrow M_9 \downarrow \end{bmatrix} - XXV - \frac{48}{48} \times \frac{59}{18} - XXVII(丝杠) - 刀架(横向进给)$$

$$\begin{bmatrix} \frac{40}{48} \rightarrow M_8 \uparrow \\ \frac{40}{30} \times \frac{30}{48} \rightarrow M_8 \downarrow \end{bmatrix} - XXII - \frac{28}{80} - XXIII(丝杠) - z_{12} - 齿条 - 刀架(纵向进给)$$

溜板箱中的双向齿式离合器M_8及M_9分别用于纵、横向机动进给运动的接通、断开及控制进给方向。

(4) 刀架的快速移动。

在加工过程的空行程阶段，为了提高工作效率，刀架在纵、横向应作快速移动。为此CA6140卧式车床(传动系统见图2.9)在溜板箱右侧安装了快速电动机(0.25kW，2800r/min)，用以实现刀架的快速移动。此电动机的运动由齿轮副$\frac{13}{29}$传至轴XX，然后沿机动工作传动路线，传至纵向进给齿轮齿条机构或横向进给丝杠机构，使刀架在纵向或横向实现快速移动。为了保证快速移动与工作进给不发生运动干涉，轴XX左端装有超越离合器M_6。

6) 车床的润滑

为了使车床正常运转，减少磨损，延长车床的使用寿命，车床上所有摩擦部分(除胶带外)都需及时加油润滑。润滑的操作步骤如下：

(1) 操作前应观察主轴箱油标孔，主轴箱油位不应低于油标孔的一半。当机床开动时则从油标窗孔观察是否有油输出，如发现主轴箱油量不足或油窗孔无油输出，应及时通知检修人员检查。

(2) 打开进给箱盖，检查油绳是否齐全，凡有脱落的要重新插好，然后将全损耗系统用油注在油槽内，油槽内储油量约2/3油槽深。由于润滑是利用油绳的毛细管作用(图2.10)，因此一般每周加油一次即可。

(3) 擦干净车床床身和中、小滑板导轨面，用油壶在导轨上浇油润滑。注意油不必浇得太多，并应浇在导轨面上，不要浇在凹槽内。要求在工作开始前和工作结束后都要擦干净加油一次。

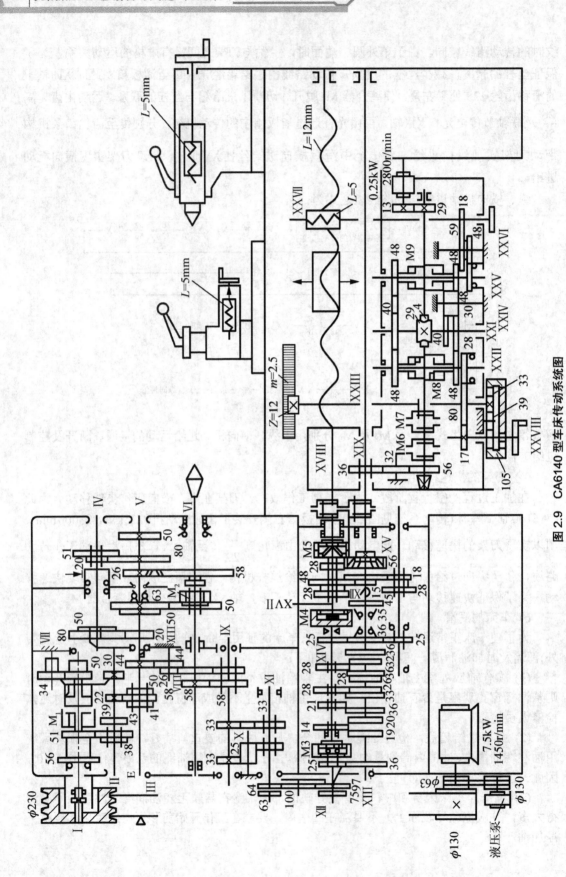

图 2.9 CA6140 型车床传动系统图

(4) 在中、小滑板手柄的转动部位和车床尾座，一般都装有弹子油杯。润滑时要用油壶嘴将弹子向下撅，然后将油注入，如图 2.11 所示。在车床的各滚动或滑动摩擦部位一般都装有弹子油杯供润滑，要熟悉自用车床各油杯位置，做到每班次加油一次，不可遗漏。

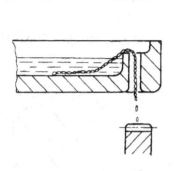

图 2.10　油绳润滑

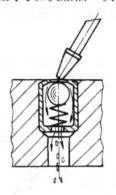

图 2.11　弹子油杯润滑

(5) 丝杠、光杠轴承座上方油孔中加油方法，如图 2.12 所示。由于丝杠、光杠转动速度较快，因此要求做到每班加油一次。

(6) 打开交换齿轮箱盖，在中间齿轮上的油脂杯内装入工业润滑脂，然后将杯盖向里旋进半圈，使润滑脂进入轴承套内，如图 2.13 所示，要求每周加油装满，每班则须将杯盖向里旋进一次。

(7) 刀架和中滑板丝杠用油枪加油。

图 2.12　丝杠、光杆轴承润滑

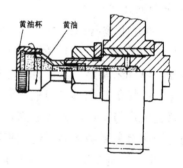

图 2.13　油脂杯润滑

2. **车刀** (lathe tool)

车刀是金属切削加工中应用最广的一种刀具，它可在各类车床上加工外圆、内孔、倒角、切槽与切断、车螺纹以及其他成形面。

1) 车刀切削部分的组成

图 2.14 所示为常见的外圆车刀，它由刀杆和刀头两部分组成：刀杆用来把刀固定在刀座上；刀头部分即切削部分，一般由三个表面、两个刀刃和一个刀尖组成，定义如下。

(1) 三个表面：即前刀面、后刀面和副后刀面。

① 前刀面 A_γ：切下的切屑沿其流出的表面。

② 后刀面 A_α：刀具上与工件过渡表面相对的表面(又称主后刀面)。

③ 副后刀面 A'_α：刀具上与工件已加工表面相对的表面。

(2) 两个刀刃：即主切削刃和副切削刃。

① 主切削刃 S：前刀面与后刀面的交线，完成主要的切削工作。

② 副切削刃 S'：前刀面与副后刀面的交线，配合主切削刃完成切削工作并形成已加工表面。

(3) 刀尖：主切削刃和副切削刃相交的转折部分。为提高刀尖的强度，许多刀具都在刀尖处刃磨出曲线或折线过渡刃。

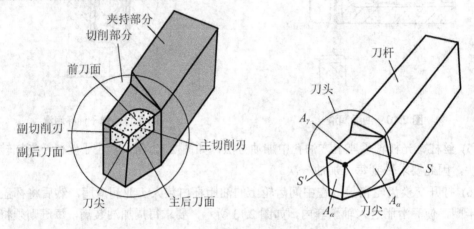

图 2.14 车刀切削部分的构成

2) 车刀的几何角度

(1) 刀具角度参考系：用于定义和规定刀具角度的各基准坐标平面称为刀具角度参考系。最常用的是正交平面参考系。为了便于设计、制造刀具，要先假定刀具的运动条件和安装条件，以此来确定刀具的标注角度坐标系。例如，欲确定外圆车刀的标注角度，要做到以下假设：切削刃上选定点的主运动方向与刀具底面垂直，进给运动方向与刀体中心线垂直，该选定点与工件的轴线等高。

正交平面参考系由基面、切削平面、正交平面(主剖面)组成，如图 2.15 所示。

① 基面 P_r：通过切削刃上选定点，且与该点的切削速度方向垂直的平面，可理解为平行于刀具底面的平面。

② 切削平面 P_s：通过切削刃上选定点，且与切削刃相切并垂直于基面的平面。

③ 正交平面 P_o：通过切削刃上选定点，且与该点的基面和切削平面同时垂直的平面。显然，正交平面垂直于主切削刃在基面上的投影。

(2) 刀具的几何角度。刀具的几何角度有标注角度和工作角度之分。标注角度是在刀具图样上标注的角度，供刀具设计和制造使用。而工作角度是指切削时由于刀具安装和切削运动影响等实际切削情况所形成的实际角度。刀具的几何角度在切削刃的不同位置可能是变化的，故刀具的几何角度实际上是切削刃上某选定点的角度，通常是刀尖附近的角度。

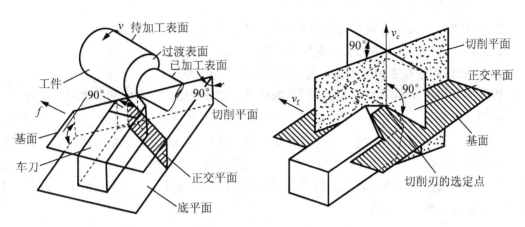

图 2.15 正交平面参考系

① 刀具的标注角度：在正交平面参考系下刀具角度主要有七个，如图 2.16 所示。

a. 前角 γ_o：在正交平面内前刀面与基面间的夹角。

前角 γ_o 的大小将影响切削过程中的切削变形和切削力，同时也影响工件表面粗糙度和刀具的强度 α_o 与寿命。

b. 后角 α_o：在正交平面内后刀面与切削平面间的夹角。

后角 α_o 的大小将影响刀具后刀面与已加工表面之间的摩擦。

c. 楔角 β_o：在正交平面内前刀面与后刀面的夹角。

楔角 β_o 的大小将影响切削部分截面的大小，决定着切削部分的强度。

d. 主偏角 κ_r：在基面内主切削刃在基面上的投影与假定进给方向间的夹角。

e. 副偏角 κ_r'：在基面内副切削刃在基面上的投影与假定进给反方向间的夹角。

主偏角 κ_r 和副偏角 κ_r' 越小，刀头的强度越大，它的寿命越长。主偏角和副偏角偏小时，工件被加工后的表面粗糙度较小。但是，主偏角和副偏角减少时，会加大切削过程中的径向力，容易引起振动或把工件顶弯。

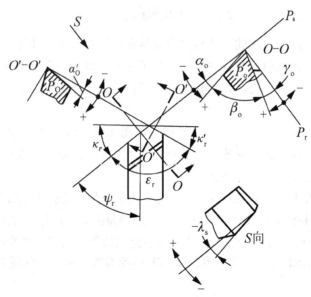

图 2.16 正交平面参考系刀具角度

f. 刀尖角 ε_r：在基面内主切削刃和副切削刃的夹角。

刀尖角 ε_r 的大小会影响刀头的强度和传热性能。

g. 刃倾角 λ_s：在主切削平面内主切削刃与基面间的夹角。

刃倾角 λ_s 的大小和正负影响刀尖部分的强度、切屑流出方向和切削分力间的比值。

如图 2.17 所示，前刀面与切削平面之间的夹角小于 90°时，前角为正，用"＋"表示；大于 90°时，前角为负，用符号"－"表示；前刀面与基面平行时前角为零。后刀面与基面夹角小于 90°时，后角为正，大于 90°时，后角为负，分别用"＋"、"－"表示。刃倾角的正、负方向按图示规定表示，即当刀尖为主切削刃上最高点时，为正值；当刀尖为主切削刃上最低点时，为负值。

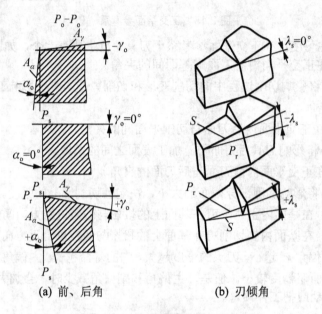

(a) 前、后角　　　　(b) 刃倾角

图 2.17　刀具角度正负的规定

② 刀具的工作角度：上述的刀具标注角度是在假设刀具处于理想状态下的角度。但是，在切削过程中，由于刀具的安装位置、刀具与工件间相对运动情况的变化，实际起作用的角度与标注角度往往有所不同，称这些角度为工作角度。现在仅就刀具安装位置对角度的影响叙述如下。

a. 刀刃安装高低对工作前、后角的影响。如图 2.18 所示，当切削点高于工件中心时，此时工作基面与工作切削面与正常位置相应的平面成 θ 角，由图可以看出，此时工作前角增大 θ 角，而工作后角减小 θ 角($\sin\theta = 2h/d$)。

如刀尖低于工件中心，则工作角度变化与之相反。内孔镗削时与加工外表面情况相反。

b. 刀杆中心与进给方向不垂直对工作主、副偏角的影响。如图 2.19 所示，当刀杆中心与正常位置偏 θ 角时，刀具标注工作角度的假定工作平面与现工作平面 P_{re} 成 θ 角，因而工作主偏角 κ_{re} 增大(或减小)，工作副偏角 κ'_{re} 减小(或增大)，角度变化值为 θ 角($\kappa_{re} = \kappa_r \pm \theta$，$\kappa'_{re} = \kappa'_r \pm \theta$)。

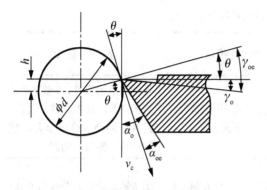
图 2.18 刀刃安装高低对前、后角的影响

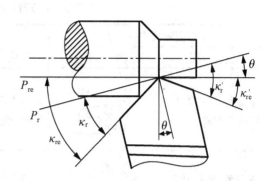
图 2.19 刀杆中心偏斜对主、副偏角的影响

(3) 刀具角度的合理选择。刀具的几何参数包括刀具角度、刀面的结构和形状、切削刃的形式等。刀具合理几何参数是指在保证加工质量的条件下，获得最高耐用度的几何参数。

① 前角和前刀面形式的选择。

a．前角 γ_o 的选择。

前角的选择原则是在保证加工质量和足够的刀具耐用度的前提下，尽量选取较大的前角。表 2-8 为硬质合金车刀合理前角的选择参考值。

表 2-8　硬质合金车刀合理前角参考值

工件材料	合理前角		工件材料	合理前角	
	粗车	精车		粗车	精车
低碳钢	18°～20°	20°～25°	紫铜	25°～30°	30°～35°
45#钢(正火)	15°～18°	18°～20°	40Cr(正火)	13°～18°	15°～20°
45#钢(调质)	10°～15°	13°～18°	40Cr(调质)	10°～15°	13°～18°
铸、锻件(45#钢、40Cr)断续切削	10°～15°	5°～10°	不锈钢	15°～25°	25°～30°
HT150、HT200	10°～15°	5°～10°	铝及铝合金	30°～35°	35°～40°
青铜、脆黄铜	10°～15°	5°～10°	淬火钢(40～50HRC)	−15°～−5°	

由表 2-8 可以看出，选择前角时要考虑以下问题：

切削钢等塑性材料应选取较大的前角；切削铸铁等脆性材料时，应选取较小的前角；工件材料的强度和硬度高，应选择较小前角。

刀具材料的抗弯强度和冲击韧度较差时，应选用较小前角。如高速钢刀具的抗弯强度和冲击韧度高于硬质合金，故其前角可比硬质合金刀具大一些；陶瓷刀具的脆性大于前两者，故其前角应小一些。

粗加工时，尤其是工件表面不连续、形状误差较大、有硬皮时，前角应取较小值；精加工时前角取较大值。成形刀具为了减小刃形误差，前角取较小值。数控机床和自动机、自动线用刀具应考虑刀具的尺寸耐用度及工作的稳定性，故选用较小前角。

b．前刀面型式的选择。

生产中常用的几种前刀面型式及其应用范围见表 2-9。

表2-9 车刀前刀面型式及其应用范围

前刀面和倒棱刃形状		切削过程特点	应用范围
特征	图形		
正前角,平前刀面,没有负倒棱		切割作用强,刀刃强度较差,切削变形小,不易断屑	各种高速钢刀具,刃形复杂的成形刀具,加工铸铁、青铜、脆黄铜的硬质合金车刀、硬质合金、铣刀、刨刀
正前角,平前刀面,有负倒棱		切割作用较强,刀刃强度较好,切削变形较小,不易断屑	加工铸铁的硬质合金车刀、硬质合金铣刀、刨刀
正前角,前刀面有卷屑槽,没有负倒棱		切割作用强,刀刃强度较差,切削变形小,容易断屑	各种高速钢刀具,加工紫铜、铝合金及低碳钢的硬质合金车刀
正前角,前刀面有卷屑槽,有负倒棱		切割作用较强,刀刃强度较好,切削变形小,容易断屑	加工各种钢材的硬质合金车刀
负前角,平前刀面		切割作用减弱,刀刃强度好,切削变形大,容易断屑	加工淬硬钢、高锰钢的硬质合金车刀、铣刀、刨刀

② 后角、副后角的选择。

a. 后角 α_o 的选择。

选择后角的原则是在不产生摩擦的前提条件下,适当减小后角。表2-10中为硬质合金车刀合理后角的选择参考值。

表2-10 硬质合金车刀合理后角参考值

工件材料	合理后角	
	粗车	精车
低碳钢 $\sigma_b=0.392\sim0.491GPa$	8°~10°	10°~12°
钢 $\sigma_b=0.687\sim0.785GPa$	6°~8°	
钢 $\sigma_b=0.883\sim0.981GPa$	5°~7°	
淬硬钢、高硅铸铁	10°~15°	
铸钢	6°~8°	
铜、铝及其合金	8°~10°	
不锈钢	6°~10°	
高强度钢	10°~15°	
钛及其合金	14°~16°	

b. 副后角 α_o' 的选择。

副后角的作用主要是减少副后面与已加工表面的摩擦。其数值一般与主后角相同,也可略小一些。切断刀和切槽刀受刀头强度和重磨后刀具在槽宽方向的尺寸限制,副后角通常取得很小,一般取 $\alpha_o' = 1° \sim 2°$。

③ 主偏角、副偏角的选择。

a. 主偏角 κ_r 的选择。

主偏角的大小影响刀尖部分的强度与散热条件,影响切削分力之间的比例,当加工台阶或倒角时,还决定工件表面的形状。

b. 副偏角 κ_r' 的选择。

副偏角的主要作用是减小刀具与工件加工表面的摩擦。同时,副偏角还是影响表面粗糙度的主要角度。副偏角的选择原则是在不引起振动的条件下,选取较小的角度值。

表 2-11 中为不同加工条件下主、副偏角的选用参考值。

表 2-11 主、副偏角参考值

适用范围	工艺系统刚度好	刀具从工件中间部分切入	工艺系统刚度较差	工艺系统刚度较差	切断、切槽
加工条件	淬硬钢、冷硬铸铁	外圆、端面、倒角	粗车、强力车削	台阶轴、细长轴、多刀车、仿形车	
主偏角 κ_r	10°~30°	45°~60°	60°~70°	75°~90°	≥90°
副偏角 κ_r'	4°~6°	45°~60°	10°~15°	10°~15°	1°~2°

从表 2-11 中可以看出:

工艺系统刚性足够时,选较小的主偏角,以提高刀具的耐用度;工艺系统刚性不足时,应选较大的主偏角,以减小背向力 F_p。

工件材料的强度、硬度很高时,为了提高刀具的强度和耐用度,一般取较小的主偏角。

加工直角台阶时,选 $\kappa_r = 90°$;进行车端面、车外圆和倒角的加工时可选用 $\kappa_r = 45°$ 的弯头车刀,以减少刀具种类及换刀的次数。

副偏角的变化幅度不大,工艺系统刚性差时,应取较大的值。

④ 刃倾角的选择。

刃倾角 λ_s 的大小和正负影响刀尖部分的强度、切屑流出方向和切削分力间的比值。

刃倾角为正值时,刀尖位于主切削刃的最高点,刀尖部分强度较差;当刃倾角为负值时,刀尖位于主切削刃的最低点,刀尖部分强度较好,比较耐冲击。刃倾角为正切屑流向待加工表面,刃倾角为负切屑流向已加工表面,刃倾角为零切屑流向切削刃法线方向,如图 2.20 所示。

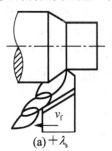 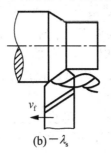 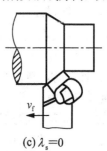

(a) $+\lambda_s$ (b) $-\lambda_s$ (c) $\lambda_s = 0$

图 2.20 刃倾角对切屑流向的影响

表 2-12 中为刃倾角选用的参考值。

表 2-12　刃倾角数值选用表

λ_s 值	$0°\sim+5°$	$+5°\sim+10°$	$0°\sim-5°$	$-5°\sim-10°$	$-10°\sim-15°$	$-10°\sim-45°$	$-45°\sim-75°$
应用范围	精车钢、车细长轴	精车有色金属	粗车钢和灰铸铁	粗车余量不均匀钢	断续车削钢、灰铸铁	带冲击切削淬硬钢	大刃倾角刀具薄切削

从表 2-12 中可以看出：

a．通常粗加工时，应保证刀具有足够的强度，λ_s 多取负值；精加工时为使切屑不流向已加工表面使其擦伤，λ_s 取正值。

b．加工余量不均匀或在其他产生冲击振动的切削条件下，应选取绝对值较大的负刃倾角。

⑤ 过渡刃。

如图 2.21 所示，刀具主、副切削刃之间的连接通常是一段直线刃或圆弧刃，它们统称为过渡刃。

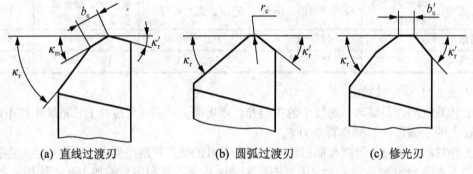

图 2.21　各种刀尖和过渡刃

过渡刃的主要作用是增加刀尖强度，改善散热条件，提高刀具耐用度，降低加工表面粗糙度值。但是过渡刃增大了背向力 F_p。

a．直线过渡刃。直线过渡刃主要适用于粗加工、半精加工、间断切削和强力切削时使用的车刀及可转位面铣刀和钻头。如图 2.21(a)所示，一般取 $\kappa_{r\varepsilon} = \kappa_r/2$，$b_\varepsilon = 0.5\sim 2mm$。

b．圆弧过渡刃。刀尖圆弧半径主要根据刀尖强度和加工表面质量要求进行选择，如图 2.21(b)所示。一般粗加工时，取 $r_\varepsilon = 0.5\sim 2mm$；精加工时，取 $r_\varepsilon = 0.2\sim 0.5mm$。

c．修光刃。当直线过渡刃平行于进给方向时即为修光刃，此时偏角 $\kappa_{r\varepsilon} = 0°$，如图 2.21(c) 所示。修光刃的作用是在大进给量条件下切削时，可获得较小的表面粗糙度值，通常取修光刃宽度 $b'_\varepsilon = (1.2\sim 1.5)f$。生产中常用的精加工宽刃刨刀就是基于此原理进行加工的。用带有修光刃的车刀切削时，背向力很大，因此要求工艺系统要有较好的刚性。

3) 车刀类型与选用

(1) 车刀的类型。车刀的类型很多，既可按用途分，也可按刀具结构分，还可按材料分。

① 按用途分：车刀按其用途不同，可分为外圆车刀、端面车刀、切断刀、内孔车刀、螺纹车刀和成形车刀等，如图 2.22 所示。

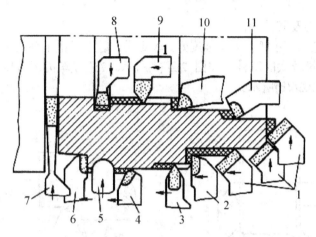

图 2.22 按用途分的车刀类型与用途

1—45°端面车刀;2—90°外圆车刀;3—外螺纹车刀;4—75°外圆车刀;
5—成形车刀;6—90°左切外圆车刀;7—切断刀、切槽车刀;8—内孔车槽车刀;
9—内螺纹车刀;10—95°内孔车刀;11—75°内孔车刀

a. 90°外圆车刀及其使用

90°车刀又称偏刀,按进给方向分右偏刀和左偏刀两种,如图 2.23 所示。

右偏刀一般用来车削工件的外圆、端面和右向阶台。因为它的主偏角较大,车外圆时作用于工件半径方向的径向切削力较小,不易将工件顶弯。

左偏刀一般用来车削左向阶台和工件的外圆,也适用于车削直径较大和长度较短的工件的端面。

右偏刀也可用来车削平面,但因车削时用副切削刃切削,如果由工件外缘向中心进给,当切削深度较大时,切削力会使车刀扎入工件,而形成凹面。为防止产生凹面,可改由中心向外缘进给,用主切削刃切削。图 2.24 是较典型的加工钢件用的硬质合金精车刀。

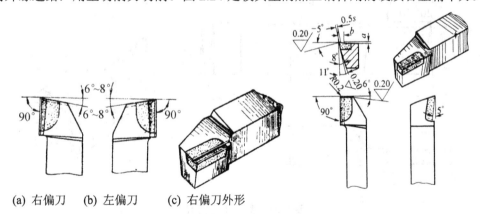

(a) 右偏刀 (b) 左偏刀 (c) 右偏刀外形

图 2.23 偏刀   图 2.24 加工钢件的 90°外圆车刀

b. 45°外圆车刀及其使用。

45°车刀其刀尖角 $\varepsilon_r = 90°$,所以刀头强度和散热条件都比 90°车刀好,常用于车削工件的端面和进行 45°倒角,也可以用来车削长度较短的外圆,如图 2.25 所示。

c. 75°外圆车刀及其使用。

75°车刀刀尖角大于90°，刀头强度好，较耐用，适用于粗车轴类工件的外圆以及强力切削铸、锻件等余量较大的工件，如图2.26(a)所示。75°左车刀还可以用来车削铸件、锻件的大平面，如图2.26(b)所示。

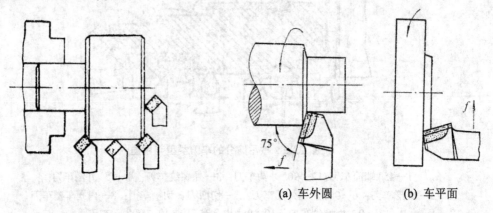

图2.25　45°车刀的使用　　　　　　图2.26　75°车刀的使用

d. 切断刀(cut-off tool)。

高速钢切断刀：切断刀以横向进给为主，前端的切削刃是主切削刃，两侧的切削刃是副切削刃。为了减少工件材料的浪费，使切断时能切到工件的中心，一般切断刀的主切削刃较窄，刀头较长，因此刀头强度比其他车刀差，所以在选择几何参数和切削用量时应特别注意。

高速钢切断刀的形状，如图2.27所示。

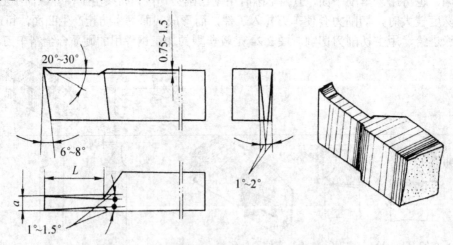

图2.27　高速钢切断刀

- 前角。切断中碳钢工件时，$\gamma_o = 20° \sim 30°$，切断铸铁工件时，$\gamma_o = 0° \sim 10°$。
- 后角。$\alpha_o = 6° \sim 8°$。
- 副后角。切断刀有两个对称的副后角$\alpha_o' = 1° \sim 2°$。它们的作用是减少副后刀面和工件的摩擦。考虑到切断刀的刀头狭而长，两个副后角不能太大(因副偏角较小，副后角习惯上在投影图中标注。

- 主偏角。切断刀以横自进给为主，因此 $\kappa_r=90°$。
- 副偏角。切断刀的两个副偏角也必须对称。它们的作用是减少副切削刃和工件的摩擦。为了不削弱刀头强度，$\kappa_r'=1°\sim1°30'$。
- 主切削刃宽度。主切削刃太宽会因切削力太大而引起振动，并浪费工件材料，太窄又削弱刀头强度，容易使刀头折断。主切削刃宽度 a 可用下面的经验公式计算：

$$a\approx(0.5\sim0.6)\sqrt{d} \tag{2-1}$$

式中　d——工件直径(mm)。

- 刀头长度。刀头太长也容易引起振动和使刀头折断。刀头长度 L 可用下式计算：

$$L=h+(2\sim3)\text{mm} \tag{2-2}$$

式中　h——切入深度，如图 2.28 所示。切断实心工件时，切入深度等于工件半径。

应用实例 2-1

切断外径为 36mm，内孔为 16mm 的空心工件，试计算切断刀的主切削刃宽度和刀头长度。

解：根据式 2-1、式 2-2

$$a\approx(0.5\sim0.6)\sqrt{d}=(0.5\sim0.6)\sqrt{36}=3\sim3.6\text{mm}$$

$$L=h+(2\sim3)\text{mm}=\frac{36-16}{2}+(2\sim3)=12\sim13\text{mm}$$

特别提示

为了使切削顺利，在切断刀的前刀面上应磨出一个较浅的卷屑槽，一般槽深为 0.75～1.5mm，长度应超过切入深度。卷屑槽过深会削弱刀头强度。

切断时，为了使带孔工件不留边缘，防止切下的工件端面留有小凸头，可以将切断刀的主切削刃略磨斜些（图 2.29）。

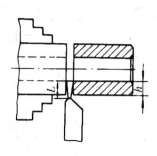

图 2.28　切断刀的刀头强度

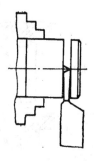

图 2.29　斜刃切断刀

硬质合金切断刀：由于高速切削的普遍采用，硬质合金切断刀的应用也越来越广泛。一般切断时，由于切屑和工件槽宽相等容易堵塞在槽内，为了排屑顺利，可把主切削刃两边倒角或磨成人字形，如图 2.30 所示。

高速切断时，产生的热量很大，为了防止刀片脱焊，必须浇注充分的切削液，发现切削刃磨钝，应及时刃磨。为了增加刀头的支承强度，常将切断刀的刀头下部做成凸圆弧形。

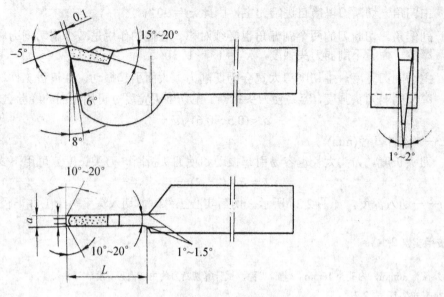

图 2.30 硬质合金切断刀

② 按结构可分：

a. 整体式高速钢车刀——如图 2.31(a)所示，这种车刀刃磨方便，刀具磨损后可以多次重磨。但刀杆也为高速钢材料，造成刀具材料的浪费。刀杆强度低，当切削力较大时，会造成破坏。一般用于较复杂成形表面的低速精车。

b. 硬质合金焊接式车刀——如图 2.31(b)及表 2-13 所示，这种车刀是将一定形状的硬质合金刀片钎焊在刀杆的刀槽内制成的。其结构简单，制造刃磨方便，刀具材料利用充分，应用十分广泛。但其切削性能受工人的刃磨技术水平和焊接质量影响，且刀杆不能重复使用，材料浪费。

表 2-13 焊接式车刀类型和应用

45°外圆车刀(左或右)		切槽车刀(左或右)	
60°外圆车刀(左或右)		切圆弧车刀及宽槽车刀	
90°外圆车刀(左或右)		切断车刀	

续表

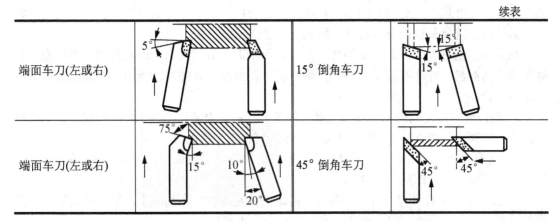

端面车刀(左或右)	(图示 5°)	15°倒角车刀	(图示 15°, 15°)
端面车刀(左或右)	(图示 75°, 15°, 10°, 20°)	45°倒角车刀	(图示 45°, 45°)

c. 机夹车刀——采用普通硬质合金刀片,用机械夹固的方法将其夹持在刀杆上使用的车刀,切削刃用钝后可以重磨,经适当调整后仍可继续使用,如图 2.31(c)所示。其特点是刀片不用焊接(无刀片硬度的下降,产生裂纹等缺陷),提高了刀具的耐用度,换刀次数减少,生产效率得到了提高;刀杆可重复使用,节省了刀杆材料;刀片利用率增加,刀片使用到允许的最小尺寸限度后,可装在小一号刀杆上继续使用,最后刀片由制造厂收回;刀片重磨尺寸缩小,为增加刀片重磨次数,有刀片调整机构;压紧刀片所用的压板端部,可镶上硬质合金,起断屑作用;调整压板可改变压板端部至切削刃间的距离,扩大断屑范围。

d. 可转位车刀——用机械夹固的方式将可转位刀片固定在刀槽中而组成的车刀,如图 2.31(d)所示。当刀片上一条切削刃磨钝后,松开夹紧机构,将刀片转过一个角度,调换一个新的刀刃,夹紧后即可继续进行切削。和焊接式车刀相比,它有如下特点:

刀片未经焊接,无热应力,可充分发挥刀具材料性能,耐用度高;

刀片更换迅速,方便,节省辅助时间,提高生产率;

刀杆多次使用,降低刀具费用;

能使用涂层刀片、陶瓷刀片、立方氮化硼和金刚石复合刀片等多种材料刀片;

结构复杂,加工要求高;一次性投资费用较大;

不能由使用者随意刃磨,使用不灵活。

(a) 整体式　　(b) 焊接式　　(c) 机夹式　　(d) 可转位式

图 2.31 车刀类型

(2) 车刀的材料及选用。

① 刀具材料的性能要求。

刀具材料主要指刀具切削部分的材料。刀具切削性能的优劣,直接影响着生产效率、加工质量和生产成本。而刀具的切削性能，首先取决于切削部分的材料；其次是几何形状及刀具结构的选择和设计是否合理。因此要合理选择刀具材料。

在金属切削过程中，刀具切削部分不仅要承受很大的切削力，而且要承受切屑变形和摩擦产生的高温、冲击和振动，并且受到磨损，要保持刀具的切削能力，刀具应具备如下的切削性能。

a. 高的硬度。硬度是刀具材料应具备的基本性能。为了从工件上切下切屑，刀具材料的硬度必须高于工件材料的硬度，常温下一般应在60HRC以上。

b. 高的耐磨性。耐磨性是指材料抵抗磨损的能力。一般说来，刀具材料的硬度越高，耐磨性也越好，刀具的耐用度越高。

c. 良好的耐热性和导热性。刀具材料的耐热性是指材料在高温下仍能保持其硬度和强度的性能，又称红硬性。它是衡量刀具切削性能的主要指标。

耐热性越好，刀具材料在高温时抗塑性变形的能力、抗磨损的能力也越强。刀具材料的导热性越好，切削时产生的热量越容易传导出去，从而降低切削部分的温度，减轻刀具磨损。

d. 足够的强度和韧性。为了使刀具在切削时能够承受各种切削力、冲击和振动，而不出现崩刃和断裂的情况，刀具材料必须具有足够的强度和韧性。

e. 良好的工艺性。为了便于制造刀具，要求刀具材料具有良好的工艺性，如热加工性能(热塑性、可焊性、淬透性)、机械加工性能、可刃磨性能等。

f. 经济性。刀具材料的选用应该考虑到它的经济成本，必须资源丰富、价格合理。

② 刀具材料的种类。

刀具切削部分材料主要有碳素工具钢、合金工具钢、高速钢、硬质合金、陶瓷和立方氮化硼等。各种刀具材料的物理力学性能，见表2-14所示。

表2-14 各种刀具材料的物理力学性能

材料种类		硬度	密度 /(g/cm^3)	抗弯强度 /GPa	冲击韧性 /(kJ/m^2)	热导率 /[W/(m·k)]	耐热性/℃
工具钢	碳素工具钢	63~65HRC	7.6~7.8	2.2	—	41.8	200~250
	合金工具钢	63~66HRC	7.7~7.9	2.4	—	41.8	300~400
	高速钢	63~70HRC	8.0~8.8	1.96~5.88	98~588	16.7~25.1	600~700
硬质合金		89~94HRA	8.0~15	0.9~2.45	29~59	20.9~87.9	800~1000
陶瓷		91~95HRA	3.6~4.7	0.45~0.88	5~12	4.2~38.2	1200
超硬材料	立方氮化硼	8000~9000HV	3.44~3.49	≈0.294	—	75.55	1400~1500
	金刚石	10000HV	3.47~3.56	0.21~0.48	—	146.54	700~800

其中，碳素工具钢与合金工具钢耐热性差，但抗弯强度高，焊接与刃磨性能好，故广泛用于中、低速切削的成形刀具，只宜作手工刀具，不宜高速切削。陶瓷、金刚石和立方氮化硼，由于质脆、工艺性差及价格昂贵等原因，仅在较小的范围内使用。

生产中使用最多的刀具材料是高速钢和硬质合金。

a．高速钢(High speed steel)。

高速钢是在合金工具钢中加入了较多的钨(W)、铬(Cr)、钼(Mo)、钒(V)等合金元素的高合金工具钢。是目前应用最广泛的刀具材料。

高速钢具有较高的硬度(热处理硬度可达63~66HRC)和耐热性(600~650℃)，具有较高的强度(抗弯强度是一般硬质合金的2~3倍)和韧性，能抵抗一定的冲击振动。因刃磨时易获得锋利的刃口，又称"锋钢"。切削钢材时切削速度一般不高于50~60m/min，不适合高速切削和硬材料的切削。它具有较好的工艺性，可以制造刃形复杂的刀具，如钻头、丝锥、成形刀具、拉刀和齿轮刀具等。

高速钢按用途不同，可分为普通高速钢和高性能高速钢。

普通高速钢：普通高速钢工艺性能好，能满足通用工程材料的切削加工要求。常用的种类有：

- 钨系高速钢

最常用的为W18Cr4V，它具有较好的综合性能，可制造各种复杂刀具和精加工刀具，在我国应用较普遍。

- 钼系高速钢

最常用的牌号是W6Mo5Cr4V2，其抗弯强度和冲击韧度都高于钨系高速钢，并具有较好的热塑性和磨削性能，但热稳定性低于钨系高速钢，适合制作抵抗冲击刀具及各种热轧刀具。

高性能高速钢：高性能高速钢是在普通型高速钢中增加碳(C)的含量或加入钴(Co)、钒(V)、铝(Al)等合金元素，以进一步提高其耐磨性和耐热性的新钢种。但这类钢的综合性能不如普通高速钢。

常用高速钢的力学性能和应用范围见表2-15所示。

表2-15 常用高速钢的力学性能和应用范围

类型	牌号	硬度(HRC)室温	抗弯强度/GPa	冲击韧性/(MJ/m^2)	硬度(HRC)/600℃	主要性能和适用范围
普通高速钢	W18Cr4V(T1)	63~66	2.94~3.33	0.17~0.31	48.5	综合性能好，通用性强，可磨削，适用于加工轻合金、碳素钢、合金钢、普通铸铁的精加工刀具和复杂刀具。如钻头、铰刀、铣刀、丝锥、齿轮刀具、螺纹车刀、成形车刀、拉刀等
	W6Mo5Cr4V2(M2)	63~66	3.43~3.92	0.40~0.45	47~48	强度和韧性略高于W18Cr4V，热硬性略低于W18Cr4V，热塑性好。适用于制造加工轻合金、碳钢、合金钢的热成形刀具及承受冲击、结构薄弱的刀具
	W14Cr4VMnRe	64~66	~3.94	~0.25	50.5	切削性能与W18Cr4V相当，热塑性好，适用于制作受冲击载荷较大的热轧刀具，如轧制钻头等

续表

类型		牌号	硬度(HRC)室温	抗弯强度/GPa	冲击韧性/(MJ/m^2)	硬度(HRC)/600℃	主要性能和适用范围
高性能高速钢	高碳	95W18Cr4V	67～68	2.94	0.17～0.22	51	属高碳高速钢，常温硬度和高温硬度有所提高，适用于加工普通钢材和铸铁，耐磨性要求较高的钻头、铰刀、丝锥、铣刀和车刀等，但不宜受大的冲击
	高钒	W6Mo5Cr4V3(M3)	65～67	～3.13	～0.25	51.7	属高钒高速钢，耐磨性很好，适合切削对刀具磨损较大的材料，如纤维、硬橡胶、塑料等，也用于加工不锈钢、高强度钢和高温合金等
		W12Cr4V4Mo(EV4)	65～67				
	超硬	W2Mo9Cr4VCo8(M42)	67～70	2.7～3.8	0.23～0.30	55	属含钴高速钢，有很高的常温和高温硬度，适合加工高强度耐热钢、高温合金、钛合金等难加工材料，可磨性好，适于作精密复杂刀具，但不宜在冲击切削条件下工作，价格昂贵
		W6Mo5Cr4V2Al(M2Al)	67～69	2.84～3.82	0.23～0.30	54～55	属含铝高速钢，切削性能相当 W2Mo9Cr4VCo8，适宜制造铣刀、钻头、铰刀、齿轮刀具和拉刀等，用于加工合金钢、不锈钢、高强度钢和高温合金
		W12Mo3Cr4V3N(V3N)	67～70	1.96～3.43	0.15～0.39	55	属含氮高速钢，价格便宜，切削性能好，但刃磨较难，适用于耐磨性要求高但形状简单的铣刀等

b．**硬质合金**(cemented carbide)：硬质合金是用粉末冶金的方法制成的。它是由硬度和熔点很高的金属碳化物(碳化钨 WC、碳化钛 TiC、碳化钽 TaC、碳化铌 NbC 等)的微粉和金属粘结剂(钴 Co、镍 Ni、钼 Mo 等)以粉末冶金法烧结而成。硬质合金的硬度高达 78～82HRC，耐磨性很好，能耐 800～1000℃的高温，具有良好的耐磨性，允许的切削速度比高速钢高 4～10 倍。切削速度可达 100m/min 以上，能加工包括淬火钢在内的多种材料，因此获得广泛应用。但硬质合金抗弯强度低、冲击韧性差，制造工艺性差，不易做成形状复杂的整体刀具。在实际使用中，一般将硬质合金刀片焊接或机械夹固在刀体上使用。国际标准化组织(ISO 513—1975(E))规定，将切削加工用硬质合金分为三大类，分别用 K、P、M 表示。

国产硬质合金按其化学成分与使用特性可分为四类：

钨钴类(K 类、YG 类：WC+Co)：外包装用红色标志。这类硬质合金韧性较好，但硬度和耐磨性较差，适用于加工铸铁、青铜等脆性材料。常用的牌号有：YG8、YG6、YG3，它们制造的刀具依次适用于粗加工、半精加工和精加工。数字表示 Co 含量的百分数，YG6 即含 Co 为 6%，含 Co 越多，则韧性越好。

钨钛钴类(P类、YT类：WC＋TiC＋Co)：外包装用蓝色标志。这类硬质合金耐热性和耐磨性较好，但抗冲击韧性较差，适用于加工钢材等韧性材料。常用的牌号有：YT5、YT15、YT30等，其中的数字表示碳化钛含量的百分数，碳化钛的含量越高，则耐磨性较好、韧性越低。这三种牌号的硬质合金制造的刀具分别适用于粗加工、半精加工和精加工。

添加稀有金属碳化物类(M类、YW类：WC＋TiC＋TaC(NbC)＋Co)：外包装用黄色标志。它具有前两类硬质合金的优点，用其制造的刀具既能加工脆性材料，又能加工韧性材料。同时还能加工高温合金、耐热合金及合金铸铁等难加工材料。常用牌号有YW1、YW2。

碳化钛基类(YN类：TiC＋WC＋Ni＋Mo)：主要用于加工铸铁、碳素钢、合金钢。

常用硬质合金牌号及用途见表2-16所示。

表2-16 硬质合金的用途

牌号		化学成分(%)				力学性能			适用场合
ISO(相近)	国产	WC	TiC	TaC(NbC)	Co	抗弯强度/GPa	冲击韧性(KJ/m^2)	硬度(HRA)	
K01	YG3X	96.5	—	<0.5	3	1.1		91.5	铸铁、有色金属及其合金的精加工，也可用于合金钢、淬火钢等的小切削断面高速精加工，不能承受冲击载荷
K05	YG6X	93.5	—	<0.5	6	1.4	～20	91	铸铁、冷硬铸铁、合金铸铁、耐热钢、合金钢的半精加工、精加工，并可用于制造仪器仪表工业用的小型刀具和小模数滚刀
K10	YG6	94	—	—	6	1.45	～30	89.5	铸铁、有色金属及其合金与非金属材料的粗加工、半精加工
K20	YG8	92	—	—	8	1.5	～40	89	铸铁、有色金属及其合金、非金属的粗加工，能适应断续切削
P01.2	YT30	66	30	—	4	0.9	3	92.5	碳钢和合金钢连续切削时的精加工
P10	YT15	79	15	—	6	1.15		91	碳钢和合金钢连续切削时的半精加工、精加工
P20	YT14	78	14	—	8	1.2	7	90.5	碳钢和合金钢连续切削时的粗加工，或断续切削时的半精加工、精加工
P30	YT5	85	5	—	10	1.4	—	89.5	碳钢和合金钢的粗加工，也可用于断续切削
M10	YW1	84	6	4	6	1.2		91.3	不锈钢、耐热钢、高锰钢及其他难加工材料及普通钢材、铸铁的半精加工和精加工
M20	YW2	82	6	4	8	1.35	—	90.5	不锈钢、耐热钢、高锰钢及高级合金钢等其他难加工材料及普通钢材、铸铁的粗加工和半精加工
P01.1	YN05	8	71		Ni-7	1.35		93.3	钢、铸钢和合金铸钢的高速精加工，及工艺系统刚性特别好的细长件的精加工
P01.4	YN10	15	62	1	Ni-12	1.1	—	92	碳钢、合金钢、工具钢和淬硬钢的连续切削时的精加工，对于较长和表面粗糙度要求小的工件，效果尤佳

c．其他刀具材料简介。

涂层硬质合金：这种材料是在韧性、强度较好的硬质合金基体上或高速钢基体上，采用化学气相沉积(CVD)法或物理气相沉积(PVD)法涂覆一层极薄硬质和耐磨性极高的难熔金属化合物而得到的刀具材料。通过这种方法，使刀具既具有基体材料的强度和韧性，又具有很高的耐磨性。常用的涂层材料有 TiC、TiN、Al_2O_3 等。TiC 的韧性和耐磨性好；TiN 的抗氧化、抗粘结性好；Al_2O_3 的耐热性好。使用时可根据不同的需要选择涂层材料。

陶瓷材料(Ceramic materials)：这种材料是以氧化铝(Al_2O_3)为主要成分，再添加少量金属，经压制成形后高温烧结而成的一种刀具材料。它有很高的硬度和耐磨性，硬度达 78HRC，耐热性高达 1200～1450℃，化学性能稳定，陶瓷刀具在切削时不易粘刀、不易产生切屑瘤，故能承受较高的切削速度。但陶瓷材料的最大弱点是抗弯强度低，冲击韧性差，易崩刃。主要用于钢、铸铁、有色金属、高硬度材料及大件和高精度零件的精加工。

金刚石：金刚石分天然和人造两种，天然金刚石由于价格昂贵用的很少。金刚石是目前已知的最硬物质，其硬度接近 10000HV(硬质合金仅为 1300～1800HV)。其耐磨性是硬质合金的 80～120 倍。但韧性差，热稳定性差，在一定温度下与铁族元素亲和力大，因此不宜加工黑色金属。此外，用它切削镍基合金时，同样也会迅速磨损。主要用于硬质合金、玻璃纤维塑料、硬橡胶、石墨、陶瓷、有色金属等材料的高速精加工。

立方氮化硼(CBN)：由氮化硼在高温高压作用下转变而成。它具有仅次于金刚石的硬度和耐磨性，硬度可达 8000～9000HV；热稳定性好，可耐 1300～1500℃高温，化学稳定性好，与铁族元素亲和力小，但强度低，焊接性差，主要用于淬火钢、冷硬铸铁、高温合金和一些难加工材料。

刀具材料的选用应对使用性能、工艺性能、价格等因素进行综合考虑，做到合理选用。例如，车削加工 45#钢自由锻齿轮毛坯时，由于工件表面不规则且有氧化皮，切削时冲击力大，选用韧性好的 K 类(钨钴类)就比 P 类(钨钴钛类)有利。又如车削较短钢材的螺纹时，按理要用 YT，但由于车刀在工件切入处要受冲击，容易崩刃，所以一般采用 YG 比较有利。虽然它的热硬性不如 YT，但工件短，散热容易，热硬性就不是主要矛盾了。

③ 刀杆截面形状和尺寸的选用。

车刀刀杆截面形状有矩形、方形和圆形三种，如图 2.32 所示。一般用矩形，切削力较大时采用方形，圆形多用于内孔车刀。刀杆高度 h 可按车床中心高选择，常用车刀刀杆截面尺寸见表 2-17。

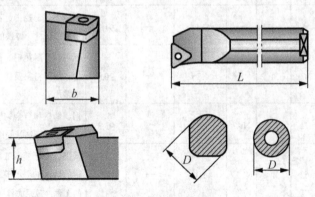

图 2.32　车刀刀杆截面形状

表 2-17 常用车刀刀杆截面尺寸

机床中心高/mm	150	180～200	260～300	350～400
方刀杆截面 h^2/mm²	16^2	20^2	25^2	30^2
矩形刀杆截面 $h×b$/(mm×mm)	20×12	25×16	30×20	40×25

4) 安装车刀

车刀安装得是否正确，直接影响切削的顺利进行和工件的加工质量。即使刃磨了合理的切削角度，如果不正确安装，也会改变车刀的实际工作角度。所以，在安装车刀时，必须注意以下几点。

(1) 将刀架位置转正后用手柄锁紧。

(2) 将刀架装刀面和车刀刀柄底面擦清。

(3) 车刀安装在刀架上，其伸出长度不宜太长，在不影响观察的前提下，应尽量伸出短些。否则切削时刀杆刚性相对减弱，容易产生振动，使车出来的工件表面不光洁，甚至使车刀损坏。车刀伸出的长度约等于刀杆厚度的 1.5 倍。车刀下面的垫片要平整，垫片应跟刀架对齐(见图 2.33)，而且垫片的片数要尽量少，以防止产生振动。

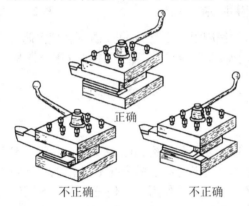

图 2.33 车刀的安装

(4) 刀尖应装得跟工件中心线一样高，如图 2.34(b)所示。车刀装得太高，如图 2.34(a)所示，会使车刀的实际后角减小，车刀后面与工件之间的摩擦增大；车刀装得太低，如图 2.34(c)所示，会使车刀的实际前角减小，切削不顺利。

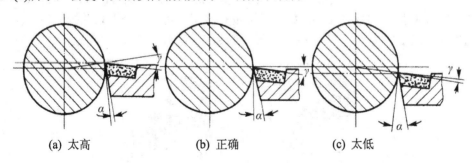

图 2.34 车刀安装的高低

特别提示

车刀刀尖对准工件中心的方法：
① 根据车床的主轴中心高，用钢尺测量装刀，如图 2.35 所示。这种方法比较简便。
② 根据尾座顶针的高低把车刀装准，如图 2.36 所示。
③ 把车刀靠近工件端面用目测估计车刀的高低，然后紧固车刀，试车端面。再根据端面的中心装准车刀。

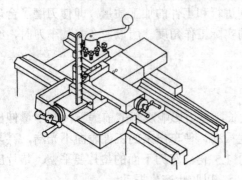
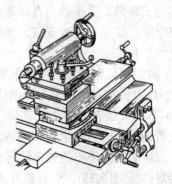

图 2.35　用钢尺量中心高　　　　　图 2.36　根据顶尖装车刀

(5) 安装车刀时，刀杆轴线应跟工件表面垂直，否则会使主偏角和副偏角的数值发生变化。
(6) 车刀至少要用两个螺钉压紧在刀架上，并轮流逐个拧紧。拧紧时不得用力过大而使螺钉损坏。

3. 使用卡盘装夹工件

1) 三爪卡盘

三爪卡盘外形如图 2.37 所示，其结构如图 2.38 所示。三爪卡盘是用法兰盘安装在车床主轴上的。当卡盘扳手方榫插入小锥齿轮 2 的方孔 1 转动时，小锥齿轮 2 就带动大锥齿轮 3 转动。在大锥齿轮 3 背面平面螺纹 4 的作用下，使三个卡爪 5 同时向心移动或退出，以夹紧或松开工件。它的特点是对中性好，能自动定心，定心精度可达 0.05～0.15mm。可以装夹直径较小的、表面光滑的圆柱形或六角形等工件。当装夹直径较大的外圆工件时可用三个反爪进行，如图 2.38(b)所示。但三爪自定心卡盘由于夹紧力不大，所以一般只适用于夹持重量较轻的工件，当重量较重的工件进行装夹时，宜用四爪单动卡盘或其他专用夹具。

三爪卡盘三个卡爪背面的螺纹齿数不同，安装时须将爪上的号码 1、2、3 跟卡盘上的号码 1、2、3 对好，按顺序安装。如卡爪上没有号码，可把三个卡爪并排放齐，比较背面螺纹的齿数，最多的为 1，其次的为 2，最少的为 3，按顺序安装。

图 2.37　三爪卡盘外形图

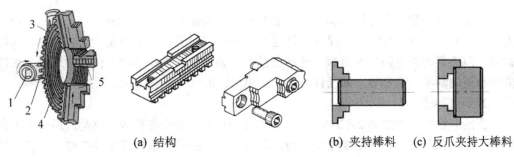

(a) 结构　　　　　　　　　　　　　(b) 夹持棒料　　(c) 反爪夹持大棒料

图 2.38　三爪自定心卡盘结构和工件安装图

1—方孔；2—小锥齿轮；3—大锥齿轮；4—平面螺纹；5—卡爪

三爪卡盘也可装成正爪和反爪，必须注意，用正爪装夹工件时，工件直径不能太大，一般卡爪伸出卡盘圆周不超过卡爪长度的 1/2，否则卡爪跟平面螺纹只有 2～3 牙啮合，受力时容易使卡爪上的牙齿碎裂。所以装夹大直径工件时，尽量采用反爪装夹。较大的空心工件需车外圆时，可使三个卡爪作离心移动，把工件撑住内孔车削。

用三爪自定心卡盘装夹工件时为确保安全，应将主轴变速手柄置于空挡位置。装夹的方法和步骤如下：

(1) 张开卡爪，张开量大于工件直径，把工件安放在卡盘内，在满足加工需要的情况下，尽量减少工件伸出量。装夹工件时，右手持稳工件，使工件轴线与卡爪保持平行，左手转动卡盘扳手，将卡爪拧紧如图 2.39 所示。

(2) 检查工件的径向圆跳动。三爪卡盘能自动定心，一般不需要校正。但是在装夹稍长的工件时，工件离卡盘夹住部分较远处的中心不一定与车床主轴中心线一致，所以同样要用划针盘或目测校正。再如有时三爪卡盘使用时间较长，失去了应有的精度，在加工同轴度要求较高的工件时，也需逐件校正。

找正工件轴线的方法如图 2.40 所示，将划针尖靠近轴端外圆，左手转动卡盘，右手移动划线盘，使针尖与外圆的最高点刚好未接触到，然后目测外圆与划针尖之间的间隙变化，当出现最大间隙时，用锤子将工件轻轻向划针方向敲击，要求间隙约缩小 1/2。再重复检查和找正，直至跳动量小于加工余量时为止。操作熟练时，可用目测法进行找正。

工件找正后，用力夹紧如图 2.41 所示。

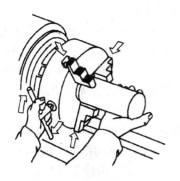　　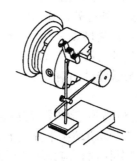　　

图 2.39　装夹工件　　　　图 2.40　找正工件轴线　　图 2.41　夹紧工件的操作姿势

应用三爪卡盘装夹已经过精加工的表面时，被夹住的工件表面应包一层铜皮，以免夹毛工件表面。三爪卡盘的特点是能自动定心，不需花很多时间去校正，安装效率比四爪卡盘高，但夹紧力没有四爪卡盘大。这种卡盘不能装夹形状不规则的工件，只适用于大批量的中小型规则零件的安装，如圆柱形、正三边形、正六边形等工件。

2) 四爪卡盘

四爪卡盘的外形如图 2.42(a)所示。它的四个爪通过四个螺杆独立移动。用四爪卡盘上装夹工件，由于其装夹后不能自动定心，所以每次都必须仔细校正工件的位置，使工件的旋转中心跟车床主轴的旋转中心一致。

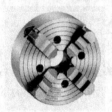 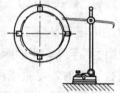 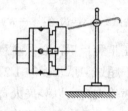 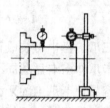

　　(a) 四爪卡盘　　(b) 用划针盘校正外圆　(c) 用划针盘校正平面　(d) 用百分表校正工件

图 2.42　四爪卡盘装夹校正工件

四爪卡盘的优点是夹紧力大，能装夹大型或形状不规则的工件，如非回转体的方形、长方形、椭圆形及毛坯等工件。缺点是校正比较麻烦，装夹效率较低。

校正工件的方法如下。

(1) 夹紧工件。先将卡爪张开，使相对两个爪的距离稍大于工件的直径。然后装上工件，先用两个相对的爪夹紧，再用另两个相对的爪夹紧。这时四个卡爪的位置可根据卡盘端面上多圈的圆弧线来初步判定是否相差悬殊。

(2) 用划针盘校正外圆。校正前应做好安全预防措施：在车床导轨上放一木板，以防工件掉下敲坏导轨面。大工件除了放木板以外，还应用尾座活顶针通过辅助工具顶住工件，谨防工件在校正时掉下，产生事故。校正时，先使划针稍离工件外圆如图 2.42(b)，慢慢旋转卡盘，观察工件表面跟针尖之间间隙的大小。然后根据间隙的差异来调整相对卡爪的位置，其调整量约为间隙差异值的一半。经过几次调整，直到工件旋转一周，针尖跟工件表面距离均等为止。在校正中不可急躁。在校正极小的径向跳动时，不要盲目地去松开卡爪，可用将工件高的那个卡爪向下压的方法来作很微小的调整。

(3) 在加工较长的工件时，必须校正工件的前端和后端外圆。

(4) 在校正短工件时，除校正外圆外，还必须校正平面。校正时，把划针尖放在工件平面近边缘处如图 2.42(c)所示，慢慢转动工件，观察平面上哪一处离针尖最近，然后用铜锤或木锤轻轻敲击，直到平面各处与针尖距离相等为止。在校正整个工件时，平面和外圆必须同时兼顾。尤其是在加工余量较少的情况下，应着重注意校正余量少的部分，否则会造成毛坯车不出而产生废品。

(5) 在四爪卡盘上校正精度较高的工件时，可用百分表来代替划针盘如图 2.42(d)所示。用百分表校正工件，径向跳动和端面跳动在千分表上就可显示出来，用这种方法校正工件，精度可达 0.01mm 以内。在校正外圆时，应先校正近卡盘的一端，再校正外端。

四爪卡盘的优点是夹紧力大，能装夹大型或形状不规则的工件，如非回转体如方形、长方形等，而且夹紧力大。缺点是校正比较麻烦，装夹效率较低。

3) 卡盘的装卸

在车床上加工工件时，因工件的形状不同，有时选用三爪卡盘，有时使用四爪卡盘，因此，必须学会卡盘的装卸。

(1) 装卡盘的步骤。

① 装上卡盘以前，必须把卡盘法兰盘和主轴内孔、外圆的螺纹和端面擦干净，并加上润滑油。

② 在主轴下面的导轨面上放一木板，以免卡盘万一掉下来损坏床面。

③ 卡盘旋上主轴时，必须在主轴孔和卡盘中插一长棒料，以防卡盘掉下。当卡盘旋上主轴后用扳手插入卡盘方孔中向反车方向撞击一下(这时车头箱变速手柄应放在最低挡转速的位置上)，使卡盘旋紧在主轴上。

④ 装上并拧紧卡盘上的保险装置。

(2) 卸下卡盘的步骤。

用一根棒料穿过卡盘插入主轴孔内，另一端伸出卡爪外并搁在方刀架上。在卡盘下面的导轨面上放一木板。拆除卡盘保险装置。在操作者对面的卡爪跟导轨面之间放一硬木块(或其他较软的金属棒，但高度必须使卡爪在水平位置)，把变速手柄放到最低速位置，开动电动机，主轴反向旋转，使卡爪撞击硬木块如图 2.43 所示。卡盘松动后，必须立即关闭电源停车，用手慢慢把卡盘从主轴上旋下。无论装上或卸下卡盘时，都必须关闭电源，尤其是装卡盘时不允许开车进行。

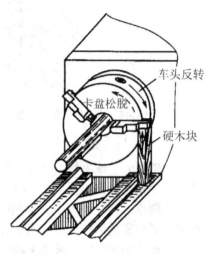

图 2.43 卸下卡盘的方法

4. 操作车床

1) 调整车床

(1) 将机床电源开关关闭，以防止因操作不熟练造成动作失误损坏机床。

(2) 擦干净机床外表面及各手柄。

(3) 调整中、小滑板镶条间隙。中、小滑板手柄摇动的松紧程度要适当，过紧或过松都须进行调整，中、小滑板镶条调整方法相同，如图 2.44 所示为中滑板镶条的调整方法。调整时应先看清镶条大、小端的方向，如镶条间隙太大，可将小端处螺钉 1 松开，将大端处螺钉 3 向里旋进，这样镶条大端向里间隙就会变小；反之，则间隙增大。调整后要试摇一次，要求轻便、灵活，但又不可有明显间隙。

(4) 调整车床主轴转速。主轴转速可以按切削速度计算公式 $v_c = \pi d n / 1000$ 算出。然后将车床上的主轴变速调整到和计算出的转速最接近的主轴转速挡。

卧式车床主轴箱外有变换转速的操纵手柄，改变手柄位置即可得到各种不同的转速。由于车床型号不同，手柄布置及其操纵方法也有所不同，但基本可分为两种类型，一种是主轴箱上用铭牌注明各种转速并同时用图形表示出各手柄的位置，操作时可按铭牌指示变换手柄位置，即可得到所需要的主轴转速。另一种是不用铭牌，直接将转速标出，例如 C620-1 型车床，如图 2.45 所示。

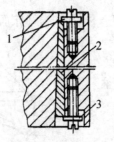
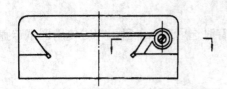

图 2.44　中滑板镶条的调整方法　　　　图 2.45　C620-1 型车床主轴箱手柄

1、3—螺钉；2—镶条　　　　　　1、3、4、5—手柄；2—固定方框

主轴箱外变速手柄 1 有六个工作位置，每个工作位置有四种转速，24 种不同转速都标注在与手柄相连接的圆盘上，圆盘的右上方有一固定方框 2，方框的两边各有 4 组不同颜色的小圆点。转动手柄 1 圆盘也随之转动，将所选定的转速转入方框内，即可根据所对应的圆点颜色变换手柄 3 和手柄 5 的位置。

变换主轴转速时，转动手柄的力不可过大，若发现手柄转不动或转不到位，主要是主轴箱内齿轮不能啮合，可用手转动卡盘，使齿轮的圆周位置改变，手柄即能扳动。

(5) 调整进给量。根据所选定的进给量，从车床的铭牌上查出调进给量手柄的位置并进行调整。

变换手柄位置要根据进给箱铭牌的指示，如机动进给要根据进给量 f 查阅铭牌，如米制螺纹则应按螺距 P 查阅铭牌。车螺纹除调整进给箱外的手柄位置之外，还应按铭牌指示调整交换齿轮箱中的交换齿轮，机动进给由于 f 值不要求精确，因此一般情况下交换齿轮可不作调整。

(6) 检查切削液是否供应正常。

2) 车削端面

(1) 起动机床前作安全检查。用手转动卡盘一周，检查有无碰撞处。

(2) 选用和装夹端面车刀。常用端面车刀有 45°车刀和 90°车刀，如图 2.46 所示。用 45°车刀车端面，刀尖强度较好，车刀不容易损坏。用 90°车刀车端面时，由于刀尖强度较差，常用于精车端面。车端面时要求车刀刀尖严格对准工件中心，高于或低于工件中心都会使端面中心处留有凸台，并损坏车刀刀尖，如图 2.47 所示。

(3) 车端面的操作步骤。

① 移动床鞍和中滑板，使车刀靠近工件端面后，将床鞍上螺钉扳紧，使床鞍位置固定，如图 2.48 所示。

② 测量毛坯长度，确定端面应车去的余量，一般先车的一面尽可能少车，其余余量在另一面车去。车端面前可先倒角，尤其是铸件表面有一层硬皮，如先倒角可以防止刀尖损坏，如图 2.49 所示。

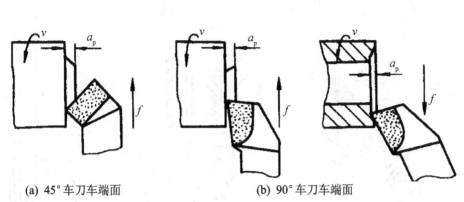

(a) 45°车刀车端面　　　　(b) 90°车刀车端面

图 2.46　车端面

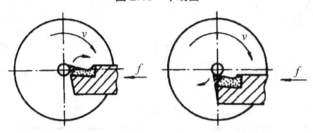

图 2.47　车刀刀尖不对准工件中心使刀尖崩碎

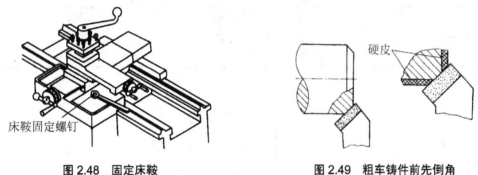

图 2.48　固定床鞍　　　　图 2.49　粗车铸件前先倒角

车端面和外圆时,第一刀背吃刀量一定要超过硬皮层,否则即使已倒角,但车削时刀尖还是要碰到硬皮层,很快就会磨损。

③ 双手摇动中滑板手柄车端面,手动进给速度要保持均匀,操作方法如图 2.50 所示。

当车刀刀尖车到端面中心时,车刀即退回。如精加工的端面,要防止车刀横向退出时将端面拉毛,可向后移动小滑板。使车刀离开端面后再横向退刀。车端面背吃刀量,可用小滑板刻度盘控制。

④ 用钢直尺或刀口直尺检查端面直线度,如图 2.51 所示。如发现端面不平,原因见表 2-18。

3) 车削外圆

(1) 选用外圆车刀。

外圆车刀主要有:45°车刀、75°车刀和 90°车刀,如图 2.52 所示。45°车刀用于车外圆、端面和倒角;75°车刀用于粗车外圆;90°车刀用于车细长轴外圆或有垂直台阶的外圆。

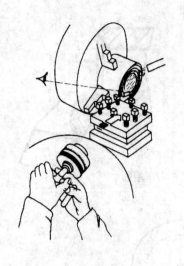
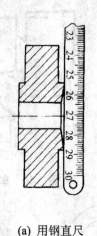
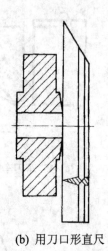

（a）用钢直尺　　　　　（b）用刀口形直尺

图2.50　车端面的操作方法　　　　图2.51　检查平面的平面度

表2-18　CA6140车削端面不平原因

问　题	产生原因
工件端面有凸台	① 车刀刀尖未对准工件中心。
端面平面度差，凹或凸	① 用90°车刀由外向里车削，背吃刀量过大，车刀磨损。 ② 床鞍未固定而移动，小滑板间隙大。 ③ 刀架或车刀未紧固等。

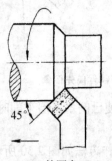
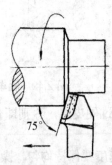
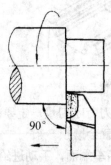
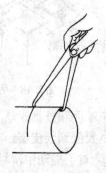

（a）45°外圆车刀　　（b）75°外圆车刀图　　（c）90°外圆车刀

图2.52　外圆车刀　　　　　　　图2.53　划线痕

(2) 车外圆的操作步骤。

① 检查毛坯直径，根据加工余量确定进给次数和背吃刀量。

② 划线痕，确定车削长度。先在工件上用粉笔涂色，然后用内卡钳在钢直尺上量取尺寸后，在工件上划出加工线，划线方法如图2.53所示。

③ 车外圆要准确地控制背吃刀量，这样才能保证外圆的尺寸公差。通常采用试切削方法来控制背吃刀量，试切的操作步骤见表2-19所示。

表 2-19 车削外圆的试切操作步骤

步骤	简图	说明	步骤	简图	说明
步骤 1	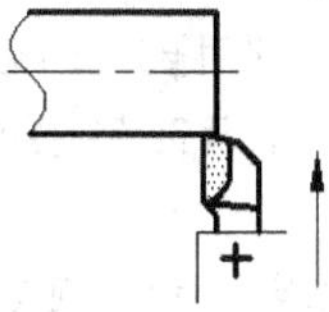	起动机床,移动床鞍和中滑板,使车刀刀尖与工件表面,轻微接触	步骤 4	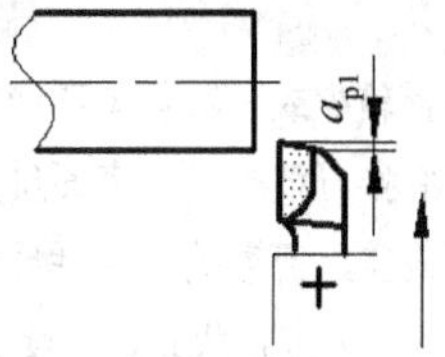	移动床鞍试切外圆,试切长度约 2mm
步骤 2	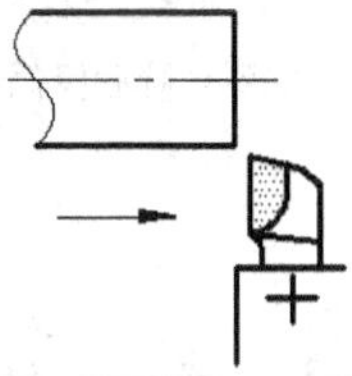	移动床鞍,退出车刀	步骤 5	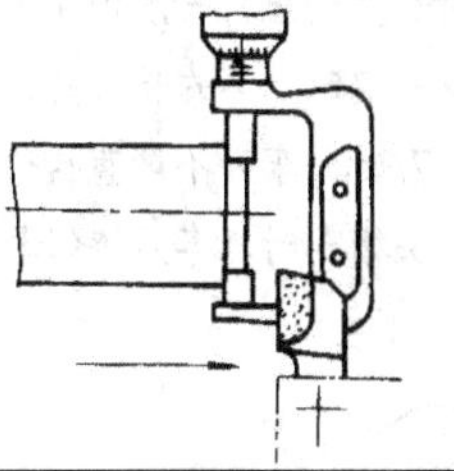	向右移动床鞍,退出车刀,进行测量
步骤 3	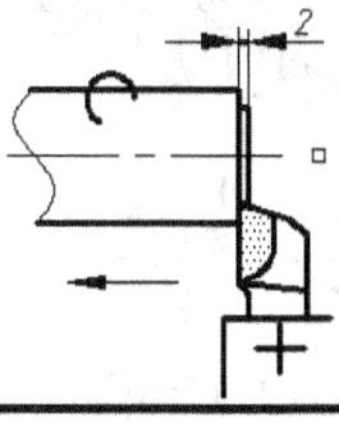	转动中滑板刻度盘,使零位对准后,横向进给就可利用刻度值控制背吃刀量	步骤 6	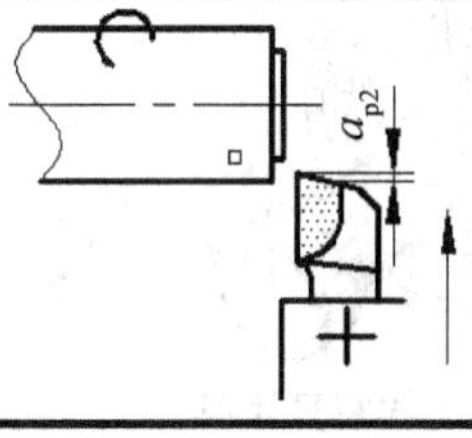	根据测量尺寸调整背吃刀量

步骤 1~6 是试切的一个循环,如果试切尺寸不符合要求,要自步骤 6 重新进行试切,尺寸符合要求后,就可纵向进给车外圆。试切尺寸,粗车可用外卡钳或游标卡尺测量,精车用千分尺测量。

④ 手动进给车外圆的操作方法。操作者应站在床鞍手轮的右侧,双手交替摇动手轮,手动进给速度要求均匀。当车削长度到达线痕标记处时,停止进给,摇动中滑板手柄,退出车刀,床鞍快速移动回复到原位。

车外圆一般分粗、精车。粗车目的是尽快地从工件上切去大部分的加工余量,使工件接近要求的形状和尺寸。粗车以提高生产率为主,在生产中加大背吃刀量,对提高生产率最有利,其次适当加大进给量,而采用中等或中等偏低的切削速度。

粗车应留有 0.5~1mm 的精加工余量。

粗车切削用量推荐数值如下:

背吃刀量 a_p 取 1~4mm,进给量 f 取 0.3~0.8mm/r,切削速度 v:硬质合金车刀车钢件取 50~60m/min,车铸件取 40~50m/min。

精车要保证零件的尺寸精度和表面粗糙度的要求,生产率应在此前提下尽可能提高。因此试切尺寸一定要测量正确,刀具要保持锐利,要选用较高的切削速度($v_c \geqslant 60$m/min),进给量要适当减小($f=0.08$~0.2mm/r),以确保工件的表面质量。

⑤ 倒角的方法。当工件精车完毕,外圆与端面交界处的锐边要用倒角的方法去除。倒角用 45°车刀最方便。倒角的大小按图样规定尺寸,如图样上未标注的一般按 0.5×45°倒角。

特别提示

接刀车外圆

工件来料长度余量较少或一次装卡不能完成切削的光轴，通常采用调头装卡，再用接刀法车削。调头接刀车削的工件，一般表面有接刀痕迹，对表面质量和美观程度有影响。因而工件装夹时，找正必须要严格，否则会造成工件表面出现接刀偏差，而影响到工件质量。

通常的做法：接刀时为方便找正，一般采用四爪单动卡盘装夹。装夹时要在工件已加工表面与卡爪间垫铜片，以防夹伤工件。夹持长度要短，一般取 15~20mm，卡爪不能依次拧紧，应相对两卡爪分别拧紧。

在车削工件的第一端时，车的长一些，调头装夹时，两点间的找正距离应大一些，如图 2.54 所示。在工件的第一端精车至最后一刀时，车刀不能直接碰到台阶，应稍离台阶处停刀，以防车刀碰到台阶后突然增加切削量，产生扎刀现象。在调头精车时，车刀要锋利，最后一刀的精车余量要少。

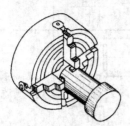
(a) 用四爪卡片装夹工具

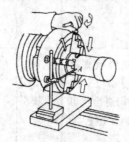
(b) 找正 A 点外圆

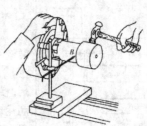
(b) 找正 B 点外圆

图 2.54 找正位置

接刀车外圆，找正的误差愈小，接头时偏差也愈小，一般先用划线盘进行粗找正，再用百分表进行精确找正。接刀车外圆要以已加工外圆为基准，两者大小一致，接刀才能达到平整。接刀车外圆的步骤如下：

① 用外卡钳或千分尺测量已加工外圆的直径尺寸。

② 接刀车外圆时，由于工件的伸出量较长，为防止车削时工件跳动而导致中心移动，一般选取较小的背吃刀量，适当多车几刀，以减小切削力。精车时为使接刀处外圆与已加工外圆接平，要控制试切直径尺寸，可用外卡钳在已加工外圆上作比较测量，也可用千分尺测量，要求试切尺寸与已加工外圆直径间的差值小于 0.03mm。试切尺寸符合后，就可手动进给精车外圆，当刀尖超出接刀位置时退刀。

接刀车外圆，如发现外圆接不平，一般有两种情况造成：一种是工件轴线未找正，使接刀外圆与已加工外圆的轴线不重合，造成交接处两外圆偏位；另一种是两端外圆尺寸不一致，过大、过小都会使外圆接不平。

4) 切断的方法

切断的方法有直进法、左右借刀法和反切法，如图 2.55 所示。

直进法切断，车刀横向连续进给，一次将工件切下，如图 2.55(a)所示，操作十分简便，工件材料也比较节省，因此应用最广泛。左右借刀法切断，如图 2.55(b)所示，车刀横向和纵向须轮番进给，因费工费料，一般用于机床、工件刚性不足的情况下。反切法切断，车床主轴反转，车刀反装进行切断，如图 2.55(c)所示，这种方法切削比较平稳，排屑也较顺利，但卡盘必须有保险装置，小滑板转盘上两边的压紧螺母也应锁紧，否则机床容易损坏。

切断刀的安装

(1) 切断刀伸出长度，切断刀不宜伸出过长，主切削刃要对准工件中心，高或低于中心，都不能切到工件中心。如用硬质合金切断刀，中心高或低则都会使刀片崩裂。

(2) 装刀时检查两侧副偏角。检查切断刀两侧副偏角的方法有两种：一种是将 90° 角尺靠在工件已加工外圆上检查，如图 2.56(a)所示。另一种方法是，如外圆为毛坯则可将副切削刃紧靠在已加工端面上，刀尖与端面接触，副切削刃与端面间有倾斜间隙，要求间隙最大处约 0.5mm，如图 2.56(b)所示。两副偏角基本相等后，可将车刀紧固。

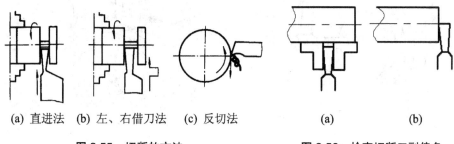

(a) 直进法　(b) 左、右借刀法　(c) 反切法　　　　(a)　　　　　(b)

图 2.55　切断的方法　　　　　　图 2.56　检查切断刀副偏角

切断注意事项

(1) 机床各部分间隙尽可能小。例如，床鞍、中、小滑板导轨的间隙和机床主轴轴承间隙等尽可能小。

(2) 工件用卡盘装夹，伸出长度要加上切断刀宽度和刀具与卡爪间的间隙约 5～6mm，工件要用力夹紧。切断刀离卡盘的距离一般应小于要切工件的直径。

(3) 选择主轴转速，用高速钢刀切断铸铁材料，切削速度约 15～25m/min；切断碳钢材料，切削速度约 20～25m/min；用硬质合金刀切断，切削速度约 45～60m/min。

(4) 切断时移动中滑板，进给的速度要均匀而不间断，如发现车刀产生切不进现象，应立即退出，检查车刀刀尖是否对准工件中心，以及是否锐利，不可强制进给，以防车刀折断。如工件的直径较大或长度较长，一般不切到中心，约留 2～3mm，将车刀退出，停车后用手将工件扳断。

5) 车床刻度盘的使用

在车床上，车刀的移动量可以从有关刻度上的刻线读出。对应于小、中滑板、床鞍，都各有一个刻度盘，它们的使用方法是相同的。各个滑板的移动，靠转动相应的手轮来实现。

在横向进给刻度盘上可以读出车刀横向移动量，如图 2.57(a)所示。当调整好背吃刀量时，便可用这个刻度盘来读出背吃刀量。使用刻度盘时，总是慢慢地转动手轮，在快转动到所需尺寸时，只能用手轻轻敲击手轮，以防止转过格。如果不小心多转了几格时，则必须多退回更多的格数(消除手轮轴前端丝杠与中滑板上螺母接触面的间隙)，然后重新把手轮转到所需的格数上。若要刀具退回时，必须使手轮反转。但是手轮反转后首先会产生一段空行程(刻度盘已退回几格，可是刀具没有移动)，只有在空行程过了以后，刀具才随手轮一起反向运动。所以刻度盘转过"0"格以后，务必使反面空行程全部消除以后。再把手轮转到所需要的格数上去，只有经过这样调整的刀具，位置才是正确的。

图 2.57(b)所示为纵向进给刻度盘，用来读出刀具的纵向移动量。手动进给时，可利用这个刻度盘转过的格数来控制刀具纵向移动的距离。对于床鞍来说，手轮前端的轴上固定着一个与床身上的齿条相啮合的小齿轮，当转动手轮时，小齿轮就在齿条上滚动，小齿轮的轴线(也就是床鞍)沿床身纵向移动，移动量由纵进给刻度盘读出，读数原理和横向刻度盘相同。纵进给方向一般总是从床尾走向床头，个别情况下，如用左车刀切削时才应反向进给。

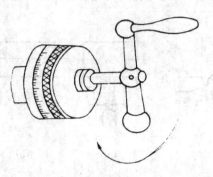 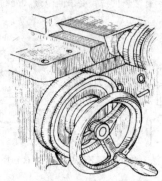

(a) 横向进给刻度盘　　　　　　(b) 纵向进给刻度盘

图 2.57　车床进给刻度盘

6) 车床的维护和常规保养

车床保养得好坏，直接影响零件的加工质量和生产效率。为了保证车床的工作精度和延长使用寿命，必须对车床进行合理的保养。主要内容有清洁、润滑和进行必要的调整。

当车床运转 500h 以后，需进行一级保养。保养工作以操作工人为主，维修工人配合进行。保养时，必须首先切断电源，然后进行工作，具体保养内容和要求如表 2-20 所示。

表 2-20　车床保养内容和要求

保养内容	保养要求
外保养	① 清洗机床外表及各罩盖，要求内外清洁，无锈蚀、无油污； ② 清洗长丝杠、光杠和操纵杆，清洗机床附件； ③ 检查并补齐螺钉、手柄等
主轴箱	① 清洗滤油器和油箱，使其无杂物； ② 检查主轴，并检查螺母有无松动、紧固螺钉应锁紧； ③ 调整摩擦片间隙及制动器
溜板	① 清洗刀架。调整中、小滑板镶条间隙； ② 清洗并调整中、小滑板丝杠螺母间隙
交换齿轮箱	① 清洗齿轮、轴套并注入新油脂； ② 调整齿轮啮合间隙； ③ 检查轴套有无晃动现象
尾座	① 清洗，保持内外清洁

续表

保养内容	保养要求
润滑系统	① 清洗冷却泵、过滤器、盛液盘； ② 清洗油绳、油毡，保证油孔、油路清洁畅通； ③ 检查油质是否良好，油杯要齐全，油窗应明亮
电器部分	① 清扫电动机、电器箱； ② 电器装置应固定，并清洁整齐

7) 车工安全生产规范

(1) 工作时应穿工作服、戴套袖。女同志应戴工作帽，头发应塞在工作帽内。

(2) 工作时，头与工件不应靠得太近，以防切屑飞入眼中，必要时应戴防护镜。

(3) 工作时，必须集中精力，不允许擅自离开机床或做与车床工作无关的事，手和身体不得靠近旋转的工件(或车床卡盘)。

(4) 工件和车刀必须装卡牢固，否则会飞出伤人。卡盘必须装有保险装置。

(5) 车床开动时不得测量工件。

(6) 不能用手清除铁屑，要备有专用的工具清理，以防划伤皮肤。

(7) 工件装卡后，应取下卡盘扳手，以防飞出伤人。

(8) 棒料在主轴的后端不要伸出过长，如果过长，应用料架支承(见图2.58)。料架孔的高度应与机床主轴孔同高，且距棒料的末端不大于半米。如果料长太大，也可以加两个支架。

(9) 车工不准戴手套操作。

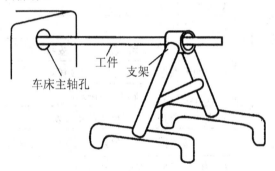

图 2.58 车长棒料用的支承

 **特别提示**

车工文明生产

(1) 开车前，应检查车床各部分机构是否完好，有无防护设备。各转动手柄是否放在空挡位置，变速齿轮的手柄位置是否正确，以防开车时突然撞击而损坏机床。启动后应使主轴空转 1~2min，使润滑油供至需要润滑的部位，然后再进行车削作业。

(2) 变速时必须停车!变换进给箱手柄位置要在低速时进行，使用电器开关的车床不准用反车作紧急停车，以免打坏齿轮。

(3) 为了保持丝杠的精度。除车螺纹外，不得使用丝杠自动进刀。

(4) 不允许在卡盘上、车床导轨上敲击或校直工件。

(5) 装卡较重的工件时，应该用木板保护床面，下班时如工件不卸下，应使用千斤顶支承。

(6) 车刀磨损后应及时刃磨，否则会增加车床的负荷，甚至损坏机床。

(7) 车削铸铁和气割下料的工件，导轨上的润滑油要擦去，工件上的砂型杂质应去除，以免磨坏床面导轨。

(8) 用切削液时，要在车床导轨上涂上润滑油，冷却泵的冷却液应定期调换。

(9) 下班前，应清除车床上及车床周围的切屑和切削液，擦净后按规定在加油部位加上润滑油。

(10) 下班时，将大托板摇至床尾一端，各转动手柄放到空挡位置，关闭电源。

2.1.3 任务实施

一、光轴零件机械加工工艺规程编制

参照制定工艺规程的步骤(详见表 2-21)，编制如图 2.2 所示的光轴的机械加工工艺规程。生产类型为小批生产，材料为 45#热轧圆钢。

表 2-21 典型零件机械加工工艺规程编制实施步骤参考表

实施步骤	相关内容	
1	分析零件的结构和技术要求	
2	明确毛坯状况	
3	拟定工艺路线 (含对工艺方案的技术经济分析)	确定单个表面加工方法(外圆、内孔、平面等表面的加工方法)
		划分加工阶段
		选择定位基准
		确定加工顺序：机械加工工序安排 / 热处理工序安排 / 辅助工序安排
4	设计工序内容	确定加工余量、工序尺寸及其公差(工艺尺寸链计算)
		选择设备(机床)、工装(刀具、量具、夹具等)
		确定切削用量、时间定额等
5	填写工艺文件(工艺过程卡片、工艺卡片、工序卡片等)	

1. 分析光轴的结构和技术要求

该零件为圆柱形光轴，虽是光轴，却有两种配合的要求：轴的两端与连杆孔是过盈配合，而中间部分则与滚针轴承配合。工件直径为 30mm±0.2mm，总长度 100mm，表面粗糙度 Ra 全都为 6.3μm。两端倒角均为 $C1$。

2. 明确光轴毛坯状况

轴类零件根据使用要求、生产类型、设备条件及结构，最常选用的毛坯形式是棒料和锻件，只有某些大型或结构复杂的轴(如曲轴)，在质量允许时才采用铸件。对于外圆直径相差不大的轴，一般以棒料为主；而对于外圆直径相差大的阶梯轴或重要的轴，常选用锻件，这样既节约材料又减少机械加工的工作量，而且毛坯经过加热锻造后，可使金属内部纤维组织沿表面均匀分布，获得较高的抗拉、抗弯及抗扭强度。

该光轴材料为45#钢，单件小批生产，且属于一般轴类零件，故选择ϕ35mm 的 45#热轧圆钢作毛坯可满足其要求。

3. 拟定工艺路线

1) 确定表面加工方案

(1) 加工经济精度。表面加工方法的选择应满足加工质量、生产率和经济性各方面的要求。了解和掌握各种加工方法的特点、加工经济精度及经济粗糙度的概念，是正确选择表面加工方法的前提条件。

所谓加工经济精度是指在正常加工条件下(采用符合质量标准的设备、工艺装备和标准技术等级的工人、不延长加工时间)所能保证的加工精度。在相同条件下，获得的表面粗糙度即为经济粗糙度。各种加工方法所能达到的加工经济精度和经济粗糙度等级，在有关机械加工的手册中可以查到。表 2-22 摘录了常用加工方法的加工经济精度和表面粗糙度供参考。

表 2-22 机械加工经济精度和表面粗糙度

加工方法	加工性质	加工经济精度(IT)	表面粗糙度 $Ra/\mu m$
车	粗车	13～11	50～12.5
	半精车	10～8	6.3～3.2
	精车	8～7	1.6～0.8
	(精细车)金刚车	7～6	0.4～0.025
外磨	粗磨	9～8	12.5～6.3
	半精磨	8～7	6.3～3.2
	精磨	7～6	1.6～0.8
	精密磨	6～5	0.4～0.1
	镜面磨	5	0.025～0.006
研磨	粗研	6～5	0.4～0.2
	精研	5	0.2～0.1
超精加工	粗超精加工	8～6	1.6～0.4
	精超精加工	6～5	0.4～0.05

满足同样精度要求的加工方法有很多，应先根据经验或查表法确定能够满足图样技术要求的加工方法，再根据实际情况或通过工艺验证进行修改。另外还需考虑以下问题：

① 工件材料的性质。各种加工方法对工件材料及其热处理状态有不同的适用性。淬火钢的精加工要采用磨削，有色金属的精加工为避免磨削时堵塞砂轮，则要用高速精细车削或精细镗(金刚镗)。

② 工件的形状和尺寸。工件的形状和加工表面的尺寸大小不同，采用的加工方法和加

工方案往往不同。例如，一般情况下，大孔常常采用粗镗→半精镗→精镗的方法，小孔常采用钻→扩→铰的方法。

③ 生产类型、生产率和经济性。选择加工方法要与生产类型相适应。大批量生产时应选用高生产率和质量稳定的加工方法；单件小批生产时应尽量选择通用设备，避免采用非标准的专用刀具进行加工。例如，铣削或刨削平面的加工精度基本相当，但由于刨削生产率低，除特殊场合外(如狭长表面加工)，在成批以上生产中已逐渐被铣削所代替；对于孔加工来说，由于镗削加工刀具简单，通用性好，因而广泛应用于单件小批生产中；内孔键槽的加工方法可以选择拉削和插削，单件小批量生产主要适宜用插削，可以获得较好的经济性，而大批量生产中为了提高生产率大多采用拉削加工。

④ 具体的生产条件。工艺人员必须熟悉工厂现有的加工设备及其工艺能力，工人的技术水平，以充分利用现有设备和工艺手段。同时，也要注意不断引进新技术，对老设备进行技术改造，挖掘企业潜力，不断提高工艺水平。

(2) 外圆表面的加工路线。确定外圆表面的加工方法，初学者一般可根据各表面的加工精度和粗糙度要求，从表2-23中选择合理的加工方法及加工路线。

表2-23 常用的外圆表面加工路线

序号	加工方法	经济精度(IT)	经济表面粗糙度 $Ra/\mu m$	适用范围
1	粗车	13～11	50～12.5	适用于淬火钢以外的各种金属
2	粗车→半精车	10～8	6.3～3.2	
3	粗车→半精车→精车	8～7	1.6～0.8	
4	粗车→半精车→精车→抛光(滚压)	8～7	0.2～0.025	
5	粗车→半精车→磨削	8～7	0.8～0.4	适用于淬火钢和未淬火钢，但不宜加工强度低、韧性大的有色金属
6	粗车→半精车→粗磨→精磨	7～6	0.4～0.1	
7	粗车→半精车→粗磨→精磨→超精加工(或轮式超精磨)	5	0.1～0.012 (或 $Rz0.1$)	
8	粗车→半精车→精车→精细车(金刚车)	7～6	0.4～0.025	主要用于要求较高的有色金属加工
9	粗车→半精车→粗磨→精磨→超精磨(或镜面磨)	>5	0.025～0.006 (或 $Rz0.05$)	极高精度的外圆加工
10	粗车→半精车→粗磨→精磨→研磨(或光整加工)	>5	0.1～0.006 (或 $Rz0.05$)	

(3) 该光轴表面是回转面，且根据其加工表面公差等级及表面粗糙度要求，采用粗车、精车的加工方案。

2) 划分加工阶段

(1) 加工阶段划分。当零件精度和表面粗糙度要求比较高时，往往不可能在一两个工序中完成全部的加工工作，而必须划分几个阶段来进行加工。一般说来，整个加工过程可分为粗加工、半精加工、精加工等几个阶段；加工精度和表面质量要求特别高时，还可以

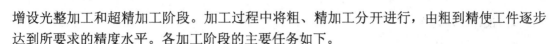

增设光整加工和超精加工阶段。加工过程中将粗、精加工分开进行，由粗到精使工件逐步达到所要求的精度水平。各加工阶段的主要任务如下。

① 粗加工阶段：这一阶段的主要任务是切除毛坯的大部分余量，并制出精基准。该阶段的关键问题是如何提高生产率。

② 半精加工阶段：任务是减小粗加工留下的误差，为主要表面的精加工做好准备，同时完成零件上各次要表面的加工。

③ 精加工阶段：任务是保证各主要表面达到图样规定的加工精度和表面粗糙度要求。这一阶段的主要问题是如何保证加工质量。

④ 光整加工阶段：对于零件尺寸精度和表面粗糙度要求很高的表面，还要安排光整加工阶段，这一阶段的加工余量极小，主要任务是减小表面粗糙度值和进一步提高精度，不能用于纠正表面形状误差及位置误差。

当毛坯余量较大、表面非常粗糙时，在粗加工阶段前还可以安排荒加工阶段。为能及时发现毛坯缺陷，减少运输量，荒加工阶段常在毛坯准备车间进行。

在生产中，对零件加工过程进行加工阶段划分有以下作用：

① 保证加工质量。工件划分阶段后，因粗加工的加工余量很大，切削变形大，会出现较大的加工误差，通过半精加工和精加工逐步得到纠正，以保证加工质量。

② 合理使用设备。划分加工阶段后，可以充分发挥粗、精加工设备的特点，避免以精干粗，做到合理使用设备。

③ 便于安排热处理工序。粗加工阶段前后，一般要安排去应力等预先热处理工序，精加工前则要安排淬火等最终热处理，最终热处理后工件的变形可以通过精加工工序予以消除。划分加工阶段后，便于热处理工序的安排，使冷热工序配合更好。

④ 便于及时发现毛坯缺陷。毛坯的有些缺陷往往在加工后才暴露出来。粗、精加工分开后，粗加工阶段就可以及时发现和处理毛坯缺陷。同时精加工工序安排在最后，可以避免已加工好的表面在搬运和夹紧中受到损伤。

划分加工阶段是对整个工艺过程而言的，以工件加工表面为主线进行划分，不应以个别表面和个别工序来判断。对于具体的工件，加工阶段的划分还应灵活掌握。对于加工质量要求不高，工件刚性好，毛坯精度高，余量较小的工件，就可少划分几个阶段或不划分加工阶段。

(2) 轴类零件在进行外圆加工时，会因切除大量金属后引起残余应力重新分布而变形。应将粗、精加工分开，先粗加工，再进行半精加工和精加工，主要表面精加工放在最后进行。

该光轴加工划分为两个加工阶段，即先粗车、再精车。

3) 选择定位基准

该光轴以外圆作为定位基准进行加工。

4) 确定加工顺序

该光轴的加工工艺路线为：下料——粗车端面——粗车外圆——精车端面——精车外圆——倒角——预切断——倒角——切断——检验。

4. 设计工序内容

该轴工序尺寸的确定。

(1) 毛坯下料尺寸：$\phi 35 \times 125$；

(2) 粗车时，外圆尺寸按图样加工尺寸均留精加工余量 1mm；

(3) 精车时，外圆尺寸车到图样规定尺寸。

(4) 预切断、切断时，长度尺寸车到图样规定尺寸。

5. 填写光轴的机械加工工艺过程卡片

综上所述，填写光轴的机械加工工艺过程卡片，见表 2-24。

二、光轴零件机械加工工艺规程实施

1. 任务实施准备

1) 根据现有生产条件或在条件许可情况下，以班级学习小组为单位，根据小组成员共同编制的光轴零件机械加工工艺过程卡片进行加工，由企业兼职教师与小组选派的学生代表根据机床操作规程、工艺文件，共同完成零件的加工。其余小组学生对加工后的零件进行检验，判断零件合格与否。

2) 工艺准备

(1) 毛坯准备：材料 45#的热轧圆钢，规格 $\phi 35mm \times 125mm$。

(2) 设备、工装准备。

设备准备：普通车床 CA6140。

夹具准备：三爪卡盘。

刀具准备：45°端面车刀、90°外圆车刀、切断刀。

量具准备：150mm 游标卡尺、钢板尺。

辅具准备：锉刀、毛刷。

(3) 资料准备：机床使用说明书、刀具说明书、机床操作规程、零件图、工艺文件、《机械加工工艺人员手册》、5S 现场管理制度等。

准备相似零件，参观生产现场或观看相关加工视频。

2. 任务实施与检查

1) 分组分析零件图样

根据图 2.2 光轴零件图，其主要的加工表面为外圆柱面和端面，结构工艺性好。

2) 分组讨论毛坯选择问题

该零件生产类型属单件小批生产，材料为 45#钢，故毛坯选用 45#热轧圆钢。

3) 分组讨论零件加工工艺路线

确定加工表面的加工方案，划分加工阶段，选择定位基准，确定加工顺序，设计工序内容(如选用设备、工装)等。

4) 光轴零件的加工步骤

按表 2-24 所示步骤，参照其机械加工工艺过程执行(见表 2-25)。

表 2-24　车削光轴加工步骤

序号	加工内容	示意图
(1) 装夹	棒料从 CA6140 主轴箱后端中放入，穿过主轴孔，伸出长 110mm，用三爪卡盘夹紧	
(2) 粗车端面	用 45°端面车刀，车平端面	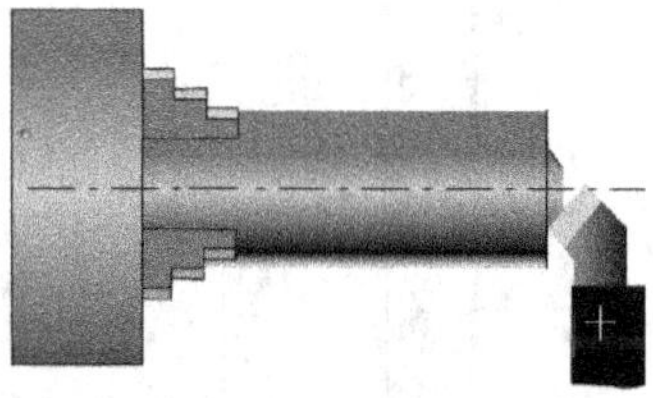
(3) 粗车外圆	90°外圆车刀，粗车外圆，直径到 ϕ31mm，长度到 105mm	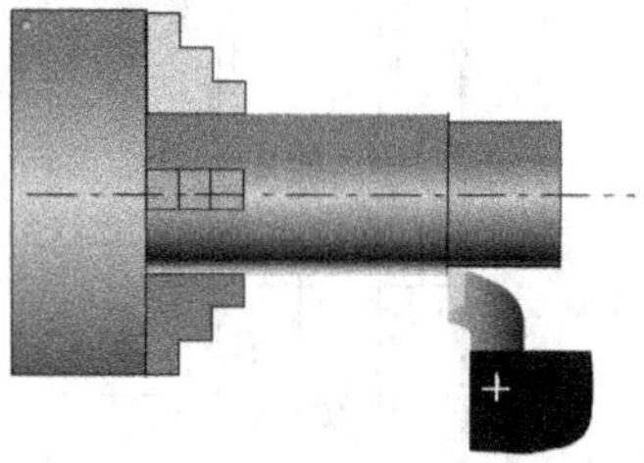
(4) 精车端面	用 45°端面车刀，车平端面，保证粗糙度 Ra 为 6.3μm	
(5) 精车外圆	用 90°外圆车刀，精车ϕ31mm 外圆，直径到 ϕ30mm±0.2mm，长度到 105mm，粗糙度 Ra 为 6.3μm	
(6) 倒角	用 45°端面车刀，车轴头倒角 C1	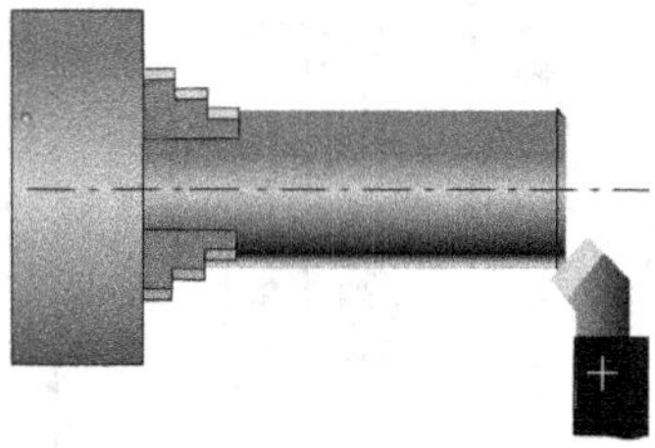
(7) 检查	用游标卡尺检查外圆尺寸	
(8) 预切断	用切断刀切槽深 5mm，保证长度为 100mm	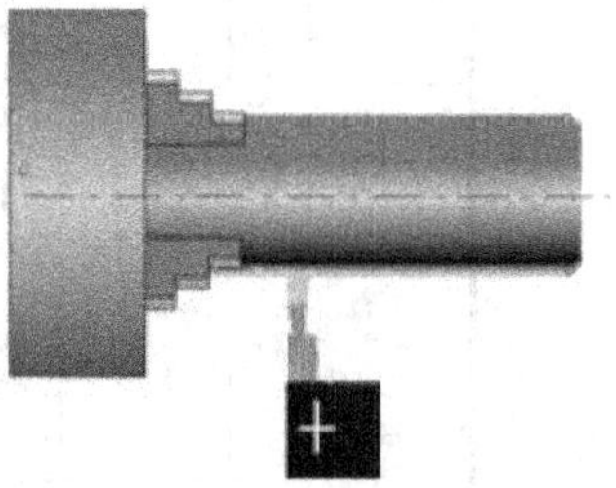
(9) 倒角	用 45°端面车刀，车轴头倒角 C1	
(10) 切断	用切断刀，使工件从棒料上切除	

表 2-25 光轴机械加工工艺过程卡片

××职业学院		机械加工工艺过程卡片		产品型号		零(部)件图号		共1页
				产品名称		零(部)件名称	光轴	第1页
材料牌号	45	毛坯种类	棒料	毛坯外型尺寸	φ35×125	每毛坯件数	每台件数	备注
工序号	工序名称	工段		工序内容		车间	设备	工艺装备
1	下料		φ35×125				锯床	
2	车		(1) 粗车端面车平即可			金工	CA6140	45°端面车刀、三爪卡盘、游标卡尺
			(2) 粗车外圆至φ31，长度保证105					90°外圆车刀
			(3) 精车端面车平即可，保证粗糙度 Ra6.3μm					
			(4) 精车φ31mm外圆至φ30mm±0.2mm，长度105mm，粗糙度 Ra6.3μm					
			(5) 倒角：轴头倒角C1					
			(6) 预切断：用切断刀切槽深5mm，保证长度为100mm					切断刀
			(7) 倒角：轴头倒角C1					45°端面车刀
			(8) 切断：用切断刀，使工件从棒料上切除					切断刀
3	检		按零件图各项要求检验					
						设计（日期）	审核（日期）	标准化（日期）	会签（日期）
标记	处数	更改文件号	签字	日期	标记	处数	更改文件号	签字	日期

加工完成的产品零件，如图 2.59 所示。

图 2.59　光轴产品零件

5) 精度检查
(1) 测量外圆时，使用游标卡尺在圆周面上要同时测量两点，长度上测量两端。
(2) 长度测量可选用游标卡尺或钢板尺。

特别提示

使用游标卡尺测量工件的姿势和方法

游标卡尺的测量范围很广，可以测量工件的外径、孔径、长度、深度以及沟槽宽度等，测量工件的姿势和方法见图 2.60。

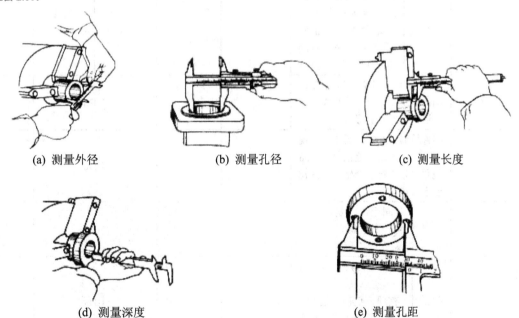

(a) 测量外径　　(b) 测量孔径　　(c) 测量长度

(d) 测量深度　　(e) 测量孔距

图 2.60　使用游标卡尺测量工件的姿势和方法

6) 任务实施的检查与评价
具体的任务实施检查与评价内容见表 2-26。

表 2-26 机械零件机械加工工艺规程实施检查与评价表

任务名称							
学生姓名：			学号：	班级：	组别：		
序号	检查内容		检查记录	评价	分值		备注
1	零件图分析：是否识别零件的材料；是否识别加工表面及其尺寸、尺寸精度、形位精度、表面粗糙度和技术要求等；结构工艺性分析是否正确；是否形成记录				5%		
2	毛坯确定：是否确定毛坯的类型、制造方法、尺寸；毛坯图是否正确、完整				5%		
3	机械加工工艺规程编制	工艺过程卡片：加工工艺路线拟定是否合理；工装选择是否规范、合理(或零件加工工艺过程是否合理、可行)			40%	20%	
		工序卡片：工序图绘制是否正确、完整；切削用量选择是否合理；其他内容是否规范、正确(或重要工序内容确定是否合理、可行)				20%	
4	机床操作：调整机床是否正确；是否按安全操作规范；是否遵循工艺规程要求				10%		
5	零件检验：方法是否正确、规范；是否形成检验记录；产品是否合格；若不合格，是否找出造成原因				10%		
6	职业素养	时间纪律：是否不迟到、不早退、中途不离开工作场地			10%		
7		5S管理：教、学、做一体现场是否符合"整理、整顿、清扫、清洁、素养"的5S现场管理要求			10%		
8		团结协作：组内是否有效沟通、配合良好；是否积极参与讨论并完成本任务			5%		

9	其他能力：是否积极提出或回答问题；条理是否清晰；工作是否有计划性；是否吃苦耐劳；能否有创新性地开展工作等			5%
总评：			评价人：	

问题讨论

(1) 光轴外圆表面的加工方案是什么？
(2) 如何正确车端面？

3．误差分析

车削光轴常见问题如表 2-27。

表 2-27　车削光轴常见问题

问　　题	产生原因
毛坯车不到尺寸	① 毛坯余量不够 ② 毛坯弯曲没有校正 ③ 工件安装时没有校正
达不到尺寸精度	① 未经过试切和测量，盲目吃刀 ② 没掌握工件材料的收缩规律 ③ 量具误差大或测量不准
表面粗糙度达不到要求	① 各种原因引起的振动，如工件、刀具伸出太长，刚性不足，主轴轴承间隙过大，转动件不平衡，刀具的主偏角过小 ② 车刀后角过小，车刀后面和已加工面摩擦 ③ 切削用量选择不当
产生锥度	① 卡盘装夹时，工件悬伸太长，受力后末端让开 ② 床身导轨和主轴轴线不平行 ③ 刀具磨损
产生椭圆	① 余量不均，没分粗、精车 ② 主轴轴承磨损。间隙过大

任务 2.2　台阶轴零件机械加工工艺规程编制与实施

2.2.1　任务引入

编制图 2.61 所示的台阶轴的机械加工工艺规程并实施。生产类型为小批生产。材料：45#热轧圆钢。

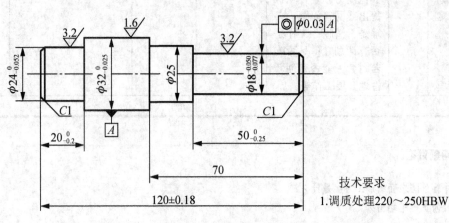

图 2.61 台阶轴零件简图

2.2.2 相关知识

1. 金属切削过程

金属切削过程是指在机床上利用刀具,通过刀具与工件之间的相对运动,从工件上切除多余的金属,从而产生切屑和形成已加工表面的过程。这一过程中,伴随着切屑的形成,会产生切削变形、积屑瘤、切削力、切削热、刀具磨损和表面硬化等物理现象,这些都是由切削过程中的变形和摩擦引起的。了解这些现象的本质和规律,对保证加工质量,提高生产率,降低生产成本具有十分重要的意义。

1) 切屑(swarf)的形成与积屑瘤

(1) 切屑的形成与切削变形区。塑性金属切削过程在本质上是被切削层金属在刀具的挤压作用下产生变形并与工件本体分离形成切屑的过程。

如图 2.62 所示,切削过程是伴随着切削运动进行的。随着切削层金属以切削速度 v_c 向刀具前刀面接近,在前刀面的挤压作用下,被切金属产生弹性变形,并逐渐加大,其内应力也在增加。当被切金属运动到接近图 2.62 的 OA 线时,将产生弹性变形。进入 OA 以后,其内应力达到材料的屈服点,此时开始产生塑性变形,金属内部发生剪切滑移。OA 称为始滑移线(始剪切线)。随着被切金属继续向前刀面逼近,塑性变形加剧,内应力进一步增加,到达 OM 线时,变形和应力达到最大。OM 称为终滑移线(终剪切线)。切削刃附近金属内应力达到金属断裂极限而使被切金属与工件本体分离。分离后的变形金属沿刀具的前刀面流出,成为切屑。

对照上述切削变形的分析,可按变形程度将切削区域的变形划成三个变形区:

① 从 OA 线开始发生剪切滑移塑性变形,到 OM 线晶粒的剪切滑移基本完成,这一区域(Ⅰ)称为第一变形区。

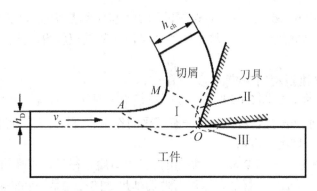

图 2.62　切削过程中的变形区

② 切屑沿前刀面排出时进一步受到前刀面的挤压和摩擦，使切屑底层靠近前刀面处的金属纤维化，其方向基本上与前刀面平行，这一区域(Ⅱ)称为第二变形区。

③ 已加工表面受到切削刃钝圆部分和后刀面的挤压、摩擦和回弹作用，造成纤维化与加工硬化，这一区域(Ⅲ)称为第三变形区。

三个变形区各具特点又相互联系、相互影响。切削过程中产生的许多现象均与金属层变形有关。在切削过程中，变形程度越大，工件的表面质量越差，切削过程中所消耗的能量越多。

(2) 切屑类型。切削加工中，当工件材料、切削条件不同时，会形成不同的切屑。按其形态不同，可分为图 2.63 所示的四种类型。

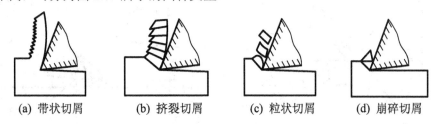

(a) 带状切屑　　(b) 挤裂切屑　　(c) 粒状切屑　　(d) 崩碎切屑

图 2.63　切屑类型

① 带状切屑。这类切屑呈连续的带状，与刀具前刀面接触的底面是光滑的，外面呈微小的锯齿形(毛茸状)。一般切削塑性材料(如低碳钢、铜和铝合金等)、刀具前角较大且切削速度较高时，常常形成这类切屑。其切削过程比较平稳，切削力波动小，加工表面质量高，但必要时需采取断屑、排屑措施，以防对工作环境和工人安全造成危害。

② 挤裂切屑(节状切屑)。这类切屑的外表面呈较大的锯齿形，它是由于切削层局部所受的切应力达到材料强度极限的结果。在切削塑性较低的材料、刀具前角较小且切削速度较低时容易形成此类切屑。其切削过程不平稳，切削力的波动较大，加工表面质量稍差。

③ 粒状切屑(单元切屑)。在切屑形成过程中，当整个剪切面上的切应力都超过了材料的强度极限时，会形成一个个梯形状的粒状切屑。当切削速度更低、前角更小且增加切削厚度时，容易生成此类切屑。

④ 崩碎切屑。这类切屑在加工脆性材料(如黄铜、铸铁等)时容易形成，它是由于切削层金属塑性小，刀具切入后未发生塑性变形就突然崩断成不规则的碎块状。其切削过程容易产生振动，工件加工表面质量较为粗糙。

(3) 积屑瘤(built-up edge)。在一定范围的切削速度下切削塑性金属时，常发现在刀具前刀面靠近切削刃的部位都附着一小块很硬的金属，这就是积屑瘤，又称刀瘤，其尺寸和形状如图 2.64 所示。

① 积屑瘤对切削过程的影响。

a. 增大刀具前角：如图 2.65 所示，由于积屑瘤的粘附，刀具前角增大了一个 γ_b 角度。刀具前角增大可减小切削力，对切削过程有积极的作用。而且，积屑瘤的高度 H_b 越大，实际刀具前角也越大，切削更容易。

b. 增大切削厚度：由图 2.65 可以看出，当积屑瘤存在时，实际的金属切削层厚度比无积屑瘤时增加了一个 Δh_D，显然，这对工件切削尺寸的控制是不利的。

c. 增大已加工表面粗糙度：由于积屑瘤轮廓形状不规则，它代替刀具切削时，会使切出的工件表面不平整。另外积屑瘤经常出现整个或部分脱落和再生现象，导致切削力大小变化和产生振动，这些因素也会使工件表面粗糙度值增大。

d. 影响刀具耐用度：积屑瘤代替切削刃切削，可减少刀具磨损，提高刀具耐用度。但积屑瘤脱落时，可能使刀具表面金属剥落，从而使刀具磨损加大。对于硬质合金刀具这一点表现尤为明显。

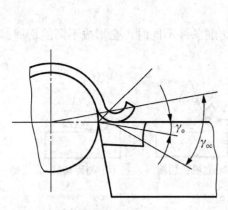

图 2.64 积屑瘤

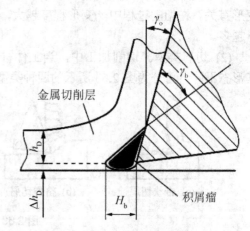

图 2.65 积屑瘤对加工影响

在形成积屑瘤的过程中，金属材料因塑性变形而被强化。因此，积屑瘤的硬度比工件材料的硬度高，能代替切削刃进行切削，起到保护切削刃的作用。积屑瘤的存在，增大了刀具实际工作前角，使切削轻快，粗加工时希望产生积屑瘤。但是积屑瘤会导致切削力的变化，引起振动，并会有一些积屑瘤碎片部分附在工件已加工表面上，使表面变得粗糙，故精加工时应尽量避免积屑瘤产生。

② 影响积屑瘤形成的因素。

a. 工件材料。切削脆性材料时，常形成崩碎切屑，切削温度低，一般不会产生积屑瘤。切削塑性材料时，材料的塑性越大，切屑与前刀面的摩擦和切削变形就越大，容易粘结刀面而产生积屑瘤。

b. 切削速度。切削速度大小的变化，导致切削温度的变化，因此对前刀面的平均摩擦系数和工件材料性质产生影响，从而影响积屑瘤的形成。对于一般钢材，当切削温度在300~380℃时，摩擦系数最大，所以在这个温度段最易产生积屑瘤。当温度升高到 500~600℃时，工件材料的剪切强度降低,切屑底层金属软化,因此不产生积屑瘤。生产实践证明,当切削速度高于 50m/min 或低于 3 m/min 时,很少产生积屑瘤。

因此,一般精车、精铣采用高速切削,而拉削、铰削和宽刀精刨时,则采用低速切削,以避免形成积屑瘤。

c. 刀具前角。生产实践证明,积屑瘤形成的最大刀具前角是 30°,所以当刀具的前角 ≥30° 时,则不容易产生积屑瘤。

d. 切削液(cutting fluid)。使用润滑性能良好的切削液,可以降低切削温度,减少摩擦,从而抑制积屑瘤的形成。

2) 切削力和切削功率

切削过程中作用在刀具与工件上的力称为切削力。切削力所做的功就是切削功率。

(1) 切削力(cutting force)。切削力来源有两个方面:即切削层金属变形产生的变形抗力和切屑、工件与刀具间摩擦产生的摩擦抗力。图 2.66 所示为切削力的来源。

切削力是一个空间力,其大小和方向都不易直接测定。为了适应设计和工艺分析的需要,一般把切削力分解,研究它在一定方向上的分力。

如图 2.67 所示,切削力 F 可沿坐标轴分解为三个互相垂直的分力 F_c、F_p、F_f。

① 主切削力 F_c(切削力 F_z):切削力在主运动方向上的分力。

② 背向力 F_p(切深抗力 F_y):切削力在垂直于假定工作平面方向上的分力。

③ 进给力 F_f(进给抗力 F_x):切削力在进给运动方向上的分力。

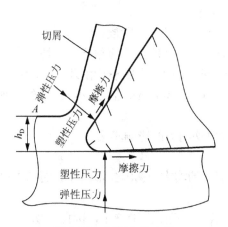

图 2.66 切削力的来源

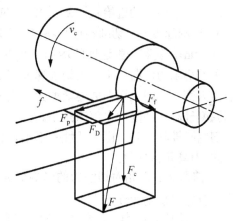

图 2.67 切削合力及分解

它们的关系是:

$$F=\sqrt{F_c^2+F_p^2+F_f^2} \tag{2-3}$$

车削时,主切削力是最大的一个分力,它消耗切削总功率的 95% 左右,背向力在车外圆时不消耗功率,进给力作用在机床的进给运动机构上,消耗总功率的 5% 左右。

在生产过程中,由于金属的切削过程非常复杂,各种影响因素很多,切削力的大小很难进行精确的计算,因此一般采用由实验结果建立起来的经验公式计算。

(2) 影响切削力的主要因素。切削力的大小是由很多因素决定的,如工件材料、切削用量、刀具角度、刀具材料和切削液等。在一般情况下,对切削力影响比较大的是工件材料和切削用量。

① 工件材料。工件材料的硬度、强度、塑性、韧性等物理性能，工件的化学成分和热处理状态等，都会对切削力产生很大的影响。

a．工件材料的硬度和强度越高，切削力越大。

b．工件材料的塑性和韧性越高，加工硬化能力越大，产生的切削变形大，切削力就大。例如切削不锈钢 1Cr18Ni9Ti 产生的切削力比切削 45#钢增加 25%，那是因为前者的加工硬化比较严重，产生的切屑不易折断。

c．切削铸铁等脆性材料时，由于其塑性变形小，加工硬化小，切屑与刀具的摩擦小，所以切削力就小。

d．同一工件材料采用的热处理方法不同，比如淬火、正火、调质不同状态下的硬度不同，切削力就有很大的差异。

② 切削用量。在切削用量三个要素中，对切削力影响最大的是背吃刀量，其次是进给量，切削速度最小。

a．背吃刀量 a_p 和进给量 f：在切削过程中，切削层横截面积 $A_D=a_p f$，所以无论是背吃刀量增大或进给量增大，都会使切削层横截面积 A_D 增大，从而使弹性变形、塑性变形及摩擦力增大，切削力也随之增大。但是两者对切削力的影响程度是不同的。经过测算可知，当背吃刀量增加一倍时，切削力约增加一倍；而当进给量增加一倍时，切削力增加 70%~80%。

背吃刀量和进给量对切削力的影响规律，对生产实践具有很重要的实践意义。为了提高生产率，采用大的进给量比采用大的背吃刀量更有利。

b．切削速度 v_c：切削塑性材料时，其对切削力的影响分三个阶段：当切削速度较低时（<20m/min），随着切削速度的增加，产生了积屑瘤，使刀具的实际前角增大，切削变形减小，因此切削力逐渐减小；当切削速度在 20~50m/min 范围时，随着切削速度的增加，积屑瘤由大变小，因此切削力逐渐增大；当速度较大时(>50m/min)，随着切削速度的增加，切削温度升高，切削力也逐渐减小。

切削脆性材料时，由于塑性变形小，切削速度对切削力的影响不大。

③ 刀具几何参数。

a．前角 γ_o：前角对切削力的影响最大。随着前角的增大，切削变形减小，切削力逐渐减小；反之，切削力逐渐增大。

b．主偏角 κ_r：当主偏角增大时，切削层厚度增加，切削变形减小，因此主切削力 F_c 也随之减小。通常情况下当主偏角 $\kappa_r=65°~75°$ 时，切削力最小。进给力 F_f 随着主偏角的增大而增大，背向力 F_p 随着主偏角的增大而减小。

c．刃倾角 λ_s：刃倾角对主切削力的影响小，对进给力和背向力的影响大。这是因为当刃倾角改变时，将影响合力的方向，随着刃倾角的增大，进给力增大，背向力减小。

d．刀尖圆弧半径 r_ε：当刀尖圆弧半径增大时，参与切削的圆弧刃长度增加，切削变形和摩擦力也随之增大，因此主切削力增大；同时由于圆弧切削刃上的平均主偏角减小，背向力也增大。

④ 其他因素。

a．刀具磨损：刀具的前、后刀面磨损，都会对切削力产生影响。后刀面磨损越大，其与被加工工件的摩擦力越大，切削力就越大。

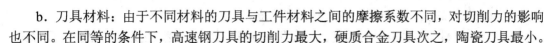

b．刀具材料：由于不同材料的刀具与工件材料之间的摩擦系数不同，对切削力的影响也不同。在同等的条件下，高速钢刀具的切削力最大，硬质合金刀具次之，陶瓷刀具最小。

c．切削液：在切削过程中使用润滑性能良好的切削液，可以减小切屑与刀具及工件表面之间的摩擦，降低切削力。切削液的润滑性能越高，降低切削力的效果就越明显。

3) 切削热、切削温度与切削液

金属切削过程中消耗的能量除了极少部分以变形能留存于工件表面和切屑中，基本上转变为热能。大量的切削热导致切削区域温度升高，直接影响刀具与工件材料的摩擦系数、积屑瘤的形成与消退、刀具的磨损、工件的加工精度和表面质量。

(1) 切削热。在切削过程中，由于绝大部分的切削功都转变成热量，所以有大量的热产生，这些热称为切削热。

切削热来源于两个方面：一方面是被切削金属在刀具的作用下产生的弹性和塑性变形功，另一方面是切屑与前刀面、工件与后刀面之间产生的摩擦功。

切削热产生以后，由切屑、工件、刀具及周围的介质(如空气或切削液)传出。各部分传出的比例取决于工件材料、切削速度、刀具材料及刀具几何形状等。实验结果表明，车削时的切削热主要是由切屑传出的。切削热传出的比例是：切屑传出的热为 50%～80%；工件传出的热为 3%～9%；刀具传出的热为 10%～40%；周围介质传出的热约为 1%。切削速度越高，切削厚度越大，切屑传出的热量越多，而工件和刀具温度较低，可以使切削加工顺利进行。

传入切屑及介质中的热量越多，对加工越有利。传入刀具的热量虽不是很多，但由于刀具切削部分体积很小，因此刀具的温度可达到很高(高速切削时可达到 1000℃以上)。温度升高以后，会加速刀具的磨损。传入工件的热可能使工件变形，产生形状和尺寸误差。

在切削加工中要设法减少切削热的产生、改善散热条件以及减小高温对刀具和工件的不良影响。

(2) 切削温度。切削温度一般是指切屑与刀具前刀具面接触区的平均温度。切削温度的高低，除了用仪器进行测定外，还可以通过观察切屑的颜色大致估计出来。例如，切削碳钢时，随着切削温度的升高，切屑的颜色也发生相应的变化，淡黄色约 200℃，蓝色约 320℃。

实验证明，切削温度在工件、刀具、切屑上的分布是不均匀的，工件材料塑性大，切削温度的分布就相对较均匀；工件材料脆性大，则分布不均匀，温度梯度大。工件和刀具的最高温度都在刀尖附近，切屑中的最高温度在积屑瘤附近。

切削温度的影响因素。切削温度的高低取决于切削热的产生和传出情况，它受切削用量、工件材料、刀具材料及其几何形状等因素的影响。切削速度对切削温度影响最大，切削速度增大，切削温度随之升高；进给量对切削温度影响较小；背吃刀量对切削温度影响更小。前角增大，切削温度下降，但前角不宜太大，前角太大，切削温度反而升高；主偏角增大，切削温度升高。

a．切削用量。切削用量三要素增大，切削温度都升高，其中切削速度的影响最大，其次是进给量，最后是背吃刀量。这是因为当切削速度增加时，变形能和摩擦能急剧增大，虽然通过切屑带走的热量增加，但是刀具的传热能力不变，所以切削温度会提高很多。

因此，在相同的切削条件下，为了减少切削温度的影响，延长刀具寿命，应尽量选用大的背吃刀量、较大的进给量、较小的切削速度。

b. 工件材料。工件材料的强度、硬度和热导率对切削温度产生影响。强度、硬度高，热导率小，切削时产生的热量多，热量散得慢，切削温度就高，如合金钢、不锈钢等；反之，切削时产生的热量少，热量散得快，切削温度就低，如低碳钢等。

c. 刀具几何角度。前角增大，变形、摩擦减小，产生的热量少，切削温度下降；但前角过大，楔角减小，刀具散热变差，切削温度又上升。通常情况下前角≤15℃。

主偏角增大，刀具切削刃工作长度变小，散热条件变差，使切削温度升高。

d. 其他因素。使用切削液可以降低切削温度，因为切削液能够带走大量的切削热。另外，刀具磨损后，切削区的塑性变形和摩擦增大，切削温度升高。

(3) 切削液。切削液又称冷却润滑液，主要用来减少切削过程中的摩擦和降低切削温度。正确合理地选用切削液，对提高工件的表面质量、精度，延长刀具寿命具有重要的作用。

① 切削液的作用。

a. 冷却作用。切削液进入到切削区域后，通过对切削热的导出，把刀具、工件和切屑上的大部分热量带走，使切削区域的温度降低，从而起到冷却作用。

切削液冷却效果的好坏不但取决于它的导热系数、比热、汽化速度、流量、流速等参数，而且和采用的冷却方法有关。一般水溶液的冷却性能最好，油类最差，乳化液介于两者之间。冷却方法主要有：浇注法、喷雾法、内冷法等，喷雾法比浇注法冷却效果好。

b. 润滑作用。切削液渗透到刀具、工件、切屑接触面之间形成润滑膜，从而起到润滑作用。

切削液润滑性能的好坏取决于切削液的渗透性和润滑膜的强度。切削液能否进入切削区域由渗透性决定，如果进不去，就没有润滑效果。润滑膜的强度依赖于切削液的"油性"(指切削液在金属表面形成油膜的能力)。如果润滑膜的强度低，很容易破裂，那么在刀具、工件、切屑之间不能形成连续的润滑膜，润滑效果也会很差。

c. 清洗作用。在金属切削过程中，常常会产生一些小碎屑，通过浇注切削液可以冲走碎屑，防止刮伤工件已加工表面和机床导轨，从而起到清洗作用。

d. 防锈作用。在切削液中加入防锈添加剂后，能在金属表面生成保护膜，保护工件、刀具和机床不受空气、水分和酸性介质的腐蚀，起到防锈作用。

② 切削液的种类。常用的切削液种类有以下三种。

a. 水溶液。水溶液是以水为主要成分并加入防锈剂、清洗剂的切削液，有时也加入水溶性添加剂(如聚乙二醇、油酸)以增加其润滑性。常用的有电解水溶液和表面活性剂溶液。

b. 乳化液。乳化液是水和乳化油混合后经搅拌形成的乳白色液体。乳化油是一种油膏，由矿物油和表面活性乳化剂配制而成。表面活性剂的分子一端与水亲和，一端与油亲和，使水油混合均匀，并添加乳化稳定剂，使水、油不分离。

乳化液可分为四种：清洗乳化液、防锈乳化液、极压乳化液和透明乳化液，其中极压乳化液的润滑性能最好。

c. 切削油。切削油有矿物油(机械油、轻柴油、煤油等)、动植物油(豆油、蓖麻油菜油、棉籽油、猪油等)、动植物混合油等。常用的是矿物油，动植物油容易变质，较少使用。

极压切削油是在矿物油中加入硫、磷、氯等极压添加剂配制而成,具有良好的润滑效果,被广泛应用。

③ 切削液的选用。切削液的选用,应该从加工方法、刀具材料、工件材料和技术要求等方面综合考虑。

a. 粗加工时,由于产生大量的切削热,应从冷却作用方面考虑,可选用水溶液或低浓度的乳化液;精加工时,应从提高加工精度和降低工件表面粗糙度考虑,可选用浓度较高的乳化液或切削油;低速精加工时,可选用油性较好的切削液。

b. 粗磨时,可选用水溶液;精磨时,可选用乳化液或极压切削液。

c. 高速钢刀具红硬性差,需采用切削液。硬质合金刀具红硬性好,一般不加切削液。如果硬质合金刀具使用切削液,必须充分、连续、均匀的浇注,不宜间断。

d. 粗加工铸铁或铝合金时,一般不用切削液。精加工铸铁时,可选用 7%~10%的乳化液或煤油。

e. 切削铜合金和有色金属时,一般不宜选用含有极压添加剂的切削液。

f. 切削镁合金时,严禁使用乳化液作为切削液,以防燃烧引起事故。常用切削液的配方和切削液的选用可查阅《金属切削手册》。

常用切削液的选用见表 2-28。

表 2-28 常用切削液选用表

加工类型		工件材料					
		碳钢	合金钢	不锈钢及耐热钢	铸铁、黄铜	青铜	铝及其合金
车、铣、镗孔	粗加工	3%~5%乳化液	(1) 5%~15% 乳化液 (2) 5%石墨或硫化乳化液 (3) 5%氯化石蜡油制乳化液	(1) 10%~30%乳化液 (2) 10%硫化乳化液	(1) 一般不用 (2) 3%~5%乳化液	一般不用	(1) 一般不用 (2) 中性或含有游离酸小于 4mg 的弱性乳化液
	精加工	(1) 石墨化或硫化乳化液 (2) 5%乳化液(高速时) (3) 10%~15%极压乳化液(低速时)		(1) 氧化煤油 (2) 煤油 75%、油酸或植物油 25% (3) 煤油 60%、松节油 20%、油酸 20%	黄铜一般不用,铸铁用煤油	7%~10%乳化液	(1) 煤油 (2) 松节油 (3) 煤油与矿物油的混合物
切断、切槽		(1) 15%~20%乳化液 (2) 硫化乳化液 (3) 活性矿物油 (4) 硫化油		(1) 氧化煤油 (2) 煤油 75%、油酸或植物油 25% (3) 硫化油 85%~87%、油酸或植物油 13%~15%	(1) 7%~10%乳化液 (2) 硫化乳化液		

续表

加工类型	工件材料					
	碳钢	合金钢	不锈钢及耐热钢	铸铁、黄铜	青铜	铝及其合金
钻孔、镗孔	(1) 7%硫化乳化液 (2) 硫化切削油		(1) 3%肥皂＋2%亚麻油(不锈钢钻孔) (2) 硫化切削油(不锈钢镗孔)	(1) 一般不用 (2) 煤油(用于铸铁)	(1) 7%～10%乳化液 (2) 硫化乳化液	(1) 一般不用 (2) 煤油 (3) 煤油与菜油的混合油
铰孔	(1) 硫化乳化液 (2) 10%～15%极压乳化液 (3) 硫化油与煤油混合液(中速)		(1) 10%乳化液或硫化切削油 (2) 含硫、氯、磷切削油	(3) 菜油(用于黄铜)	(1) 2号锭子油 (2) 2号锭子油与蓖麻油的混合物 (3) 煤油和菜油的混合物	
车螺纹	(1) 硫化乳化液 (2) 氧化煤油 (3) 煤油75%,油酸或植物油25% (4) 硫化切削油 (5) 变压器油70%,氯化石蜡30%		(1) 氧化煤油 (2) 硫化切削油 (3) 煤油60%,松节油20%,油酸20% (4) 硫化油60%、煤油25%、油酸15% (5) 四氯化碳90%,猪油或菜油10%	(1) 一般不用 (2) 煤油(铸铁) (3) 菜油(黄铜)	(1) 一般不用 (2) 菜油	(1) 硫化油30%、煤油15%、2号或3号锭子油55% (2) 硫化油30%、煤油15%、油酸30%、2号或3号锭子油25%
滚齿、插齿	(1) 20%～25%极压乳化液 (2) 含硫(或氯、磷)的切削油			(1) 煤油(铸铁) (2) 菜油(黄铜)	(1) 10%～15%极压乳化液 (2) 含氯切削油	(1) 10%～15%极压乳化液 (2) 煤油
磨削	(1) 电解水溶液 (2) 3%～5%乳化液 (3) 豆油＋硫磺粉			3%～5%乳化液		硫化蓖麻油1.5%、浓度30%～40%的氢氧化钠,加至微碱性,煤油9%,其余为水

4) 刀具磨损和刀具耐用度

一把刀具使用一段时间以后,它的切削刃变钝,以致无法再使用。对于可重磨刀具,经过重新刃磨以后,切削刃恢复锋利,仍可继续使用。这样经过使用—磨钝—刃磨锋利若干个循环以后,刀具的切削部分便无法继续使用,而完全报废。刀具从开始切削到完全报废,实际切削时间的总和称为刀具寿命。

(1) 刀具磨损的形式与过程。刀具正常磨损时,按其发生的部位不同可分为三种形式,即后刀面磨损、前刀面磨损、前刀面与后刀面同时磨损(图2.68中,VB代表后刀面磨损尺寸,KT代表前刀面磨损尺寸)。

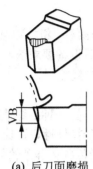 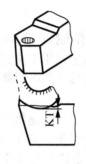 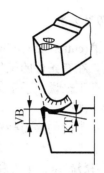

(a) 后刀面磨损　　　(b) 前刀面磨损　　　(c) 前刀面与后刀面同时磨损

图 2.68　刀具的磨损形式

随着切削时间 t 的延长，刀具的磨损量不断增加。但在不同的时间阶段，刀具的磨损速度与实际的磨损量是不同的。图 2.69 所示反映了刀具的磨损和切削时间的关系，可以将刀具的磨损过程分为三个阶段，第一阶段(OA 段)称为初期磨损阶段，第二阶段(AB 段)称为正常磨损阶段，第三阶段(BC 段)称为急剧磨损阶段。

经验表明，在刀具正常磨损阶段的后期、急剧磨损阶段之前，换刀重磨为最好。这样既可保证加工质量又能充分利用刀具材料。

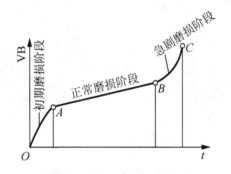

图 2.69　刀具的磨损曲线

增大切削用量时切削温度随之增高，将加速刀具磨损。在切削用量中，切削速度对刀具磨损的影响最大。此外，刀具材料、刀具几何形状、工件材料以及是否使用切削液等，也都会影响刀具的磨损。适当加大刀具前角，由于减小了切削力，可减少刀具的磨损。

(2) 刀具耐用度。刀具的磨损限度，通常用后刀面的磨损程度作为标准。但是，生产中不可能用经常测量后刀面磨损的方法来判断刀具是否已经达到容许的磨损限度，而常规是按刀具进行切削的时间来判断。刃磨后的刀具自开始切削直到磨损量达到磨钝标准所经历的实际切削时间称为刀具耐用度，以 T 表示。

粗加工时，多以切削时间(min)表示刀具耐用度。例如，目前硬质合金焊接车刀的耐用度大致为 60min，高速钢钻头的耐用度为 80～120min，硬质合金端铣刀的耐用度为 120～180min，齿轮刀具的耐用度为 200～300min。

精加工时，常以进给次数或加工零件个数表示刀具的耐用度。

2. 车刀刃磨方法

车刀的刃磨(cutter sharpening)一般有机械刃磨和手工刃磨两种。机械刃磨效率高、质量好、操作方便，在有条件的工厂应用较多。手工刃磨灵活，对设备要求低，目前仍普遍采用。对于一个车工来说，手工刃磨是基础，是必须掌握的基本技能。

1) 砂轮的选择

目前工厂中常用的磨刀砂轮有两种：一种是氧化铝砂轮，另一种是绿色碳化硅砂轮。刃磨时必须根据刀具材料来决定砂轮的种类。氧化铝砂轮的砂粒韧性好，比较锋利，但硬度稍低，用来刃磨高速钢车刀和硬质合金车刀的刀杆部分。绿色碳化硅砂轮的砂粒硬度高，切削性能好，但较脆，用来刃磨硬质合金车刀。

2) 刃磨的步骤与方法

以主偏角为 90°的车刀(YT15)为例，介绍手工刃磨的步骤。

(1) 先把车刀前刀面、后刀面上的焊渣磨去，并磨平车刀的底平面。磨削时采用粒度号为 F24～F36 的氧化铝砂轮。

(2) 粗磨主后刀面和副后刀面的刀杆部分。其后角应比刀片后角大 2°～3°。以便刃磨刀片上的后角。磨削时应采用粒度号为 F24～F36 的氧化铝砂轮。

(3) 粗磨刀片上的主后刀面和副后刀面。粗磨出的主后角、副后角应比所要求的后角大 2°左右，刃磨方法如图 2.70 所示。刃磨时采用粒度号为 F36～F60 的绿色碳化硅砂轮。

图 2.70 粗磨主后角和副后角

(4) 磨断屑槽。为使切屑碎断，一般要在车刀前面磨出断屑槽。断屑槽有三种形状，即直线形、圆弧形和直线圆弧形。如刃磨圆弧形断屑槽的车刀，必须先把砂轮的外圆与平面的交角处用修砂轮的金钢石笔(或用硬砂条)修整成相适应的圆弧。如刃磨直线形断屑槽，砂轮的交角就必须修整得很尖锐。刃磨时，刀尖可向下或向上移动，如图 2.71 所示。

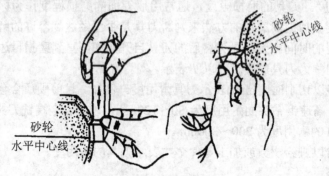

图 2.71 刃磨断屑槽的方法

特别提示

刃磨断屑槽的注意事项

① 磨断屑槽的砂轮交角处应经常保持尖锐或具有很小的圆角。当砂轮上出现较大的圆角时,应及时用金刚石笔修整砂轮。

② 刃磨时的起点位置应跟刀尖、主切削刃离开一小段距离。决不能一开始就直接刃磨到主切削刃和刀尖上,而使刀尖和切削刃磨坏。

③ 刃磨时,不能用力过大。车刀应沿刀杆方向上下平稳移动。

④ 磨断屑槽可以在平面砂轮和杯形砂轮上进行。对尺寸较大的断屑槽,可分粗磨和精磨,尺寸较小的断屑槽可一次磨削成形。精磨断屑槽时,有条件的可在金刚石砂轮上进行。

(5) 精磨主后刀面和副后刀面。刃磨的方法如图 2.72 所示。

刃磨时,将车刀底平面靠在调整好角度的搁板上,并使切削刃轻轻靠住砂轮的端面,车刀应左右缓慢移动,使砂轮磨损均匀,车刀刃口平直。精磨时采用粒度号为 F180~F200 的绿色碳化硅杯形砂轮或金刚石砂轮。

(6) 磨负倒棱。为使切削刃强固,加工钢材的硬质合金车刀一般要磨出负倒棱,倒棱的宽度一般为 $b=(0.5 \sim 0.8)f$;负倒棱前角为 $\gamma_o = -5° \sim -10°$。

磨负倒棱的方法如图 2.73 所示。用力要轻微,车刀要沿主切削刃的后端向刀尖方向摆动。磨削方法可以采用直磨法和横磨法。为保证切削刃质量,最好用直磨法。采用的砂轮与精磨后刀面时相同。

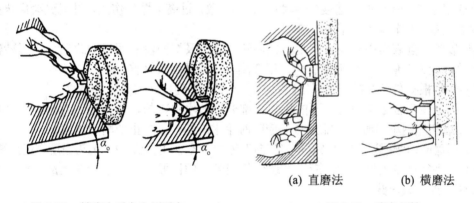

(a) 直磨法　　(b) 横磨法

图 2.72　精磨主后角和副后角　　　　图 2.73　磨负倒棱

(7) 磨过渡刃。过渡刃有直线形和圆弧形两种。刃磨方法和精磨后刀面时基本相同。刃磨车削较硬材料的车刀时,也可以在过渡刃磨出负倒棱。对于大进给刀量车刀,可用相同的方法在副切削刃上磨出修光刃,采用的砂轮与精磨后刀面时的相同,如图 2.74 所示。

3) 车刀的手工研磨(grinding)

刃磨后的切削刃有时不够平滑光洁,刃口呈锯齿形,使用这样的车刀,切削时会直接影响工件表面粗糙度,而且降低车刀寿命。对于硬质合金车刀,在切削过程中还容易产生崩刃现象。所以,对手工刃磨后的车刀,用磨石进行研磨,研磨后的车刀,应消除刃磨后的残留痕迹。

用磨石研磨车刀时,手持磨石要平稳,如图 2.75 所示。磨石跟车刀被研磨表面接触时,要贴平需要研磨的表面平稳移动，推时用力，回来时不用力。研磨后的车刀，应消除刃磨的残留痕迹，刃面的表面粗糙度应达到要求。

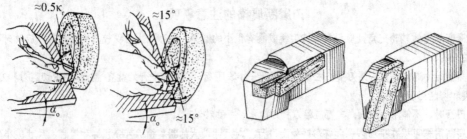

(a) 磨直线形过渡刃　(b) 磨圆弧形过渡刃

图 2.74　磨过渡刃　　　　　　　　图 2.75　用磨石研磨车刀

4) 切断刀的刃磨

切断刀刃磨前，应先把刀杆底面磨平。在刃磨时，先磨两个副后面，保证获得完全对称的两侧副偏角、两侧副后角和主切削刃的宽度。其次磨主后面，获得主后角，必须保证主切削刃平直。最后磨前角和卷屑槽。为了保护刀尖，可在两边尖角处各磨出一个圆弧过渡刃。

5) 车刀刃磨时的注意事项和安全知识

为了保证刃磨质量和刃磨安全，必须做到以下几点：

(1) 新装的砂轮必须经过严格检查。新砂轮未装前，要先用硬木轻轻敲击，试听是否有碎裂声。安装时必须保证装夹牢靠，运转平稳，磨削表面不应有过大的跳动。砂轮的旋转速度应根据砂轮允许的线速度(一般为 35m/s)选取，过高会爆裂伤人，过低又会影响刃磨的效率和质量。砂轮必须装有防护罩。

(2) 砂轮磨削表面必须经常修整，使砂轮的外圆及端面没有明显的跳动。平形砂轮一般可用"砂轮刀"修整，杯形细砂轮可用金刚石笔或硬砂条修整。

(3) 必须根据车刀材料来选择砂轮种类，否则达不到良好的刃磨效果。

(4) 刃磨硬质合金车刀时，不能把刀头部分浸入水中冷却，以防止刀片因突然冷却而破裂。刃磨高速钢车刀时，不能过热，应随时用水冷却，以防止切削刃退火。

(5) 刃磨时，砂轮旋转方向必须是刃口向刀体方向转动，以免造成切削刃出现锯齿形缺陷。

(6) 在平行砂轮上磨刀时，应尽量避免使用砂轮的侧面；在杯形砂轮上磨刀时，不要使用砂轮的外圆或内圆。

(7) 刃磨时，手握车刀要平稳，压力不能过大，以防打滑磨伤手指，要不断作左右移动，一方面使刀具受热均匀，防止硬质合金刀片产生裂纹或高速钢车刀退火；另一方面使砂轮不致因固定磨某一处，而在表面出现凹槽。

(8) 角度导板必须平直，转动的角度要求正确。

(9) 磨刀结束后，应随手关闭砂轮机电源。

(10) 磨刀时，操作者应尽量避免正面对着砂轮，应站在砂轮的侧面，这样可以防止砂粒飞入眼内或万一砂轮碎裂飞出伤人。磨刀时最好戴好防护眼镜，如果砂粒飞入眼中，不能用手去擦，应立即去卫生室清除。

6) 测量车刀角度

车刀刃磨后，必须测量角度是否合乎要求。测量方法一般有两种。

(1) 用样板测量。

用样板测量车刀角度的方法如图 2.76 所示。先用样板测量车刀的后角(α_o)，然后检验楔角(β_o)，如果这两个角度已合乎要求，那么前角(γ_o)也就正确了，这是因为：$\gamma_o = 90° - (\alpha_o + \beta_o)$。

(2) 用车刀量角仪测量。

角度要求准确的车刀，可以用车刀量角仪进行测量，测量方法如图 2.77 所示。

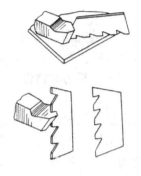

图 2.76 用样板测量车刀角度

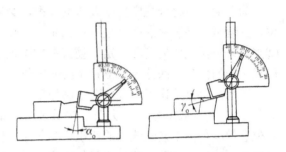

图 2.77 用样板和量角仪测量车刀角度

图 2.78 是用车刀量角仪的测量车刀角度的主视图和俯视图。其中角度板可以借助丝杠螺母来升降，也可以绕立柱任意旋转，靠板可以绕轴 A 旋转。

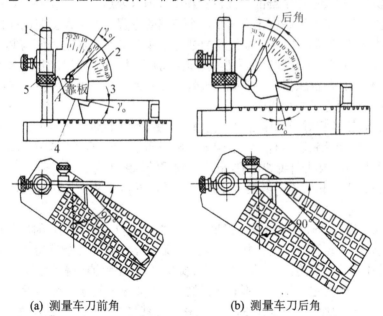

(a) 测量车刀前角　　　　　　(b) 测量车刀后角

图 2.78 用车刀量角仪测量车刀角度

1—立柱；2—样板；3—测刃；4—下刃；5—螺母

① 前角(γ_o)的测量。

先把车刀放在量角仪上，旋转角度板，如图 2.77(a)俯视图中的主切削刃和角度板的投影成 90°；再旋转螺母，调整角度尺的高度，使靠板的下刃和前刀面重合无缝，这时在角度板上可以读出前角(γ_o)的数值。

② 后角(α_o)的测量。

后角的测量方法基本上与前角一样,如图2.78(b)所示。所不同的是,测量后角时,要让靠板的测刃紧靠在后刀面上,这时在角度板上可以读出前角(α_o)的数值。

车刀的刃倾角、主偏角、副偏角、副后角也可以在上述量角仪上测量出来。

3. 工件的安装及其定位原理

1) 工件的安装

为了加工出符合规定技术要求的表面,必须在加工前将工件装夹在机床上。工件的定位与夹紧是工件装夹的两个过程:①定位:使工件在机床或夹具中占有正确位置的过程。②夹紧:工件定位后将其固定,使其在加工过程中不致因切削力、重力和惯性力的作用而偏离正确的位置,保持定位位置不变的操作。

因此,定位是让工件有一个正确加工位置,而夹紧是固定正确位置,两者是不同的。

(1) 工件定位。机床、刀具、夹具和工件组成了一个工艺系统。工件被加工表面的相互位置精度是由工艺系统间的正确位置关系来保证的。因此加工前,应首先确定工件在工艺系统中的正确位置,即是工件的定位。因此,工件定位的本质,是使工件加工面的设计基准在工艺系统中占据一个正确位置。即工件多次重复放置到夹具中时,都能占据同一位置。由于工艺系统在静态下的误差,会使工件被加工表面的设计基准在工艺系统中的位置发生变化,影响它与其设计基准的相互位置精度,但只要这个变动值在允许的误差范围以内,即可认定工件在工艺系统中已占据了一个正确的位置,即工件已正确定位。

(2) 工件定位的要求。工件定位的目的是为了保证工件被加工表面与其设计基准之间的位置精度(如同轴度、平行度、垂直度等)和距离尺寸精度。所以工件定位时,有以下两层要求:一是使工件与机床保持一正确的位置;二是使工件与刀具保持一正确的位置。

下面分别从这两方面进行说明。

① 为了保证工件相对于机床占据一正确的位置,必须保证其设计基准在机床上有一正确位置。如图1.22所示钻套零件,为了保证外圆表面$\phi 40h6$的径向圆跳动要求,工件定位时必须使其设计基准(内孔轴线 $O-O$)与机床主轴回转轴线重合。

② 为了保证工件相对于刀具有一正确的位置,通常有两种方法来获得:试切法和调整法。

a. 试切法是通过"试切→测量加工尺寸→调整刀具位置→试切"的反复过程来获得距离尺寸精度的。由于这种方法是在加工过程中,通过多次试切才能获得距离尺寸精度,所以加工前工件相对于刀具的位置可不必确定。如图2.79(a)中为获得尺寸 i,加工前工件在三爪自定心卡盘中的轴向定位位置可不必严格规定。试切法多用于单件小批生产中。

b. 调整法是一种加工前按规定的尺寸调整好刀具与工件相对位置及进给行程,从而保证在加工时自动获得所需距离尺寸精度的加工方法。这种加工方法在加工时不再试切,生产率高,其加工精度决定于机床、刀具的精度和调整误差,用于大批量生产。

图2.79(b)所示是通过三爪反装和挡铁来确定工件和刀具的相对位置;图2.79(c)所示是通过夹具中的定位元件与导向元件的既定位置来确定工件与刀具的相对位置。

工件从定位到夹紧的全过程称为工件的安装。安装工件时,一般是先定位后夹紧,而在三爪卡盘上安装工件时,定位与夹紧是同时进行的。

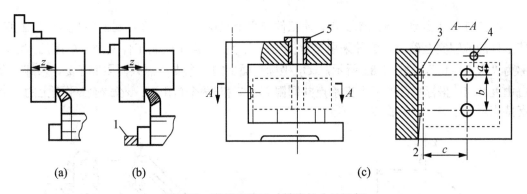

图 2.79 获得距离尺寸精度的方法示例

1—挡铁；2、3、4—定位元件；5—导向元件

(3) 工件的安装。工件的安装一般有以下三种形式。

① 直接找正安装。用百分表、划针或用目测，在机床上直接找正工件，使工件获得正确位置的方法。

如图 2.80 所示，用四爪单动卡盘装夹工件加工内孔。要求待加工内孔与已加工外圆同轴。若同轴度要求不高(0.5mm 左右)，可用划针找正。若同轴度要求高(0.02mm 左右)，用百分表控制外圆的径向跳动，从而保证加工后零件外圆与内孔的同轴度要求。这种方式的定位精度和找正的快慢取决于找正工人的技术水平，生产效率低，只适用于单件小批生产或要求位置精度特别高的工件。

② 划线找正安装。当零件形状很复杂时，可先用划针在工件上划出中心线、对称线或各加工表面的加工位置，然后再按划好的线来找正工件在机床上的位置的方法，如图 2.81 所示。划线找正精度一般只能达到 0.2~0.5mm，定位精度低，而且增加一道划线工序，适用于单件小批生产、毛坯精度低及大型零件等的粗加工。

③ 用夹具安装。工件在夹具中定位并夹紧，不需要找正就能保证工件和机床、刀具间的正确位置。这种方式，只要使工件上的定位基准和夹具上的定位表面紧密配合，就能使工件迅速可靠定位。定位精度一般可达 0.01mm，适用于成批和大量生产。

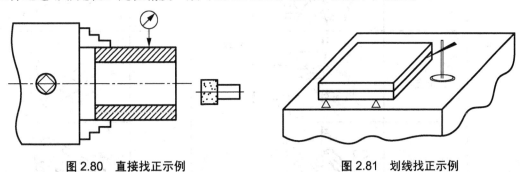

图 2.80 直接找正示例   图 2.81 划线找正示例

2) 工件定位原理

(1) 六点定位原理。物体在空间的任何运动，都可以分解为相互垂直的空间坐标系中的六种运动。三个沿坐标轴的平行移动和三个绕三个坐标轴的旋转运动，分别以 $\vec{x}$、$\vec{y}$、$\vec{z}$、$\hat{x}$、$\hat{y}$、$\hat{z}$ 表示，如图 2.82 所示。这六种运动的可能性，称为物体的六个自由度。

在夹具中适当地布置六个支承，使工件与六个支承接触，就可限制工件的六个自由度，使工件的位置完全确定。这种采用布置恰当的六个支承点来限制工件六个自由度的方法，称为"六点定位"。如图2.83所示，xOy坐标平面上的三个支承点共同限制了$\vec{z}$、$\hat{x}$、$\hat{y}$三个自由度；yOz坐标平面的两个支承点共同限制了$\vec{x}$和$\hat{z}$两个自由度；xOz坐标平面上的一个支持点限制了$\vec{y}$一个自由度。

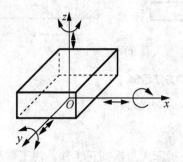

图2.82 物体的六个自由度

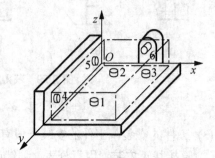

图2.83 工件在空间的六点定位

(2) 常见的定位方式所能限制的自由度。表2-29列出了一些常见定位方式所能限制的自由度。

表2-29 常见典型定位方式及定位元件所限制的自由度

工件定位基面	定位元件	定位方式及所限制的自由度	工件定位基面	定位元件	定位方式及所限制的自由度
平面	支承钉		外圆柱面	支承板或支承钉	
	支承板				
	固定支承与自位支承			V形块	
	固定支承与辅助支承				

续表

工件定位基面	定位元件	定位方式及所限制的自由度	工件定位基面	定位元件	定位方式及所限制的自由度
圆孔	定位销(心轴)	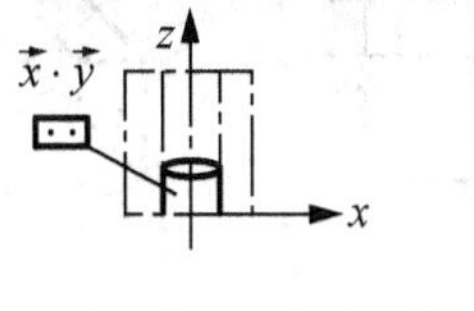	外圆柱面	V形块	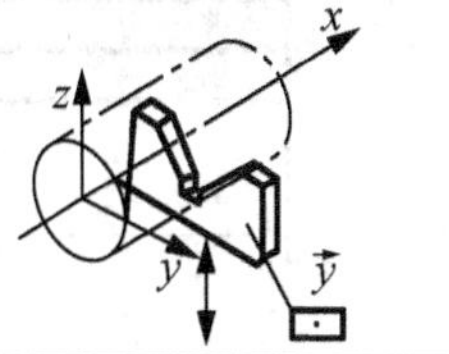
		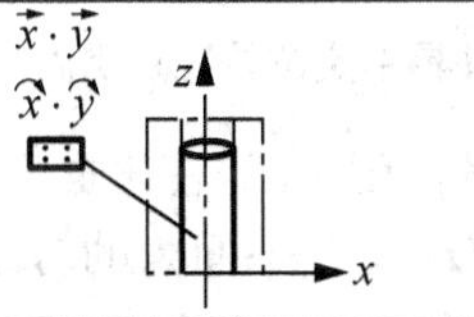		定位套	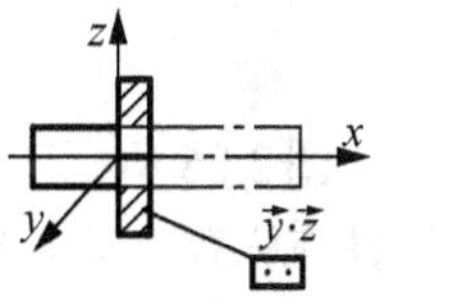
	锥销	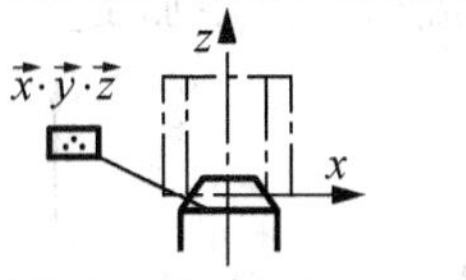			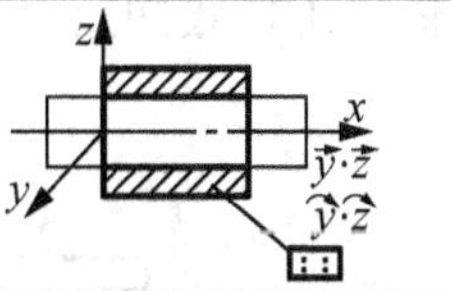
		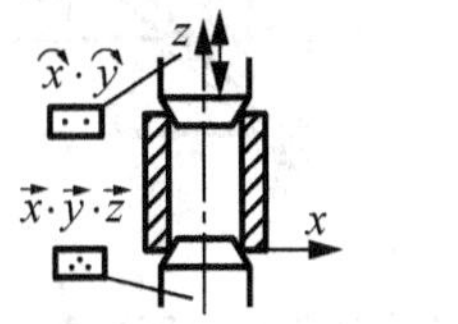		半圆孔	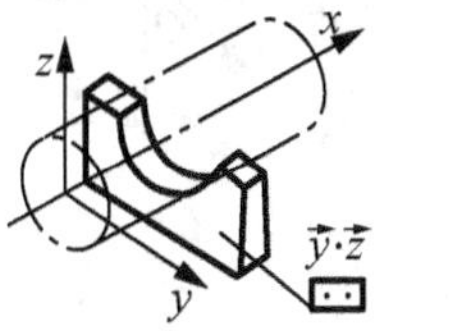
锥孔	顶尖	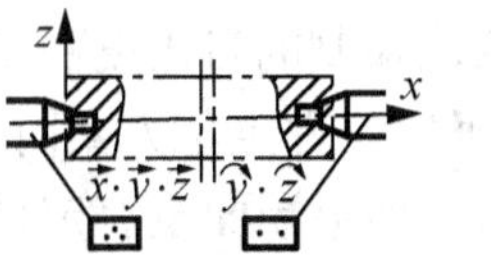		锥套	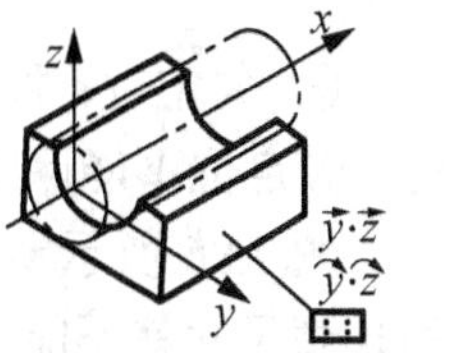
	锥心轴	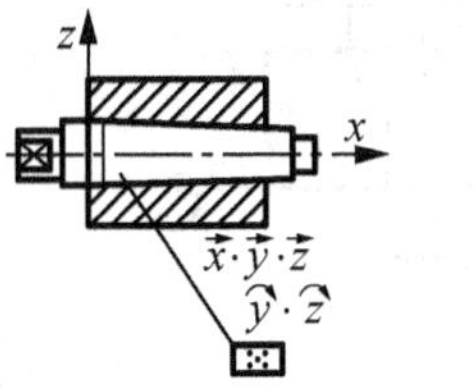			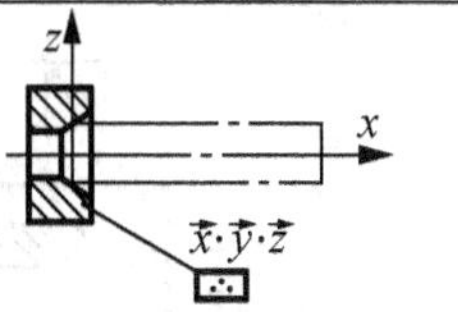

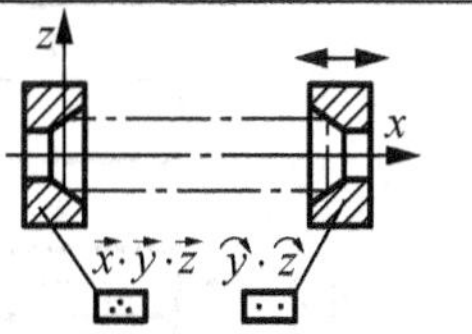

(3) 定位方式。按照工件加工要求确定工件必须限制的自由度是工件定位中应解决的首要问题。

① 完全定位。工件的六个自由度完全被不重复地限制的定位称为完全定位。图2.83中工件的定位方式是完全定位。

② 不完全定位。按实际加工要求，允许有一个或几个自由度不被限制的定位称为不完全定位。

图2.84所示为阶梯零件，需要在铣床上铣出阶梯面。其底面和左侧面为高度和宽度方向的定位基准，阶梯槽前后贯通，只需限制五个自由度(底面三个支承点，侧面二个支承点)。

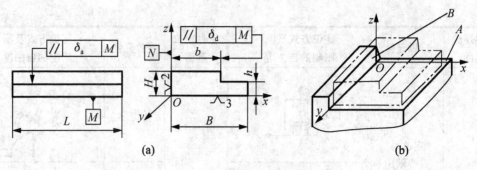

图 2.84 工件在夹具中定位并铣阶梯面

图 2.85 所示工件为保证工件厚度 H 及平行度 δ_a，需在平面磨床的电磁吸盘上磨削平面，工件在吸盘上定位时，其前、后、左、右移动及在平面内的转动都不会影响加工要求，只需以工件底面定位，限制 $\vec{z}$、$\hat{x}$、$\hat{y}$ 三个自由度就可满足加工要求。

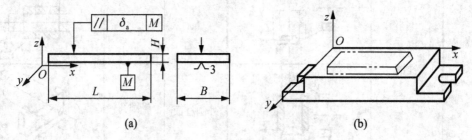

图 2.85 工件在磁力工作台上磨平面

③ 欠定位。按工序的加工要求，工件应该限制的自由度而未予限制的定位，称为欠定位。欠定位不能保证加工精度要求，因此在确定工件定位方案时，欠定位是绝对不允许的。

图 2.86 所示零件，需在铣床上铣不通槽。如果端面没有定位点 C，铣不通槽时，其槽的长度尺寸就不能确定，因此不能满足加工要求，这是欠定位。

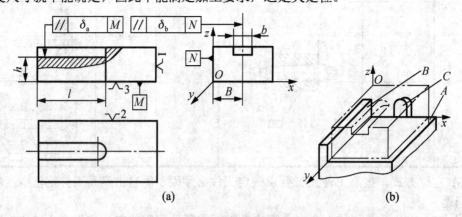

图 2.86 工件在夹具中安装铣不通槽

④ 过定位。工件的同一自由度被两个或两个以上的支承点重复限制的定位，称为过定位或重复定位。图 2.87 所示是齿坯定位的示例。其中图 2.87(c)是长销和大平面定位，大平面限制了 $\vec{z}$、$\hat{x}$、$\hat{y}$ 三个自由度，长销限制了 $\vec{x}$、$\vec{y}$、$\hat{x}$、$\hat{y}$ 四个自由度，其中 $\hat{x}$ 和 $\hat{y}$ 为两个定位元件所限制，所以产生了过定位。

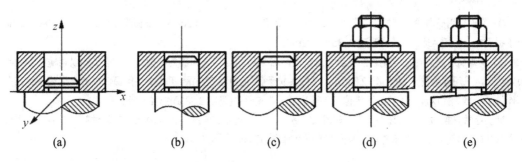

图 2.87 过定位情况分析

由图可知，过定位中由于元件都存在误差，工件的定位表面与两个重复定位的定位元件无法同时接触。此时，若强行夹紧，工件与定位元件将产生变形，甚至破坏，如图 2.87(d)、(e)所示。图 2.87(a)、(b)是改进后的定位方法。图 2.87(a)采用短销和大平面定位，大平面限制了 $\vec{z}$、$\hat{x}$、$\hat{y}$ 三个自由度，短销限制了 $\vec{x}$、$\vec{y}$ 两个自由度，避免了过定位，主要保证加工表面与大端面的位置要求。图 2.86(b)采用长销和小平面定位，长销限制了 $\vec{x}$、$\vec{y}$、$\hat{x}$、$\hat{y}$ 四个自由度，小平面仅限制了 $\vec{z}$ 一个自由度，避免了过定位，主要保证加工表面与内孔的位置精度。

实际生产中，可以采用过定位方式提高工件的定位刚度，但此时必须采取适当的工艺措施。如图 2.87(d)所示的装夹方法中，若工件孔与端面的垂直度误差以及长销与大平面的垂直度误差均较小时，可利用孔与长销的配合间隙补偿垂直度误差，保证工件孔与长销、工件端面与大平面能同时接触，不发生干涉，这样既提高了定位刚度，又有利于保证加工精度。在通常情况下，应尽量避免出现过定位。

知识拓展

常见定位方法和定位元件

在实际应用时，一般不允许将工件的定位基面直接与夹具体接触，而是通过定位元件上的工作表面与工件定位基面的接触来实现定位。

定位基面与定位元件的工作表面合称为定位副。

1. 对定位元件的基本要求。

1) 足够的精度。由于工件的定位是通过定位副的接触(或配合)实现的。定位元件工作表面的精度直接影响工件的定位精度，因此定位元件工作表面应有足够的精度，以保证加工精度要求。

2) 足够的强度和刚度。定位元件不仅限制工件的自由度，还有支承工件、承受夹紧力和切削力的作用。因此还应有足够的强度和刚度，以免使用中变形和损坏。

3) 有较高的耐磨性。工件的装卸会磨损定位元件工作表面，导致定位元件工作表面精度下降，引起定位精度的下降。当定位精度下降至不能保证加工精度时则应更换定位元件。为延长定位元件更换周期，提高夹具使用寿命，定位元件工作表面应有较高的耐磨性。

4) 良好的工艺性。定位元件的结构应力求简单、合理，便于加工、装配和更换。

对于工件不同的定位基面的形式，定位元件的结构、形状、尺寸和布置方式也不同。下面按不同的定位基准分别介绍所用的定位元件的结构形式。

2. 常见的定位方法有以下几种。

1) 工件以平面为定位基准。工件以平面作为定位基准时常用的定位元件有：平面、支承钉、支承板、可调支承、自位支承等。

(1) 平面：用于与中小型零件上已加工过的基准面配合。一般采用20#钢，表面渗碳淬火硬度为58～62HRC；产量不大时，可用45#钢，淬火硬度为35～40HRC。

(2) 支承钉：多用于三点定位或侧面支承定位。图2.88所示为支承钉的典型结构。当工件以粗糙不平的毛坯面定位时，采用球头支承钉(见图2.88(b))；齿纹头支承钉(见图2.88(c))，用在工件侧面，以增大摩擦系数，防止工件滑动；当工件以加工过的平面定位时，可采用平头支承钉(见图2.88(a))或支承板。

需要经常更换的支承钉应加衬套，如图2.89所示。一般支承钉与夹具体孔的配合可取过渡配合H7/n6或过盈配合H7/r6。如用衬套则支承钉与衬套内孔的配合可取H7/js6。

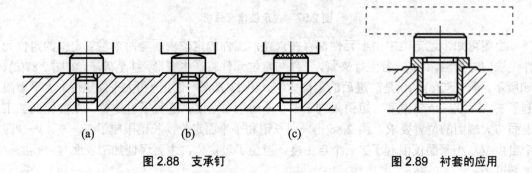

图2.88 支承钉　　　　　　　　　图2.89 衬套的应用

(3) 支承板：支承板多用于与已经加工的平面配合定位，如图2.90所示。常装在以铸铁或其他耐磨损的夹具体上。一般采用T8钢，淬火硬度55～60HRC；或20#、20Cr钢，渗碳淬火58～62HRC，表面防锈处理。

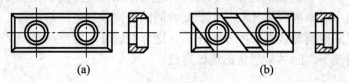

图2.90 支承板

图2.90(a)所示支承板结构简单，制造方便，但孔边切屑不易清除干净，故适用于侧面和顶面定位；图2.90(b)所示支承板便于清除切屑，适用于底面定位。

支承钉、支承板均已标准化，其公差配合、材料、热处理等可查行业标准：《机床夹具零件及部件　支承钉》(JB/T 8029.2—1999)及《机床夹具零件及部件　支承板》(JB/T 8029.1—1999)。

当要求几个支承钉或支承板装配后等高时，可采用装配后一次磨削法，以保证它们的工作面在同一平面内。

工件以平面定位时，除了采用上面介绍的标准支承钉和支承板，也可根据工件定位平面的不同形状设计相应的支承板。

(4) 可调支承：可调支承是指支承点的位置可调的定位元件。图2.91所示为几种可调支承的结构。

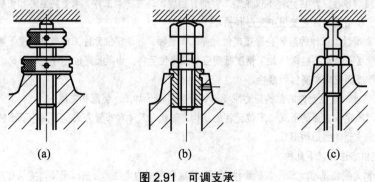

图2.91 可调支承

在图 2.92(a)中，工件为砂型铸件，先以 A 面定位铣 B 面，再以 B 面定位镗双孔。铣 B 面时若用固定支承，由于定位基面 A 的尺寸和形状误差较大，铣完后的 B 面与两毛坯孔(图中的点画线)的距离尺寸 H_1、H_2 变化也大，致使镗孔时余量很不均匀，甚至可能使余量不够。因此可采用可调支承，定位时适当调整支承钉的高度，便可避免出现上述情况。对于中小型零件，一般每批调整一次，调整好后，用锁紧螺母拧紧固定，此时其作用与固定支承完全相同。若工件较大且毛坯精度较低时，也可能每件都要调整。

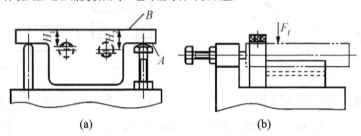

图 2.92　可调支承的应用

在同一夹具上加工形状相同但尺寸不同的工件时，可用可调支承，如图 2.91(b)所示，在轴上钻径向孔，对于孔至端面的距离不等的工件，只要调整支承钉的伸出长度，便可进行加工。

(5) 自位支承(浮动支承)：自位支承指在工件定位过程中，支承点的位置随工件定位基面位置的变化而自动与之适应的定位元件。这类支承的结构均是活动的或浮动的。自位支承无论与工件定位基面是几点接触，都只能限制工件的一个自由度。图 2.93 为部分自位支承的结构。

图 2.93(a)、(b)所示是两点式自位支承。图 2.93(c)所示是三点式自位支承。这类支承的工作特点是：支承点的位置能随着工件定位基面位置的变动而自动调整，定位基面压下其中一点，其余点便上升，直至各点均与工件接触。接触点数的增加，提高了工件装夹刚度和稳定性，但其作用相当于一个固定支承，只限制了工件的一个自由度。

自位支承适用于工件以毛坯面定位或定位刚性较差的场合。

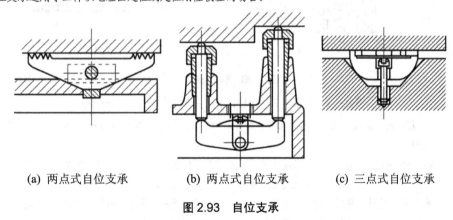

(a) 两点式自位支承　　(b) 两点式自位支承　　(c) 三点式自位支承

图 2.93　自位支承

图 2.94 所示的叉形零件，以加工过的孔 D 及端面定位，铣平面 C 和 E。用心轴及端面限制 $\bar{x}$、$\bar{y}$、$\bar{z}$、$\hat{x}$ 和 $\hat{z}$ 五个自由度，为了限制自由度 $\hat{y}$，需设一防转支承。此支承如单独设在 A 处或 B 处，都会因工件刚性差而无法加工，若在 A、B 两处均设防转支承则属过定位，夹紧后使工件产生较大的变形，将影响加工精度。此时应采用图 2.93 所示的自位支承。

(6) 辅助支承。辅助支承用来提高装夹刚度和稳定性，不限制工件的自由度，不起定位作用。如图 2.95 所示，工件以内孔及端面定位钻右端小孔。若右端不设支承，工件装夹后，右端为一悬臂，刚性差。若在 A 点设置固定支承则属过定位，有可能破坏左端定位。在这种情况下，宜在右端设置辅助支承。工件定位时，辅助支承是浮动的(或可调的)，待工件夹紧后再把辅助支承固定下来，以承受切削力。

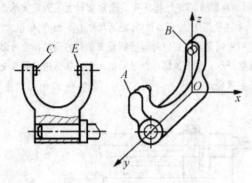
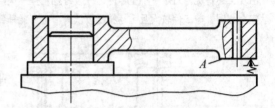

图2.94 自位支承的应用　　　　图2.95 辅助支承的应用

螺旋式辅助支承。如图2.96(a)所示螺旋式辅助支承的结构与可调式支承相近,但操作过程不同,前者不起定位作用,而后者起定位作用。

自位式辅助支承。如图2.96(b)所示,弹簧2推动滑柱1与工件接触,用顶柱3锁紧,弹簧力应能推动滑柱,但不可推动工件。

推引式辅助支承。如图2.96(c)所示,工件定位后,推动手轮4使滑键5与工件接触,然后转动手轮使斜楔6开槽部分涨开锁紧。

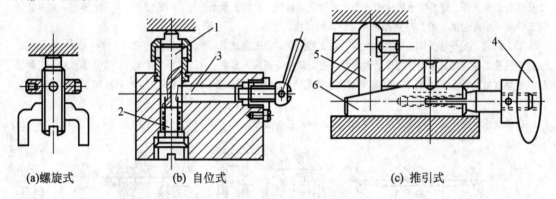

图2.96 辅助支承

1—滑柱；2—弹簧；3—顶柱；4—手轮；5—滑键；6—斜楔

2) 工件以外圆柱面为定位基准。当基准面是外圆柱面时,多采用定位套、V形块、半圆套、圆锥套、自动定心装置等定位元件。

(1) 定位套。图2.97为常用的几种定位套,其内孔表面是定位工作面。通常,定位套的圆柱面与端面结合定位,限制工件五个自由度。当用端面作为主要定位基面时,应控制长度,以免过定位而在夹紧时使工件产生不允许的变形。这种定位方式是间隙配合的中心定位,孔与工件外圆柱面配合采用间隙配合 G7/h6、F8/h7,二者配合长度短,可以限制工件两个移动自由度;二者配合长度长,限制工件四个自由度。孔常以衬套形式固定在本体上,使其制造和更换更方便。材料采用20#钢,渗碳淬火硬度达到55~60HRC。

定位套结构简单,制造容易,但定心精度不高,常用于小型、形状简单零件的定位。

(2) V形块。V形块是由两块互成一定角度的平面组成的定位件。用V形块定位,无论定位基准是否经过加工,只要是完整的圆柱面或圆弧面,均可采用。并且能使工件的定位基准轴线对中在V形块的对称平面上,而不受定位基准直径误差的影响,即对中性好,如图2.98所示,V形块主要参数有:

d——V形块的设计心轴直径,其值等于工件定位基面的平均尺寸,其轴线是定位基准；

α——V形块两工作面间的夹角,有60°、90°、120°三种,以90°应用最广；

H——V 形块的高度;
T——V 形块的定位高度。即 V 形块的定位基准至 V 形块底面的距离;
N——V 形块的开口尺寸。

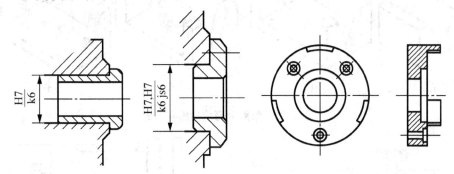

图 2.97 常用定位套

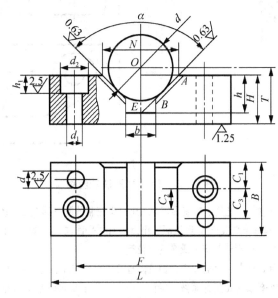

图 2.98 V 形块的结构尺寸

V 形块已标准化,H、N 等参数均可从国家标准《机床夹具零件及部件 V 形块》(JB/T 8018.1—1999)中查得,但 T 必须计算。

由图 2.98 可知:当 $\alpha=90°$ 时,$T=H+0.707d-0.5N$。

V 形块定位的最大优点是对中性好。即使作为定位基面的外圆直径存在误差,仍可保证一批工件的定位基准轴线始终处在 V 形块的对称面上,并且使安装方便。

图 2.99 为常用 V 形块的结构。图 2.99(a)用于短的精定位基面;图 2.99(b)用于粗基面和阶梯定位面;图 2.99(c)用于较长的精基面和相距较远的两个定位基准面。V 形块不一定采用整体结构的钢体,可在铸铁底座上镶淬硬支承板或硬质合金板,如图 2.99(d)所示。

V 形块有活动式和固定式之分。活动 V 形块的应用见图 2.100(a)所示加工轴承座孔的定位方式,活动 V 形块除限制一个自由度外,同时还有夹紧作用。图 2.100(b)中的 V 形块只起定位作用,限制工件一个自由度。

固定 V 形块与夹具体的连接,一般采用 2 个定位销和 2～4 个螺钉,定位销孔在装配时调整好位置后与夹具体一起钻、铰,然后打入定位销。

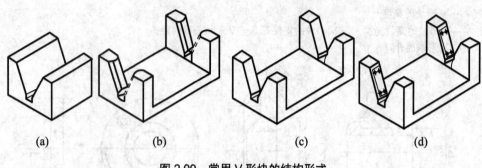

图 2.99 常用 V 形块的结构形式

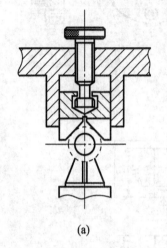
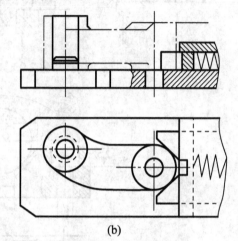

图 2.100 活动 V 形块的应用

V 形块既能用于精基面定位,又能用于粗基面定位;能用于完整的圆柱面定位,也能用于局部的圆柱面定位;而且具有对中性(使工件的定位基准总处于 V 形块两工作面的对称平面内)好的特点,活动 V 形块还可兼作夹紧元件。因此当工件以外圆定位时,V 形块是应用最多的定位元件。

V 形块可作为主要定位件,限制工件的四个自由度;也可作为次要定位件,限制工件的二个移动自由度;或作为浮定位件,限制工件一个转动自由度并兼做夹紧件。中小型尺寸 V 形块常采用的材料是 20#钢,渗碳淬火硬度达到 58~63HRC。大尺寸 V 形块可选 T8A、T12A 或 CrMn,淬火至同样硬度。

(3) 半圆套:如图 2.101 所示,将在同一圆周上的表面的孔分为两半,下半孔固定在夹具体上,上半孔为可卸式或铰链式作为盖下面的半圆套是定位元件,上面的半圆套起夹紧作用。这种定位方式主要用于大型轴类零件及不便于轴向装夹的零件。定位基面的精度不低于 IT8~IT9,半圆套的最小内径应取工件定位基面的最大值。

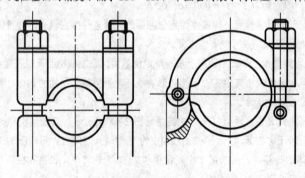

图 2.101 半圆套定位装置

为了便于维修、更换等，孔内常镶有衬套，一般采用铜套或用45#钢淬硬到35HRC左右，起到耐磨作用。

(4) 圆锥套。图 2.102 所示为常用的反顶尖，由顶尖体1、螺钉2和圆锥套3组成。工件以圆柱面的端部在圆锥孔中定位，锥孔中有齿纹，以带动工件旋转。顶尖体1的锥柄部分插入机床主轴孔中，螺钉2用来传递转矩。

(5) 自动定心装置：如车床上的三爪卡盘等，在实际应用中可查阅有关设计手册。

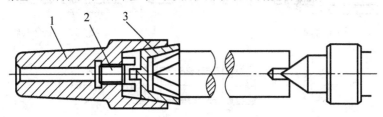

图 2.102　工件在圆锥套中定位

1—顶尖体；2—螺钉；3—圆锥套

3) 工件以圆孔为定位基准。常用的定位元件有：圆柱销、圆柱心轴、圆锥销、圆锥心轴等。

(1) 圆柱销(定位销)。图 2.103 所示为常用定位销结构。工件以圆孔用定位销定位时，应按孔、销工作表面接触相对长度来区分长、短销。长销限制工件四个自由度，短销限制工件二个自由度。常采用20#钢或T7A、T8A，淬火达到55～60HRC。

当定位销直径 $D \leqslant \phi 3 \sim \phi 10mm$ 时，为避免使用中折断或热处理时淬裂，通常将根部制成圆角 R。夹具体上应有沉孔，使定位销的圆角部分沉入孔内而不影响定位。大批大量生产时，为了便于定位销的更换，可采用图 2.103(d)所示的带有衬套的结构型式。为了便于工件装入，定位销头部有 15°的倒角。此时衬套的外径与夹具体底孔采用 H7/n6 或 H7/r6 配合，而内径与定位销外径采用 H7/h6 或 H7/h5 配合。定位销的有关尺寸参数可查阅相关国家标准(GB/T 119.1—2000、GB/T 119.2—2000)。

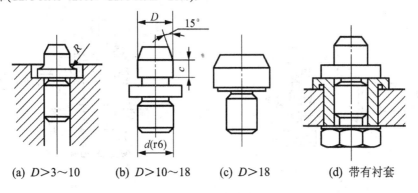

(a) $D > 3 \sim 10$　　(b) $D > 10 \sim 18$　　(c) $D > 18$　　(d) 带有衬套

图 2.103　定位销

(2) 圆柱心轴。心轴主要用在车、铣、磨、齿轮加工机床上加工套类和盘类零件。图 2.104 所示为几种常用圆柱心轴的结构型式。

图 2.104(a)所示为间隙配合心轴。孔、轴配合采用 H7/g6(或 h6、f6)制造，结构简单，装卸方便，但因有装卸间隙，定心精度不高，只适用于同轴度要求不高的场合。为了减少因配合间隙而造成的工件倾斜，工件常以孔和端面联合定位，因而孔与端面垂直度要求高。可使用开口垫圈或球面垫圈。

图 2.104(b)所示为过盈配合心轴：限制工件四个自由度，采用 H7/r6 过盈配合。其有引导部分3、配合部分2、连接部分1，制造简单、定心准确、不用另设夹紧装置，但装卸工件不方便，且容易损坏工件定位孔，适用于定心精度要求高的场合。

图 2.104(c)所示为花键心轴：用于以花键孔为定位基准的场合。

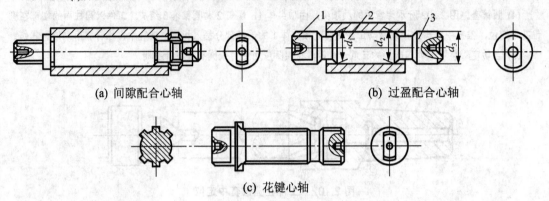

(a) 间隙配合心轴　　(b) 过盈配合心轴

(c) 花键心轴

图 2.104　圆柱心轴

图 2.105 所示为心轴在机床上的几种安装方式。

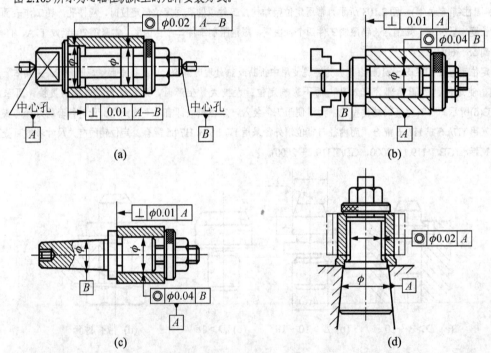

图 2.105　心轴在机床上的安装方式

(3) 圆锥销。如图 2.106 所示，工件以圆柱孔在圆锥销上定位。孔端与锥销接触，其交线是一个圆，相当于三个止推定位支承，限制了工件的三个自由度($\bar{x}$、$\bar{y}$、$\bar{z}$)。图 2.106(a)用于粗基准，图 2.106(b)用于精基准。工件在单个定位销上定位容易倾斜，为此圆锥销一般与其他元件组合定位。图 2.107(a)所示为圆锥–圆柱组合心轴，锥度部分使工件准确定位，圆柱部分可减小工件的倾斜。图 2.107(b)所示为工件以底面作主要定位基面，限制工件$\bar{z}$、$\bar{x}$、$\bar{y}$三个自由度，而圆锥销在z向是可以活动的，限制工件$\bar{x}$、$\bar{y}$两个自由度，由于圆锥销在上下方向能自由活动，即使工件孔径变化较大也能正确定位。图 2.107(c)所示为工件在双圆锥销上定位。以上三种定位方式均限制了工件的五个自由度。圆锥销的有关尺寸与规格可查阅国家标准 GB/T 117—2000。

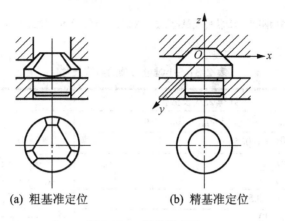

(a) 粗基准定位　　　　(b) 精基准定位

图 2.106　圆锥销定位

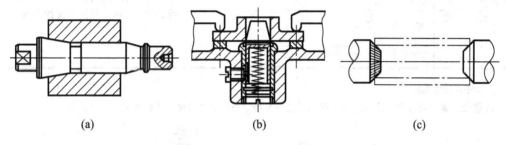

(a)　　　　　　　　(b)　　　　　　　　(c)

图 2.107　圆锥销组合定位

(4) 圆锥心轴(小锥度心轴)。如图 2.108 所示，工件在锥度心轴上定位，并靠工件定位基准孔与心轴工作圆锥表面的弹性变形夹紧工件。

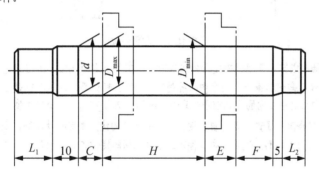

图 2.108　小锥度心轴

心轴锥度 K 见表 2-30。

表 2-30　高精度心轴锥度推荐值

工件定位孔直径 D/mm	8～25	20～50	50～70	70～80	80～100	>100
锥度 K	$\dfrac{0.01}{2.5D}$	$\dfrac{0.01}{2D}$	$\dfrac{0.01}{1.5D}$	$\dfrac{0.01}{1.25D}$	$\dfrac{0.01}{D}$	$\dfrac{0.01}{100}$

这种定位方式的定心精度较高，可达 $\phi0.02$～$\phi0.01$mm，但工件轴向位移误差较大，适用于工件定位孔精度不低于 IT7 的精车和磨削，但不能作为轴向定位加工端面等有轴向尺寸精度的工件。小锥度心轴的结构尺寸见

表 2-31。为保证心轴有足够的刚度，心轴的长径比 $L/D>8$ 时，应将工件按定位孔的公差范围分为 2～3 组，每组设计一根心轴。

表 2-31　小锥度心轴的结构尺寸

计算项目	计算公式及数据	说　明
心轴大端直径	$d=D_{max}+0.25\delta_D \approx D_{max}+(0.01\sim0.02)$	
心轴大端公差	$\delta_d=0.01\sim0.005$	
保险锥面长度	$c=\dfrac{d-D_{max}}{K}$	D——工件孔的基本尺寸 D_{max}——工件孔的上极限尺寸 D_{min}——工件孔的下极限尺寸 δ_D——工件孔的公差 E——工件孔的长度 当 $L/D>8$ 时，应分组设计心轴
导向锥面长度	$F=(0.3\sim0.5)D$	
左端圆柱长度	$L_1=20\sim40$	
右端圆柱长度	$L_2=10\sim15$	
工件轴向位置的变动范围	$N=\dfrac{D_{max}-D_{min}}{K}$	
心轴总长度	$L=C+F+L_1+L_2+N+E+15$	

4) 工件以圆锥孔定位。

(1) 圆锥心轴。圆锥心轴(见图 2.109)限制了工件除绕轴线转动自由度以外的其他五个自由度。

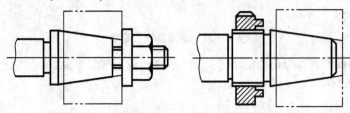

图 2.109　圆锥心轴

(2) 顶尖。在加工轴类或某些要求准确定心的工件时，在工件上专为定位加工出工艺定位面——中心孔。中心孔与顶尖配合，即为锥孔与锥销配合。两个中心孔是定位基准，所体现的定位基准是由两个中心孔确定的中心线。图 2.110 所示为左中心孔用轴向固定的前顶尖定位，限制了 $\bar{x}$、$\bar{y}$、$\bar{z}$ 三个自由度；右中心孔用活动后顶尖定位，与左中心孔一起联合限制了 $\bar{y}$、$\bar{z}$ 两个自由度。中心孔定位的优点是定心精度高，还可实现定位基准统一，并能加工出所有的外圆表面或端面。这是轴类零件加工普遍采用的定位方式。但是，用中心孔定位时，轴向定位精度不高。

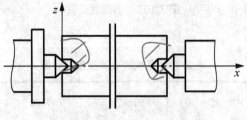

图 2.110　中心孔定位

4. 车床附件及其使用方法

附件是用来支承、装夹工件的装置，通常称夹具。装夹工件就是将工件在机床或夹具中定位、夹紧的过程。在车床上可以采用以下几种装夹方法。

1) 使用卡盘装夹工件

三爪、四爪卡盘装夹工件详见任务 2.1 中相关内容。

2) 用双顶尖装夹工件

双顶尖装夹工件，虽经多次安装，轴心线的位置不会改变，不须找正，装夹精度高。用双顶尖装夹工件，必须在工件端面钻出中心孔。中心孔是保证轴类零件加工精度的基准孔。

(1) 中心钻(center drill)。

中心孔的加工要用到中心钻。中心钻有三种形式：带护锥 60° 复合中心钻－B 型、无护锥 60° 复合中心钻－A 型和弧型中心钻－R 型，分别见图 2.111(a)、(b)、(c)所示。

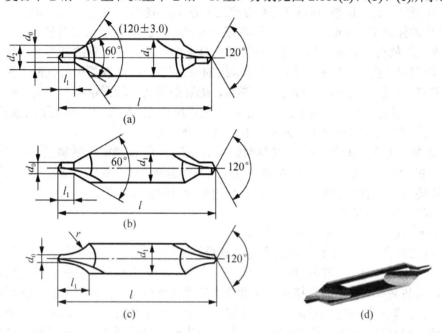

图 2.111　中心钻

目前，在生产中常用 A、B 型中心钻。

R 型中心钻的主要特点是强度高，它可避免 A 型和 B 型中心钻在其小端圆柱段和 60° 圆锥部分交接处产生应力集中现象，所以中心钻断头现象可以大大减少。

(2) 中心孔的类型及其用途。

中心孔的型式由刀具的类型确定，已标准化，国家标准 GB/T 145—2001 规定中心孔有 A 型(不带护锥)、B 型(带护锥)、C 型(带螺孔)和 R 型(弧形)四种。如图 2.112 所示。

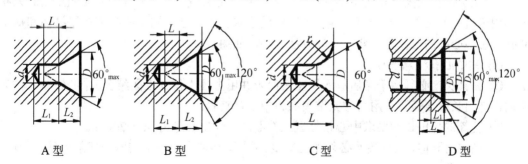

图 2.112　中心孔的形状

① A 型中心孔。普通 A 型中心孔(又称不带护锥中心孔)，一般都用 A 型中心钻加工。A 型中心孔由圆柱孔和圆锥孔组成。圆锥孔用来和顶尖配合，锥面是定中心、夹紧、承受切削力和工件重力的表面。圆柱孔一方面用来保证顶尖与锥孔密切配合，使定位正确；另一方面用来储存润滑油。因此，圆柱孔的深度是根据顶尖尖端不可能和工件相碰来确定的。定位圆锥孔的角度一般为 60°，重型工件用 90°。

A 型中心孔的主要缺点是孔口容易碰坏，致使中心孔与顶尖锥面接触不良，从而引起工件的跳动，影响工件的精度。这种中心孔仅在粗加工或不要求保留中心孔的工件上采用，它的直径尺寸 d 和 D 主要根据轴类工件的直径和质量来选定。

② B 型中心孔。B 型中心孔(又称带护锥中心孔)，通常用 B 型中心钻加工。因为有了带有 120°的保护锥孔，60°定位锥面不易损伤与破坏。B 型中心孔常用在需要多次装夹加工的工件上。如机床的光杠和丝杠、铰刀等刀具上的中心孔，都应钻 B 型中心孔。

③ C 型中心孔。C 型中心孔(又称带螺纹的中心孔)，它与 B 型中心孔的主要区别是在孔的内部有一小段螺纹孔，在轴加工完毕后，能够把需要和轴固定在一起的其他零件固定在轴线上。所以要求把工件固定在轴上的中心孔采用 C 型。例如，铣床上用的锥柄立铣刀、锥柄键槽铣刀及其连接套等上面的中心孔都是 C 型中心孔。

④ R 型中心孔。R 型中心孔(又称圆弧型中心孔)，用 R 型中心钻加工。R 型中心孔的形状与 A 型中心孔相似，只是将 A 型中心孔的 60°圆锥改成圆弧面。这样与顶尖锥面的配合变成线接触，在轴类工件装夹时，能自动纠正少量的位置偏差。

(3) 钻中心孔的方法。

在车床上钻中心孔，常用两种方法：

① 在工件直径小于车床主轴内孔直径的棒料上钻中心孔。这时应尽可能把棒料伸进主轴内孔中去，用来增加工件的刚性。经校正、夹紧后把端面车平；把中心钻装夹在钻夹头中夹紧，当钻夹头的锥柄能直接和尾座套筒上的锥孔结合时，直接装入便可使用。如果锥柄小于锥孔，就必须在它们中间增加一个过渡锥套才能结合上。中心钻安装完毕，开车使工件旋转，均匀摇动尾座手轮来移动中心钻实现进给。待钻到所需的尺寸后，稍停留，使中心孔得到修光和圆整，然后退刀，如图 2.113 所示。

特别提示

钻中心孔时应注意勤退刀，由于中心钻的排屑功能不佳，这样可以及时清除切屑，并能对钻头进行充分冷却润滑。一端中心孔钻好后，将工件调头、装夹，校正后再钻另一端的中心孔。

② 在工件直径大于车床主轴内孔直径，并且长度又较大的工件上钻中心孔。这时只靠一端用卡盘夹紧工件，不能可靠地保证工件的位置正确。要使用中心架来车平端面和钻中心孔。钻中心孔的操作方法和前一种方法相同，如图 2.114 所示。

(4) 钻中心孔注意事项

① 钻夹头柄必须擦干净后放入尾座套筒内并用力插入使圆锥面结合。中心钻装入钻夹头内，伸出长度要短些，用力拧紧钻夹头将中心钻夹紧。

② 套筒的伸出长度要求中心钻靠近工件面时，伸出长度为 50~70mm。

③ 钻中心孔前，工件端面必须加工平整。否则，会使中心钻上的两个切削刃受力不均，钻头引偏而折断。

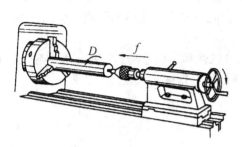
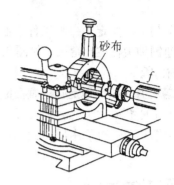

图 2.113　在卡盘上钻中心孔　　　　图 2.114　在中心架上钻中心孔

④ 钻中心孔时进给量必须小而均匀，切削速度不能太低，一般主轴转速 $n>1000\text{r/min}$。若速度太低，不仅会使锥面上的表面粗糙度值增大，而且还会使中心钻切入困难，容易引起振动而使中心钻损坏。

⑤ 控制圆锥 D_1 尺寸，A 型 $D\approx 2.1d$，B 型 $D\approx 3.1d$。心孔，当中心孔钻到尺寸时，先停止进给，再停机，利用主轴惯性将中心孔表面修圆整。

⑥ 对定位精度要求较高的轴类零件以及拉刀等精密刀具上，宜选用 R 型中心孔。

(5) 顶尖。顶尖的作用是定中心、承受工件的重量和切削力。顶尖分前顶尖和后顶尖两类。

① 前顶尖。

插在主轴锥孔内与主轴一起旋转的叫前顶尖如图 2.115(a)所示。前顶尖随同工件一起转动，与中心孔无相对运动，不发生摩擦。使用时须卸下卡盘，换上拨盘来带动工件旋转。插入主轴孔的前顶尖在每次安装时，必须把锥柄和锥孔擦干净，以保证同轴度。拆下顶尖时可用一根棒料从主轴孔后稍用力顶出。

有时为了操作方便和确保精度，也可以在三爪自定心卡盘上夹一段钢材，车成 60°顶尖来代替前顶尖，如图 2.115(b)所示。

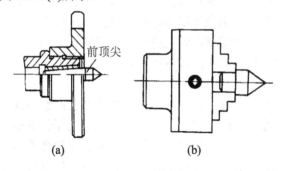

图 2.115　前顶尖

该前顶尖在卡盘上拆下后，当再应用时，必须再将锥面车一刀，以保证顶尖锥面旋转轴线与车床主轴旋转轴线重合。三爪自定心卡盘装夹顶尖，卡盘还起到了拨盘带动工件旋转的作用。

② 后顶尖。

插入车床尾座套筒内的叫后顶尖。后顶尖又分固定顶尖(如图 2.116)和回转顶尖(如图 2.117)两种。

在车削中，固定顶尖与工件中心孔产生滑动摩擦而产生高热。在高速切削时，碳钢顶尖和高速钢顶尖往往会退火，如图 2.116(a)所示。因此目前多数使用镶硬质合金的顶尖，如图 2.116(b)所示。

固定顶尖的优点是定心正确而刚性好；缺点是工件和顶尖是滑动摩擦，发热较大，过热时会把中心孔或顶尖"烧坏"。因此它适用于低速加工精度要求较高的工件。

支承细小工件时可用反顶尖如图 2.116(c)所示

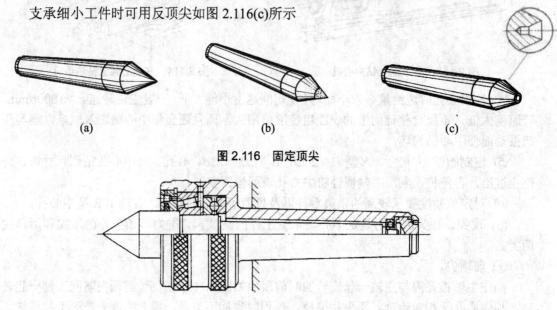

图 2.116　固定顶尖

图 2.117　回转顶尖

为了避免后顶尖与工件中心孔摩擦，常使用回转顶尖，如图 2.117 所示。这种顶尖把顶尖与工件中心孔的滑动摩擦改成顶尖内部轴承的滚动摩擦，能承受很高的旋转速度，克服了固定顶尖的缺点，因此目前应用很广。但回转顶尖存在一定的装配累积误差，以及当滚动轴承磨损后，会使顶尖产生径向摆动，从而降低加工精度。

后顶尖安装之前，必须把锥柄和锥孔擦干净。要拆下后顶尖时，可以摇动尾座手轮，使尾座套筒缩回，由丝杠的前端将后顶尖顶出。

(6) 工件用两顶尖安装方法。

在实心轴两端钻中心孔，在空心轴两端安装带中心孔的锥堵或锥套心轴，用车床主轴和尾座顶尖顶两端中心孔的工件安装方式，如图 2.118 所示，其前顶尖为普通顶尖，装在主轴孔内，并随主轴一起转动；后顶尖为活顶尖，装在尾架套筒内。工件利用中心孔被顶在前后顶尖之间，并通过拨盘和卡箍(鸡心夹头)随主轴一起转动。此时定位基准与设计基准统一，能在一次装夹中加工多处外圆和端面，并可保证各外圆轴线的同轴度以及端面与轴线的垂直度要求，是车削、磨削加工中常用的工件装夹方法。

具体操作方法如下：中心孔钻好之后，将工件置于两顶针之间，先将一端的中心孔对准主轴上的顶针并用手顶住；再用手扶住工件，将尾座松开向前推动，使尾座上的顶针顶在工件的另一端的中心孔上，再将尾座紧固；摇动尾座上的手轮，使顶针顶紧工件。

此时装夹并没有完成，当车床主轴转动时，工件还不能随主轴转动，需要通过拨盘和卡箍带动工件旋转，如图 2.118 所示。

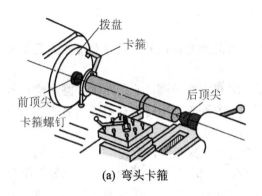
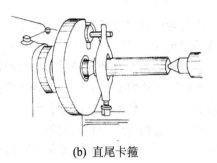

(a) 弯头卡箍　　　　　　　　　　　　(b) 直尾卡箍

图 2.118　用双顶尖安装工件件

用顶尖安装工件应注意事项：

(1) 必须使前后顶针与主轴中心线同轴，否则将出现锥度。调整时，可先把尾座推向车头，使用顶尖接触，检查它们是否对准。然后装上工件，车一刀后再测量工件两端的直径，根据直径的差别来调整尾座的横向位置。如果工件右端直径大，左端小，那么尾座应向操作者方向偏移；反之，向相反方向偏移。

偏移时最好用百分表来测量如图 2.119 所示。测量时以百分表触头接触工件右端。如果两端直径相差 0.1mm，那么尾座应偏移 $0.1\div2=0.05$mm，这个偏移量可以从百分表中读出。

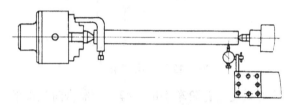

图 2.119　用百分表测量尾座的偏移量

(2) 尾座套筒尽量伸出短些，但要注意不得影响车削。
(3) 中心孔的形状要正确：光洁，不得留有切屑。尾座上最好不要装死顶针。
(4) 顶针的松紧度应适宜，不要过松或太紧。
(5) 卡箍上的支承螺钉不能支承得太紧，以防工件变形。
(6) 由于靠卡箍传递转矩，所以车削工件的切削用量要小。
(7) 钻两端中心孔时，要先用车刀把端面车平，再用中心钻钻中心孔。

3) 一夹一顶安装工件

对于较长且质量较大、加工余量也较大的回转体类工件，如果再采用在两顶尖间安装的方法来加工，就无法提高切削用量，缩短加工时间。此时可采取前端用卡盘夹紧，后端用后顶尖顶住的装夹方法。为了防止工件轴向窜动，工件应该轴向定位，即在卡盘内部装一个限位支承；也可以利用工件上的台阶限位，如图 2.120 所示。这种装夹方法比较安全，能承受较大的轴向切削力，且刚性大大提高，同时可提高切削用量，因此应用很广泛。

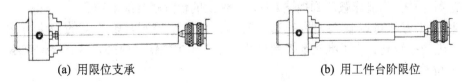

(a) 用限位支承　　　　　　　　　　　　(b) 用工件台阶限位

图 2.120　一夹一顶装夹工件

5. 车削台阶轴

车台阶轴时，既要车外圆，又要车环形端面，因此既要保证外圆尺寸精度，又要保证台阶长度尺寸。

车削相邻两个直径相差不大的台阶时，可用 90°偏刀车外圆，利用车削外圆进给到所控制的台阶长度终点位置，自然得到台阶面。用这种方法车台阶时，车刀安装后的主偏角必须等于 90°，如图 2.121(a)所示。

如果相邻两个台阶直径相差较大，就要用两把刀分几次车出。可先用一把 75°的车刀粗车，然后用一把 90°偏刀使安装后的 $\kappa_r=93°\sim95°$ 分几次清根。清根时应该留够精车时外圆和端面的加工余量。精车外圆到台阶长度后，停止纵向进给，手摇横进给手柄使车刀慢慢地均匀退出，把端面精车一刀。至此一个台阶加工完毕。如图 2.121(b)所示。

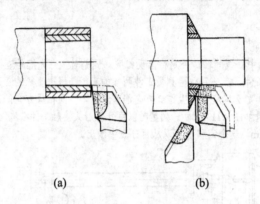

图 2.121　台阶车削法

准确地控制被车台阶的长度是台阶车削的关键。控制台阶长度的方法有多种。

1) 用刻线控制

一般选最小直径圆柱的端面作统一的测量基准，用钢直尺、样板或内卡钳量出各个台阶的长度(每个台阶的长度应从同一个基准计算)。然后使工件慢转，用车刀刀尖在量出的各个台阶位置处，轻轻车出一条细线。以后车削各个台阶时，就按这些刻线控制各个台阶的长度，如图 2.122 所示。

2) 用挡铁定位

在车削数量较多的台阶轴时，为了迅速、正确地掌握台阶的长度，可以采用挡铁定位来控制被车台阶的长度。用这种方法加工控制长度准确，如图 2.123 所示。挡铁 1 固定在床身导轨的某一个适当位置上，例如和图上的台阶 a_3 的台阶面轴向位置一致。挡铁 2 和 3 的长度分别等于台阶 a_2 和 a_1 的长度。开始车削时，首先车长度为 a_1 的台阶，当床鞍向左进给碰到挡铁 3 时，说明 a_1 已车出；拿去挡铁 3，调好车下一个台阶的背吃刀量，继续纵向进给车削长度为 a_2 的台阶，当床鞍碰上挡铁 2 时，a_2 台阶就被车出。按这样的步骤和方法继续进行下去，直到床鞍碰到挡铁 1 时，工件上的台阶就全部车好了。

这种加工方法可以省去大量的测量时间，用挡铁控制台阶长度的精度可达 0.1～0.2mm，生产率较高。为了准确地控制尺寸，在车床主轴锥孔内必须装有限位支承，使工件无轴向位移。

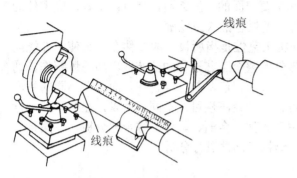
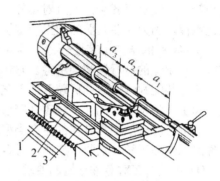

图 2.122　用刻线法车台阶　　　　　图 2.123　用挡铁定位车台阶的方法

这种用挡铁控制进给长度的方法，只能在进给系统具有过载保护机构的车床上才能够使用，否则会使车床损坏。

3) 用床鞍刻度控制

台阶长度尺寸也可利用床鞍的刻度盘来控制。例如，车削台阶 a_3(如图 2.123 所示)时，把床鞍摇到车刀刀尖刚好接触工件端面时，调整床鞍刻度盘的零线，纵向进给在床鞍刻度盘上所显示的长度等于 $a_1+a_1+a_3$；a_3 外圆车至尺寸后，用同样的方法车削 a_2 外圆，这时刻度盘显示的长度是 a_1+a_2；当 a_2 外圆车至尺寸后，再车 a_1 外圆，这时刻度盘显示的长度应是 a_1。这样利用床鞍的刻度盘就可以控制台阶的长度尺寸。

C6140A 车床床鞍的刻度盘 1 格等于 1mm，车削时的长度误差一般在 0.3mm 左右。

台阶轴的各外圆直径尺寸，可利用中滑板刻度盘来控制，其方法与车削外圆时相同。

2.2.3　任务实施

一、台阶轴零件机械加工工艺规程编制

参照制定机械加工工艺规程的步骤(详见表 2-21)，编制如图 2.61 所示的台阶轴的机械加工工艺规程。生产类型为小批生产。材料为 45#热轧圆钢，零件需调质。

1. 分析台阶轴的结构和技术要求

1) 分析图样资料

对图样资料进行分析，包括零件技术要求分析和结构工艺性分析两个方面。这是制定机械加工工艺规程的重要步骤。

(1) 零件的技术要求分析包括以下几个方面：
① 加工表面的尺寸精度和形状精度。
② 各加工表面之间以及加工表面和不加工表面之间的相互位置精度。
③ 加工表面粗糙度以及表面质量方面的其他要求。
④ 热处理及其他要求(如动平衡等)。

分析零件技术要求的目的归结为一点，就是保证零件使用性能前提下的经济合理性。过高的精度和表面粗糙度要求会使工艺过程复杂、加工困难、成本提高。在工程实际中要结合现有生产条件分析能否实现这些技术要求。分析零件图还包括图样的尺寸、公差和表面粗糙度标注是否齐全。通过对零件形状和主要表面的了解之后，就可以基本形成零件的工艺流程，因为主要表面的加工确定了零件工艺过程的大致轮廓。

(2) 零件的结构工艺性分析。零件的结构工艺性是指所设计的零件在满足使用性能的前提下，制造的可行性和经济性。它包括零件的整个工艺过程的工艺性，如毛坯制作、切削加工、装配和维修时的拆装等的工艺性，涉及面很广，具有综合性。而且在不同的生产类型和生产条件下，同样一种零件制造的可行性和经济性可能不同。所以，在对零件进行工艺分析时，必须根据具体的生产类型和生产条件，全面、具体、综合地分析。下面将从零件的机械加工和装配两个方面，对零件的结构工艺性进行分析。

① 机械加工对零件结构的要求。

a. 便于装夹。零件的结构应便于加工时的定位和夹紧，并尽量减少装夹次数。如图 2.124(a)所示零件，拟用顶尖和卡箍装夹，但该结构不便于装夹。若改为如图 2.124(b)所示结构，则可以方便地装置夹头。

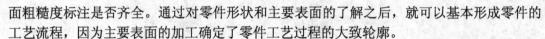

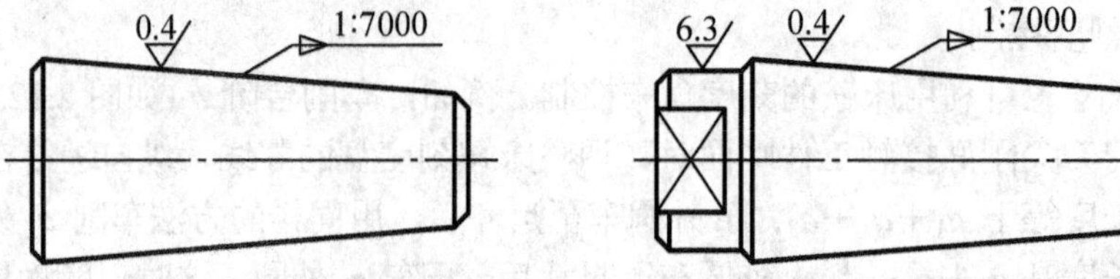

(a) 改正前　　　　　　　　(b) 改正后

图 2.124　便于装夹的零件结构示例

b. 便于加工。刀具易于接近加工部位，便于进刀、退刀、越程和测量，以及便于观察切削情况等。尽量减少刀具调整和走刀次数；尽量减少加工面积及空行程，提高生产率；零件的结构应尽量采用标准化数值，以便使用标准化刀具和量具，尽可能减少刀具种类；尽量减少工件和刀具的受力变形；改善加工条件，便于加工，必要时应便于采用多刀、多件加工。

表 2-32 列举了生产中常见的零件结构工艺性定性分析的实例，供参考和借鉴。

表 2-32　常见的零件结构工艺性实例分析

主要要求	结构工艺性		工艺性好结构的优点
	不好	好	
加工面积应尽量小	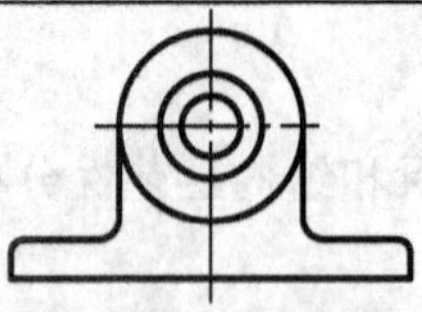	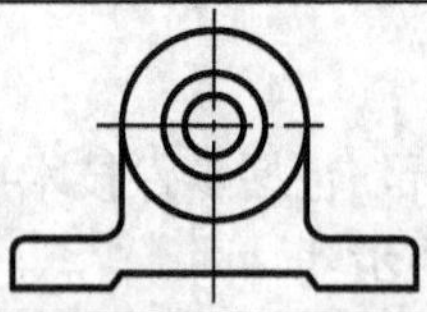	减少加工量 减少材料及切削刀具的消耗量
钻孔的入端和出端应避免斜面	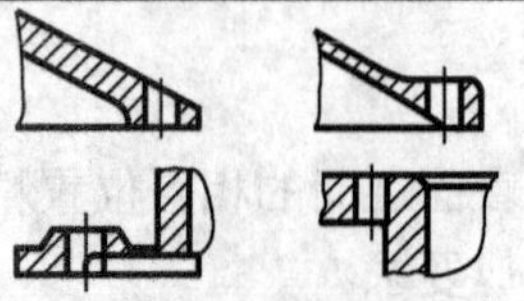	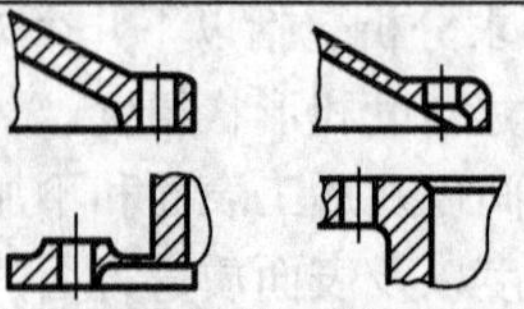	避免刀具损坏 提高钻孔精度 提高生产率
避免斜孔	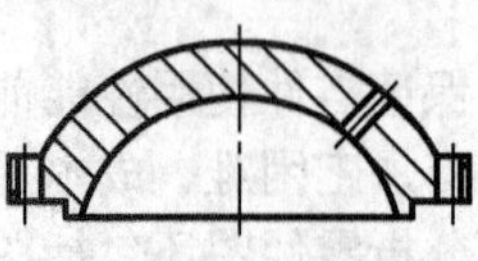	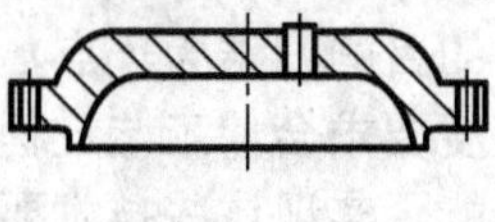	简化夹具结构 几个平行的孔便于同时加工 减少孔的加工量

续表

主要要求	结构工艺性		工艺性好结构的优点
	不好	好	
孔的位置不能距壁太近	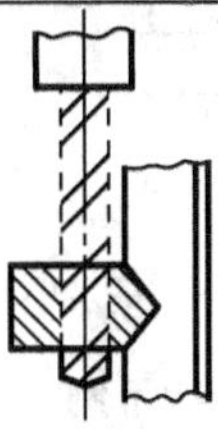	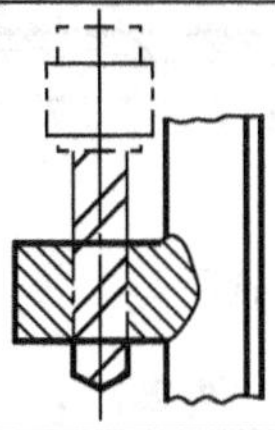	可采用标准刀具和辅具 提高加工精度
尽量减少进给次数	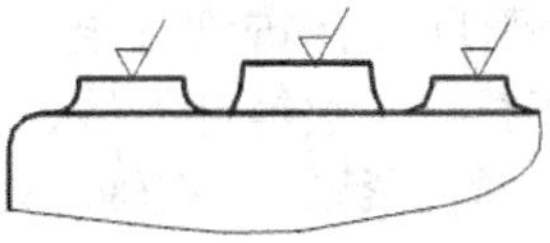	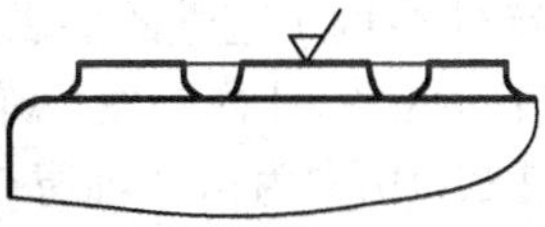	所有凸台高度相同，能在一次进给中加工提高生产率，易保证精度
磨削时，各表面间的过渡部分应设计出越程槽	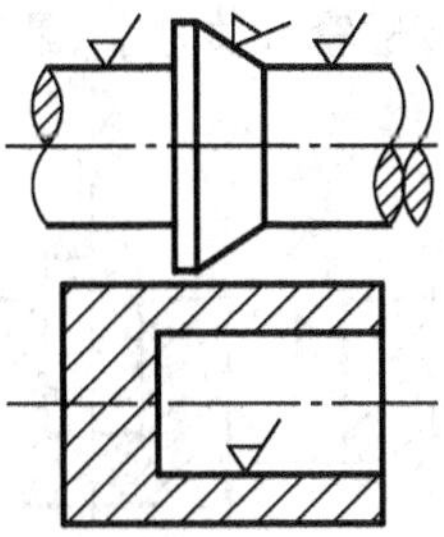	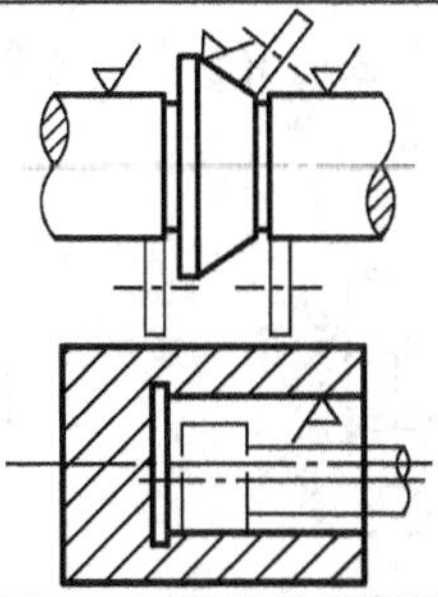	磨削时不易碰伤加工面、刀具
加工内螺纹或外螺纹时，螺纹根部应有退刀槽	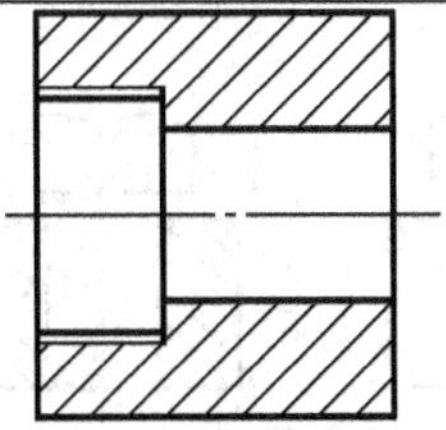	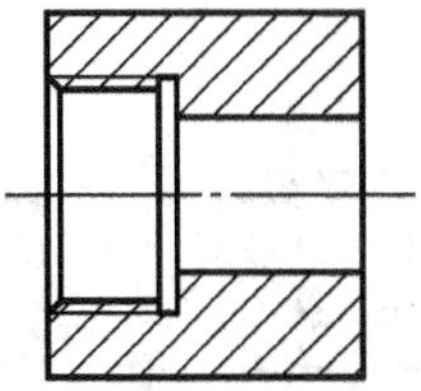	刀具有足够的操作空间，可加工完整螺纹，避免刀具、机床的损伤，加工安全
避免深孔加工	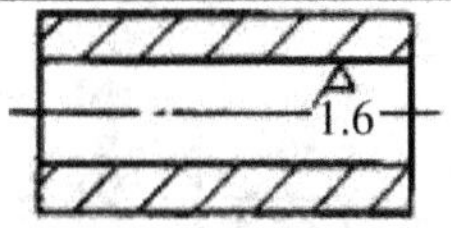 1.6	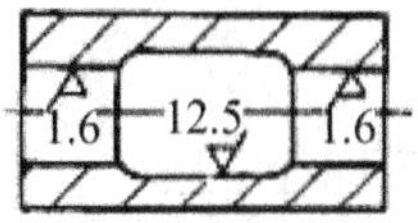 1.6 12.5 1.6	减少了精加工的面积，又避免了深孔加工
退刀槽、过渡圆弧、锥面、键槽等同类要素在同一个阶梯轴上要尽量统一	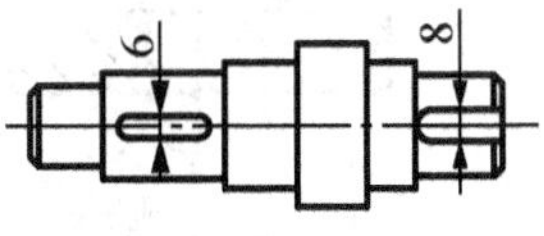 6 8	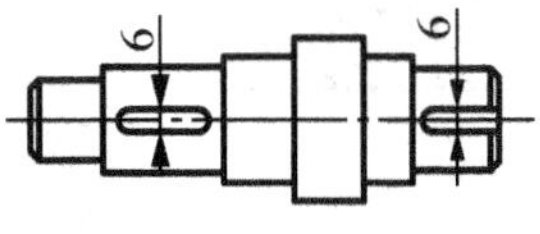 6 6	使用同一把刀具可加工所有键槽，减少了刀具种类和换刀次数，节省了辅助时间
键槽布置在同一方向上	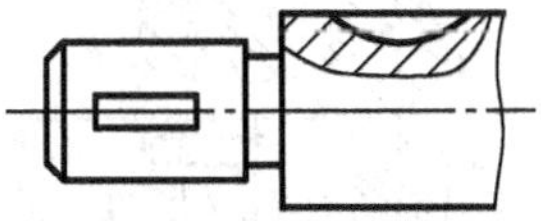	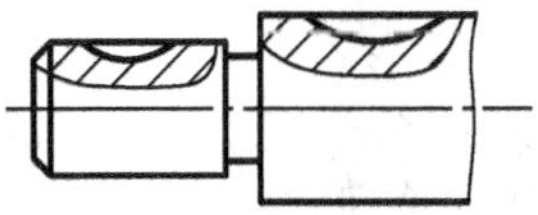	可减少安装、调整次数，也易于保证位置精度

c．便于测量。有适宜的定位基准，且定位基准至加工面的标注尺寸应便于测量。图 2.125 所示要求测量孔中心线与基准面 A 的平行度。如图 2.125(a)所示结构，由于底面凸台偏置一侧而平行度难于测量。在图 2.125(b)中增加一对称的工艺凸台，并使凸台位置居中，此时测量则非常方便。

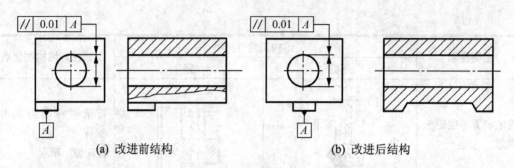

(a) 改进前结构　　　　　　　　　(b) 改进后结构

图 2.125　便于测量的零件结构示例

② 装配和维修对零件结构工艺性的要求。零件的结构应便于装配和维修时的拆装。如图 2.126(a)左图无透气口，销钉孔内的空气难于排出，故销钉不易装入。改进后的结构如图 2.126(a)右图。在图 2.126(b)中为保证轴肩与支承面紧贴，可在轴肩处切槽或孔口处倒角。图 2.126(c)为两个零件配合，由于同一方向只能有一个定位基面，故图 2.126(c)左图不合理，而右图为合理结构。在图 2.126(d)中，左图螺钉装配空间太小，螺钉装不进去。改进后的结构如图 2.126(d)右图。

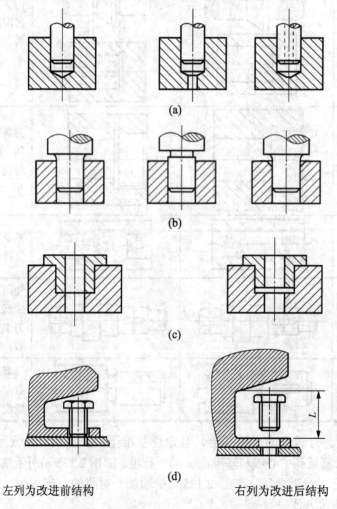

左列为改进前结构　　　　　　　　　右列为改进后结构

图 2.126　便于装配的零件结构示例

图 2.127 所示为便于拆装的零件结构示例。在图 2.127(a)左图中，由于轴肩超过轴承内圈，故轴承内圈无法拆卸。图 2.127(b)所示为压入式衬套。若在外壳端面设计几个螺纹孔，如图 2.127(b)右图所示，则可用螺钉将衬套顶出。

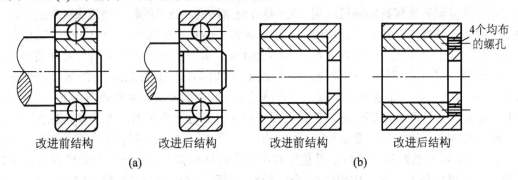

图 2.127 便于拆装的零件结构示例

2) 轴类零件的主要技术要求

一般轴类零件加工以保证尺寸精度和表面粗糙度要求为主，对各表面间的位置有一定要求。

(1) 尺寸精度。指直径和长度的精度，一般直径精度比长度精度要严格得多。轴类零件的主要表面常为两类：一类是与轴承的内圈配合的外圆轴颈，即支承轴颈，支承轴颈通常是轴类零件的主要表面，它影响轴的旋转精度与工作状态，精度要求高，通常为 IT5～IT7；另一类为与各类传动件配合的轴颈，即配合轴颈，其精度稍低，常为 IT6～IT9。

(2) 形状精度。主要指支承轴颈的圆度、圆柱度。其误差一般限制在直径公差范围内。对精度要求较高的轴，应在图样上另行规定其形状公差。

(3) 位置精度。保证配合轴颈相对支承轴颈的同轴度或径向圆跳动、重要端面对轴心线的垂直度等，是轴类零件位置精度的普遍要求。一般精度的轴，径向圆跳动为 0.01～0.03mm；高精度的轴(如主轴)，径向圆跳动为 0.001～0.005mm。

(4) 表面粗糙度。轴的加工表面都有粗糙度的要求，一般根据加工的可行性和经济性来确定。支承轴颈和重要表面的表面粗糙度 Ra 常为 0.1～0.8μm；配合轴颈和次要表面的表面粗糙度 Ra 为 0.8～3.2μm。

3) 台阶轴的主要技术要求

如图 2.2(a)所示的实心台阶轴零件，主要由圆柱面组成，轴肩一般用来确定安装在轴上零件的轴向位置。其主要技术要求如下：

(1) $\phi 32_{-0.025}^{0}$ 为基准外圆。

(2) 主要尺寸 $\phi 18_{-0.077}^{-0.050}$、$\phi 24_{-0.05}^{0}$ 表面粗糙度 Ra 均为 3.2μm，$\phi 32_{-0.025}^{0}$ 表面粗糙度 Ra 为 1.6μm。

(3) $\phi 18$ 外圆轴线对基准外圆轴线同轴度为 $\phi 0.03$mm。

2. 明确台阶轴毛坯状况

1) 轴类零件的材料及热处理

轴类零件应根据不同工作条件和使用要求选用不同的材料和不同的热处理方式，以获得一定的强度、韧性和耐磨性。

(1) 轴类零件的材料。一般轴类零件常选用 45#钢，经过调质可得到较好的切削性能，而且能获得较高的强度和韧性等综合力学性能。重要表面经局部淬火后再回火，表面硬度可达 45～52HRC。

中等精度而转速较高的轴可选用 40Cr 等合金结构钢，经调质和表面淬火处理后，具有较好的综合力学性能。精度较高的轴，可用轴承钢 GCr15 和弹簧钢 65Mn，经调质和表面高频感应淬火后再回火，表面硬度可达 50～58HRC，并具有较高的耐疲劳性能和耐磨性。

高转速、重载荷等条件下工作的轴，可选用 20CrMnTi、20Mn2B、20Cr 等低碳合金钢或 38CrMoAlA 中碳合金渗氮钢。低碳合金钢经正火和渗碳淬火后可获得很高的表面硬度、较软的芯部，因此耐冲击韧性好，但热处理变形大。而对于渗氮钢，由于渗氮温度比淬火低，经调质和表面渗氮后，变形小而硬度却很高，具有很好的耐磨性和耐疲劳强度。

(2) 轴类零件的热处理。轴的性能除与所选钢材种类有关外，还与热处理有关。轴的锻造毛坯在机械加工之前，均需进行正火或退火处理，使钢材的晶粒细化(或球化)，以消除锻造后的残余应力，降低毛坯硬度，改善切削加工性能。

凡要求局部表面淬火以提高表面耐磨性的轴，须在淬火前安排调质处理(有的采用正火)。当毛坯加工余量较大时，调质放在粗车之后、半精车之前，使粗加工产生的残余应力能在调质时消除；当毛坯余量较小时，调质可安排在粗车之前进行。

表面淬火一般放在精加工之前，可保证淬火引起的局部变形在精加工中得以纠正。

对于精度要求较高的轴，在局部淬火和粗磨后，还需安排低温时效处理，以消除淬火及磨削中产生的残余奥氏体和残余应力，控制尺寸稳定；对于整体淬火的精密轴，在淬火粗磨后，要经过较长时间的低温时效处理；对于精度更高的轴，在淬火之后，还要采用冰冷处理的方法进行定性处理，以进一步消除加工应力，保持轴的精度。

2) 轴类零件的毛坯

毛坯的选择包括选择毛坯的种类和确定毛坯的制造方法两个方面。毛坯选择是否合理对零件质量、金属消耗、机械加工量、生产效率和加工过程等都有直接影响。一般来说，采用先进的高精度的毛坯制造方法，可制造出更接近于成品零件形状和尺寸的毛坯，使机械加工的劳动量减少，材料的消耗降低，从而使机械加工成本降低。但是，先进的毛坯制造工艺会使毛坯的制造费用增加。因此，在选择毛坯和确定毛坯种类、形状、尺寸及制造精度时，要综合考虑零件设计要求和经济性等方面的因素，以求毛坯选择的最佳合理性。

(1) 毛坯形状和尺寸的确定。毛坯形状和尺寸，基本上取决于零件形状和尺寸。零件和毛坯的主要差别，在于零件需要加工的表面上，加上一定机械加工余量，即毛坯加工余量。毛坯制造时，同样会产生误差，毛坯制造的尺寸公差称为毛坯公差。毛坯加工余量和公差的大小，直接影响机械加工的劳动量和原材料的消耗，从而影响产品的制造成本。所以现代机械制造的发展趋势之一，便是通过毛坯精化，使毛坯的形状和尺寸尽量和零件一致，力求作到少、无切削加工。毛坯加工余量和公差的大小，与毛坯的制造方法有关，生产中可参考有关工艺手册或有关企业、行业标准来确定。

在确定了毛坯加工余量以后，除了将毛坯加工余量附加在零件相应的加工表面上外，毛坯的形状和尺寸还要考虑毛坯制造、机械加工和热处理等多方面工艺因素的影响。在这种情况下，毛坯的形状可能与工件的形状有所不同。下面仅从机械加工工艺的角度，分析确定毛坯的形状和尺寸时应考虑的问题。

① 合件毛坯的采用。为了提高生产率，便于加工过程中的装夹，对于一些形状比较规则的小型零件，如扁螺母、T 形键、垫圈等，应将多件合成一个毛坯，待加工到一定阶段后或者大多数表面加工完毕后，再加工成单件。图 2.128(a)所示为 T815 汽车上的一个扁螺母。毛坯取一长六方钢，图 2.128(b)表示在车床上先车槽、倒角；图 2.128(c)表示在车槽及倒角后，用ϕ24.5mm 的钻头钻孔，钻孔的同时也就切成若干个单件。图 2.129 所示的滑键为锻件，可以将若干零件先合成一件长形毛坯，待两侧面和平面加工后，再切割成单个零件。

合件毛坯，在确定其长度尺寸时，既要考虑切割刀具的宽度和零件的个数，还应考虑切成单件后，切割的端面是否需要进一步加工，若要加工，还应留有一定的加工余量。

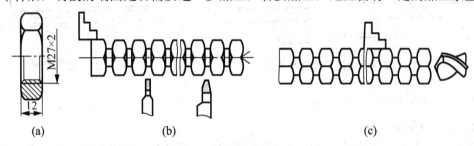

图 2.128　扁螺母的整体毛坯及加工

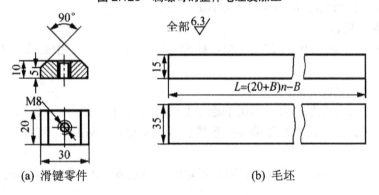

(a) 滑键零件　　　　　　　　(b) 毛坯

图 2.129　滑键零件及毛坯

② 整体毛坯的采用。在机械加工中，有时会遇到如磨床主轴部件中的三瓦轴承、发动机的连杆和车床的开合螺母等类零件。为了保证这类零件的加工质量和加工时方便，常做成整体毛坯，加工到一定阶段后再切开。例如，车床开合螺母外壳(见图 2.130)零件的毛坯就是两件合制的。

③ 工艺凸台的设置。有些零件，由于结构的原因，加工时不易装夹稳定，为了装夹方便迅速，可在毛坯上制出必要的工艺凸台，如图 2.131 所示。工艺凸台只在装夹工件时用，零件加工完成后，一般都要切掉，但如果不影响零件的使用性能和外观质量时，可以保留。

(2) 轴类零件的毛坯。轴类零件根据使用要求、生产类型、设备条件及结构，最常选用的毛坯形式是棒料和锻件，只有某些大型或结构复杂的轴(如曲轴)，在质量允许时才采用铸件。对于外圆直径相差不大的轴，一般以棒料为主；而对于外圆直径相差大的阶梯轴或重要的轴，常选用锻件，这样既节约材料又减少机械加工的工作量，而且毛坯经过加热锻造后，可使金属内部纤维组织沿表面均匀分布，获得较高的抗拉、抗弯及抗扭强度。

该台阶轴材料为 45#钢,单件小批生产,且属于一般轴类零件,故选择 φ35mm 的 45# 热轧圆钢作毛坯可满足其要求。

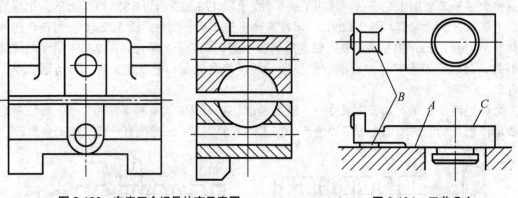

图 2.130　车床开合螺母外壳示意图　　　　图 2.131　工艺凸台

3. 拟定工艺路线

1) 确定表面加工方案

该台阶轴大多是回转面,且根据其基准外圆公差等级及表面粗糙度要求,采用车削加工,且各外圆表面采用粗车、(半)精车的加工方案。

2) 划分加工阶段

该台阶轴加工划分为两个加工阶段,即先粗车(粗车外圆、钻中心孔)、再精车(精车各处外圆、台肩等)。

3) 选择定位基准

制定机械加工工艺规程时,基准的选择是否合理,将直接影响零件加工表面的尺寸精度和相互位置精度。同时对加工顺序的安排也有重要影响。基准选择不同,工艺过程也将随之而异。

(1) 定位基准的选择。正确合理地选择定位基准是制定机械加工工艺规程的一项重要工作。

选择定位基准时,是从保证工件加工精度要求出发的,因此定位基准的选择应先选择精基准,再选择粗基准。

① 精基准的选择原则。精基准的选择主要应从保证零件的加工精度、减少定位误差、以及装夹方便,便于加工等方面来考虑。其选择原则如下。

a. 基准重合原则。选择设计基准作为定位基准,以避免定位基准与设计基准不重合而引起的基准不重合误差。

如图 2.132 所示,调整法加工 C 面时,以 A 面定位,定位基准 A 与设计基准 B 不重合。如图 2.132(b)所示,此时尺寸 c 的加工误差不仅包括本工序所出现的加工误差(Δj),而且还加进了由于基准不重合带来的设计基准和定位基准之间的尺寸误差,其大小为尺寸 a 的公差值(T_a),这个误差称为基准不重合误差,如图 2.132(c)所示。从图中可以看出,欲加工尺寸 c 的误差包括 Δj 和 T_a,为了保证尺寸 c 的精度(T_c)要求,应使

$$\Delta j + T_a \leqslant T_c \tag{2-4}$$

当尺寸 c 的公差值 T_c 已定时,由于基准不重合而增加了 T_a,就必将缩小本工序的加工

误差 Δj 的值，也就是要提高本工序的加工精度，增加了加工难度和成本。

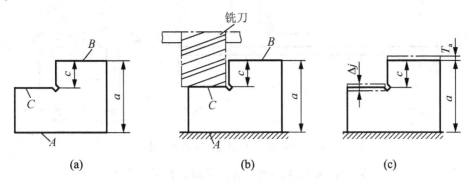

图 2.132 基准不重合误差示例

上面分析的是设计基准与定位基准不重合而产生的基准不重合误差，它是在加工的定位过程中产生的。同样，基准不重合误差也可引伸到其他基准不重合的场合。如装配基准与设计基准、设计基准与工序基准、工序基准与定位基准、工序基准与测量基准等基准不重合时，都会有基准不重合误差。

应用本原则时，要注意应用条件，定位过程中的基准不重合误差是在用专用夹具装夹、调整法加工一批工件时产生的。若用试切法加工尺寸可直接测量得到，从而可以直接保证，就不存在基准不重合误差。

b．基准统一原则。应尽可能选用统一的定位基准加工各表面。如轴类零件的中心孔即为统一的定位基准；齿轮零件的内孔与端面也是基准统一的例子之一。

优点：

Ⅰ．简化工艺过程的制定，使各工序所用的夹具相对统一，从而减少了设计、制造夹具的时间和成本，缩短生产准备周期。

Ⅱ．可在一次安装中加工更多的表面，提高了生产率。

Ⅲ．一次安装加工出的各表面，减少了基准转换，便于保证各加工面的相互位置精度。

基准统一时，若统一的基准和设计基准一致，则又符合基准重合原则，此时能获得较高的精度，这是最理想的定位方案。

若出现基准不重合，不能保证加工精度时，应改用设计基准定位，不应强求基准统一。或在零件加工的整个过程中采用先统一、后重合的原则。

工件上存在多个加工面时，可设法在工件上找到一组基准或增加辅助基准。

一次装夹加工多个表面，多个表面间的尺寸及位置精度与定位基准的选择无关，而是取决于加工多个表面的各主轴及刀具间的位置精度和调整精度。

c．自为基准原则。选择加工表面本身作为定位基准。在加工余量要求小而均匀的精加工中常以加工表面本身为定位基准。遵循自为基准原则时，不能提高加工面的位置精度，只能提高加工面本身的精度。例如，磨削床身导轨面时，就以床身导轨面作为定位基准，如图 2.133 所示。此时床脚平面只是起一个支承平面的作用，它并非是定位基准。此外，用浮动镗刀镗孔、用拉刀拉孔、用无心磨床磨外圆等，均为自为基准的实例。

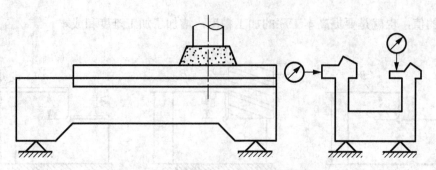

图 2.133 机床导轨面自为基准示例

光整加工一般都是采用自为基准。如珩磨、研磨、超精加工等。

d. 互为基准原则。当对零件上两个相互位置精度要求很高的表面进行加工时，可以用两个表面互为基准，反复进行加工。

例如：精度较高的轴套零件，内、外圆的同轴度要求较高，此时内、外圆的加工就可以采取互为基准的原则。

e. 保证工件定位准确、夹紧可靠、操作方便的原则。选择精基准时还应考虑，使工件定位准确、夹紧可靠、夹具结构简单、操作方便等因素。

② 粗基准的选择原则。粗基准的选择很重要，因为它对以后加工表面余量的分配及表面相对位置的保证都有着很大的影响。其选择原则如下。

a. 相互位置要求的原则。对于具有不加工表面的零件，为保证不加工表面与加工表面之间的位置精度，一般应选择不加工表面作为粗基准。

如果零件上有多个不加工表面，应以其中与加工表面相互位置精度要求较高的不加工表面为粗基准，以便于保证精度，使外形对称。

b. 余量分配原则。粗基准的选择应能合理的分配各加工表面的加工余量。余量分配时的几点要求：

Ⅰ. 应保证各主要加工表面都有足够的加工余量。为满足这个要求，应选择毛坯余量最小的表面作为粗基准。如图 2.134 所示的阶梯轴，应选择 $\phi 55$mm 外圆表面作为粗基准。

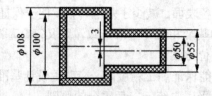

图 2.134 粗基准的选择

Ⅱ. 应选重要表面自身为粗基准，保证其表面加工余量小而均匀。如图 2.135 所示的床身导轨表面是重要表面，要求耐磨性好，且在整个导轨面内具有大体一致的力学性能。因此，在加工导轨时，应选择导轨表面作为粗基准加工床身底面，如图 2.135(a)所示，然后以底面为基准加工导轨平面，如图 2.135(b)所示。

Ⅲ. 如果零件上有多个重要表面都要求保证余量均匀时，则应选加工余量要求最严的表面作为粗基准，以避免该表面在加工时因余量不足而留下部分毛坯面，造成废品。

Ⅳ. 为使零件各加工表面总的金属切除量为最少，应选择零件上那些加工面积大、形状复杂、加工量大的表面为粗基准。如床身零件加工，应选择导轨表面为粗基准。

c. 保证定位可靠的原则。选作粗基准的表面应平整光洁，避开锻造飞边和铸造浇口、分型面、毛刺等缺陷，以保证定位准确、夹紧可靠。

d. 不重复使用粗基准的原则。粗基准应避免重复使用，在同一尺寸方向上通常只能使用一次，以免产生较大的定位误差。如图 2.136 所示的小轴加工，如重复使用 B 面加工 A 面、C 面，则 A 面和 C 面的轴线将产生较大的同轴度误差。

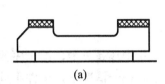
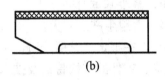
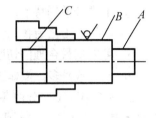

图 2.135　床身加工粗基准选择　　　　　图 2.136　重复使用粗基准示例

③ 辅助基准的应用。工件定位时，为了保证加工表面的位置精度，大多优先选择设计基准或装配基准作为主要定位基准，这些基准一般为零件上的主要表面。但有些零件在加工中，为装夹方便或易于实现基准统一，人为地制造一种定位基准。如毛坯上的工艺凸台和轴类零件加工时的中心孔。这些表面不是零件上的工作表面，只是为满足工艺需要在工件上专门设计的定位基准，即辅助基准。

此外某些零件上的次要表面(非配合表面)，因工艺上宜作定位基准而提高其加工精度和表面质量以便定位时使用。这种表面也称为辅助基准。例如，丝杠的外圆表面，从螺纹副的传动来看，它是非配合的次要表面，但在丝杠螺纹的加工中，外圆表面往往作为定位基准，它的圆度和圆柱度直接影响到螺纹的加工精度，所以要提高外圆的加工精度，并降低其表面粗糙度值。

(2) 轴类零件各表面的设计基准一般是轴的中心线，其加工的定位基准，最常用的是两中心孔。采用两中心孔作为定位基准不但能在一次装夹中加工出多处外圆和端面，而且可保证各外圆轴线的同轴度以及端面与轴线的垂直度要求，符合基准统一的原则。

在粗加工外圆和加工长轴类零件时，为了提高工件刚度，常采用一夹一顶的方式，即轴的一端外圆用卡盘夹紧，一端用尾座顶尖顶住中心孔，此时是以外圆和中心孔同作为定位基准。

4) 确定加工顺序

一个零件的加工工艺路线包含机械加工工序、热处理工序以及辅助工序等，为使被加工零件达到技术要求，并且做到零件生产的高效率、低成本，应合理划分工序并安排这些工序的顺序。

(1) 工序的划分。在确定了工件上各表面的加工方法以后，安排加工工序的时候可以采取两种不同的原则：工序集中和工序分散原则。

工序集中就是将工件的加工集中在少数几道工序内完成，每道工序的加工内容较多。工序分散就是将工件的加工分散在较多的工序内进行，每道工序的加工内容很少，最少时每道工序仅有一个简单的工步。

① 工序集中的特点：
  a. 可以采用高效机床和工艺装备，生产率高。
  b. 工件装夹次数减少，易于保证表面间相互位置精度，还能减少工序间的运输量。
  c. 工序数目少，可以减少机床数量、操作工人数和生产面积，还可以简化生产。
  d. 如果采用结构复杂的专用设备及工艺装备，则投资巨大，调整和维修复杂，生产准备工作量大，转换新产品比较费时。
② 工序分散的特点：
  a. 设备及工艺装备比较简单，调整和维修方便，易适应产品更换。
  b. 可采用最合理的切削用量，减少基本时间。
  c. 设备数量多，操作工人多，占用生产面积大。

工序集中和工序分散各有特点，在拟定工艺路线时，工序是集中还是分散，即工序数量是多是少，主要取决于生产规模、零件的结构特点及技术要求。在一情况下，单件小批生产时，多将工序集中；大批量生产时，既可采用多刀、多轴等高效率机床将工序集中，也可将工序分散后组织流水线生产。目前发展趋势是倾向于工序集中。

(2) 工序顺序的安排。
① 热处理工序安排。热处理的目的是提高材料的机械性能、消除残余应力和改善金属的切削性能。零件加工过程中的热处理按不同的应用目的，大致可分为预备热处理和最终热处理。

a. 预备热处理：预备热处理的目的是改善切削性能、消除内应力、为最终热处理作准备，它包括退火、正火、调质和时效处理。

退火和正火：用于经过热加工的毛坯。含碳量高于0.5%的碳钢和合金钢，为降低其硬度易于切削，常采用退火处理；含碳量低于0.5%的碳钢和合金钢，为避免其硬度过低切削时粘刀，而采用正火处理。退火和正火尚能细化晶粒、均匀组织，为以后的热处理做准备。退火和正火常安排在毛坯制造之后、粗加工之前进行。如采用锻件毛坯，必须首先安排退火或正火处理。

时效处理：主要用于消除毛坯制造和机械加工中产生的内应力。为减少运输工作量，对于一般精度的工件，在精加工之前安排一次时效处理即可。但精度要求较高的工件(如坐标镗床的箱体)，应安排两次或数次时效处理工序。简单零件一般可不进行时效处理。对于大而复杂的铸造毛坯件(如机架、床身等)及刚度较差的精密零件(如精密丝杠)，为消除加工中产生的内应力，稳定工件加工精度，需在粗加工之前及粗加工与半精加工之间安排多次时效处理。有些轴类零件加工，在校直工序后也要安排时效处理。

调质：调质即是在淬火后进行高温回火处理，它能获得均匀细致的回火索氏体组织，为以后的表面淬火和渗氮处理时减少变形作好组织准备，因此调质也可作为预备热处理。由于调质后零件的综合力学性能较好，对于一些硬度和耐磨性要求不高的零件，也可以作为最终热处理工序，一般安排在粗加工之后进行。当然，对淬透性好、截面积小或切削余量小的毛坯，为了方便生产也可把调质安排在粗加工之前进行。

b. 最终热处理：最终热处理的目的主要是为了提高零件材料的硬度、耐磨性和强度等力学性能，它包括淬火、渗碳及氮化等。

淬火：有表面淬火和整体淬火。其中表面淬火因为变形、氧化及脱碳较小而应用较广，而且表面淬火还具有外部强度高、耐磨性好，而内部保持良好的韧性、抗冲击力强的优点。为提高表面淬火零件的机械性能，常需进行调质或正火等热处理作为预备热处理。其一般工艺路线为：下料→锻造→正火(退火)→粗加工→调质→半精加工→表面淬火→精加工。

渗碳淬火：适用于低碳钢和低合金钢，先提高零件表层的含碳量，经淬火后使表层获得高的硬度，而心部仍保持一定的强度和较高的韧性和塑性。渗碳分整体渗碳和局部渗碳。局部渗碳时对不渗碳部分要采取防渗措施(镀铜或镀防渗材料)。由于渗碳淬火变形大，且渗碳深度一般在 0.5～2mm 之间，所以渗碳工序通常安排在半精加工之后、精加工之前进行；氮化处理由于渗氮层较薄，引起工件的变形极小，故应尽量靠后安排，一般安排在精加工或光整加工之前。为减小渗氮时的变形，在切削加工后一般需进行消除应力的高温回火。其工艺路线一般为：下料→锻造→正火(退火)→粗、半精加工→渗碳淬火→精加工。

当局部渗碳零件的不渗碳部分，采用加工余量后切除多余的渗碳层的工艺方案时，切除多余渗碳层的工序应安排在渗碳后、淬火前进行。

渗氮处理：渗氮是使氮原子渗入金属表面获得一层含氮化合物的处理方法。渗氮层可以提高零件表面的硬度、耐磨性、疲劳强度和抗蚀性。由于渗氮处理温度低、变形小、且渗氮层薄(一般不超过 0.6～0.7mm)，渗氮工序应尽量靠后安排，为减小渗氮时的变形，在切削后一般需进行消除应力的高温回火。

该轴毛坯为热轧钢，可不必进行正火处理。该轴没有特别要求，且 45#钢淬透性较好，进行调质处理时，为方便生产可放在粗加工前进行。

② 机械加工工序安排。机械加工工序的安排，一般应遵循以下原则。

a．先粗后精。零件分阶段进行加工时一般应遵守"先粗后精"的加工顺序，即先进行粗加工，中间安排半精加工，最后安排精加工和光整加工。

b．先主后次。零件的加工先安排零件的装配基面和工作表面等主要表面的加工，后安排如键槽、紧固用的光孔和螺纹孔等次要表面的加工。

c．基准先行。被选为精基准的表面，应安排在起始工序进行加工，以便尽快为后面工序的加工提供定位精基准。

d．先面后孔。对于箱体、支架类零件，其主要加工面是孔和平面，一般先以孔作粗基准加工平面，然后以平面为精基准加工孔，以保证平面和孔的位置精度要求。

此外，安排加工顺序还要考虑设备布置情况。如当设备呈机群式布置时，应尽量把相同工种的工序安排在一起，避免工件在加工中往返流动。

③ 辅助工序安排。辅助工序一般包括检验、清洗、去毛刺、倒棱、防锈、退磁等。若辅助工序安排不当或有遗漏，将会给后续工序造成困难，甚至影响产品质量，所以对辅助工序的安排必须给予足够的重视。

a．检验工序。检验是最主要的、也是必不可少的辅助工序，它对保证产品质量有极重要的作用。零件加工过程中除了安排工序自检之外，还应在下列场合安排检验工序：

Ⅰ．粗加工全部结束之后、精加工之前；

Ⅱ．工件转入、转出车间前后；

Ⅲ．重要工序加工前后；

Ⅳ. 全部加工工序完成后。

b. 清洗和去毛刺。零件在研磨、珩磨等光整加工之后，砂粒易附在工件表面上，在最终检验工序前应将其清洗干净。在气候潮湿的地区，为防止工件氧化生锈，在工序间和零件入库前，也应安排清洗上油工序。

对于切削加工后在零件上留下的毛刺，由于会对装配质量甚至机器的性能产生影响，故应当去除。

c. 其他工序。零件加工过程中还应根据需要安排动、静平衡、退磁等其他工序。

在拟定台阶轴工艺过程时，应考虑检验工序的安排、检查项目及检验方法的确定。

加工顺序安排原则参见表 2-33。

表 2-33 加工顺序的安排原则

工序类别	工序	安排原则
机械加工		1. 对于形状复杂、尺寸较大的毛坯或尺寸偏差较大的毛坯，首先安排划线工序，为精基准的加工提供找正基准 2. 按先基准后其他的顺序，首先加工精基准 3. 在重要表面加工前应对精基准进行修正 4. 按先主后次、先粗后精的顺序，对精度要求较高的各主要表面进行粗、半精和精加工 5. 对于与主要表面有位置要求的次要表面应安排在主要表面加工之后加工 6. 对于易出现废品的工序，精加工和光整加工可适当提前；一般情况主要表面的精加工和光整加工应放在最后阶段进行
热处理	退火、正火	属于毛坯预备热处理，一般应安排在机械加工之前进行
	时效	为了消除残余应力，对于尺寸大、结构复杂的铸件，需在粗加工前后各安排一次时效处理；对于一般铸件在铸造后或粗加工后安排一次时效处理；对于精度要求高的铸件，在半精加工前后各安排一次时效处理；对于精度高、刚度低的零件，在粗车、粗磨、半精磨后需各安排一次时效处理
	调质	可作为预备热处理；对于一些硬度和耐磨性要求不高的零件，也可以作为最终热处理工序，一般安排在粗加工之后进行
	淬火	淬火后工件硬度提高且易变形，应安排在精加工阶段的磨削加工前进行
	渗碳	渗碳易产生变形，应安排在精加工之前进行，为控制渗碳层厚度，渗碳前应安排精加工工序
	渗氮	一般安排在工艺过程的后部，该表面的最终加工之前进行。渗氮处理前应调质
辅助工序	中间检验	一般安排在粗加工全部结束之后、精加工之前；送往外车间加工的前后(特别是热处理前后)；花费工时较多或重要工序的前后

(3) 该轴应遵循加工顺序安排的一般原则，如先粗后精、先主后次等。另外还应注意：外圆表面加工顺序应为：先加工大直径外圆，然后再加工小直径外圆，以免一开始就降低了工件的刚度。

该台阶轴的加工工艺路线为：毛坯及其热处理→粗车→(半)精车。

4. 设计工序内容

1) 确定加工余量、工序尺寸及其公差

零件加工工艺路线确定后,在进一步安排各个工序的具体内容时,应正确地确定工序的工序尺寸。为确定工序尺寸,首先应确定加工余量。

(1) 加工余量的确定。图 2.137 所示是轴和孔的毛坯余量及各工序余量的分布情况。图中还给出了各工序尺寸及其公差、毛坯尺寸及其公差。为了便于加工,工序尺寸都按"入体原则"标注极限偏差,即对于被包容面(轴)的工序尺寸取上极限偏差为零;对于包容面(孔)的工序尺寸取下极限偏差为零。中心距及毛坯尺寸的公差一般采用双向对称布置。

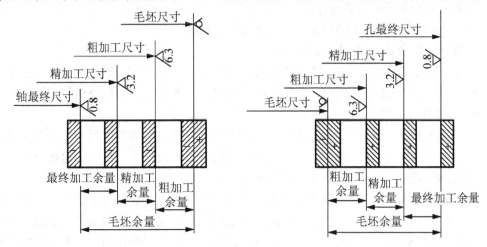

图 2.137 工序余量和毛坯余量

① 工序基本余量、最大余量、最小余量及余量公差。由于毛坯尺寸和工序尺寸都有制造误差,总余量和工序余量都是变动的。因此,加工余量有基本余量、最大余量、最小余量三种情况。图 2.138 所示的被包容面表面加工,基本余量是前工序和本工序公称尺寸之差;最小余量是前工序最小工序尺寸与本工序最大工序尺寸之差;最大余量是前工序最大工序尺寸与本工序最小工序尺寸之差。对于包容面则相反。

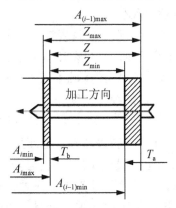

图 2.138 基本余量、最大余量、最小余量

由图 2.138 可知,工序余量的公称尺寸(简称基本余量或公称余量)Z 可按下式计算

对于被包容面　　$Z=$ 上工序公称尺寸－本工序公称尺寸

对于包容面　　$Z=$ 本工序公称尺寸－上工序公称尺寸

工序余量、工序尺寸及其公差的计算公式为

$$Z=Z_{\min}+T_a \tag{2-5}$$

$$Z_{\max}=Z+T_b=Z_{\min}+T_a+T_b \tag{2-6}$$

式中：$Z_{\min}$——最小工序余量；

$Z_{\max}$——最大工序余量；

T_a——前工序尺寸的公差；

T_b——本工序尺寸的公差。

所以，余量公差为前工序与本工序尺寸公差之和。

② 确定加工余量的方法有三种。

a．经验估计法：本方法是根据工厂的生产技术水平，依靠实际经验确定加工余量。此法简单易行，但有时为经验所限。为防止因余量过小而产生废品，经验估计的数值一般偏大，这种方法常用于单件小批生产。

b．查表修正法：本方法是根据各工厂长期的生产实践与试验研究所积累的有关加工余量数据，制成各种表格并汇编成手册，确定加工余量时，查阅有关手册，再结合本厂的实际情况进行适当修正后确定。查表法方便迅速，在生产中应用广泛。

c．分析计算法：本方法是根据有关加工余量计算公式和一定的试验资料，对影响加工余量的各项因素进行分析和综合计算来确定加工余量。用这种方法确定加工余量比较经济合理，但必须有比较全面和可靠的试验资料，并且要对各项因素对加工误差的影响程度有清楚的了解。目前，只在材料十分贵重，以及军工生产或少数大量生产中采用。

(2) 工序尺寸和公差的确定方法。工序尺寸是工件在加工过程中各工序应保证的加工尺寸，各工序的加工余量确定后，即可确定工序尺寸笔公差。工序尺寸及公差的确定对加工过程有较大的影响。例如，工序公差规定的严格，就要采用精确的加工方法和精确的定位装置，使加工费用增加；反之，如果工序公差规定的过大，会使后续工序加工余量的变化范围加大，出现后续工序加工余量过小、上道工序形成的缺陷无法纠正的情况。

工序尺寸和公差的确定分两种情况。

① 基准重合时工序尺寸及公差的确定－查表法。这种情况是指在对某一表面的加工中，各道工序(或工步)的定位基准相同，并与设计基准重合。此时，工序尺寸的计算只需在设计尺寸(即最后一道工序的工序尺寸)的基础上依次向前加上(或减去)各工序的加工余量，其公差则由该工序采用加工方法的经济精度决定。

如台阶轴加工外圆柱面，设计尺寸为 $\phi 32_{-0.025}^{0}$，表面粗糙度 Ra 为 $1.6\mu m$。该表面加工的工艺路线为粗车→半精车→精车。用查表法确定毛坯尺寸、各工序尺寸及其公差。先从有关资料或手册查取各工序的加工余量及工序尺寸(见表 2-34)。最后一道工序的加工精度应达到外圆柱面的设计要求，其工序尺寸为设计尺寸。其余各工序的工序公称尺寸为相邻后工序的公称尺寸，加上该后续工序的加工余量。经过计算得各工序的工序尺寸见表 2-34。

表 2-34 加工 $\phi 32_{-0.025}^{0}$ 外圆柱面的工序尺寸计算 (mm)

工序	工序加工余量	工序尺寸公差	工序基本尺寸	工序尺寸及其公差
精车	0.5	0.025(IT7)	$\phi 32$	$\phi 32_{-0.025}^{0}$
半精车	1	0.062(IT9)	$\phi 32.5$	$\phi 32.5_{-0.062}^{0}$
粗车	1.5	0.25(IT12)	$\phi 33.5$	$\phi 33.5_{-0.25}^{0}$
毛坯			$\phi 35$	$\phi 35\pm 1$

② 基准不重合时工序尺寸及公差的确定。在工序设计中确定工序尺寸及公差时，经常会遇到工序基准或测量基准等与设计基准不重合的情况，此时工序尺寸的求解需要借助尺寸链原理进行分析计算。计算方法详见任务 2.3 中相关内容。

③ 该轴工序尺寸和公差按第(1)种方法确定。

(3) 该轴工序尺寸的确定。

① 毛坯下料尺寸：$\phi 35 \times 125$；

② 粗车时，各外圆及各段尺寸按图样加工尺寸均留精加工余量 0.5～1mm；

③ 精车时，各外圆及各段尺寸车到图样规定尺寸。

2) 选择设备和工装

(1) 机床的选择。一个合理的机床选择方案应达到以下要求。

① 机床的加工规格范围与所加工零件的外形轮廓尺寸相适应。即小工件选小规格机床，大工件选大规格机床。

② 机床的精度与工序要求的精度相适应。即机床的加工经济精度应满足工序要求的精度。

③ 机床的生产率与工件的生产类型相适应。单件小批生产时，一般选择通用设备；大批量生产时，宜选用高生产率的专用设备。

④ 在中小批生产中，对于一些精度要求较高、工步内容较多的复杂工序，应尽量采用数控机床加工。

⑤ 机床的选择应与现有生产条件相适应。选择机床应当尽量考虑到现有的生产条件，充分发挥现有设备的作用，并尽量使设备负荷均衡。

台阶轴加工设备选择：普通车床 CA6132。

(2) 工艺装备的选择。工艺装备的选择主要指夹具、刀具和量具的选择。

① 夹具的选择。在单件小批生产中，应优先选择通用夹具，如卡盘、回转工作台、平口钳等，也可选用组合夹具。大批大量生产时，应根据加工要求设计、制造专用夹具。

② 刀具的选择。选择刀具时应综合考虑工件材料、加工精度、表面粗糙度、生产率、经济性及所选用机床的技术性能等因素。一般应优先选择标准刀具。在成批或大量生产时为了提高生产率，保证加工质量，应采用各种高生产率的复合刀具或专用刀具。此外，应结合实际情况，尽可能选用各种先进刀具，如可转位刀具、整体硬质合金刀具、陶瓷刀具等。

③ 量具的选择。选择量具的依据是生产类型和加工精度。首先，选用的量具精度应与加工精度相适应；其次，要考虑量具的测量效率应与生产类型相适应。在生产中，单件小批生产时通常采用游标卡尺、千分尺等通用量具；大批大量生产时，多采用极限量规和高生产率的专用量具。各种通用量具的使用范围和用途，可查阅有关的专业书籍或技术资料，并以此作为选择量具的依据。

此外，在工装选择中，还应重视对刀杆、接杆、夹头等机床辅具的选用。辅具的选择要根据工序内容、刀具和机床结构等因素确定，尽量选择标准辅具。

3) 确定切削用量及时间定额

确定切削用量及时间定额时可采用查表法或经验法。采用查表法时，应注意结合所加工零件的具体情况以及企业的生产条件，对所查得的数值进行修正，使其更符合生产实际。

(1) 确定合理的切削用量。切削用量不仅是在机床调整前必须确定的重要参数，而且其数值合理与否对加工质量、加工效率、生产成本等有着非常重要的影响。所谓合理的切削用量是指充分利用刀具切削性能和机床动力性能(功率、转矩)，在保证质量的前提下，获得高的生产率和低的加工成本的切削用量。

单件小批生产中，在工艺文件上常不具体规定切削用量，而由操作者根据具体情况确定。在成批生产时，则将经过严格选择确定的切削用量写在工艺文件上，由操作者执行。目前，许多工厂是通过切削用量手册、实践总结或工艺试验来选择切削用量的。

① 切削用量的选择原则。能达到零件的质量要求(主要指表面粗糙度和加工精度)，并在工艺系统强度和刚性允许及充分利用机床功率和发挥刀具切削性能的前提下，选取一组最大的切削用量。

② 制定切削用量时考虑的因素。

a. 切削加工生产率。在切削加工中，金属切除率与切削用量三要素 a_p、f、v_c 均保持线性关系，即其中任一参数增大一倍，都可使生产率提高一倍。然而由于受刀具寿命的制约，当任一参数增大时，其余两参数必须减小。因此，在制定切削用量时，三要素获得最佳组合，此时的高生产率才是合理的。一般情况下尽量优先增大 a_p，以求一次进刀全部切除加工余量。

b. 机床功率。背吃刀量 a_p 和切削速度 v_c 增大时，均使切削功率成正比增加。进给量 f 对切削功率影响较小。所以，粗加工时，应尽量增大进给量。

c. 刀具寿命(刀具的耐用度 T)。切削用量三要素对刀具寿命影响的大小，按顺序为 v_c、f、a_p。因此，从保证合理的刀具寿命出发，在确定切削用量时，首先应采用尽可能大的背吃刀量 a_p；然后再选用大的进给量 f；最后求出切削速度 v_c。

d. 加工表面粗糙度。精加工时，增大进给量将增大加工表面粗糙度值。因此，它是精加工时抑制生产率提高的主要因素。在较理想的情况下，提高切削速度 v_c，能降低表面粗糙度值；背吃刀量 a_p 对表面粗糙度的影响较小。

综上所述，合理选择切削用量，应该首先选择一个尽量大的背吃刀量 a_p，其次选择一个大的进给量 f，最后根据已确定的 a_p 和 f，并在刀具耐用度和机床功率允许条件下选择一个合理的切削速度 v_c。

③ 切削用量制定的步骤。粗加工的切削用量，一般以提高生产效率为主，但也应考虑经济性和加工成本；半精加工和精加工的切削用量，应以保证加工质量为前提，并兼顾切削效率、经济性和加工成本。

a. 背吃刀量 a_p 的选择：根据加工余量多少而定。除留给下道工序的加工余量外，其余的粗车余量尽可能一次切除，以使走刀次数最小；当粗车余量太大或加工的工艺系统刚性较差时，则加工余量分两次或数次走刀后切除。

b. 进给量 f 的选择：可利用计算的方法或查手册资料来确定进给量 f 的数值。

c. 切削速度 v_c 的确定：按刀具的耐用度 T 所允许的切削速度 v_T 来计算。除了用计算方法外，生产中经常按实践经验和有关手册资料选取切削速度。

d. 校验机床功率：

$$v_c \leqslant P_E \times \eta / (1000 F_z) \text{m/s}$$

式中：P_E——机床电动机功率；
　　　η——机床传动效率；
　　　F_z——主切削力。

④ 提高切削用量的途径：
a. 采用切削性能更好的新型刀具材料。
b. 在保证工件力学性能的前提下，改善工件材料加工性。
c. 改善冷却润滑条件。
d. 改进刀具结构，提高刀具制造质量。

切削用量(切削速度、背吃刀量及进给量)是一个有机的整体，选择切削用量是要选择切削用量的最佳组合，在保持刀具合理耐用度的前提下，使 a_p、f、v_c 三者的乘积值最大，以获得最高的生产率。因此选择切削用量的基本原则是：首先选取尽可能大的背吃刀量；其次根据机床动力和刚性限制条件或已加工表面粗糙度的要求，选取尽可能大的进给量；最后利用切削用量手册选取或者用公式计算确定切削速度。

⑤ 车削用量选择方法。

粗车时的切削用量一般为 $a_p=2\sim5$mm，$f=0.3\sim0.8$mm/r，在确定 a_p、f 之后，可根据刀具材料和机床功率确定切削速度 v_c。

切削速度：硬质合金车刀车钢件 $v_c=50\sim60$m/min，车铸件 $v_c=40\sim50$m/min。高速钢车刀车钢件 $v_c=30\sim50$m/min。

精车时，一般先选择切削速度 v_c，然后确定 f(精车 $f=0.08\sim0.2$mm/r)，最后决定 a_p。

硬质合金外圆车刀切削速度选择可查表 2-35。粗、精车外圆及端面的进给量可参照车工工艺手册选取。

表 2-35　硬质合金外圆车刀切削速度参考表

工件材料	热处理状态	$a_p=0.3\sim2$mm $f=0.08\sim0.3$mm/r	$a_p=2\sim6$mm $f=0.3\sim0.6$mm/r	$a_p=6\sim10$mm $F=0.6\sim1$mm/r
		v_c/m·min^{-1}		
低碳钢 易切钢	热轧	140～180	100～120	70～90
中碳钢	热轧	130～160	90～110	60～80
	调质	100～130	70～90	50～70
合金工具钢	热轧	100～130	70～90	50～70
	调质	80～110	50～70	40～60
工具钢	退火	90～120	60～80	50～70
灰铸铁	<190HBW	90～120	60～80	50～70
	190～225HBW	80～110	50～70	40～60
高锰钢			10～20	
铜及铜合金		200～250	120～180	90～120
铝及铝合金		300～600	200～400	150～200
铸铝合金		100～180	80～150	60～100

注：表中刀具材料切削钢及灰铸铁时耐用度约为 60min。

(2) 时间定额的制定。时间定额是指在一定生产条件下，规定生产一件产品或完成一道工序所需消耗的时间。它是安排生产计划、进行成本核算的重要依据，又是设计新厂和扩建工厂时计算设备和人员数量等的依据。

时间定额由以下项目组成：

① 基本时间 t_b。直接改变生产对象的尺寸、形状、相对位置、表面状态或材料性质等工艺过程所消耗的时间称为基本时间。对机械加工而言，基本时间就是直接切除工序余量所消耗的机动时间(包括刀具的切出和切入时间)。基本时间可由公式计算求出。各种情况下机动时间的计算公式可参阅有关手册。

② 辅助时间 t_a。为了完成工艺过程所必须进行的各种辅助动作，如装卸工件、开停机床、改变切削用量、试切和测量工件等所消耗的时间称为辅助时间。

辅助时间的确定方法随生产类型不同而异。大批大量生产时，为使辅助时间规定得合理，需将辅助动作分解，再分别确定各分解动作的时间，最后予以综合计算；中批生产则可根据以往统计资料来确定；单件小批生产常用基本时间的百分比进行估算。

基本时间和辅助时间之和称为作业时间。它是直接用于制造产品或零部件所消耗的时间。

③ 布置工作地时间 t_s。为使加工正常进行，工人在一个工作班时间内，还要做一些照管工作地的工作，如更换工具、润滑机床、清除切屑、修整刀具和工具等。工人照管工作地所消耗的时间称为布置工作地时间。一般按作业时间的2%～7%计算。

④ 休息与生理需要时间 t_r。工人在工作班内为恢复体力和满足生理需要所消耗的时间称为休息与生理需要时间。一般按作业时间的2%计算。

⑤ 准备与终结时间 t_e。为了生产一批产品或零、部件，进行准备和结束工作所消耗的时间称为准备与终结时间。例如，在一批产品或零、部件开始加工前，工人需要熟悉工艺文件，领取毛坯和工艺装备，安装刀具与夹具，调整机床和刀具等；加工完一批工件后，需归还工艺装备，归还图样和工艺文件，送交成品等。准备与终结时间是消耗在一批工件上的时间，若一批工件的数量为 N，则分摊到每个工件上的时间为 t_e/N，当 N 很大时(大批大量生产)，t_e/N 就可以忽略不计。

综上所述，单件时间定额 T 为

$$T = t_b + t_a + t_s + t_r + t_e \tag{2-7}$$

对于成批生产，单件时间定额 T_p 为

$$T_p = T + t_e/N \tag{2-8}$$

对于大量生产，单件时间定额为

$$T_p = T \tag{2-9}$$

特别提示

常用的时间定额制定方法有：
(1) 由工时定额员、工艺人员和工人相结合，在总结过去经验的基础上，参考有关资料估算确定。
(2) 以同类产品的时间定额为依据，进行对比分析后推算确定。
(3) 通过对实际操作时间的测定和分析确定。

需要注意的是，随着企业生产技术条件的改善和技术的发展，时间定额应定期进行修订，以保持定额的先进水平，使之起到不断促进生产发展的作用。

5. 填写台阶轴的机械加工工艺过程卡片

综上所述，填写台阶轴的机械加工工艺过程卡片，见表2-36。

表2-36 台阶轴机械加工工艺过程卡片

××职业学院		机械加工工艺过程卡片		产品型号			零(部)件图号			共1页
				产品名称			零(部)件名称		台阶轴	第1页
材料牌号	45	毛坯种类	棒料	毛坯外型尺寸	φ35×125	每毛坯件数	每台件数		备注	
工序号	工序名称	工序内容				车间	工段	设备	工艺装备	工时 准终/单件
1	下料	φ35×125				金工		锯床		
2	热处理	调质220~250HBW				热处理				
3	车	(1) 车端面车平即可；钻中心孔 (2) 粗车、半精车外圆分别至φ32.5、φ25，保证长度70及50$_{-0.25}^{0}$，φ18$_{-0.077}^{-0.050}$ (Ra3.2)、φ25 (Ra6.3)； (3) 精车外圆至φ32$_{-0.025}^{0}$ (Ra1.6)(φ32、φ18外圆必须一次装夹加工完成，确保二者同轴度公差要求) (4) 倒角C1、锐边倒钝				金工		CA6132	45°、90°外圆车刀，A2中心钻 三爪卡盘、顶尖 游标卡尺、螺旋千分尺	
4	车	(1) 车端面保证总长120±0.18 (2) 粗车、精车φ24$_{-0.05}^{0}$外圆至尺寸 (Ra3.2)，保证长度20$_{-0.2}^{0}$ (3) 倒角C1、锐边倒钝				金工		CA6132	45°、90°外圆车刀 三爪卡盘、铜皮 游标卡尺、螺旋千分尺	
5	检	按零件图各项要求检验								
						设计(日期)	审核(日期)	标准化(日期)	会签(日期)	
标记	处数	更改文件号	签字	日期	标记	处数	更改文件号	签字	日期	

二、台阶轴零件机械加工工艺规程实施

1. 任务实施准备

(1) 根据现有生产条件或在条件许可情况下，以班级学习小组为单位，根据小组成员共同编制的台阶轴零件机械加工工艺过程卡片进行加工，由企业兼职教师与小组选派的学生代表根据机床操作规程、工艺文件，共同完成零件的加工。其余小组学生对加工后的零件进行检验，判断零件合格与否。

(2) 工艺准备。

① 毛坯准备：材料45#的热轧圆钢，规格ϕ35mm×125mm。

② 设备、工装准备。

设备准备：普通车床CA6132。

夹具准备：三爪卡盘。

刀具准备：45°端面车刀、90°外圆车刀、A2.5中心钻。

量具准备：150mm游标卡尺、25~50mm外径千分尺、百分表。

辅具准备：三爪卡盘、后顶尖、钻夹头、磁力表座。

③ 资料准备：机床使用说明书、刀具说明书、机床操作规程、零件图、工艺文件、《机械加工工艺人员手册》、5S现场管理制度等。

(3) 准备相似零件，参观生产现场或观看相关加工视频。

2. 任务实施与检查

1) 分组分析零件图样

根据图2.60台阶轴零件图，分析图样的完整性及主要的加工表面。根据分析可知，本零件的结构工艺性较好。

2) 分组讨论毛坯选择问题

该零件生产类型属单件小批生产，材料为45#钢，故毛坯选用45#热轧圆钢。

3) 分组讨论零件加工工艺路线

确定加工表面的加工方案，划分加工阶段，选择定位基准，确定加工顺序，设计工序内容(如选用设备、工装)等。

4) 台阶轴零件的加工步骤

按表2-37所示步骤，参照其机械加工工艺过程执行(见表2-36)。

表2-37 台阶轴车削加工步骤

序号	加工内容	简图
1	在三爪自定心卡盘上夹住ϕ35mm 毛坯外圆，伸出105mm左右。必须先找正外圆。 ① 车端面，用45°端面车刀，车平即可。 ② 钻中心孔，在尾架上安装A2.5中心钻。	

续表

序号	加工内容	简图
2	一夹一顶装夹工件 ① 粗车 $\phi 32$mm 外圆、$\phi 25$mm 外圆及 $\phi 18$mm 外圆留精车余量 0.5～1mm。 ② 精车 $\phi 32_{-0.025}^{0}$ mm 外圆至尺寸，$\phi 18_{-0.077}^{-0.050}$ 外圆至尺寸。为保证 $\phi 32$mm 外圆对 $\phi 18$mm 外圆的同轴度公差为 0.03mm 要求，必须一次装夹加工完成。 ③ 用千分尺检验外圆尺寸。 ④ 用 45°外圆车刀倒角 $C1$，锐边倒钝。	
3	调头夹住 $\phi 25$mm 外圆靠住端面(表面包一层铜皮夹住圆柱面)，校正工件。 ① 车端面，取总长 120±0.18mm。 ② 粗车 $\phi 24$mm 外圆，留精车余量 0.5～1mm。 ③ 精车 $\phi 24_{-0.052}^{0}$ mm 外圆至尺寸,长度 $20_{-0.2}^{0}$ mm。 ④ 倒角 $C1$、锐边倒钝。	

加工完成的台阶轴零件如图 2.139 所示。

图 2.139　台阶轴零件

5) 台阶轴零件精度检验

(1) 测量外圆时用千分尺，在圆周面上要同时测量两点，长度上测量两端。

(2) 端面的要求最主要的是平直、光洁。端面是否平直，最简单的方法是用钢板尺来检查。

(3) 台阶长度尺寸可以用钢尺、内卡钳、深度千分尺和游标卡尺来测量，如图 2.140(a)、(b)、(c)所示。对于批量较大的工件，可以用样板测量，如图 2.140(d)所示。

(4) 同轴度测量方法，如图 2.141 所示。将基准外圆 $\phi 32$mm 放在 V 形架上，把百分表测头接触 $\phi 18$mm 外圆，转动工件一周，百分表指针的最大差数即为同轴度误差，按此法测量若干截面。

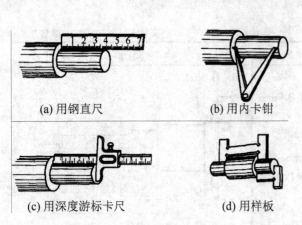

(a) 用钢直尺　　(b) 用内卡钳

(c) 用深度游标卡尺　　(d) 用样板

图 2.140　测量台阶的长度方法　　图 2.141　用百分表检查工件同轴度

6) 任务实施的检查与评价

具体的任务实施检查与评价内容参见表 2-26。

 问题讨论

(1) $\phi 32_{-0.025}^{0}$ 外圆表面的加工方案是什么？各工序的加工余量、工序尺寸及其公差如何确定？

(2) 如何正确刃磨车刀？

3. 车削台阶轴误差分析(见表 2-38)

表 2-38　车台阶轴常见问题

常见问题	产生原因
毛坯车不到尺寸	① 毛坯余量不够。 ② 毛坯弯曲没有校正。 ③ 工件安装时没有校正
达不到尺寸精度	① 未经过试切和测量，盲目吃刀。 ② 刻度盘使用不当。 ③ 量具误差大或测量不准
表面粗糙度达不到要求	① 各种原因引起的振动，如工件、刀具伸出太长，刚性不足，主轴轴承间隙过大，转动件不平衡，刀具的主偏角过小。 ② 车刀后角过小，车刀后面和已加工面摩擦。 ③ 切削用量选得不当
产生锥度	① 卡盘装夹时，工件悬伸太长，受力后末端让开。 ② 床身导轨和主轴轴线不平行。 ③ 刀具磨损
产生椭圆	① 余量不均，没分粗、精车。 ② 主轴轴承磨损，间隙过大

任务 2.3 传动轴零件机械加工工艺规程编制与实施

2.3.1 任务引入

综合运用工艺规程及加工基础知识,编制如图 2.142(a)所示的减速箱传动轴机械加工工艺规程并实施。生产类型为小批生产。材料为 45#热轧圆钢,零件需调质。图 2.142(b)为减速箱传动轴工作图样。

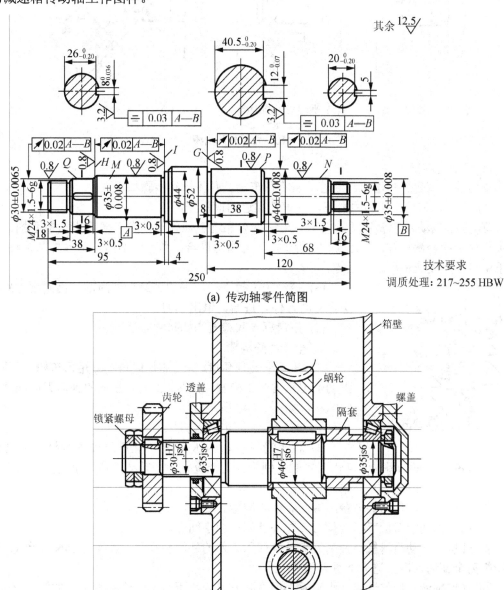

(a) 传动轴零件简图

(b) 减速箱传动轴工作图样

图 2.142 减速箱传动轴零件图及其工作图样

2.3.2 相关知识

1. 外圆沟槽(groove)及其车削方法

常见外圆沟槽如图 2.143 所示。

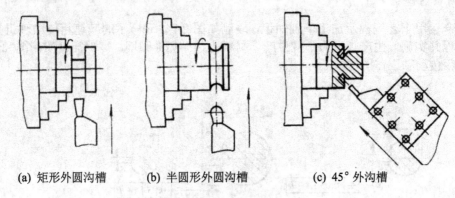

(a) 矩形外圆沟槽　　(b) 半圆形外圆沟槽　　(c) 45°外沟槽

图 2.143　常见外圆沟槽

1) 车轴肩沟槽

采用等于槽宽的车槽刀,沿着轴肩将槽车出。具体操作步骤如下:

(1) 开机,移动床鞍和中滑板,使车刀靠近沟槽位置。

(2) 左手摇动中滑板手柄,使车刀主切削刃靠近工件外圆,右手摇动小滑板手柄,使刀尖与台阶面轻微接触,如图 2.144 所示。车刀横向进给,当主切削刃与工件外圆接触后,记下中滑板刻度或将刻度调至零位。

(3) 摇动中滑板手柄,手动进给车外沟槽,当刻度进到槽深尺寸时,停止进给,退出车刀。

(4) 用游标卡尺检查沟槽尺寸。

2) 车 45°外沟槽

(1) 车刀的几何角度。车刀的几何角度与矩形车槽刀相同,主切削刃宽度等于槽宽,所不同的是,左侧的副后刀面应磨成圆弧状,如图 2.145 所示。

(2) 45°外沟槽的车削方法。

① 将小滑板转盘的压紧螺母松开,按顺时针方向转过 45°后用螺母锁紧。刀架位置不必转动,使车槽刀刀头与工件成 45°角。

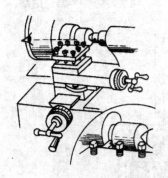

图 2.144　车轴肩沟槽

② 移动床鞍,使刀尖与台阶端面有微小间隙。

③ 向里摇动中滑板手柄,使刀尖与外圆间有微小间隙。

④ 开机,移动小滑板,使两刀尖分别切入工件的外圆和端面,如图 2.146(a)所示,当主切削刃全部切入后,记下小滑板刻度。

⑤ 加切削液,均匀地摇动小滑板手柄直到刻度到达所要求的槽深时止,如图 2.146(b)所示。

⑥ 小滑板向后移动,退出车刀,检查沟槽尺寸。

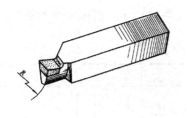
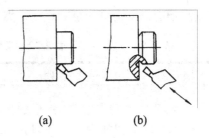

图 2.145　45°外沟槽车刀　　　　图 2.146　车 45°外沟槽

3) 车非轴肩外圆沟槽

沟槽不在轴肩处,确定车槽的正确位置的方法有两种:一种是直接用钢直尺测量车槽刀的工作位置,如图 2.147(a)所示,将钢直尺的一端靠在尺寸基准面上,车刀纵向移动,使左侧的刀尖与钢直尺上所需的长度对齐。另一种方法是利用床鞍或小滑板的刻度盘控制车槽的正确位置,如图 2.147(b)所示。操作的方法是:将车槽刀刀尖轻轻靠向基准面,当刀尖与基准面轻微接触后,将床鞍或小滑板刻度调至零位,车刀纵向移动。

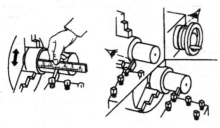

(a) 用钢直尺测量　　　(b) 用刻度值控制

图 2.147　车非轴肩沟槽控制沟槽位置

4) 车宽矩形沟槽

车槽前,要先确定沟槽的正确位置。常用的方法有刻线痕法,即在槽的两端位置上用车刀刻出线痕作为车槽时的标记,如图 2.148(a)所示。另一种方法是用钢直尺直接量出沟槽位置,如图 2.148(b)所示。这种方法操作比较简便,但测量时必须弄清楚是否要包括刀宽尺寸。

沟槽位置确定后,可分粗精车将沟槽车至尺寸,粗车一般要分几刀将槽车出,槽的两侧面和槽底各留 0.5mm 的精车余量,如图 2.149(a)所示。粗车最末一刀应同时在槽底纵向进给一次,将槽底车平整。

如沟槽很宽,深度又很浅的情况下,可采用 45°车刀,纵向进给粗车沟槽,然后再用车槽刀将两边的斜面车去,如图 2.149(b)所示。

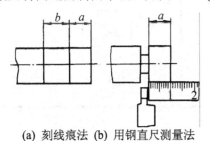
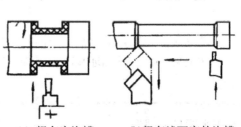

(a) 刻线痕法 (b) 用钢直尺测量法　　　　(a) 粗车宽沟槽　　(b)粗车浅而宽的沟槽

图 2.148　车宽槽确定沟槽位置　　　　图 2.149　粗车宽沟槽

精车宽沟槽应先车沟槽的位置尺寸,然后再车槽宽尺寸,具体车削方法见表2-39。

表2-39 精车宽沟槽的步骤

序号	说　　明	简　　图
1	移动床鞍和中滑板,使车刀靠近槽侧面,开动车床,再使刀尖与槽侧面相接触,车刀横向退出,小滑板刻度调零	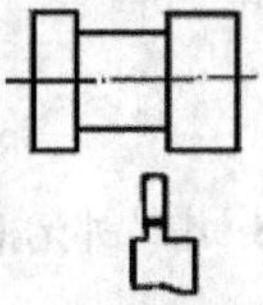
2	背吃刀量根据精车余量确定,具体数值用小滑板刻度值控制,第一次试切刻度值不要进足,要留有余地,试切深度为1mm左右,用游标卡尺测量沟槽的位置尺寸,然后按实际测量的数值,再调整背吃刀量,将槽的一侧面精车至尺寸	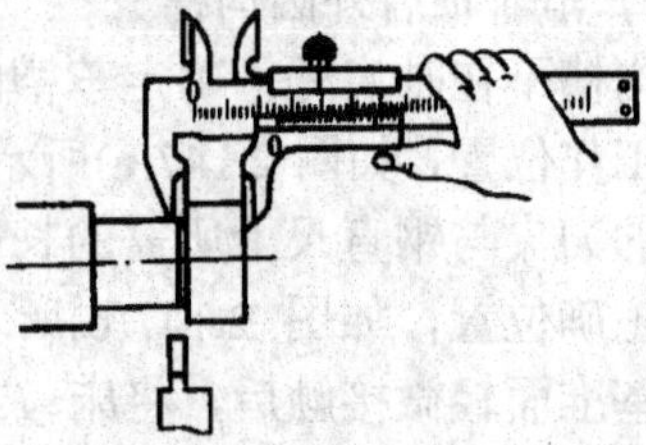
3	车槽刀纵向进给精车槽底	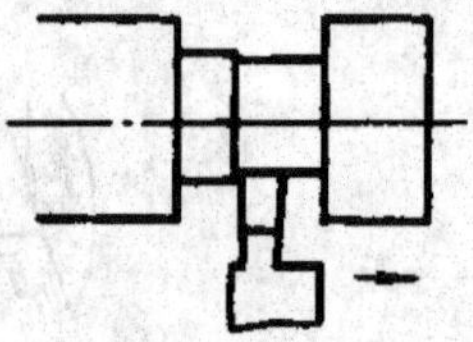
4	用中滑板刻度控制背吃刀量,沟槽的直径尺寸用千分尺测量	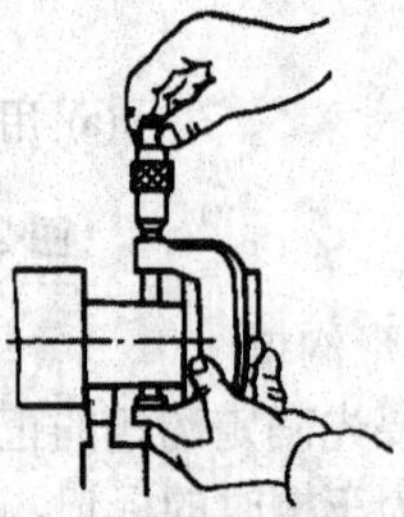
5	精车槽宽尺寸,试切削后,用样板检查槽宽,符合要求后,车刀横向进给,车槽侧面至清角时止。停机,退出车刀	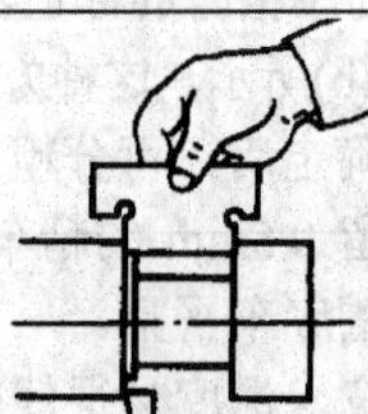
6	用卡板插入槽内,检查槽宽尺寸。卡板通常有通端和止端,通端应全部进入槽内,止端不可进入	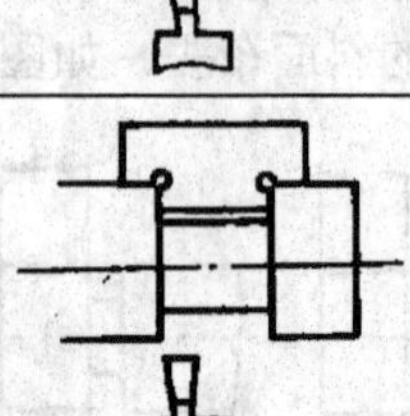

5) 车半圆形外圆沟槽

半圆形外圆沟槽车刀几何形状如图 2.150 所示,两侧副后刀面与切断刀基本相同,所不同的是:主切削刃是根据沟槽圆弧半径大小,磨成相应的圆弧切削刃。

装刀时,车刀刀尖对准工件中心,并目测圆弧半径与工件外圆柱面垂直。车槽方法如图 2.151 所示。

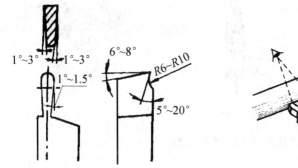

图 2.150 圆头沟槽车刀

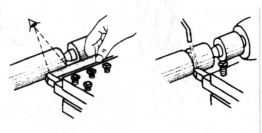

图 2.151 车半圆形外沟槽

2. 磨削

磨削是一种比较精密的金属加工方法,经过磨削的零件有很高的精度和很小的表面粗糙度值。例如,目前用高精度外圆磨床磨削的外圆表面,其圆度公差可达到 0.001mm 左右,相当于人头发丝粗细的 1/70 或更小;其表面粗糙度 Ra 达到 0.025μm,表面光滑似镜。例如,用中碳钢或中碳合金钢模锻而成的曲轴,为提高耐磨性和耐疲劳强度,轴颈表面经高频淬火或氮化处理,并经精磨加工,以达到较高的表面硬度和表面粗糙度的要求,如图 2.152 所示。

磨削使用的磨具主要是砂轮,如图 2.153 所示,它以极高的圆周速度磨削工件,并能加工各种高硬度材料的工件。磨削加工的工艺范围非常广泛,能完成各种零件的精加工,主要有外圆磨削、内圆磨削、平面磨削、螺纹磨削、刀具刃磨,还有齿轮磨削、曲轴磨削、成形面磨削、工具磨削等,如图 2.154 所示。

图 2.152 磨削后的曲轴

图 2.153 各种砂轮外形图

(a) 外圆磨削

(b) 内圆磨削

(c) 平面磨削

图 2.154 磨削工艺范围

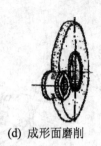 (d) 成形面磨削　　 (e) 螺纹磨削　　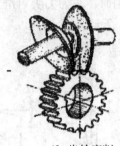 (f) 齿轮磨削

图 2.154　磨削工艺范围(续)

1) 磨床

(1) 磨床简介。磨床是用磨料磨具(砂轮、砂带、油石或研磨料等)对工件表面进行磨削加工的机床，是为适应精加工和硬表面加工的要求而发展起来的，其加工精度可达 IT6～IT5，表面粗糙度 Ra 可达 0.8～0.2μm。

磨床可以加工各种表面，如内、外圆柱面和圆锥面，平面，螺旋面，渐开线齿廓面以及各种成形表面等，还可以刃磨刀具，应用范围非常广泛。

(2) 磨床分类。磨床的种类很多，其中主要类型有以下几种。

① 外圆磨床：包括万能外圆磨床、普通外圆磨床、无心外圆磨床等，主要用于磨削圆柱形和圆锥形外表面。

② 内圆磨床：包括普通内圆磨床、行星内圆磨床、无心内圆磨床等，主要用于磨削圆柱形和圆锥形内表面。

③ 平面磨床：包括卧轴矩台平面磨床、立轴矩台平面磨床、卧轴圆台平面磨床、立轴圆台平面磨床等，主要用于磨削工件的平面。

④ 刀具刃磨磨床：包括万能工具磨床、拉刀刃磨磨床、滚刀刃磨磨床等。

⑤ 工具磨床：包括工具曲线磨床、钻头沟槽磨床等，用于磨削各种工具。

⑥ 专门化磨床：包括花键轴磨床、曲轴磨床、齿轮磨床、螺纹磨床等。

⑦ 其他磨床：包括珩磨机、研磨机、砂带磨床、砂轮机等。

生产中应用最多的是外圆磨床、内圆磨床、平面磨床。

(3) 磨床编号。磨床的编号按照《金属切削机床型号编制方法》(GB/T 15375—1994)的规定表示。常用磨床编号见表 2-40。

表 2-40　常用磨床编号

类		组		系		主参数	
代号	名称	代号	名称	代号	名称	折算系数	名称
M	磨床	1	外圆磨床	4	万能外圆磨床	1/10	最大磨削直径
		2	内圆磨床	1	内圆磨床基型	1/10	最大磨削孔径
		7	平面磨床	1	卧轴矩台平面磨床	1/10	工作台面宽度

(4) M1432A 型万能外圆磨床。

① M1432A 型万能外圆磨床的用途。M1432A 型机床是普通精度级万能外圆磨床，经济精度为 IT6～IT7 级，加工表面的表面粗糙度 Ra 值可控制在 1.25～0.08μm 范围内，主要

用于内外圆柱表面、内外圆锥表面的精加工，也可用于磨削阶梯轴的轴肩、端面、圆角等；其主参数最大磨削外圆直径为 320mm。这种机床的工艺范围广(万能性强)，但自动化程度不高，生产效率较低，适用于工具车间、维修车间和单件小批生产。

② M1432A 型万能外圆磨床的组成。图 2.155 所示为 M1432A 型万能外圆磨床，它由下列主要部件组成。

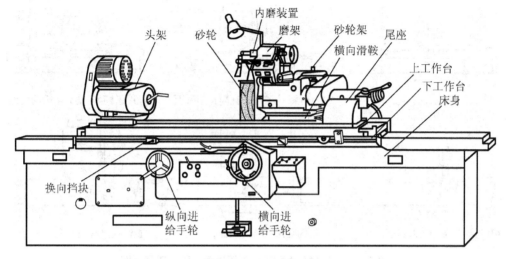

图 2.155　M1432A 型万能外圆磨床

a．床身：是磨床的基础支承件，在它的上面装有砂轮架、工作台、头架、尾座及横向滑鞍等部件，使这些部件在工作时保持准确的相对位置。床身内部装有液压缸及其他液压元件，用来驱动工作台和滑鞍的移动。

b．头架：用于装夹工件，并带动其旋转，可在水平面内逆时针方向转动 90°。头架主轴通过顶尖或卡盘装夹工件，它的回转精度和刚度直接影响工件的加工精度。

c．工作台：由上下两层组成，上工作台可相对于下工作台在水平面内转动很小的角度(±10°)，用以磨削锥度不大的长圆锥面。上工作台顶面装有头架和尾座，它们随工作台一起沿床身导轨作纵向往复运动。

d．内磨装置：用于支承磨内孔的砂轮主轴部件，其主轴由单独的电动机驱动。

e．砂轮架：用于支承并传动砂轮主轴高速旋转。砂轮架装在横向滑鞍上，当需磨削短圆锥面时，砂轮架可在水平面内调整至一定角度位置(±30°)。

f．滑鞍及横向进给机构：转动横向进给手轮，可以使横向进给机构带动横向滑鞍及其上的砂轮架作横向进给运动，也可利用液压装置使砂轮架作快速进退或周期性自动切入进给。

g．尾座：尾座的功用是利用安装在尾座套筒上的顶尖(后顶尖)，与头架主轴上的前顶尖一起支承工件，使工件实现准确定位。尾座利用弹簧力顶紧工件，以实现磨削过程中工件因热膨胀而伸长时的自动补偿，避免引起工件的弯曲变形和顶尖孔的过度磨损。尾座套筒的退回可以手动，也可以液压驱动。

③ M1432A 型万能外圆磨床的运动。图 2.156 所示是 M1432A 型万能外圆磨床的几种典型加工方法。由图可以看出，机床必须具备以下运动：

a．磨外圆或磨内孔时砂轮的旋转主运动 n_0。

b．工件旋转圆周进给运动 n_ω。

c. 工件(工作台)往复纵向进给运动 f_a。

d. 砂轮横向进给运动 f_r (往复纵磨时，为周期间歇进给；切入磨削时，为连续进给)。

此外，机床还具有两个辅助运动：为装卸和测量工件方便所需的砂轮架横向快速进退运动，为装卸工件所需的尾座套筒伸缩移动。

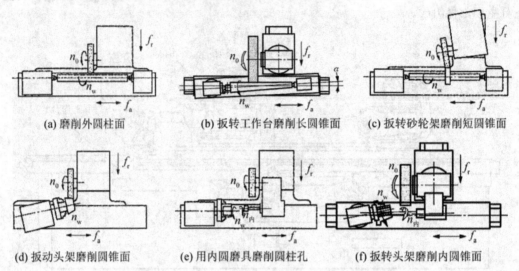

图 2.156　M1432A 型万能外圆磨床典型加工示意图

④ M1432A 型万能外圆磨床的传动。图 2.157 所示为 M1432A 型万能外圆磨床传动系统图。工件(工作台)往复纵向进给运动 f_a、砂轮架快速进退和自动周期进给以及尾座套筒伸缩均采用液压传动，其余则为机械传动。

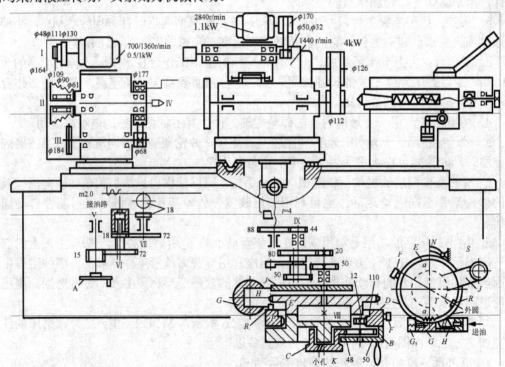

图 2.157　M1432A 型万能外圆磨床传动系统图

⑤ M1432A 型万能外圆磨床主要技术性能参数见表 2-41。

表 2-41 M1432A 型万能外圆磨床的主要技术参数

项目		单位	参数
最大磨削直径×最大磨削长度		mm	ϕ320×1000、1500、2000
内圆可磨直径		mm	ϕ13～ϕ100
内圆可磨削长度		mm	55～125
主轴最高转速 n_{max}		r/min	1670
主轴转速级数			6
外形尺寸(长×宽×高)		mm	ϕ320×1000：3400×1690×1650 ϕ320×1500：4500×1690×1650 ϕ320×2000：5100×1690×1650
质量		kg	ϕ320×1000：3600 ϕ320×1500：4800 ϕ320×2000：5300
工件精度	圆度	mm	0.005
	圆柱度	mm	0.008
表面粗糙度	外圆	μm	Ra 0.32
	内孔	μm	Ra 0.63
电动机功率	电动机总功率	kW	7.075
	磨头电动机功率	kW	4
砂轮尺寸		mm	ϕ400×50×ϕ203

2) 砂轮

(1) 砂轮的组成及使用范围。砂轮是磨削的切削刀具，它是用磨料和结合剂等经压坯、干燥和焙烧而制成的中央有通孔的圆形固结磨具(如图 2.153 所示)。砂轮使用时高速旋转，适于加工各种金属和非金属材料。砂轮的种类繁多，不同砂轮可分别对工件的外圆、内圆、平面和各种型面等进行粗磨、半精磨和精磨，以及切断和开槽等。砂轮的特性取决于磨料、粒度、结合剂、硬度和组织等五个参数。

① 磨料。磨料即砂粒，是砂轮的基本材料，直接承受磨削时的切削热和切削力，必须锋利并具有高的硬度、耐磨性、耐热性和一定的韧性。常用磨料代号、特点及适用范围见表 2-42。

表 2-42 常用磨料代号、特性及适用范围

系列	名称	代号	主要成分	显微硬度(HV)	颜色	特性	适用范围
氧化物系	棕刚玉	A	Al_2O_3 91%～96%	2200～2288	棕褐色	硬度高，韧性好，价格便宜	磨削碳钢、合金钢、可锻铸铁、硬青铜

续表

系别	名称	代号	主要成分	显微硬度(HV)	颜色	特性	适用范围
氧化物系	白刚玉	WA	Al_2O_3 97%～99%	2200～2300	白色	硬度高于棕刚玉，磨粒锋利，韧性差	磨削淬硬的碳钢、高速钢
碳化物系	黑碳化硅	C	SiC >95%	2840～3320	黑色带光泽	硬度高于刚玉，性脆而锋利，有良好的导热性和导电性	磨削铸铁、黄铜、铝及非金属
碳化物系	绿碳化硅	GC	SiC >99%	3280～3400	绿色带光泽	硬度和脆性高于黑碳化硅，有良好的导电性和导热性	磨削硬质合金、宝石、陶瓷、光学玻璃、不锈钢
高硬磨料	立方氮化硼	CBN	立方氮化硼	8000～9000	黑色	硬度仅次于金刚石，耐磨性和导电性好，发热量小	磨削硬质合金、不锈钢、高合金钢等难加工材料
高硬磨料	人造金刚石	MBD	碳结晶体	10000	乳白色	硬度极高，韧性很差，价格昂贵	磨削硬质合金、宝石、陶瓷等高硬度材料

② 粒度。粒度是指磨料颗粒尺寸的大小。粒度分为磨粒和微粉两类。对于颗粒尺寸大于 40μm 的磨料，称为磨粒。用筛选法分级，粒度号以磨粒通过的筛网上每英寸长度内的孔眼数来表示。如 60 号的磨粒表示其大小刚好能通过每英寸长度上有 60 个孔眼的筛网。对于颗粒尺寸小于 40μm 的磨料，称为微粉。用显微测量法分级，用 W 和后面的数字表示粒度号，其 W 后的数值代表微粉的实际尺寸。如 W20 表示微粉的实际尺寸为 20μm。

砂轮的粒度对磨削表面的粗糙度和磨削效率影响很大。磨粒粗，磨削深度大，生产率高，但表面粗糙度值大。反之，则磨削深度均匀，表面粗糙度值小。所以粗磨时，一般选粗粒度，精磨时选细粒度。磨软金属时，多选用粗磨粒，磨削脆而硬材料时，则选用较细的磨粒。磨料粒度的选用见表 2-43。

表 2-43 磨料粒度的选用

粒度号	颗粒尺寸范围 /μm	适用范围	粒度号	颗粒尺寸范围 /μm	适用范围
12～36	2 000～1600 500～400	粗磨、荒磨、切断钢坯、打磨毛刺	W40～W20	40～28 20～14	精磨、超精磨、螺纹磨、珩磨
46～80	400～315 200～160	粗磨、半精磨、精磨	W14～W10	14～10 10～7	精磨、精细磨、超精磨、镜面磨
100～280	165～125 50～40	精磨、成形磨、刀具刃磨、珩磨	W7～W3.5	7～5 3.5～2.5	超精磨、镜面磨、制作研磨剂等

③ 结合剂。结合剂是用来固结磨粒形成磨具的材料。砂轮的强度、抗冲击性、耐热性及耐腐蚀性,主要取决于结合剂的种类和性质。常用结合剂的种类、性能及适用范围见表 2-44。

表 2-44 常用结合剂的种类、性能及适用范围

种类	代号	性能	用途
陶瓷	V	耐热性、耐腐蚀性好、孔隙率大、易保持轮廓、弹性差	应用广泛,适用于 $v_c<35m/s$ 的各种成形磨削、磨齿轮、磨螺纹等
树脂	B	强度高、弹性大、耐冲击、坚固性和耐热性差、孔隙率小	适用于 $v_c>50m/s$ 的高速磨削,可制成薄片砂轮,用于磨槽、切割等
橡胶	R	强度和弹性更高、孔隙率小、耐热性差、磨粒易脱落	适用于无心磨的砂轮和导轮、开槽和切割的薄片砂轮、抛光砂轮等
金属	M	韧性和成形性好、强度大、但自锐性差	可制造各种金刚石磨具

④ 硬度。砂轮硬度是指砂轮工作时,磨料在外力作用下脱落的难易程度。砂轮硬,表示磨料难以脱落;砂轮软,表示磨料容易脱落。砂轮的硬度等级见表 2-45。

表 2-45 砂轮的硬度等级及代号

硬度等级	大级	超软			软			中软		中		中硬			硬		超硬
	小级	超软			软1	软2	软3	中软1	中软2	中1	中2	中硬1	中硬2	中硬3	硬1	硬2	超硬
	代号	D	E	F	G	H	J	K	L	M	N	P	Q	R	S	T	Y

砂轮的硬度与磨料的硬度是完全不同的两个概念。硬度相同的磨料可以制成硬度不同的砂轮,砂轮的硬度主要决定于结合剂性质、数量和砂轮的制造工艺。例如,结合剂与磨料粘结程度越高,砂轮硬度越高。

砂轮硬度的选用原则是:工件材料硬,砂轮硬度应选用软一些,以便砂轮磨钝磨粒及时脱落,露出锋利的新磨粒继续正常磨削;工件材料软,因易于磨削,磨粒不易磨钝,砂轮应选硬一些。但对于有色金属、橡胶、树脂等软材料磨削时,由于切屑容易堵塞砂轮,应选用较软砂轮。粗磨时,应选用较软砂轮;而精磨、成形磨削时,应选用硬一些的砂轮,以保持砂轮的必要形状精度。机械加工中常用砂轮硬度等级为 H~N(软 2~中 2)。

⑤ 组织。砂轮的组织是指组成砂轮的磨粒、结合剂、气孔三部分体积的比例关系。通常以磨粒所占砂轮体积的百分比来分级。砂轮有三种组织状态:紧密、中等、疏松;细分成 0~14 号,共 15 级。组织号越小,磨粒所占比例越大,砂轮越紧密;反之,组织号越大,磨粒比例越小,砂轮越疏松,见表 2-46。

表 2-46 砂轮组织分类

组织号	0	1	2	3	4	5	6	7	8	9	10	11	12	13	14
磨粒率(%)	62	60	58	56	54	52	50	48	46	44	42	40	38	36	34

续表

类别	紧 密	中 等	疏 松
应用	精磨、成形磨	淬火工件、刀具	韧性大和硬度低的金属

砂轮在高速条件下工作,为了保证安全,在安装前应进行检查,不应有裂纹等缺陷;为了使砂轮工作平稳,使用前应进行动平衡试验。

砂轮工作一定时间后,其表面孔隙会被磨屑堵塞,磨料的锐角会磨钝,原有的几何形状会失真。因此必须修整以恢复切削能力和正确的几何形状。砂轮需用金刚石笔进行修整。

(2) 砂轮的代号与用途。砂轮的形状和尺寸是根据磨床类型、加工方法及工件的加工要求来确定的。常用砂轮名称、形状简图、代号和主要用途见表2-47。

表2-47 常用砂轮形状、代号和用途

形状代号	原代号	名 称	断面形状	主要用途
1	P	平形砂轮		外圆磨、内圆磨、平面磨、无心磨、螺纹磨和自由磨等
2	N	筒形砂轮		用于立轴平面磨
4	PSX	双斜边砂轮		磨齿轮、齿面、单线螺纹、磨处圆兼靠磨端面
6	B	杯形砂轮		刃磨铣刀、铰刀、扩孔钻、拉刀、切纸刀等,也可用于平面和内圆磨
11	BW	碗形砂轮		刃磨铣刀、铰刀、拉刀、盘形车刀、插齿刀、扩孔钻等,也可用于磨机床导轨等
12	D	碟形砂轮		用于磨铣刀、铰刀、拉刀、插齿刀和其他刀具,大尺寸的一般用于磨齿轮齿面
41	PB	薄片砂轮		切断及磨槽
8	PDA	单面凹砂轮		用于内圆磨削和平面磨削,外径较大的作外圆磨削

砂轮的特性均标记在砂轮的侧面上,其顺序是:形状代号、尺寸、磨料、粒度号、硬度、组织号、结合剂和允许的最高线速度。例如,外径300mm,厚度50mm,孔径75mm,棕刚玉,粒度60,硬度L,5号组织,陶瓷结合剂,最高工作线速度35m/s的平行砂轮,其标记为:砂轮1-300×50×75-A60L5V-35m/s(GB/T 2484—2006)。

(3) 砂轮的安装、平衡与修整。

① 砂轮的安装。砂轮在高速旋转条件下工作,使用前应仔细检查,不允许有裂纹,安装必须牢靠,并应经过静平衡调整,以免造成人身和质量事故。

砂轮内孔与砂轮轴或法兰盘外圆之间,不能过紧,否则磨削时受热膨胀,易将砂轮胀裂,也不能过松,否则砂轮容易发生偏心,失去平衡,以致引起振动。一般配合间隙为 0.1~0.8mm,高速砂轮间隙要小些。用法兰盘装夹砂轮时,两个法兰盘直径应相等,其外径应不小于砂轮外径的 1/3。在法兰盘与砂轮端面间应用厚纸板或耐油橡皮等做衬垫,使压力均匀分布,螺母的拧紧力不能过大,否则砂轮会破裂。注意紧固螺纹的旋向,应与砂轮的旋向相反,即当砂轮逆时针旋转时,用右旋螺纹,这样砂轮在磨削力作用下,将带动螺母越旋越紧。

② 砂轮的平衡。一般直径大于ϕ125mm 的砂轮都要进行平衡,使砂轮的重心与其旋转轴线重合。不平衡的砂轮在高速旋转时会产生振动,影响加工质量和机床精度,严重时还会造成机床损坏和砂轮碎裂。引起不平衡的原因主要是砂轮各部分密度不均匀,几何形状不对称以及安装偏心等。因此在安装砂轮之前都要进行平衡,砂轮的平衡有静平衡和动平衡两种。一般情况下,只需作静平衡,但在高速磨削(速度大于 50m/s)和高精度磨削时,必须进行动平衡。

砂轮静平衡装置如图 2.158(b)所示,平衡时将砂轮装在平衡心轴上,然后把装好心轴的砂轮平放到平衡架的平衡导轨上,砂轮会作来回摆动,直至摆动停止。平衡的砂轮可以在任意位置都静止不动。如果砂轮不平衡,则其较重部分总是转到下面。这时可移动平衡块的位置使其达到平衡。平衡好的砂轮在安装至机床主轴前先要进行裂纹检查,有裂纹的砂轮绝对禁止使用。安装时砂轮和法兰之间应垫上 0.5~1mm 的弹性垫板;两个法兰的直径必须相等,其尺寸一般为砂轮直径的一半。砂轮与砂轮轴或台阶法兰间应有一定间隙,以免主轴受热膨胀而把砂轮胀裂。

平衡砂轮的方法是在砂轮法兰盘的环形槽内装入几块平衡块,通过调整平衡块的位置使砂轮重心与它的回转轴线重合。

砂轮的组装与平衡如图 2.158 所示,具体操作方法如下。

a. 松开并取下法兰盘上的 6 个螺钉。

b. 向上取出可动法兰。

c. 把砂轮从固定法兰上拆下。

d. 清理固定法兰面,用油石除去法兰和砂轮接触面的磕伤和锈蚀。

e. 顺时针方向松开平衡块的螺钉,并把 3 个平衡块从法兰盘的沟槽中取出。

f. 用油石清理法兰盘和新砂轮的接触面,除去磕伤和锈蚀,清扫砂轮内侧。

g. 把砂轮装到固定法兰上。

h. 清理可动法兰盘,用油石清理法兰盘和新砂轮的接触面,除去磕伤和锈蚀。

i. 把可动法兰装到固定法兰上。

j. 装上砂轮法兰盘的 6 个螺钉,使用 40N·m 的定力矩扳手,在对角线上相互拧紧 6 个螺钉。

k. 清理法兰盘的锥孔,穿上平衡心轴。

l. 看着平衡架的水平调整 3 条螺钉,调平平衡架。

m. 如图 2.158(b)所示,把平衡心轴放到平衡架上。

n. 当砂轮有不平衡量时,停止时重的地方在下面,此时,用粉笔在法兰盘的上侧做一标记。
o. 在粉笔印的位置装上一块平衡块。逆时针旋转螺钉,把平衡块轻轻紧在法兰盘的沟槽中。
p. 将砂轮旋转180°,在左右距离粉笔印120°的位置分别装上一块平衡块。逆时针旋转螺钉,把平衡块轻轻紧在法兰盘的沟槽中。
q. 将砂轮旋转90°使标记的粉笔印处于水平位置,松开手。
　a) 顺时针转动时,按图2.158(c)左上图所示方法,把B、C平衡块相对方向移动相同的角度。
　b) 逆时针转动时,按图2.158(c)右上图所示方法,把B、C平衡块相反方向移动相同的角度。
　调整到手离开,砂轮静止不动。
r. 将砂轮旋转90°使标记的粉笔印处于竖直位置,松开手。(如图2.158(c)所示)
　a) 顺时针转动时,按图2.158(c)左下图所示方法,把B、C平衡块相同方向顺时针移动相同的角度。
　b) 逆时针转动时,按图2.158(c)右下图所示方法,把B、C平衡块相同方向逆时针移动相同的角度。
　调整到手离开,砂轮静止不动。
s. 反复进行q、r项的操作,进行砂轮平衡。平衡后把平衡块的3个螺钉拧紧。
t. 把砂轮从平衡架上取下,从法兰盘上取下平衡心轴。

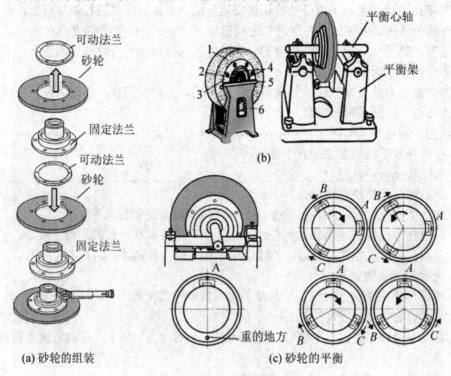

图2.158　砂轮的组装与平衡

1—砂轮;2—心轴;3—法兰盘;4—平衡块;5—平衡轨道;6—平衡架

③ 砂轮的修整。在磨削过程中砂轮的磨粒在摩擦、挤压作用下，它的棱角逐渐磨圆变钝，或者在磨韧性材料时，磨屑常常嵌塞在砂轮表面的孔隙中，使砂轮表面堵塞，最后使砂轮丧失切削能力。这时，砂轮与工件之间会产生打滑现象，并可能引起振动和出现噪音，使磨削效率下降，表面粗糙度变差。同时由于磨削力及磨削热的增加，会引起工件变形和影响磨削精度，严重时还会使磨削表面出现烧伤和细小裂纹。此外，由于砂轮硬度的不均匀及磨粒工作条件的不同，使砂轮工作表面磨损不均匀，各部位磨粒脱落多少不等，致使砂轮丧失外形精度，影响工件表面的形状精度及粗糙度。凡遇到上述情况，砂轮就必须进行修整，切去表面上一层磨料，使砂轮表面重新露出光整锋利磨粒，其目的一是消除砂轮外形误差，二是修整已磨钝的砂轮表层，恢复砂轮的切削性能。

砂轮常用金刚石进行修整，金刚石具有很高的硬度和耐磨性，是修整砂轮的主要工具。在粗磨和精磨外圆时，一般采用单颗粒金刚石笔(如图 2.159(a)所示)对砂轮进行修整。金刚石笔的安装和修整参数如表 2-48 所列。金刚石颗粒的大小依据砂轮直径选择，砂轮直径 $D_0<100$ mm，选 0.25 克拉的金刚石；$D_0>300\sim400$ mm，选 $0.5\sim1$ 克拉的金刚石。要求金刚石笔尖角 φ 一般研成 $70°\sim80°$。M1432A 型磨床的砂轮直径为 $\phi400$ mm，选 0.5 克拉的金刚石。砂轮的修整参数可参考表 2-48 选择。

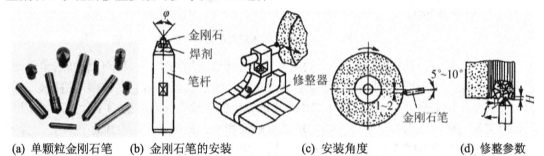

(a) 单颗粒金刚石笔　　(b) 金刚石笔的安装　　(c) 安装角度　　(d) 修整参数

图 2.159　金刚石笔的安装和修整参数

表 2-48　单颗粒金刚石修整用量

修整参数	磨削工序				
	粗磨	精(半精)磨	精密磨	超精磨	镜面磨
砂轮的速度 v_s/(m/s)	与磨削速度相同				
修整导程 f/(mm/r)	0.05～0.10	0.03～0.08	0.02～0.04	0.01～0.02	0.005～0.01
修整层厚度 H/mm	0.1～0.15	0.06～0.10	0.04～0.06	0.01～0.02	0.01～0.02
修整深度 a_p/(mm/st)	0.01～0.02	0.007～0.01	0.005～0.007	0.002～0.003	0.002～0.003
修光次数	0	1	1～2	1～2	1～2

3) 磨削方法

磨削是外圆表面精加工的主要方法之一。它既可加工淬硬后的表面，又可加工未经淬火的表面。在外圆磨床上常用的磨外圆方法有以下四种。

(1) 纵磨法。如图 2.160(a)所示，砂轮高速旋转起切削作用，工件旋转作圆周进给运动，并和工作台一起作纵向往复直线进给运动。工作台每往复一次，砂轮沿磨削深度方向完成一次横向进给，每次进给(背吃刀量)都很小，全部磨削余量是在多次往复行程中完成的。当工件磨削接近最终尺寸时(尚有余量 0.005～0.01mm)，应无横向进给光磨几次，直到火花消失为止。纵磨法的磨削深度小,磨削力小,磨削温度低,最后几次无横向进给的光磨行程,能消除由机床、工件、夹具弹性变形而产生的误差,所以磨削精度较高,表面粗糙度值小,适合于单件小批生产和细长轴的精磨。

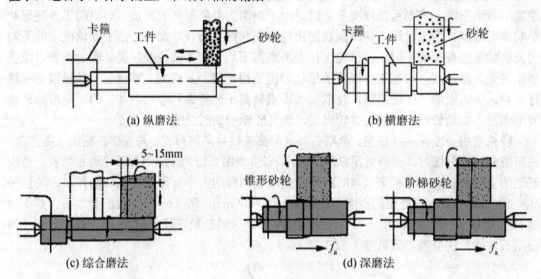

图 2.160 外圆磨床的磨削方法

(2) 横磨法。横磨法又称切入法,如图 2.160(b)所示。磨削时,工件不作纵向进给运动,采用比工件被加工表面宽(或等宽)的砂轮连续地或间断地以较慢的速度作横向进给运动,直到磨去全部加工余量。横磨法的生产率高,但砂轮的形状误差直接影响工件的形状精度,所以加工精度较低,而且由于工件与砂轮的接触面积大,磨削力大,磨削温度高,工件容易变形和烧伤,磨削时应使用大量冷却液。磨削力大,发热量大而集中,所以易发生工件变形、烧刀和退火。横磨法主要用于大批量生产,适合磨削长度较短、精度较低的外圆面及两侧都有台肩的轴颈。若将砂轮修整成形,也可直接磨削成形面。

(3) 综合磨法。如图 2.160(c)所示,先采用横磨法对工件外圆表面分段进行粗磨,相邻之间有 5~15mm 的搭接,每段上留有 0.01~0.03mm 的精磨余量,然后用纵磨法进行精磨。这种磨削方法综合了横磨法生产率高,纵磨法精度高的优点,适合于磨削加工余量较大、刚性较好的工件。

(4) 深磨法。如图 2.160(d)所示,磨削时,将砂轮的一端外缘修成锥形或台阶形,选择较小的圆周进给速度和纵向进给速度,在工作台一次行程中,将工件的加工余量全部磨除,达到加工要求尺寸。

深磨法的生产率比纵磨法高,加工精度比横磨法高,但修整砂轮较复杂,只适合大批大量生产,刚性较好的工件,而且被加工面两端应有较大的距离方便砂轮切入和切出。

4) 磨削加工
(1) 磨削外圆。
① 工件的装夹。磨削加工精度高,因此,工件装夹是否正确、稳固,直接影响工件的加工精度和表面粗糙度。在某些情况下,装夹不正确还会造成事故。工件装夹通常采用以下四种方法,如图 2.161 所示。

图 2.161(a),用前、后顶尖装夹:用前、后顶尖顶住工件两端的中心孔,中心孔应加入

润滑脂，工件由头架拨盘、拨杆和卡箍带动旋转。此方法安装方便、定位精度高，主要用于安装实心轴类工件。

图 2.161(b)，用心轴装夹：磨削套筒类零件时，以内孔为定位基准，将零件套在心轴上，心轴再装夹在磨床的前、后顶尖上。

图 2.161(c)，用三爪卡盘或四爪卡盘装夹：对于端面上不能打中心孔的短工件，可用三爪卡盘或四爪卡盘装夹。四爪卡盘特别适于夹持表面不规则工件，但校正定位较费时。

图 2.161(d)，用卡盘和顶尖装夹：当工件较长，一端能打中心孔，一端不能打中心孔时，可一端用卡盘，一端用顶尖装夹工件。

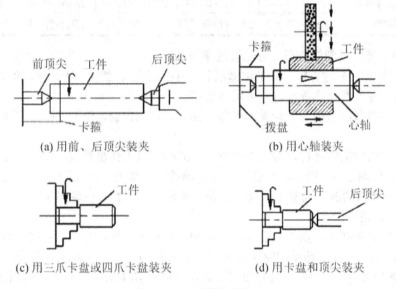

图 2.161 工件装夹方法

② 调整机床。根据工件材料的特性、加工要求等因素来选择合适的磨削用量，调整头架主轴转速，调整工作台直线运动速度和行程长度，调整砂轮架进给量。

纵磨法粗磨外圆的磨削用量可以参考表 2-49 进行选择。

表 2-49 粗磨外圆的磨削用量

磨削用量要素	工件直径 d_w/mm				
	≤30	30~80	80~120	120~200	200~300
砂轮的速度 v_s/(m/s)	$v_s=\pi d_s n_s/1000\times 60$(m/s)，$d_s$ 为砂轮直径，mm；n_s 为砂轮转速，r/min。一般情况下，外圆磨削的砂轮速度 $v_s=30\sim 50$m/s				
工件速度 v_w/(m/min)	10~22	12~26	14~28	16~30	18~35
工件转 1 转，砂轮的轴向进给量 f_a/(mm/r)	$f_a=(0.4\sim 0.8)B$，B 为砂轮宽度，mm；铸铁件取大值，钢件取小值				
工作台单行程，砂轮的背吃刀量 a_p/(mm/st)	0.007~0.022	0.007~0.024	0.007~0.022	0.008~0.026	0.009~0.028
	工件速度 v_w 和轴向进给量 f_a 较大时，背吃刀量 a_p 取小值，反之取大值				

纵磨法精磨外圆的磨削用量可参考表 2-50 进行选择。

表 2-50 精磨外圆的磨削用量

磨削用量要素	工件直径 d_w/mm				
	≤30	30～80	80～120	120～200	200～300
砂轮的速度 v_s/(m/s)	$v_s=\pi d_s n_s/1000\times 60$(m/s)，$d_s$ 为砂轮直径，mm；n_s 为砂轮转速，r/min				
工件速度 v_w/(m/min)	15～35	20～50	30～60	35～70	40～80
工件转 1 转，砂轮的轴向进给量 f_a/(mm/r)	$Ra=0.8\mu m$ 时，$f_a=(0.4～0.6)B$；$Ra=0.4\mu m$ 时，$f_a=(0.2～0.4)B$，B 为砂轮宽度，mm				
工作台单行程，砂轮的背吃刀量 a_p/(mm/st)	0.001～0.010	0.001～0.014	0.001～0.015	0.001～0.016	0.002～0.018
	工件速度 v_w 和轴向进给量 f_a 较大时，背吃刀量 a_p 取小值，反之取大值				

③ 阶梯轴外圆磨削的技巧、方法及注意事项。

a. 磨削方法应正确选择。当工件磨削长度小于砂轮宽度时，应采用横磨法(或称切入磨削法)；当工件磨削长度较长时，可用纵磨法。

b. 首先用纵磨法磨削长度最长的外圆柱面，调整工作台，使工件的圆柱度在规定的公差之内。

c. 用纵磨法磨削轴肩台阶旁的外圆时，需细心调整工作台行程，使砂轮在靠近台阶时不发生碰撞，如图 2.162 所示。调整工作台行程挡铁位置时，应在砂轮适当退离工件表面(图 2.163)并不动的情况下调整工作台行程挡铁的位置，在检查砂轮与工件台阶不碰撞后，才将砂轮引入，进行磨削。

d. 为了使砂轮在工件全长上能均匀地磨削，待砂轮在磨削至轴肩台阶旁换向时，可使工作台停留片刻。一般阶梯轴的纵向磨削采用单向横向进给，即砂轮在台阶一边换向时作横向进给，如图 2.164 所示。这样可以减小砂轮一端尖角的磨损，以提高端面磨削的精度。

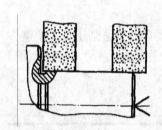 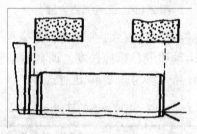 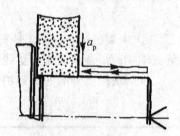

图 2.162 调整工作台行程　　图 2.163 调整行程挡铁时防止发生碰撞　　图 2.164 单向横向进给

e. 按照工件的加工要求安排磨削顺序。一般先磨削精度较低的外圆，将精度要求最高的外圆安排在最后精磨。

f. 按工件的磨削余量划分为粗、精磨削，一般留精磨余量 0.06mm 左右。

g. 在精磨前和精磨后，均需要用百分表测量工件外圆的径向圆跳动，以保证其磨削后在规定的尺寸公差范围内。

h. 注意中心孔的清理和润滑。磨削淬硬工件时，应尽量选用硬质合金顶尖装夹，以减少顶尖的磨损。使用硬质合金顶尖时，需检查顶尖表面是否有损伤裂纹。

(2) 阶梯轴轴肩端面的磨削技巧、方法及注意事项。

① 轴肩的结构。

阶梯轴轴肩常用的结构形式如图 2.165 所示，为了保证轴肩与其他零件的配合要求，轴肩端面与外圆的过渡部位的结构和加工要求有所不同。图2.165(a)所示的退刀槽，要求轴肩(端面)不需要磨削，外圆有较高的配合要求，需要进行磨削；图2.165(b)所示的退刀槽，要求轴肩(端面)和轴的外圆都有配合要求，均需要进行磨削；图2.165(c)所示的过渡圆角，常用于强度要求较高的轴，与之配合的孔和端面有倒角，该轴肩的端面和外圆均需要进行磨削。本任务图2.142所示阶梯轴上的各处轴肩均为如图2.165(a)所示的退刀槽型。

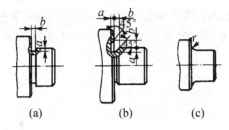

图2.165 阶梯轴轴肩常用的结构

② 轴肩的磨削加工。

为了在磨削中便于让刀，常用轴肩和轴环作为砂轮的越程槽，磨外圆和端面的砂轮越程槽结构如图2.166所示，其结构尺寸见GB/T 6403.5—1986。图2.166(a)为磨外圆；图2.166(b)为磨外圆和端面；图2.166(c)为磨轴肩的端面。轴环退刀槽的结构如图2.167所示，其结构尺寸见JB/ZQ 4238—1986。

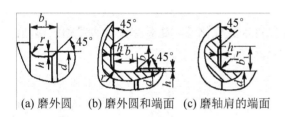

图2.166 砂轮越程槽结构

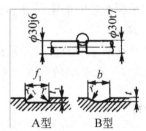

图2.167 轴环退刀槽结构

a. 磨削台阶轴端面时，首先用金刚石笔将砂轮端面修整成内凹形，其修整方法如图2.168所示。注意砂轮端面的窄边要修整锋利且平整。

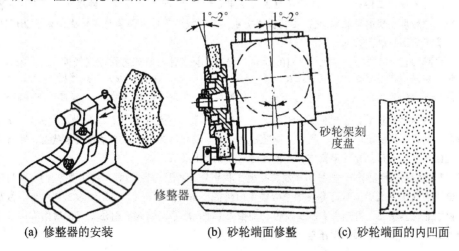

图2.168 外圆砂轮的修整

b. 磨端面时，需将砂轮横向退出距离工件外圆 0.1mm 左右，以免砂轮与已加工外圆表面接触，如图 2.169 所示。用工作台纵向手轮来控制工件台纵向进给，借砂轮的端面磨出轴肩端面。手摇工作台纵向进给手轮，待砂轮与工件端面接触后，作间断均匀的进给，进给量要小，可观察火花来控制磨削进给量。

c. 带圆弧轴肩的磨削。磨削带圆弧轴肩时，应将砂轮一尖角修成圆弧面，工件外圆柱面的长度较短时，可先用切入法磨削外圆，留 0.03～0.05mm 余量，接着把砂轮靠向轴肩端面，再切入圆角和外圆，将外圆磨至尺寸，如图 2.170 所示。这样，可使圆弧连接光滑。

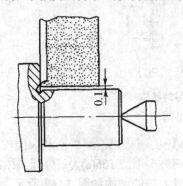 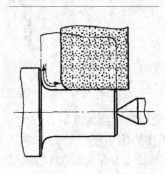

图 2.169　轴肩的磨削　　　　　　　图 2.170　磨削带圆弧轴肩

d. 按端面要求的磨削精度和余量划分粗、精磨，精磨时可适当增加光磨时间，以提高工件端面的精度。

e. 注意切削液要充分。一般磨钢件多用苏打水或乳化液；铝件采用加少量油的煤油；铸铁、青铜件一般不用切削液，而用吸尘器清除尘屑。

 知识拓展

无心磨削

无心磨削是一种高生产率的精加工方法。无心磨削时，工件尺寸精度可达 IT7～IT6，表面粗糙度 Ra 可达 0.8～0.2μm。

在无心磨床磨削工件外圆时，工件不用顶尖来定心和支承，而是直接将工件放在砂轮 1 和导轮 3（用橡胶结合剂作的粒度较粗的砂轮）之间，由托板 4 支承，工件被磨削的外圆面作定位面，如图 2.171(a)所示。无心外圆磨床有两种磨削方式。

① 贯穿磨削法(纵磨法)：如图 2.171(b)所示，磨削时将工件从机床前面放到托板 4 上，推入磨削区，由于导轮 3 轴线在垂直平面内倾斜 α 角（$\alpha = 1°\sim 6°$），导轮 3 与工件 2 接触处的线速度 $v_导$ 可以分解成水平和垂直两个方向的分速度 $v_{导水平}$ 和 $v_{导垂直}$，$v_{导垂直}$ 控制工件 2 的圆周进给运动；$v_{导水平}$ 使工件 2 做纵向进给。所以工件 2 进入磨削区后，便既做旋转运动，又做轴向移动，穿过磨削区，工件就磨削完毕。α 角增大，生产率高，但表面粗糙度值增大；反之，情况相反。为保证导轮 3 与工件 2 呈线接触状态，需将导轮 3 形状修整成回转双曲面形。这种磨削方法不适用带台阶的圆柱形工件。

② 切入磨削法(横磨法)：先将工件放在托板 4 和导轮 3 之间，然后由工件(连同导轮)或磨削砂轮横向切入进给，磨削工件表面。这时导轮的中心线仅倾斜很小角度(0.5°～1°)，以便对工件产生一微小的轴向推力，使它靠住挡板 5，得到可靠轴向定位，如图 2.171(c)所示。切入磨削法适用于磨削有阶梯或成形回转表面的工件，但磨削表面长度不能大于磨削砂轮宽度。

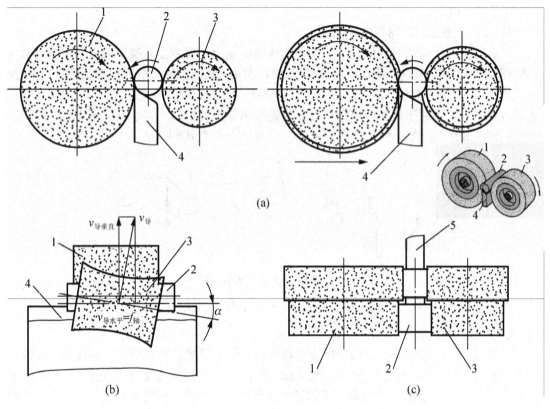

图 2.171　无心外圆磨削的加工示意图

1—磨削砂轮；2—工件；3—导轮；4—托板；5—挡板

无心磨削时，必须满足下列条件：

① 由于导轮倾斜了一个 α 角度，为了保证切削平稳，导轮与工件必须保持线接触，为此导轮表面应修整成双曲线回转体形状。

② 导轮材料的摩擦因数应大于砂轮材料的摩擦因数；砂轮与导轮同向旋转，且砂轮的速度应大于导轮的速度；托板的倾斜方向应有助于工件紧贴在导轮上。

③ 为了保证工件的圆度要求，工件中心应高出砂轮和导轮中心连线。高出数值 H 与工件直径有关。当工件直径 $d=\phi 8 \sim \phi 30mm$ 时，$H \approx d/3$；当 $d = \phi 30 \sim \phi 70mm$ 时，$H \approx d/4$。

④ 导轮倾斜一个 α 角度。如图 2.170(b)所示，当导轮以速度 $v_导$ 旋转时，可分解为：$v_{导垂直}=v_导\cos\alpha$，$v_{导水平}=v_导\sin\alpha$。

粗磨时，α 取 $3°\sim 6°$；精磨时，α 取 $1°\sim 3°$。

在磨床上磨削外圆表面时，应采用充足的切削液，一般磨钢件多用苏打水或乳化液；铝件采用加少量矿物油的煤油；铸铁、青铜件一般不用切削液，而用吸尘器清除尘屑。

3. 中心孔的修研

一般情况下，轴类零件上的外圆表面的设计基准是轴心线，为了保证加工精度，遵循基准重合原则和基准统一的原则，选择工件上的定位基准为轴类零件的轴心线，一般以中心孔作为磨削各外圆的定位表面，通过顶尖装夹工件，中心孔和顶尖的接触质量对工件的加工精度有直接的影响，因此，磨削过程中经常需要对中心孔进行修研。常用的中心孔修研方法有以下几种。

1) 用油石或橡胶砂轮顶尖修研

先将圆柱形状的油石或橡胶砂轮夹在车床的卡盘上,用装在刀架上的金刚石笔将其前端修整成60°顶尖形状(圆锥体),接着将工件顶在油石(或橡胶砂轮)和车床后顶尖之间(见图2.172),并加少量润滑油(柴油),然后开动车床使油石或橡胶砂轮顶尖转动,进行研磨。研磨时用手把持工件连续而缓慢地转动,移动车床尾座顶尖,并给予一定压力。这种研磨中心孔方法效率高,质量好,也简便易行,一般生产中常用此法。

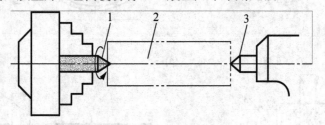

图2.172 用油石研磨顶尖孔

1—油石顶尖;2—工件;3—后顶尖

2) 用铸铁顶尖修研

此法与上一种方法基本相同,用铸铁顶尖代替油石或橡胶砂轮顶尖。将铸铁顶尖装在磨床的头架主轴孔内,与尾座顶尖均磨成60°顶角,然后加入适量的研磨剂(W10~W12氧化铝粉和机油调和而成)进行修研。用这种方法研磨的中心孔,其精度较高,但研磨时间较长,效率很低,除在个别情况下用来修整尺寸较大或精度要求特别高的中心孔外,一般很少采用。

3) 用硬质合金顶尖刮研

刮研用的硬质合金顶尖上有4~6条60°的圆锥棱带,如图2.173(a)所示,相当于一把刮刀,可对中心孔的几何形状作微量的修整,又可以起挤光的作用。刮研在如图2.173(b)所示的立式中心孔研磨机上进行。刮研前,在中心孔内加入少量全损耗系统用油调和好的氧化铬研磨剂。这种方法刮研的中心孔精度较高,表面粗糙度达$Ra0.8\mu m$以下,并具有工具寿命较长、刮研效率比油石高的特点,所以一般主轴的顶尖孔可以用此法修研。

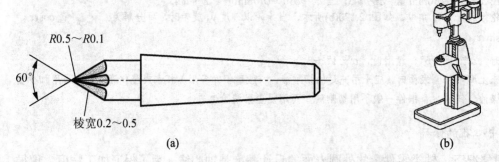

图2.173 六棱硬质合金顶尖和中心孔研磨机

上述三种修磨中心孔的方法,可以联合应用。例如,先用硬质合金顶尖刮研,再选用油石或橡胶砂轮顶尖研磨,这样效果会更好。

4) 用成形圆锥砂轮修磨中心孔

这种方法主要适用于长度尺寸较短和淬火变形较大的中心孔。修磨时，将工件装夹在内圆磨床卡盘上，校正工件外圆后，用圆锥砂轮修磨中心孔，此法在生产中应用也较少。

5) 用中心孔磨床修研

修研使用专门的中心孔磨床。修磨时砂轮做行星磨削运动，并沿 30°方向做进给运动。中心孔磨床及其运动方式如图 2.174 所示。适宜修磨淬硬的精密工件的中心孔，能达到圆度公差为 0.0008mm，轴类专业生产厂家常用此法。

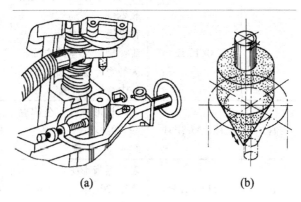

图 2.174　中心孔磨床

4. 螺纹零件的车削

在机械行业中，许多零件都具有螺纹。螺纹在机械零件中，通常具有连接、传动、坚固、测量零件等几种用途。

螺纹的种类很多，目前主要分成两大类：标准螺纹；特殊螺纹及非标准螺纹。标准螺纹具有较高的通用性及互换性，应用比较普遍；而特殊螺纹和非标准螺纹则较少采用，主要是根据实际需要应用在一些特殊机构里。

螺纹的种类按用途可分为联接螺纹和传动螺纹；按牙形可分为三角形螺纹、矩形螺纹、梯形螺纹、锯齿形螺纹和圆弧形螺纹等；按螺旋线方向分为左旋螺纹和右旋螺纹；按螺纹线线数分为单线螺纹和多线螺纹；按螺纹母体形状可分为圆柱螺纹和圆锥螺纹。

常见螺纹的加工方法有：车削螺纹、攻螺纹、套螺纹(内容详见项目 3 中任务 3.1)、滚压螺纹、铣削螺纹和磨削螺纹。

1) 螺纹基本要素及尺寸计算

(1) 螺纹要素及标准螺纹代号。螺纹要素主要有：牙形、外径、螺距(或导程)、头数、精度和旋向。螺纹的形状、尺寸及配合性能都取决于螺纹要素，只有当内外螺纹的各个要素相同，才能互相配合。因此，加工螺纹，必须首先了解螺纹的各个要素。

标准螺纹的各个要素是用代号表示的。按国家标准，其顺序如下：牙形、外径×螺距(或导程/头数)—精度等级、旋向(见表 2-51)。国家标准规定：螺纹外径和螺距由数字表示。细牙普通螺纹、梯形螺纹和锯齿形螺纹必须加注螺距(其他螺纹不注)。多头螺纹在外径后面需要注"导程/头数"(单头螺纹不注)。左旋螺纹必须注出"左"字(右旋螺纹不注)。管螺纹的名义尺寸，由管螺纹所在管子孔径决定。各种标准螺纹的规定代号及具体示例见表 2-51 所示。

表 2-51 各种标准螺纹的规定代号及具体示例

螺纹类型		特征代号	示 例	用途及说明
普通螺纹	粗牙	M	M16-5g6g	表示粗牙普通螺纹，公称直径 16，右旋，螺纹公差带中径 5g，大径 6g，旋合长度按中等长度考虑	最常用的一种联接螺纹，直径相同时，细牙螺纹的螺距比粗牙螺纹的螺距小，粗牙螺纹不注螺距
	细牙（属普通螺纹）		M16×1 LH-6G	表示细牙普通螺纹，公称直径 16，螺距 1，左旋，螺纹公差带中径、大径均为 6G，旋合长度按中等长度考虑	
梯形螺纹		Tr	Tr20×8(P4)	表示梯形螺纹，公称直径 20，双线，导程 8，螺距 4，右旋	常用的两种传动螺纹，用于传递运动和动力，梯形螺纹可传递双向动力，锯齿形螺纹用来传递单向动力
锯齿形螺纹		B	B20×2LH	表示锯齿形螺纹，公称直径 20，单线，螺距 2，左旋	
管螺纹	非螺纹密封	G	G1	表示英制非螺纹密封管螺纹，尺寸代号 1in，右旋	管道联接中的常用螺纹，螺距及牙型均较小，其尺寸代号以 in 为单位，近似地等于管子的孔径。螺纹的大径应从有关标准中查出，代号 R 表示圆锥外螺纹，Rc 表示圆锥内螺纹，Rp 表示圆柱内螺纹
	螺纹密封	Rc	Rc1/2	表示英制螺纹密封锥管螺纹，尺寸代号 1/2in，右旋	密封螺纹在一定压力下能保持管道联接处内外界的密封

特殊螺纹和非标准螺纹没有规定的代号，螺纹各要素一般都标注在零件图纸上。

(2) 普通螺纹的基本牙形和尺寸计算。三角形螺纹因其规格及用途不同，分普通螺纹、英制螺纹和管螺纹(包括 55°密封管螺纹、55°非密封管螺纹和 60°圆锥管螺纹)三种。

普通螺纹是我国应用最广泛的一种三角形螺纹，牙型角为 60°，普通螺纹的基本牙型在螺纹的轴截面上，在原始的等边三角形基础上，削去顶部和底部所形成的螺纹牙型。

螺纹各部分尺寸的计算在螺纹加工前，必须按工件的要求，计算螺纹的各部分尺寸，这是能否按规定要求车好螺纹的一个前提。

普通螺纹的基本牙型和尺寸计算见表 2-52。

表 2-52 普通螺纹的基本牙形和尺寸计算

基本牙形	尺寸计算
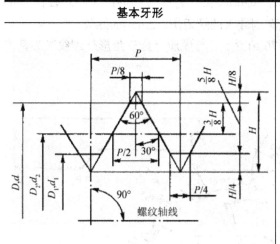	(1) 螺距 P (2) 牙形角 $\alpha=60°$ (3) 原始三角形高度 $H=\dfrac{P}{2}\cot\dfrac{\alpha}{2}=0.866P$ (4) 削平高度 外螺纹牙顶和内螺纹牙底均在 $H/8$ 处削平,外螺纹牙底和内螺纹牙顶底均在 $H/48$ 处削平 (5) 牙形高度 $h_1=H-\dfrac{H}{8}-\dfrac{H}{4}=\dfrac{5}{8}H=0.5413P$ (6) 大径 $d=D$(公称直径) (7) 中径 $d_2=D_2=d-2\times\dfrac{3}{8}H=d-0.6495P$ (8) 小径 $d_1=D_1=d-2\times\dfrac{5}{8}H=d-1.0825P$

 应用实例 2-2

试计算 M16 螺纹的中径和小径尺寸。

解: 已知 $D=d=16$mm,查表得 $P=2$mm。

$$d_2=D_2=d-0.6495P=16\text{mm}-0.6495\times2\text{mm}=14.701\text{mm}$$
$$d_1=D_1=d-1.0825P=16\text{mm}-1.0825\times2\text{mm}=13.835\text{mm}$$

2) 车三角(普通)螺纹

(1) 普通螺纹车刀。

① 高速钢外螺纹车刀。低速车削或精车螺纹使用高速钢螺纹车刀,其几何形状如图 2.175 所示。

a. 高速钢外螺纹粗车刀,如图 2.175(a)所示:有较大的背前角,刀具容易刃磨。适用于粗车普通螺纹,车削时,应加注切削液。

b. 高速钢外螺纹精车刀,如图 2.175(b)所示。车刀具有 4°~6° 的正前角,前面磨有半径 $R=4$~6mm 的圆弧形排屑槽。适用于精车螺纹,车削时,应加注切削液。

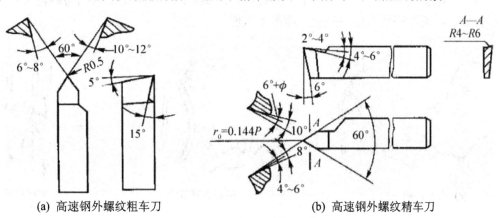

(a) 高速钢外螺纹粗车刀　　　　　(b) 高速钢外螺纹精车刀

图 2.175 高速钢外螺纹车刀

② 硬质合金外螺纹车刀。如图2.176(a)所示：刀片材料为YT15，刀尖角为59°30′，适用高速切削螺纹。车刀两侧刀刃上具有0.2~0.4mm宽、$\gamma_o=-5°$的倒棱，并磨有1mm宽的刃带，起修光作用和增强刀头强度，可车削较大的螺距($P>2$mm)的螺纹。

③ 硬质合金三角内螺纹车刀。如图2.176(b)所示：与硬质合金三角形外螺纹车刀基本相同，刀杆的粗细与长度应根据螺纹孔径决定。

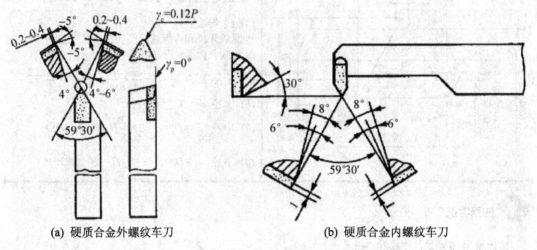

(a) 硬质合金外螺纹车刀　　　　　(b) 硬质合金内螺纹车刀

图2.176　硬质合金螺纹车刀

(2) 螺纹车刀的刃磨。

要车好螺纹，必须正确刃磨螺纹车刀，如图2.177所示为刃磨高速钢三角形外螺纹车刀的方法，刃磨具体步骤如下。

① 粗磨后面。车刀材料为高速钢，应使用氧化铝粗粒度砂轮刃磨。刃磨时，先磨左侧后面，方法双手握刀，使刀柄与砂轮外圆水平方向呈30°、垂直方向倾斜约8°~10°，如图2.177(a)所示。车刀与砂轮接触后稍加压力，并均匀慢慢移动磨出后面：即磨出牙型半角及左侧后角。右侧后面的刃磨方法与左侧后面相同，如图2.177(b)所示，即磨出牙型角及右侧后角。

② 粗磨前面。刃磨时将车刀前面与砂轮平面水平方向做倾斜约10°~15°，同时垂直方向作微量倾斜使左侧切削刃略低于右侧切削刃，如图2.177(c)所示。前面与砂轮接触后稍加压力刃磨，逐渐磨至靠近刀尖处，即磨出背前角。

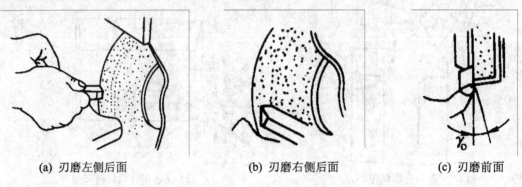

(a) 刃磨左侧后面　　　　(b) 刃磨右侧后面　　　　(c) 刃磨前面

图2.177　刃磨外螺纹车刀

③ 精磨。选用 80 粒度氧化铝砂轮。精磨两侧后面及前面的方法与粗磨相同，精磨后螺纹车刀应达到以下几点要求。

a. 车刀的刀尖角应等于牙型角，如车削普通螺纹时，刀尖角应等于60°。

b. 车削大螺距螺纹时，车刀的后角因受螺纹升角的影响应刃磨得不同。

c. 车刀的左右切削刃应平直。

④ 磨刀尖圆弧。车刀刀尖对准砂轮外圆，后角保持不变，刀尖移向砂轮，当刀尖处碰到砂轮时，做圆弧形摆动，按要求磨出刀尖圆弧。

螺纹车刀刃磨是否正确，一般可用样板作透光检查，如图 2.178 所示。

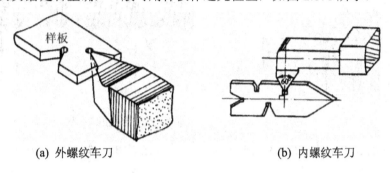

(a) 外螺纹车刀　　　　　　　　　(b) 内螺纹车刀

图 2.178　用螺纹样板检查刀尖角

(3) 螺纹车刀背前角对牙型角的影响。

在实际工作中，用高速钢车刀低速车螺纹时，如果采用背前角 γ_p 等于零度的车刀，如图 2.179 所示，切屑排出困难，就很难把螺纹齿面车光。因此，可采用磨有 5°～15° 背前角的螺纹车刀，如图 2.180 所示，但是当车刀有了背前角后，牙型角就会产生变化，这时应用修正刀尖角的办法来补偿牙型角误差。

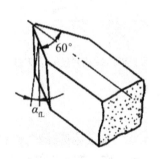
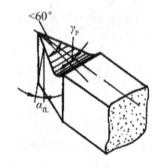

图 2.179　前角等于零度螺纹车刀　　　图 2.180　有背前角螺纹车刀

有背前角的螺纹车刀，切削比较顺利，并可以减少积屑瘤现象，能车出表面粗糙度较细的螺纹。但由于切削刃不通过工件轴线，因此被切削的螺纹牙型(轴向剖面)不是直线，而是曲线，这种误差对一般要求不高的螺纹来说，可以忽略不计，但这时对牙型角的影响较大，特别是具有较大背前角的螺纹车刀，其刀尖角必须修正。在车削三角形螺纹时，磨有 10°～15° 的背前角螺纹车刀，其刀尖角应减小 40′～1°40′。

如果精车精度要求较高的螺纹时，背前角应取得较小(0°～5°)，才能车出正确的牙型。

必须指出，具有较大背前角的螺纹车刀，除了产生螺纹牙型变形以外，车削时还会产生一个较大的背向切削力 F_p，如图 2.181 所示。这个力使车刀有向工件里面拉的趋势，如果中滑板丝杠与螺母之间的间隙较大,就会产生"扎刀"(拉刀)现象。

(4) 螺纹车刀的装刀要求。

车螺纹时,为了保证牙型正确,对装刀提出了较严格的要求。安装螺纹车刀时,刀尖应与工件中心等高,刀尖角的对称中心线必须垂直于工件轴线。这样车出的螺纹,其两牙型半角相等,如图 2.182(a)所示。如果把车刀装歪,就会产生牙型歪斜,如图 2.182(b)所示。车螺纹时的对刀方法如图 2.183 所示。

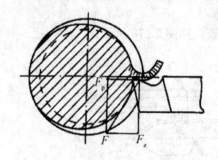
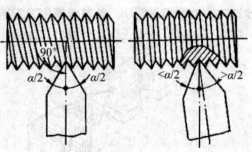

(a) 两牙型半角相等　(b) 半角不等使牙型歪斜

图 2.181　背向力使车刀有扎入工件的趋势　　图 2.182　车螺纹时对刀要求

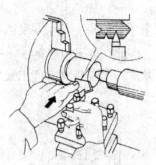

(a) 车外螺纹时的对刀方法　　　　　(b) 车内螺纹时的对刀方法

图 2.183　车螺纹时对刀方法

(5) 普通螺纹车削方法。

① 准备工作。车削螺纹之前,必须根据图纸和工艺要求,有效地选择和刃磨车刀、调整车床、挑选符合要求的工具和量具,以及做好安全等准备工作。按工件螺距调整交换齿轮和进给箱手柄,然后调整主轴转速。用高速钢螺纹车刀车塑性材料时,选择 12~150r/min 的低速;用硬质合金螺纹车刀车塑性材料时,选择 480r/min 左右的高速。工件螺纹直径小、螺距小($P \leqslant 2$mm)时,宜选用较高转速;工件螺纹直径大、螺距大时,宜选用较低转速。

② 车削方法。车削螺纹时,一般可采用低速车削和高速车削两种方法。低速车削螺纹可获得较高的精度和较细的表面粗糙度,但生产效率很低;高速车削螺纹比低速车削螺纹生产效率可提高 10 倍以上,也可以得较细的表面粗糙度,因此工厂中已广泛采用。

a. 低速车削螺纹的方法。低速车削三角形螺纹时,为了保持螺纹车刀的锋利状态,车刀材料最好用高速钢制成,并且把车刀分成粗、精车刀并进行粗、精加工。车螺纹主要有以下三种进刀方法。

直进法：车螺纹时，只利用中溜板作横向进给，其背吃刀量 a_p 与螺距 P 的关系是 $a_p \approx 0.65P$。高速车螺纹时，应根据总背吃刀量，分几次进给来控制中径尺寸。直进法车螺纹可以得到比较正确的牙型。但车刀左、右两侧刀刃和刀尖全部参加切削，如图 2.184(a) 所示，螺纹齿面不易车光，并且容易产生"扎刀"现象。因此，只适用于螺距 $P<1.5$mm 的螺纹。

螺距较大的螺纹(一般情况下 $P>1.5$mm)粗车用斜进法，精车用左右切削法。

斜进法：车削时，开始 1～2 刀用直进法车削，以后用中、小滑板交替进给，如图 2.184(b) 所示，小滑板切削量约为中滑板的 1/3。粗车螺纹约留 0.2mm 作精车量。当螺距较大，粗车时，可用这种方法切削，因为车刀是单面切削的，同样可以防止产生"扎刀"现象。

左右切削法：车削时，除了用中滑板进给外，同时利用小滑板的刻度把车刀左、右微量进给，这样重复切削几次工作行程，直至螺纹的牙型全部车好，这种方法叫做左右切削法，如图 2.184(c)所示。车削时，由于车刀是单面切削的，所以不容易产生"扎刀"现象，精车时选用 $v_c<5$m/min 的切削速度，并加注切削液，可以获得很小的表面粗糙度值。但背吃刀量不能过大，一般 $a_p<0.05$mm，否则会使牙底过宽或凹凸不平。在实际工作中，可用观察法控制左右进给量；当排出切屑很薄时，车出的螺纹表面粗糙度一定是很细的。

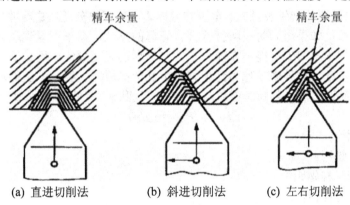

图 2.184 车螺纹时的进刀方法

b. 高速车螺纹的方法。高速车螺纹时，最好使用 YT15(车钢材)牌号的硬质合金螺纹车刀，切削速度取 $v_c=50$～100m/min。车削时只能用直进法进刀，使切屑垂直于轴线方向排出或卷成球状较理想。如果用左右切削法，车刀只有一个切削刃参加切削，高速排出的切屑会把另外一面拉毛。如果车刀刃磨得不对称或倾斜，也会使切屑侧向排出，拉毛螺纹表面或损坏刀头。

用硬质合金车刀高速车削螺距为 1.5～3mm，材料为中碳钢或中合金钢的螺纹时，一般只要 3～5 次工作行程就可完成。横向进给时，开始深度大些，以后逐步减少，但最后一次不要小于 0.1mm。

 应用实例 2-3

车 M24 外螺纹，螺距 $P=3$mm，螺纹中径公差为 −0.25～−0.05mm。

第一次进给背吃刀量为 0.5mm，第二次为 0.75mm，第三次为 0.5mm，第四次为 0.2mm，螺纹车成后，需修去毛刺。

总背吃刀量 $a_p=0.65P=1.95mm$，背吃刀分配情况如下：

第一次背吃刀量　$a_{p1}=0.75mm$

第二次背吃刀量　$a_{p2}=0.5mm$

第三次背吃刀量　$a_{p3}=0.5mm$

第四次背吃刀量　$a_{p4}=0.2mm$

虽然第一次背吃刀量为 0.75mm，但是因为车刀刚切入工件，总的切削面积是不大的。如果用相同的背吃刀量，那么，越车到螺纹的底部，切削面积越大，使车刀刀尖负荷成倍增大，容易损坏刀头。因此，随着螺纹深度的增加，背吃刀量应逐步减少。

高速车螺纹时应注意以下问题：

① 因工件材料受车刀挤压使大径胀大，因此，车削螺纹大径应比基本尺寸小 $0.15\sim0.2P$。

② 因切削力较大，工件必须装夹牢固。

③ 因转速很高，应集中思想进行操作，尤其是车削带有台阶的螺纹时，要及时把车刀退出，以防碰伤工件或损坏机床。

③ 车螺纹时乱牙的产生及预防。车削螺纹时，一般都要分几次进给才能完成。当第一次进给行程完毕后，如果退刀时采取打开开合螺母的方法，在车刀退到原来位置按下开合螺母再次进给时，车刀刀尖可能不在前一次工作行程的螺旋槽内，而是偏左、偏右或在牙顶中间，使螺纹车乱，这种现象称为乱牙。产生乱牙的原因主要是，工件转数不是车床丝杠转数的整数转而造成的。判断车螺纹时是否会产生乱牙，可用下面公式计算，即

$$i=P_1/P_丝=n_丝/n_1 \tag{2-10}$$

式中：i——传动比；

P_1——工件螺距；

$P_丝$——车床丝杠螺距；

$n_丝$——车床丝杠转数；

n_1——工件转数。

 应用实例 2-4

车床丝杠螺距为 12mm，车削工件螺距为 8mm，是否会产生乱牙现象。

解： 根据公式(2-9)，得：

$$i=8/12=1/1.5=n_丝/n_1$$

即丝杠转一转，工件转了 1.5 转，再次按下开合螺母时，可能车刀刀尖在工件已车出螺纹的 1/2 螺距处，它的刀尖正好切在牙顶处，使螺纹车乱。

 **应用实例 2-5**

车床丝杠螺距为 6mm，加工螺距为 1.5mm，是否会产生乱牙现象。

解： 根据公式(2-9)，得：

$$i=1.5/6=1/4=n_丝/n_1$$

即丝杠转1转时，工件转过4转，只要按下开合螺母，刀尖总是在原来的螺旋槽，不会产生乱牙。

预防车螺纹时乱牙的方法常用的是开倒顺车法。开倒顺车防止乱牙的方法是每一次工作行程以后，立即横向退刀，不提起开合螺母，开倒车，使车刀退回原来的位置，再开顺车，进行下一次工作行程，这样反复来回车削螺纹。因为车刀与丝杠的传动链没有分离过，车刀始终在原来的螺旋槽中倒顺运动，这样就不会产生乱牙。

开倒顺车车螺纹的具体操作方法如下。

a. 车削前应检查卡盘与主轴间的保险装置是否完好，以防反转时卡盘脱落。开合螺母操纵手柄上最好吊上重锤块，以便开合螺母与丝杠配合间隙保持一致。

b. 开动机床，一手提起操纵杆，另一手握中滑板手柄，当刀尖离轴端 3～5mm 处，操纵杆即刻放在中间位置，使主轴停止转动。用中滑板刻度控制背吃刀量。

c. 操纵杆向上提起，车床主轴正转，此时车刀刀尖切入外圆，并迅速向前移动在外圆上切出浅浅一条螺旋槽。当刀尖离退刀位置 2～3mm 时，要作好退刀准备，操纵杆开始向下，此时主轴由于惯性作用仍在作顺向转动，但车速逐渐下降，当刀尖进入退刀位置时，要快速摇动中滑板手柄将车刀退出。当刀尖离开工件时，操纵杆迅速向下推，使主轴作反转，床鞍后退至车刀离工件轴端约 3～5mm 时，操纵杆放在中间位置使主轴停止转动。

④ 车床上交换齿轮的计算。车削的螺纹的螺距在铭牌上没有时，这时就必须通过下面的计算公式，求出所需的交换齿轮，才能车削。

$$i_{新}=nP_I/nP_{铭}\times i_{原}=z_1/z_2\times z_3/z_4 \tag{2-11}$$

式中： $i_{新}$——新的交换齿轮传动比；

nP_I——所要车削的工件导程；

$nP_{铭}$——在铭牌上所选取的导程；

$i_{原}$——铭牌上原交换齿轮传动比；

z_1、z_2、z_3、z_4——新选用的交换齿轮的齿数。

应用实例 2-6

在 C618 型车床上要车削螺纹的螺距为 3.5mm(铭牌中未注出)，试计算交换齿数。

解：已知 $nP_I=3.5$mm，按铭牌标注选 $nP_{铭}=3$mm，并查出原有交换齿轮 $i_{新}=48/96\times 45/90$，根据式(2-11)，有：

$$i_{新}=nP_I/nP_{铭}\times i_{新}=3.5/3\times 48/96\times 45/90=3.5/3\times 1/4=70/120\times 48/96$$

以上所算出的交换齿轮，都是该车床所备有的。

3) 螺纹的测量

三角形螺纹的测量一般使用螺纹量规进行综合测量，也可进行单项测量，单项测量指的是对螺纹的螺距、大径和中径等分项测量。综合测量是对螺纹的各项精度要求进行综合性的测量。

(1) 单项测量。

① 螺距的测量。螺距一般用钢直尺或螺距规进行测量。用钢直尺测量时，因为普通螺纹的螺距一般较小，最好量 10 个螺距的长度，然后把长度除以 10，就得出一个螺距的尺寸。如果螺距较大，那么可以量出 2 个或 4 个螺距的长度，再计算它的螺距，如图 2.185(a)所示。

如图 2.185(b)所示，用螺距规检查时，把标明螺距的螺距规平行轴线方向嵌入牙型中，如完全符合，则说明被测的螺距正确。

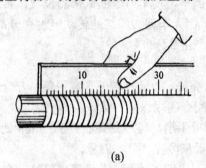
(a)

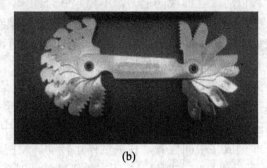
(b)

图 2.185　螺距的测量

② 大径的测量。螺纹大径的公差较大，一般可使用游标卡尺或外径千分尺测量。

③ 中径的测量。三角螺纹的中径可用螺纹千分尺或用三针测量法测量。

a. 螺纹千分尺一般用于中径公差等级 5 级以下的螺纹测量，如图 2.186 所示。它的刻线原理和读数方法与外径千分尺相同，所不同的是螺纹千分尺附有两套(60°和 55°)适用不同牙型角和不同螺距的测量头，测量头可根据工件螺距进行选择，然后分别插入千分尺的测杆和砧座的孔内。换上所选用的测量头后，必须调整砧座的位置，使千分尺对准零位后，方可进行测量。

测量时，螺纹千分尺应放平，使测头轴线与螺纹轴线相垂直，然后将 V 形测头与被测螺纹的牙顶部分相接触，锥形测头则与直径方向上的相邻槽底部分相接触，螺纹千分尺测得的读数值为尺寸 AD，就是中径的实际尺寸，中径尺寸在公差范围内即算合格。

b. 用三针测量外螺纹中径是一种比较精密的测量方法。测量所用的三根圆柱形量针，是由量具厂专门制造的。测量时，把三根量针放置在螺纹两侧相应的螺旋槽下，用外径千分尺量出两边量针顶点之间的距离 M(图 2.187)。根据 M 值可以计算出螺纹中径的实际尺寸。

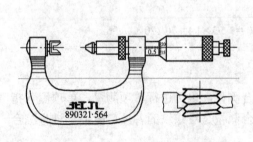

图 2.186　螺纹千分尺

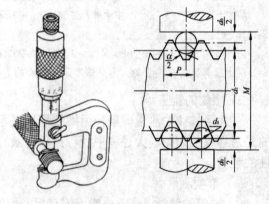

图 2.187　三针测量螺纹中径

(2) 综合测量。

螺纹的综合测量可使用螺纹量规。用螺纹塞规检验工件内螺纹；用螺纹环规检验工件外螺纹。

① 螺纹塞规。图 2.188 所示是一种双头螺纹塞规(测量大尺寸的螺纹工件时，多用单头螺纹塞规)。两端分别为通端螺纹塞规和止端螺纹塞规。通端螺纹塞规是综合检验螺纹的，具有完整的外螺纹牙型和标准旋合长度。通端与工件顺利旋合通过，则表示通端检验合格。止端螺纹塞规是检验螺纹中径的最大极限尺寸的，做成截短牙型，止端不能通过工件。

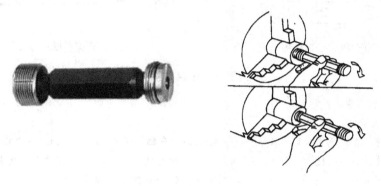

图 2.188　螺纹塞规

测量工件时，只有当通端能顺利旋合通过，而止端又不能通过工件时，表明该螺纹合格。

② 螺纹环规。螺纹环规是对螺纹各项精度要求进行一次性测量的综合性量具。

图 2.189 是一种常用的螺纹环规，通端螺纹环规和止端螺纹环规是分开的。螺纹环规与螺纹塞规相仿，通端有完整牙型和标准旋合长度。而止端是截短牙型，去除两端不完整牙形，其长度不小于 4 牙。

测量时，分别用通规、止规旋入螺纹，通规顺利通过，止规旋不进，同时表面粗糙度 $Ra \leqslant 3.2\mu m$，螺纹合格。

用螺纹量规检验是一种综合检验方法。用螺纹量规虽然不能测量出工件的实际尺寸，但能够直观地判断被测螺纹是否合格(螺纹是合格品时，表明螺纹的基本参数：中径、螺距、牙型半角等均合格)。由于采用螺纹量规检验的方法简便，工作效率高，使装配时螺纹的互换性得到可靠的保证。因此，螺纹量规在大批量生产中应用得十分广泛。

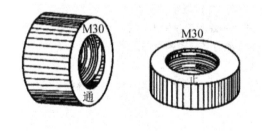　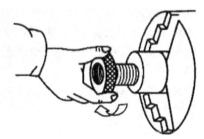

图 2.189　螺纹环规

车梯形螺纹

1. 梯形螺纹车刀

高速钢梯形螺纹车刀，其几何形状如图 2.190 所示。

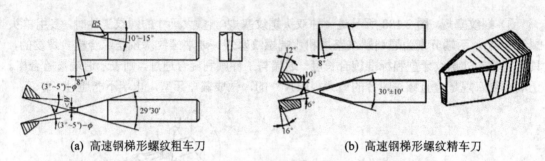

(a) 高速钢梯形螺纹粗车刀　　　　　(b) 高速钢梯形螺纹精车刀

图 2.190　高速钢梯形螺纹车刀

2. 梯形螺纹车削方法

1) 粗车梯形螺纹

可采用低速车削或高速车削。当导程小于 4mm 时，主轴转速为 30～50r/min，每次背吃刀量为 0.2mm 左右，采用直进法。当导程大于 5mm 时，每次背吃刀量为 0.5～2mm 左右，采用分层切削法，如图 2.191 所示。螺纹大径留 0.2mm 左右的精车余量，两侧各留 0.1～0.2mm 的精车余量。切削液一般选用乳化液，要加注充足。

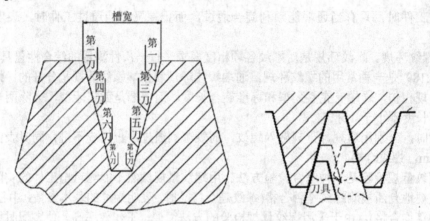

图 2.191　车梯形螺纹时的分层切削法

2) 精车梯形螺纹

先精车螺纹大径和小径至尺寸。再用精车刀，采用中途对刀法对刀，移动小溜板精车两侧面。主轴转速选择 12～30r/min，选用乳化液，用三针测量或标准螺纹环规控制中径尺寸。

3) 检验

表面粗糙度 $Ra \leqslant 1.6\mu m$，螺纹中径尺寸对测量基准跳动误差小于 0.1mm，并用螺纹量规检验合格时，则工件梯形螺纹可算合格。

2.3.3　任务实施

一、传动轴零件机械加工工艺规程编制

参照制订工艺规程的步骤，详见表 2-21，编制如图 2.142(a) 所示的传动轴的机械加工工艺规程。该轴是一个典型的阶梯轴，工件材料为 45#钢，生产类型为小批生产，调质处理 24～38HRC。

1. 分析传动轴的结构和技术要求

该轴为普通的实心阶梯轴，轴类零件一般只有一个主要视图，主要标注相应的尺寸和技术要求，而其他要素如退刀槽、键槽等尺寸和技术要求标注在相应的断面图中。

该轴由圆柱面、轴肩、螺纹、螺纹退刀槽、砂轮越程槽和键槽等组成。轴肩一般用来确定安装在轴上零件的轴向位置，各环槽的作用是使零件装配时有一个准确的位置，并使加工中磨削外圆或车螺纹时退刀方便；键槽用于安装键，以传递转矩；螺纹用于安装各种锁紧螺母和调整螺母。

安装轴承的支承轴颈和安装传动零件的配合轴颈表面，一般是轴类零件的重要表面，其尺寸精度、形状精度(圆度、圆柱度等)、位置精度(同轴度、与端面的垂直度等)及表面粗糙度要求均较高，是轴类零件机械加工时，应着重保障的要素。

如图 2.142(a)所示的传动轴，轴颈 M 和 N 处是装轴承的，各项精度要求均较高，其尺寸为 $\phi 35js6(\pm 0.008)$，且是其他表面的基准，因此是主要表面。配合轴颈 Q 和 P 处是安装传动零件的，与基准轴颈的径向圆跳动公差为 0.02(实际上是与 M、N 的同轴度)，公差等级为 IT6，轴肩 G、H 和 I 端面为轴向定位面，有较高的尺寸精度和形状位置精度，与基准轴颈的圆跳动公差为 0.02mm(实际上是与 M、N 的轴线的垂直度)，并要有较小的表面粗糙度值，也是较重要的表面。同时还有键槽、螺纹等结构要素。

因此，该传动轴的关键工序是轴颈 M、N 和外圆 P、Q 的加工。

2. 明确传动轴毛坯状况

该传动轴材料为 45#钢，单件小批生产，且属于一般的中、小传动轴，故选择 $\phi 60\text{mm} \times 255\text{mm}$ 的 45#热轧圆钢作毛坯，可满足其使用要求。

3. 拟订工艺路线

1) 确定加工方案

传动轴大多是回转面，主要是采用车削和外圆磨削。由于该轴的 Q、M、P、N 段公差等级较高，表面粗糙度值较小，应采用磨削加工。其他外圆面采用粗车、半精车、精车加工的加工方案。

2) 划分加工阶段

该轴加工划分为三个加工阶段，即粗车(粗车外圆、钻中心孔)，半精车(半精车各处外圆、台肩和修研中心孔等)，粗、精磨 Q、M、P、N 段外圆。各加工阶段大致以热处理为界。

3) 选择定位基准

轴类零件各表面的设计基准一般是轴的中心线，其加工的定位基面，最常用的是两中心孔。在粗加工外圆和加工长轴类零件时，为了提高工件刚度，常采用一夹一顶的方式，即轴的一端外圆用卡盘夹紧，另一端用尾座顶尖顶住中心孔，此时是以外圆和中心孔同作为定位基面。

4) 确定加工顺序

(1) 热处理工序安排。该轴需进行调质处理。它应放在粗加工后、半精加工前进行。如采用锻件毛坯，必须首先安排退火或正火处理。该轴毛坯为热轧钢，可不必进行正火处理。

(2) 机械加工工序安排。应遵循加工顺序安排的一般原则，如先粗后精、先主后次等。另外还应注意以下问题。

外圆表面加工顺序应为：先加工大直径外圆，然后再加工小直径外圆，以免一开始就降低了工件的刚度。

轴上的花键、键槽等表面的加工应在外圆精车或粗磨之后、外圆精磨之前。这样既可保证花键、键槽的加工质量，也可保证精加工表面的精度。

轴上的螺纹一般有较高的精度，其加工应安排在工件局部淬火之后进行，避免因淬火后产生的变形而影响螺纹的精度。

该轴的加工工艺路线为：毛坯及其热处理→粗车→热处理→(半)精车→铣键槽等→修研中心孔→磨削。

(3) 辅助工序安排。在拟订工艺过程时，应考虑检验工序的安排、检查项目及检验方法的确定。

4. 设计工序内容

在确定工序内容中的工序尺寸及公差时，经常会遇到定位基准或测量基准等与设计基准不重合的情况，此时工序尺寸及其公差的确定需要借助尺寸链。

1) 尺寸链

尺寸链(dimensional chain)是在零件加工或机器装配过程中，由互相联系的尺寸按一定顺序连接成一个首尾相接的封闭尺寸组，如图 2.192 所示。

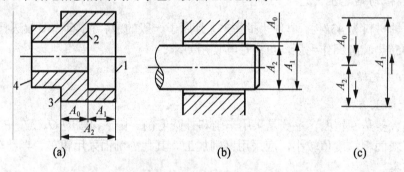

图 2.192 尺寸链示例

图 2.192(a)为一定位套，A_0 与 A_1 为图样上已标注的尺寸，当按零件图进行加工时，尺寸 A_0 不便直接测量，但可以通过测量尺寸 A_2 进行加工，间接保证 A_0 的要求。此时，尺寸 A_2 就需要应用工艺尺寸链来确定解决。

图 2.192(b)所示是一轴的装配图，其装配精度 A_0 是装配后间接形成的。为保证装配精度的要求，必须采用尺寸链理论，分析研究尺寸 A_1、A_2 与 A_0 的内在关系，确定 A_1、A_2 的尺寸。

(1) 尺寸链的组成。

① 环。列入尺寸链中的每一个尺寸均称为尺寸链的环。

② 封闭环。封闭环是在装配过程或加工过程中最后自然形成的尺寸，它的大小是由组成环间接保证的。一个尺寸链中必须有且只能有一个封闭环，用 A_0 表示。

③ 组成环。组成环是尺寸链中除封闭环以外的且对封闭环有影响的其他各环，它是在

在装配过程或加工过程中直接得到的环。根据组成环对封闭环的影响不同，又分为增环与减环。

a．增环。尺寸链中，若该环的变动引起封闭环同向变动，则该环称为增环，用 $\vec{A}_i$ 表示。

b．减环。尺寸链中，若该环的变动引起封闭环反向变动，则该环称为减环，用 $\overleftarrow{A}_i$ 表示。

同向变动是指该组成环增大时，封闭环也增大；该组成环减小时，封闭环也减小。反向变动是指该组成环增大时，封闭环减小；该组成环减小时，封闭环增大。

④ 增环和减环的判别。

a．用增环、减环的定义判别。组成环的增减性质可用增环、减环的定义判别，但是环数较多的尺寸链使用定义判别比较困难，此时可采用回路法进行判断。

b．回路法即在尺寸链图上，先给封闭环任意定出一方向并画出箭头，然后沿此方向环绕尺寸链回路，顺次给每个组成环画出箭头。此时凡与封闭环箭头方向相反的组成环为增环，与封闭环箭头方向相同的为减环。如图 2.192(c)所示，A_1 为增环，A_2 为减环。

(2) 尺寸链的特征。

① 关联性。组成尺寸链的各尺寸之间必然存在着一定的关系，相互无关的尺寸不组成尺寸链。尺寸链中每一个组成环不是增环就是减环，其尺寸发生变化都要引起封闭环的尺寸变化。对尺寸链中的封闭环尺寸没有影响的尺寸，就不是该尺寸链的组成环。封闭环是自然形成的尺寸，而且其精度必然低于任何一个组成环的尺寸的精度。

② 封闭性。尺寸链必须是一组首尾相接并构成一个封闭图形的尺寸组，其中应包含一个间接得到的尺寸。不构成封闭图形的尺寸组合就不是尺寸链。

尺寸链有多种分类形式。按环的几何特征，可分为全部环为长度尺寸的长度尺寸链和全部环为角度尺寸的角度尺寸链；按尺寸链的应用场合，可分为由有关装配尺寸组成的装配尺寸链和零件有关工艺尺寸组成的工艺尺寸链；按尺寸的空间位置，还可分为直线尺寸链、平面尺寸链和空间尺寸链。本部分将详细研究工艺尺寸链的计算，装配尺寸链的计算将在项目 7 中介绍。

(3) 工艺尺寸链的建立。

a．确定封闭环，即加工后间接得到的尺寸。在工艺尺寸链中，由于封闭环是加工过程中自然形成的尺寸，所以当零件的加工方案变化时，封闭环也将随之变化。如图 2.192(a)所示的零件，当分别采用以下两种方法加工时，尺寸链的封闭环将会发生相应变化。

方法 1：以表面 3 定位，车削表面 1 获得尺寸 A_2；然后再以表面 1 为测量基准，车削表面 2 获得尺寸 A_1；此时间接获得的尺寸 A_0 为封闭环。

方法 2：以加工过的表面 1 为测量基准，直接获得尺寸 A_1；然后调头以表面 2 为定位基准，采用定距装刀法车削表面 3，直接保证尺寸 A_0；此时尺寸 A_2 因间接获得而成了封闭环。

b．组成环的查找。组成环是加工过程中直接获得的且对封闭环有影响的尺寸，在查找工作中一定要根据这一基本特点进行。如图 2.192(a)所示的零件中，当采用上述第一种加工方法时，A_1、A_2 为组成环；当采用上述第二种加工方法时，A_1、A_0 为封闭环。而表面 4 至表面 3 的轴向尺寸因对封闭环尺寸没有影响，所以不是尺寸链中的组成环。

c．画工艺尺寸链图。画工艺尺寸链图的方法是从构成封闭环的两表面同步地开始，按照工艺过程的顺序，分别向前查找各表面最近一次加工的尺寸，再进一步向前查找该加尺寸的工序基准的最近一次的加工尺寸，如此继续向前查找，直至两条路线最后得到的加工尺寸的工序基准重合(即两者的工序基准为同一表面)，上述尺寸形成封闭轮廓，即得到了工艺尺寸链图，如图 2.192(c)所示。

(4) 尺寸链计算公式。

尺寸链的计算有极值法和概率法两种。极值法应用十分广泛，它考虑了组成环可能出现的最不利情况，因此计算结果可靠，而且计算方法简单。但是采用极值法计算工序尺寸时，当封闭环公差较小时，常使各组成环太小而使制造困难；而且在成批以上生产中，各环出现极限尺寸的可能性并不大，特别是在组成环数较多的尺寸链中，所有各环均出现极限尺寸的可能性更小，因此用极值法计算显得过于保守，此时可根据各环尺寸的分布状态，采用概率法计算公式。

① 极值法计算公式。

a. 封闭环的公称尺寸

$$A_0 = \sum_{i=1}^{m} \vec{A}_i - \sum_{i=1}^{n} \overleftarrow{A}_i \tag{2-12}$$

式中：m——增环数；
n——减环数。

b. 封闭环极限尺寸

$$A_{0\max} = \sum_{i=1}^{m} \vec{A}_{i\max} - \sum_{i=1}^{n} \overleftarrow{A}_{i\min} \tag{2-13}$$

$$A_{0\min} = \sum_{i=1}^{m} \vec{A}_{i\min} - \sum_{i=1}^{n} \overleftarrow{A}_{i\max} \tag{2-14}$$

式中：$A_{0\max}$——封闭环的最大值；
$A_{0\min}$——封闭环的最小值；
$\vec{A}_{i\max}$——增环的最大值；
$\vec{A}_{i\min}$——增环的最小值；
$\overleftarrow{A}_{i\max}$——减环的最大值；
$\overleftarrow{A}_{i\min}$——减环的最小值。

c. 封闭环极限偏差

上偏差

$$\mathrm{ES}(A_0) = \sum_{i=1}^{m} \mathrm{ES}(\vec{A}_i) - \sum_{i=1}^{n} \mathrm{EI}(\overleftarrow{A}_i) \tag{2-15}$$

下偏差

$$\mathrm{EI}(A_0) = \sum_{i=1}^{m} \mathrm{EI}(\vec{A}_i) - \sum_{i=1}^{n} \mathrm{ES}(\overleftarrow{A}_i) \tag{2-16}$$

式中：$\mathrm{ES}(A_0)$——封闭环的上偏差；
$\mathrm{EI}(A_0)$——封闭环的下偏差；
$\mathrm{ES}(\vec{A}_i)$——增环的上偏差；
$\mathrm{EI}(\overleftarrow{A}_i)$——减环的下偏差；

$\mathrm{EI}(\vec{A}_i)$——增环的下偏差；

$\mathrm{ES}(\overleftarrow{A}_i)$——减环的上偏差。

d. 封闭环公差

$$T_0 = \sum_{i=1}^{m+n} T_i \qquad (2\text{-}17)$$

式中：T_0——封闭环公差；

T_i——组成环公差。

e. 组成环平均公差

$$T_M = \frac{T_0}{m+n} \qquad (2\text{-}18)$$

式中：T_M——组成环平均公差。

② 概率法计算公式。根据概率论原理，尺寸链概率法计算公式为

封闭环公差

$$T_0 = \frac{1}{k_0}\sqrt{\sum_{i=1}^{m+n} \xi_i^2 k_i^2 T_i^2} \qquad (2\text{-}19)$$

式中：k_0——封闭环的相对分布系数，对于直线尺寸链，当各组成环在其公差内呈正态分布时，封闭环也呈正态分布，此时 $k_0 = 1$；

ξ_i——第 i 个组成环的传递系数，对于直线尺寸链，$|\xi_i| = 1$；

k_i——第 i 个组成环的相对分布系数，当组成环呈正态分布时，$k_i = 1$。

因此，封闭环公差为

$$T_0 = \sqrt{\sum_{i=1}^{m+n} T_i^2} \qquad (2\text{-}20)$$

各组成环的平均公差为

$$T_M = \frac{T_0}{\sqrt{m+n}} \qquad (2\text{-}21)$$

与式(2-18)比较，可见概率法计算出的各组成环平均公差放大了 $\sqrt{m+n}$ 倍，从而使零件加工精度降低，加工成本下降。

(5) 工艺尺寸链的解算方法——基准不重合时，工序尺寸及公差的确定。

① 定位基准与设计基准不重合时工序尺寸及其公差的计算。在零件加工过程中有时为方便定位或加工，选用不是设计基准的几何要素作定位基准，在这种定位基准与设计基准不重合的情况下，需要通过工艺尺寸链换算，计算有关工序尺寸及公差，并按换算后的工序尺寸及公差加工，以保证零件的原设计要求。

应用实例 2-7

对图 2.193 所示零件镗孔。镗孔前，表面 A、B、C 已加工好。镗孔时，为使零件装夹方便，选择表面 A 为定位基准。但是，因为孔的设计基准是表面 C，因而出现了定位基准与设计基准不重合的情况，为保证孔至表面 C 的设计尺寸 L_0，此时必须通过尺寸换算求解出 L_3。

解：(1) 作工艺尺寸链图，如图 2.193(b)所示。其中 L_0 是封闭环，L_1 是减环，L_2、L_3 是增环。

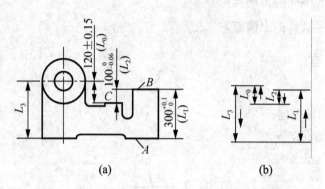

图 2.193 定位基准与设计基准不重合的尺寸换算

(2) 求解尺寸 L_3。按式(2-12)求公称尺寸 L_3：

$$L_0=L_3+L_2-L_1$$
$$L_3=(120+300-100)\text{mm}=320\text{mm}$$

按式(2-15)求上极限偏差 $\text{ES}(L_3)$：

$$\text{ES}(L_0)=\text{ES}(L_2)+\text{ES}(L_3)-\text{EI}(L_1)$$
$$\text{ES}(L_3)=0.15\text{mm}$$

按式(2-16)求下极限偏差 $\text{EI}(L_3)$：

$$\text{EI}(L_0)=\text{EI}(L_2)+\text{EI}(L_3)-\text{ES}(L_1)$$
$$\text{EI}(L_3)=0.01\text{mm}$$

最后求得

$$L_3=320^{+0.15}_{+0.01}\text{mm}$$

在进行工艺尺寸链计算时，有时可能出现算出的工序尺寸公差过小，还可能出现零公差或负公差。遇到这种情况一般可采取两种措施：一是压缩各组成环的公差值；二是改变定位基准和加工方法。本例中可改用 C 面定位，使定位基准与设计基准重合，以保证设计尺寸。

② 测量基准与设计基准不重合时工序尺寸及其公差的计算。在加工中，有时会遇到某些加工表面的设计尺寸不便测量，甚至无法测量的情况。因此需要在工件上另选一个容易测量的测量基准，通过对该测量尺寸的控制来间接保证原设计尺寸的精度。这就产生了测量基准与设计基准不重合时，测量尺寸及公差的计算问题。

应用实例 2-8

对图 2.194 所示零件加工，加工时要求保证尺寸 $(6\pm0.1)\text{mm}$，但该尺寸不便测量，只好通过测量尺寸 L 来间接保证，试求工序尺寸 L 及其上、下极限偏差。

解： 在图 2.194(a)中尺寸 $(6\pm0.1)\text{mm}$ 是间接得到的，即为封闭环 A_0。工艺尺寸链图如图 2.194(b)所示，其中尺寸 L、$(26\pm0.05)\text{mm}$ 为增环，尺寸 $36^{\ 0}_{-0.05}\text{mm}$ 为减环。

由式(2-12)，得 $6=L+26-36$，$L=16\text{mm}$；
由式(2-15)，得 $0.1=\text{ES}+0.05-(-0.05)$，$\text{ES}=0\text{mm}$；
由式(2-16)，得 $-0.1=\text{EI}+(-0.05)-0$，$\text{EI}=-0.05\text{mm}$。
最后求得 $L=16^{\ 0}_{-0.05}\text{mm}$。

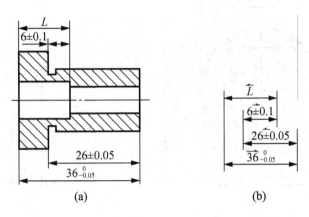

图 2.194 测量基准与设计基准不重合的尺寸换算

通过以上计算可以发现,由于基准不重合而进行尺寸换算将带来以下两个问题:

a) 换算结果明显提高了测量尺寸精度的要求。

如果按原设计尺寸进行测量,其公差值为 0.20mm,换算后的测量尺寸公差为 0.05mm,公差值减小了 0.05mm,此值恰为另一环的公差值。

b) 假废品现象。

按照工序图测量尺寸 L,当其最大尺寸为 16mm,最小尺寸为 15.95mm 时,零件为合格。假如 L 的实测偏大或偏小 0.05mm,即 L 的尺寸为 16.05mm 或 15.90mm,此时算得 A_0 的相应尺寸分别为 (16.05+26−36)=6.05mm 和 (15.90+26−36)=5.90mm,这些尺寸符合零件图上的设计尺寸,此零件应为合格件。这就是假废品现象。为了避免"假废品"的出现,对换算后工序尺寸超差的零件,应按设计尺寸再进行复检和验算,以免将实际合格的零件报废而造成废品。

③ 多次加工中间工序尺寸的计算。在零件加工过程中,有些加工表面的定位基准或测量基准是一些尚需继续加工的表面。当加工这些表面时,不仅要保证本工序对该表面的尺寸要求,同时还要考虑保证原加工表面的要求,即在一次加工后要同时保证两个以上的尺寸要求,此时也需要进行工序尺寸及公差的换算。

应用实例 2-9

对图 2.195(a)所示传动轴零件加工。该轴的 $\phi46$ 配合轴颈处在设计上要求轴的直径和键槽深度完工后尺寸分别为 $\phi46\pm0.008$ 和 $40.5_{-0.20}^{0}$。该轴的加工顺序如下:先按工序尺寸 $\phi46.6_{-0.10}^{0}$ 车外圆,再按工序尺寸 A 铣键槽,修研中心孔后,磨外圆至设计尺寸 $\phi46\pm0.008$,同时保证设计上所要求的轴键槽深度 $40.5_{-0.20}^{0}$,如图 2.195 所示。试计算铣键槽工序尺寸 A 及其极限偏差。

解:根据以上加工顺序,可以看出磨外圆后必须保证外圆的尺寸,同时还必须保证键槽的深度。为此必须计算车外圆后加工的键槽深度的工序尺寸 A。

(1) 作工艺尺寸链图,如图 2.195(b)所示。因 $40.5_{-0.20}^{0}$ mm 是间接保证的尺寸,故为封闭环。组成环分别是:磨削后的半径尺寸 (23 ± 0.004)mm,为增环;车削后的半径尺寸 $23.3_{-0.05}^{0}$ mm,为减环;铣键槽尺寸 A,为增环,也是要求的工序尺寸。

(2) 按上例方法求得 A 值:

$$A = 40.8_{-0.196}^{-0.054} \text{ mm}$$

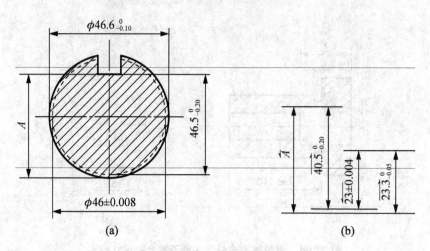

图 2.195 轴键槽简图

④ 保证渗碳、渗氮层深度的工序尺寸计算。

 应用实例 2-10

图 2.196(a)所示为一需要进行渗氮处理的衬套零件。该零件孔 $\phi 145_{0}^{+0.04}$ mm 的表面要求渗氮，精加工后要求渗层深度为 0.3~0.5mm，如图 2.196(b)所示，即单边深度为 $0.3_{0}^{+0.2}$ mm，双边深度为 $0.6_{0}^{+0.4}$ mm。试求精磨前渗氮层深度。

该表面的加工顺序为：磨内孔至尺寸 $\phi 144.76_{0}^{+0.04}$ mm，如图 2.196(c)所示，渗氮处理；精磨内孔至 $\phi 145_{0}^{+0.04}$ mm，并保证渗层深度为 t_0。

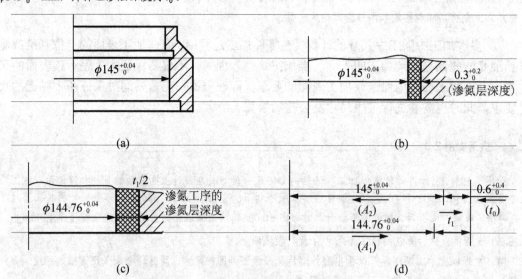

图 2.196 保证渗氮深度尺寸计算

解：(1) 作该工序的工艺尺寸链图，如图 2.196(d)所示。t_0 为封闭环，A_1、t_1 为增环，A_2 为减环。

(2) 按上例方法求得 t_1 值：

$$t_1 = 0.84_{+0.04}^{+0.36} \text{mm}$$

即渗氮层深度为 $t_1/2 = 0.44_{0}^{+0.16}$。

2) 传动轴的工序尺寸及公差确定

毛坯下料尺寸：$\phi 60 \times 255$。

车加工：粗车时，各外圆及各段尺寸按图样加工尺寸均留余量 2mm；半精车时，螺纹大径车到 $\phi 24_{-0.2}^{-0.1}$ mm，$\phi 44$mm 及 $\phi 52$mm 台阶车到图样规定尺寸，其余台阶均留 0.6mm 磨削余量。

铣加工：止动垫圈槽加工到图样规定尺寸，键槽铣削时要通过工艺尺寸链的计算确定其工序尺寸及公差(详见应用实例 2-7)，留出磨削余量。

精加工：螺纹加工到图样规定尺寸 M24×1.5-6g，各外圆车到图样规定尺寸并预留磨削余量。

磨削余量的选择：磨削余量留得过大，需要的磨削时间长，增加磨削成本；磨削余量留得过小，保证不了磨削表面质量。合理选择磨削余量，对保证加工质量和降低磨削成本有很大的影响。磨削余量可参考表 2-53 进行选择，对于单件磨削，表中数据可适当增大一些。

表 2-53 磨削余量

工件直径	余量限度	磨削前								粗磨前精磨后	精磨后研磨前
		未经热处理的轴				经热处理的轴					
		轴的长度									
		100以下	101~200	201~400	401~700	100以下	101~300	301~600	601~1000		
≤10	max	0.20	—	—	—	0.25	—	—	—	0.020	0.008
	min	0.10	—	—	—	0.15	—	—	—	0.015	0.005
11~18	max	0.25	0.30	—	—	0.30	0.35	—	—	0.025	0.008
	min	0.15	0.20	—	—	0.20	0.25	—	—	0.020	0.006
19~30	max	0.30	0.35	0.40	—	0.35	0.40	0.45	—	0.030	0.010
	min	0.20	0.25	0.30	—	0.25	0.30	0.35	—	0.025	0.007
31~50	max	0.30	0.35	0.40	0.45	0.40	0.50	0.55	0.70	0.035	0.010
	min	0.20	0.25	0.30	0.35	0.25	0.30	0.40	0.50	0.028	0.008
51~80	max	0.35	0.40	0.45	0.55	0.45	0.55	0.65	0.75	0.035	0.013
	min	0.20	0.25	0.30	0.35	0.30	0.35	0.45	0.50	0.028	0.008
81~120	max	0.45	0.50	0.55	0.60	0.55	0.60	0.70	0.80	0.040	0.014
	min	0.25	0.35	0.35	0.40	0.35	0.40	0.45	0.45	0.032	0.010
121~180	max	0.50	0.55	0.60	—	0.60	0.70	0.80	—	0.045	0.016
	min	0.30	0.35	0.40	—	0.40	0.50	0.55	—	0.038	0.012
181~260	max	0.60	0.60	0.65	—	0.70	0.75	0.85	—	0.050	0.020
	min	0.40	0.40	0.45	—	0.50	0.55	0.60	—	0.040	0.015

3) 选择设备和工装

(1) 设备的选择。该轴加工设备选择：外圆车削设备为 CA6140 型车床；键槽铣削加工设备为 X52 型铣床。

外圆磨削一般采用外圆磨床或万能外圆磨床。选择磨床,一般根据磨床型号及其技术参数进行选择。在生产中,为了使每种机床都发挥出作用,其加工的直径有一个合理的范围,外圆磨床磨削工件的合理直径 d 与其主参数 D_{max} 的关系为:$d = \left(\dfrac{1}{10} \sim \dfrac{1}{2}\right) D_{max}$。外圆磨床的相对精度等级可根据工件的尺寸精度、圆度或圆柱度确定。例如,加工尺寸精度为 IT6、圆度为 6~7 级的工件,一般选择普通精度级机床。工件的尺寸精度和形位精度要求越高,选用的机床精度越高。表面粗糙度不仅与机床精度有关,而且与磨削参数、砂轮修整、光磨次数等有关,表面粗糙度不是选择磨床精度的主要因素。综上所述,本项目可选择 M1432A 型磨床。

特别提示

(1) 磨前毛坯。磨削加工是机械加工工艺过程中的一部分,一般作为零件的精加工和终序加工。为了降低机械加工成本,在磨削加工之前,要进行切削加工,去除工件上的大部分的加工余量。半精车后,各外圆表面的尺寸精度达到 IT8~IT9,表面粗糙度为 $Ra6.3 \sim 3.2\mu m$。各外圆表面留磨削余量(直径)0.3~0.4mm,留轴肩端面余量 0.1~0.2mm,表面粗糙度为 $Ra6.3 \sim 3.2\mu m$。

(2) 磨削方法。外圆的磨削方法,根据各外圆柱表面的长度,分别选用纵磨法和切入法。轴肩的磨削方法,根据轴肩与其他零件的配合情况、表面之间的过渡结构确定。

$\phi 46$、$\phi 35$ 外圆用纵磨法磨削,外圆 $\phi 30$ 用切入法磨削。在磨削各处靠台阶旁外圆时,需细心调整工作台行程,使砂轮在越出台阶旁外圆时不发生碰撞。磨端面时,需将砂轮端面修成内凹形,砂轮横向退出 0.1mm 左右(参见图 2.169),以免砂轮与已加工表面接触。

磨削时,应划分粗、精加工,为防止磨削力引起的弯曲变形,可先精磨左端 $\phi 35$、$\phi 30$mm 轴颈,然后磨右端 $\phi 35$、$\phi 46$mm 轴颈。

(3) 磨削液的选择。选用 69-1 乳化液或 NA-802 磨削液,应注意充分冷却,防止表面烧伤。

(2) 工艺装备的选择。工艺装备的选择主要指夹具、刀具和量具的选择。

① 夹具的选择。该轴生产类型为小批生产,应优先选择通用夹具,如三爪卡盘、顶尖等。粗加工阶段,一夹一顶装夹工件;精加工时,用两顶尖装夹,由卡箍夹紧工件,并通过拨杆带动工件旋转。由于工件上有轴肩(台阶端面),且加工要求较高,需经多次调头装夹,装夹时应仔细校正工件。

② 刀具选用。选择刀具时应综合考虑工件材料、加工精度、表面粗糙度、生产率、经济性及所选用机床的技术性能等因素,一般应优先选择标准刀具。

a. 车床用刀具:90°外圆车刀、45°外圆车刀、螺纹车刀、2.5mm 中心钻、3mm 切断刀。

b. 砂轮的选择。砂轮可根据工件材料、热处理、加工精度、粗磨和精磨等情况选择。本项目中砂轮的选择同时兼顾粗磨和精磨,用一种砂轮,参考表 2-54,选用砂轮特性为:磨料可采用 WA 或 PA,粒度 F60~F80,硬度为 L~M,陶瓷结合剂 V。根据砂轮的磨削表面,砂轮的形状为平形砂轮,结构尺寸与所用磨床相匹配。修整砂轮用金刚石笔,重点掌握磨削轴肩的砂轮端面修整。

表 2-54 外圆磨削砂轮的选择

加工材料	磨削要求	磨料	磨料代号	粒度	硬度	结合剂
未淬火的碳钢、合金钢	粗磨	棕刚玉	A(GZ)	F36~F46	M~N	V
	精磨			F46~F60	M~Q	
淬火的碳钢、合金钢	粗磨	白刚玉	WA(GB)	F46~F60	K~M	V
	精磨	铬刚玉	PA(GG)	F60~F100	L~N	
铸铁	粗磨	黑碳化硅	C(TH)	F24~F36	K~L	V
	精磨			F60	K	
不锈钢	粗磨	单晶刚玉	SA(GD)	F36~F46	M	V
	精磨			F60	L	
硬质合金	粗磨	绿碳化硅	GC(TL)	F46	K	V
	精磨	人造金刚石	RVD(JR$_{1,2}$)	F100		B
高速钢	粗磨	白刚玉	WA(GB)	F36~F40	K~L	V
	精磨	铬刚玉	PA(GG)	F60		
软青铜	粗磨	黑碳化硅	C(TH)	F24~F36	K	V
	精磨			F46~F60	K~M	
紫铜	粗磨	黑碳化硅	C(TH)	F36~F60	K~L	B
	精磨	铬刚玉	PA(GG)	F60	K	V

③ 量具的选择。根据工件的形状、尺寸精度和表面粗糙度，该轴优先选择各种通用量具，如用千分表测量圆跳动；游标卡尺、千分尺测量工件尺寸；用粗糙度样块与外圆表面进行对比，通过目测法确定外圆表面的粗糙度；螺纹检验用螺纹量规。这些量具的使用范围和用途，可查阅有关专业书籍或技术资料，并以此作为选择量具的依据。

另外，还要选用部分辅具，如硬爪与软爪、钻夹头、锉刀、毛刷等。

4) 切削用量及时间定额的制订

此处不作详细说明。

5. 填写工艺卡片

综上所述，传动轴零件的机械加工工艺过程见表 2-55。

表 2-55 传动轴零件的机械加工工艺过程

工序号	工种	工序内容	工序简图	设备
1	下料	φ60mm×255mm		
2	车	三爪卡盘夹持工件，车端面见平，钻中心孔，用尾架顶尖顶住，粗车3个台阶，直径、长度均留余量2mm		CA6140

续表

工序号	工种	工序内容	工序简图	设备
2	车	调头,三爪卡盘夹持工件另一端,车端面保证总长250mm,钻中心孔,用尾架顶尖顶住,粗车另外4个台阶,直径、长度均留余量2mm	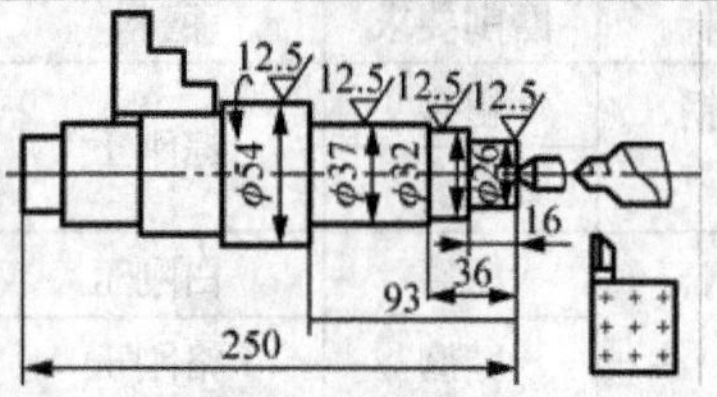	CA6140
3	热	调质处理,217~255HBW		
4	钳	修研两端中心孔	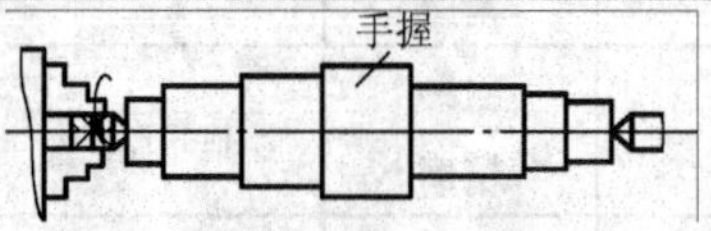	CA6140
5	车	双顶尖装夹,半精车3个台阶,螺纹大径车到$\phi 24_{-0.2}^{-0.1}$ mm,其余两个台阶直径上留余量0.6mm,车槽3个,倒角3个	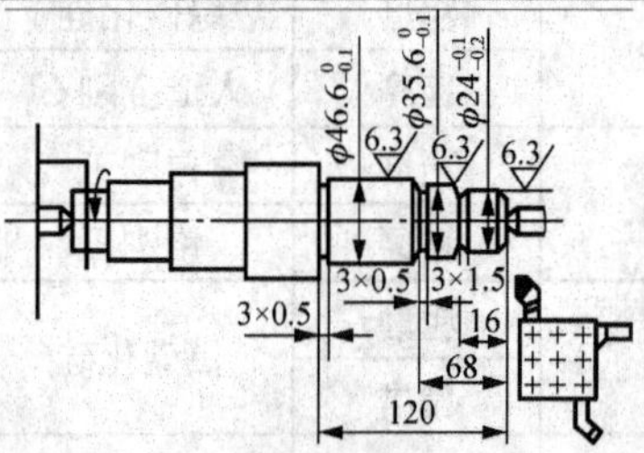	CA6140
5	车	调头,双顶尖装夹,半精车余下的5个台阶,$\phi 52$ mm及$\phi 44$ mm台阶车到图样规定的尺寸。螺纹大径车到$\phi 24_{-0.2}^{-0.1}$ mm,其余两个台阶直径上留余量0.6mm,车槽3个,倒角4个	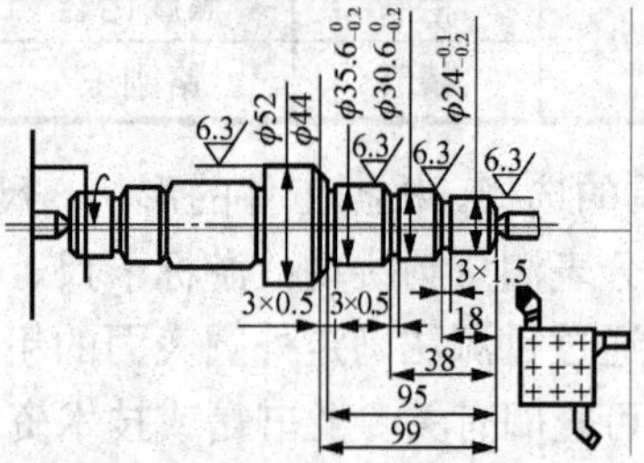	CA6140
6	车	双顶尖装夹,车一端螺纹M24×1.5-6g;调头,双顶尖装夹,车另一端螺纹M24×1.5-6g	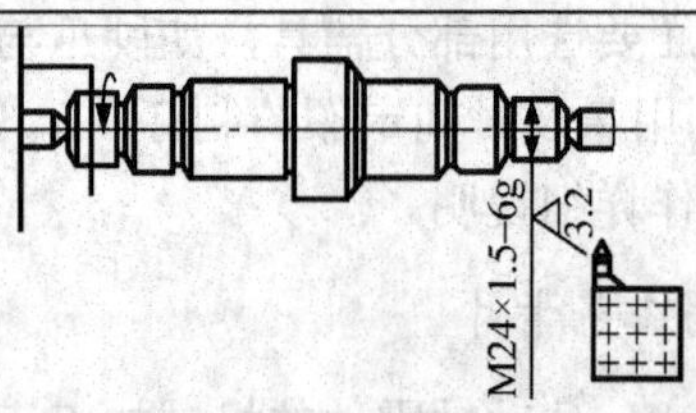	CA6140
7	钳	划键槽及1个止动垫圈槽加工线		
8	铣	两个键槽及一个止动垫圈槽,键槽深度保证$40.8_{-0.196}^{-0.054}$ mm、$26.3_{-0.197}^{-0.053}$ mm、$20_{-0.2}^{0}$ mm	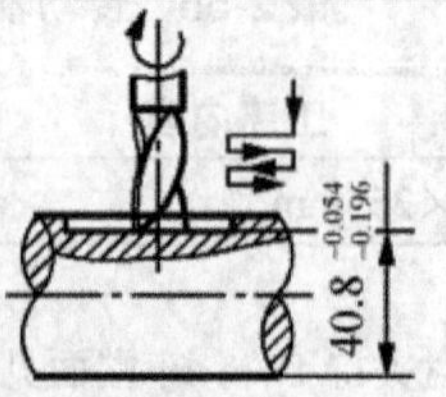	X52
9	钳	修研两端中心孔	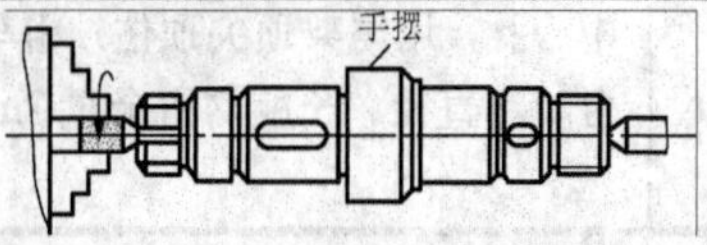	CA6140

200

续表

工序号	工种	工序内容	工序简图	设 备
10	磨	磨外圆 Q 和 M，并用砂轮端面靠磨台肩 H 和 I。调头，磨外圆 N 和 P，靠磨台肩 G	$\phi 35\pm0.008$ $\phi 46\pm0.008$ $\phi 35\pm0.008$ $\phi 30\pm0.0065$	M1432A
11	检	检验		

二、传动轴零件机械加工工艺规程实施

1. 任务实施准备

(1) 根据现有生产条件或在条件许可情况下，委托合作企业操作人员根据学生编制的传动轴零件机械加工工艺过程卡片进行加工，由学生对加工后的零件进行检验，判断零件合格与否。(可在校内实训基地，由兼职教师与学生代表根据机床操作规程、工艺文件，共同完成零件部分粗加工工序的加工。)

(2) 工艺准备(可与合作企业共同准备)。

① 毛坯准备：传动轴材料为 45#钢，单件小批生产，且属于一般的中、小传动轴，故选择 $\phi 60$mm×255mm 的 45#热轧圆钢作毛坯。

② 设备、工装准备。详见传动轴零件机械加工工艺规程编制中相关内容。

③ 资料准备：机床使用说明书、刀具说明书、机床操作规程、产品的装配图以及零件图、工艺文件、《机械加工工艺人员手册》、5S 现场管理制度等。

(3) 准备相似零件，参观生产现场或观看相关加工视频，了解其加工工艺过程。

2. 任务实施与检查

1) 分组分析零件图样

根据图 2.142 传动轴零件图，分析图样的完整性及主要的加工表面。根据分析可知，零件的结构工艺性较好。

2) 分组讨论毛坯选择问题

传动轴零件材料为 45#钢，毛坯采用棒料形式。

3) 分组讨论零件加工工艺路线

确定加工表面的加工方案，划分加工阶段，选择定位基准，确定加工顺序，设计工序内容等。

4) 传动轴零件的加工步骤

参照其机械加工工艺过程执行(见表 2-55)。

(1) 操作前的检查、准备。

① 检查、修研中心孔。用涂色法检查工件中心孔，要求中心孔与顶尖的接触面积大于 80%。若不符合要求，需进行清理或修研，符合要求后，应在中心孔内涂抹适量的润滑脂。

② 找正头架和尾座中心高，不允许偏移。移动尾座使尾座顶尖和头架顶尖对准，如图 2.197 所示。生产中采用试磨后，检测轴的两端尺寸，然后对机床进行调整。如果顶尖偏移，工件的旋转轴线也将歪斜，纵向磨削的圆柱表面将产生锥度，切入磨削的接刀部分

也会产生明显的接刀痕迹。

③ 将工件的一端插入卡箍，拧紧卡箍上的螺钉夹紧工件，然后使卡箍(卡环)上的开口槽对准机床上的拨杆，将工件装夹在两顶尖间，如图 2.198 所示。

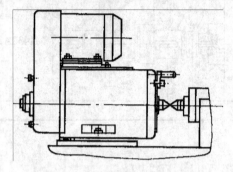

图 2.197　找正头架、尾座中心

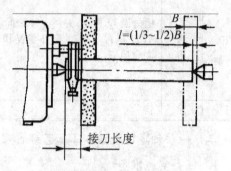

图 2.198　接刀长度的控制

④ 粗修整砂轮外圆，端面两侧修成内凹形。

⑤ 检查工件加工余量。

⑥ 调整工作台行程挡铁位置，以控制砂轮接刀长度和砂轮越出工件长度 l，$l=\left(\dfrac{1}{3}\sim\dfrac{1}{2}\right)B$，$B$ 为砂轮宽度，如图 2.198 所示。砂轮接刀长度应尽可能小，一般为 $[B_1+(10\sim15)]$mm，B_1 为卡箍的宽度，B_1 与装夹工件的直径大小有关，$B_1=10\sim20$mm，详见 JB/T 10119—1999。

(2) 试磨。试磨时，选用尽量小的背吃刀量，磨出外圆表面，用千分尺检测工件两端直径差不大于 0.005mm。若超出要求，则调整、找正工作台至理想位置。

(3) 粗磨 ϕ35mm 外圆。用纵磨法磨削，留余量 0.04～0.06mm，并磨出其左端面。

(4) 粗磨 ϕ30mm 外圆。用切入法磨削，留余量 0.03～0.05mm，并磨出其左端面。

(5) 调头装夹，粗磨 ϕ35 及 ϕ46mm 外圆和端面。用纵磨法磨削，外圆留余量 0.03～0.05mm，磨出 ϕ46mm 台阶端面，端面留余量 0.03mm。

(6) 精修整砂轮外圆及端面。

(7) 精磨各处外圆至尺寸要求，径向圆跳动误差不大于 0.02mm，表面粗糙度为 Ra0.8μm；精磨各处外圆台阶端面，表面粗糙度为 Ra0.8μm。精磨的顺序与粗磨的顺序不同，这样可以减少装夹一次工件。

(8) 注意事项如下。

① 通常磨削后，靠近头架端外圆的直径较靠近尾座端的直径大 0.003mm 左右，在精确找正工作台时，注意这种现象。

② 当出现单面接刀痕迹时，要及时检查中心孔和顶尖的质量。如图 2.199 所示的中心孔端出现毛刺，或如图 2.200 所示的顶尖磨损都会产生接刀痕迹。

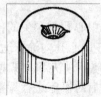

图 2.199　中心孔端出现毛刺

图 2.200　顶尖磨损

③ 外圆磨削要注意清理和润滑中心孔。

④ 顶尖的预紧力要调节合适。

⑤ 若遇调头装夹，存在接刀问题时，可在工件接刀处涂上薄薄的一层显示剂(红油)，用切入法磨削接刀，当显示剂消失时立即退刀，如图 2.201 所示。当砂轮的宽度小于接刀长度时，采用纵向切入磨削。

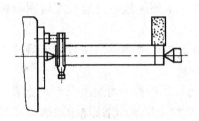

图 2.201　切入磨削接刀示意图

5) 传动轴零件精度检验

轴类零件在加工过程中和加工完以后都要按工艺规程的技术要求进行检验。检验的项目包括硬度、表面粗糙度、尺寸精度、形状精度和相互位置精度。

(1) 硬度和表面粗糙度的检验。硬度是在热处理之后用硬度计抽检。表面粗糙度一般用表面粗糙度样块比较法检验，如图 2.202 所示。对于精密零件可采用干涉显微镜进行测量。

(2) 精度检验。精度检验应按一定顺序进行，先检验形状精度，然后检验尺寸精度，最后检验位置精度。这样可以判明和排除不同性质误差之间对测量精度的干扰。

① 形状精度检验。轴类零件形状误差主要是指圆度误差和圆柱度误差。

圆度误差为轴的同一截面内最大直径与最小直径之差。一般用千分尺按照测量直径的方法即可检测。精度高的轴需用比较仪检验。

圆柱度误差是指同一轴向剖面内最大直径与最小直径之差，同样可用千分尺检测。

另外，还可用 V 形架检查圆度和圆柱度误差，如图 2.203 所示，将被测零件放在平板上的 V 形架内，利用带指示器的测量架进行测量。V 形架的长度应大于被测零件的长度。

图 2.202　表面粗糙度样块测量

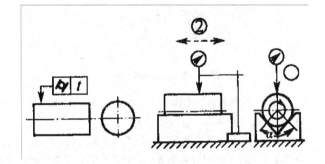
图 2.203　测量圆度和圆柱度误差的示意图

在被测零件无轴向移动回转一周过程中，测量一个垂直轴横截面上的最大与最小读数之差，可近似地看作该截面的圆度误差。按上述方法，连续测量若干个横截面，然后取各截面内测得的所有读数中最大与最小读数的差值，作为该零件的圆柱度误差。为了测量准确，通常应使用夹角 $\alpha = 90°$ 和 $\alpha = 120°$ 的两个 V 形架，分别测量，取测量结果的平均值。

弯曲度可以用千分表检验，把零件放在平板上，零件转动一周，千分表读数的最大变动量就是弯曲误差值。

② 尺寸精确检验。在单件小批生产中，轴的直径一般用外径千分尺检验。精度较高(公差值小于 0.01mm)时，可用杠杆卡规测量。台肩长度可用游标卡尺、深度游标卡尺和深度千分尺检验。

大批大量生产中，为了提高生产效率常采用极限卡规检测轴的直径。长度不大而精度又高的零件，也可用比较仪检验。

M24×1.5-6g 螺纹大径、螺纹长度检验可用游标卡尺测量。外螺纹用螺纹环规综合测量。

③ 位置精度检验。为提高检验精度和缩短检验时间，位置精度检验多采用专用检具。

特别提示

轴类零件在加工过程中的项目检验方法。

(1) 测量外径。传动轴外圆直径的测量用千分尺检验，在加工中用千分尺测量工件外径的方法如图 2.204 所示。测量时，砂轮架应快速退出，从不同长度位置和不同直径方向进行测量。

(2) 测量工件的径向圆跳动。在加工中测量工件的径向圆跳动如图 2.205 所示。测量时，先在工作台上安放一个测量桥板，然后将百分表(或千分表)架放在测量桥板上，使百分表(或千分表)量杆与被测工件轴线垂直，并使测头位于工件圆周最高点上。外圆柱表面绕轴线轴向回旋时，在任意测量平面内的径向跳动量(最大值与最小值之差)为径向跳动(或替代圆度)。外圆柱表面绕轴线连续回旋，同时千分表平行于工件轴线方向移动，在整个圆柱面上的跳动量为全跳动(或替代圆柱度)。

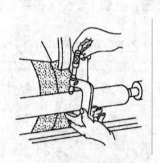
图 2.204 测量工件的外径

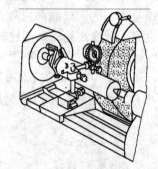
图 2.205 测量工件的径向圆跳动

(3) 工件外圆的圆度和圆柱度误差测量。在生产中，一般采用两顶尖装夹工件，用千分表测圆度和圆柱度，精密零件用圆度仪进行测量。

(4) 用光隙法测量端面的平面度。如图 2.206 所示，把样板平尺紧贴工件端面，测量其间的光隙，如果样板平尺与工件端面间不透光，就表示端面平整。轴肩端面的平面度误差有内凸、内凹两种，一般允许内凹，以保证端面与之配合的表面良好的接触。

(5) 工件端面的磨削花纹。工件端面的磨削花纹也反映了端面是否磨平。由于尾座顶尖偏低，磨削区在工件端面上方，磨出端面为内凹，端面花纹为单向曲线，如图 2.207(a)所示。端面为双向花纹，则表示端面平整，如图 2.207(b)所示。

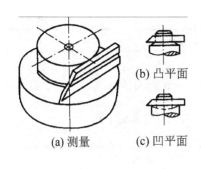
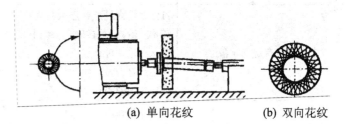

图 2.206 端面平面度误差测量　　　　图 2.207 端面的磨削花纹

6) 任务实施的检查与评价

具体的任务实施检查与评价内容参见表 2-26。

 问题讨论

(1) 用两顶尖装夹工件，应注意什么问题？
(2) 如何选择 $\phi 35\pm0.008$ 外圆半精车车刀、磨削砂轮？
(3) $8_{-0.036}^{0}$ 键槽槽宽如何测量？

3. 外圆磨削、车螺纹加工误差分析

1) 外圆磨削加工误差分析

外圆磨削常见问题见表 2-56。

表 2-56　外圆磨削常见问题

常见问题	产生原因
工件表面出现直波形振痕	(1) 砂轮不平衡； (2) 砂轮硬度太高； (3) 砂轮钝化后没有及时修整； (4) 砂轮修得过细或金刚钻顶角已磨平修出砂轮不锋利； (5) 工件圆周速度过大，工件中心孔有多角形； (6) 工件直径、重量过大，不符合机床规格； (7) 砂轮主轴轴承磨损，配合间隙过大产生径向跳动； (8) 头架主轴轴承松动
工件表面有螺旋形痕迹	(1) 砂轮硬度高，修得过细，而背吃刀量过大； (2) 纵向进给量太大； (3) 砂轮磨损，素线不直； (4) 金刚钻在修整器中未夹紧或金刚石在刀杆上焊接不牢，有松动现象使修出的砂轮凹凸不平； (5) 切削液太少或质量分数太低； (6) 工作台导轨润滑油浮力过大使工作台漂起，在运行中产生摆动； (7) 工作台运行时有爬行现象； (8) 砂轮主轴有轴向窜动

续表

常见问题	产生原因
工件表面有烧伤现象	(1) 砂轮太硬或粒度太细； (2) 砂轮修得过细，不锋利； (3) 砂轮太钝； (4) 背吃刀量、纵向进给量过大或工件的圆周速度过低； (5) 切削液不充足
工件有圆度误差	(1) 中心孔形状不正确或中心孔内有污垢、铁屑尘埃等； (2) 中心孔或顶尖因润滑不良而磨损； (3) 工件顶得过松或过紧； (4) 顶尖在主轴和尾座套筒锥孔内配合不紧密； (5) 砂轮过钝； (6) 切削液不充分或供应不及时； (7) 工件刚性较差而毛坯形状误差又大，磨削时余量不均匀而引起背吃刀量变化，使工件弹性变形，发生相应变化结果磨削后的工件表面部分地保留着毛坯形状误差； (8) 工件有不平衡重量； (9) 砂轮主轴轴承间隙过大； (10) 用卡盘装夹磨削外圆时，头架主轴径向圆跳动过大
工件有锥度误差	(1) 工作台未调整好； (2) 工件和机床的弹性变形发生变化； (3) 工作台导轨润滑油浮力过大，运行中产生摆动； (4) 头架和尾座顶尖的中心线不重合
工件有鼓形误差	(1) 工件刚性差，磨削时产生弹件弯曲变形； (2) 中心架调整不适当
工件弯曲	(1) 磨削用量太大； (2) 切削液不充分，不及时
工件两端尺寸较小(或较大)	(1) 砂轮越出工件端面太多(或太少)； (2) 工作台换向时停留时间太长(或太短)
轴的端面有圆跳动误差	(1) 进给量过大，退刀过快； (2) 切削液不充分； (3) 工件顶得过紧或过松； (4) 砂轮主轴有轴向窜动； (5) 头架主轴轴承轴向间隙过大； (6) 用卡盘装夹磨削端面时，头架主轴轴向窜动过大
台阶端面内部凸起	(1) 进刀太快，"光磨"时间不够； (2) 砂轮与工件接触面积大磨削力大； (3) 砂轮主轴中心线与工作台运动力向不平行
台阶轴有同轴度误差	(1) 与圆度误差原因1~5相同； (2) 磨削用量过大及"光磨"时间不够； (3) 磨削步骤安排不当； (4) 用卡盘装夹磨削，工件找正不对，或头架主轴径向跳动太大

2) 车螺纹加工误差分析

车螺纹常见问题见表 2-57。

表 2-57　车螺纹常见问题

常见问题	产生原因
中径尺寸不正确	(1) 中滑板刻度不准，精车时，应检查刻度盘是否松动； (2) 高速切削时，切入深度未掌握好，应及时测量工件
螺距不正确	交换齿轮在计算或搭配时错误和进给箱手柄位置放错。应在车削第一个工件时，先车出一条很浅的螺旋线，停车后，用钢直尺测量螺距的尺寸是否正确
局部螺距不正确	(1) 车床丝杠和主轴的窜动较大； (2) 溜板箱手轮转动时轻重不均匀； (3) 开合螺母间隙太大
牙型不正确	(1) 车刀装夹不正确，产生螺纹的牙型半角误差，一定要使用螺纹样板对刀； (2) 车刀刀尖角刃磨得不正确； (3) 车刀磨损，应合理选择切削用量和及时修磨车刀
牙侧表面粗糙度	(1) 高速切削螺纹时，切削厚度太小或切屑倾斜方向排出，拉毛牙侧表面。高速切削螺纹时，最后一刀切削厚度一般不小于 0.1mm，切屑要垂直轴线方向排出； (2) 车刀产生积屑瘤，用高速钢车刀切削，应降低刃削速度，切削厚度小于 0.07mm，并加注切削液； (3) 刀杆不要伸出过长，刀杆刚性不够，切削时易引起振动； (4) 车刀刃口磨得不光洁，或在车削中损伤了刃口
牙型纹乱	(1) 车床丝杠螺距不是工件螺距的整数转时，直接起动开合螺母车削螺纹； (2) 开倒顺车车螺纹时，开合螺母抬起
"扎刀"和顶弯工件	(1) 车刀背前角太大，中滑板丝杠间隙较大； (2) 工件刚性差，而切削用量选择太大

任务 2.4　长轴零件机械加工工艺规程编制与实施

2.4.1　任务引入

编制如图 2.208 所示的长轴机械加工工艺规程并实施。生产类型为单件小批生产(加工数量为 2 件)。材料为 45#钢，技术要求：调质处理。

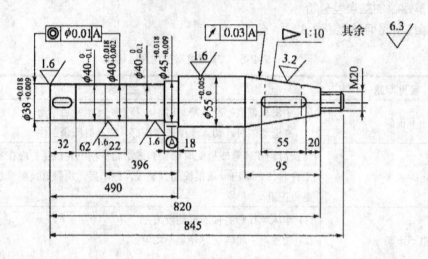

图 2.208　长轴

2.4.2　相关知识

1. 车削圆锥面(conical surface)

在机床与工具中，圆锥面配合应用得很广泛。例如：车床主轴锥孔与顶尖锥体的结合；车床尾座套筒锥孔与麻花钻、铰刀及回转顶尖等锥柄的结合等，如图 2.209 所示。

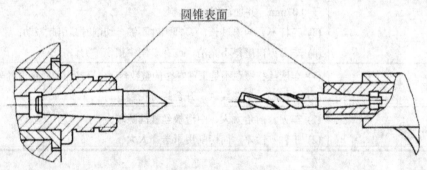

图 2.209　圆锥面配合

圆锥面配合获得广泛应用的主要原因如下。

(1) 当圆锥面的锥角较小(在 3°以下)时，可传递很大的转矩。

(2) 装卸方便，虽经多次装卸，仍能保证精确的定心作用。

(3) 圆锥面配合同轴度较高，并能做到无间隙配合。

(4) 圆锥面的车削与外圆车削所不同的是除了对尺寸精度、形位精度和表面粗糙度要求外，还有角度或锥度的精度要求。

1) 圆锥的基本参数和标准圆锥

(1) 圆锥的 4 个基本参数。

① 最大圆锥直径(D)

② 最小圆锥直径(d)
③ 圆锥长度(L)
④ 圆锥半角($\alpha/2$)和锥度(C)。

锥度是两个垂直圆锥轴线截面的圆锥直径差与该两截面间的轴向距离之比，即 $C=(D-d)/L$。

圆锥的各部分名称如图 2.210 所示。

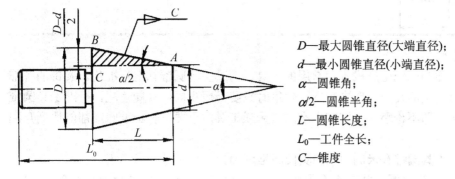

D—最大圆锥直径(大端直径);
d—最小圆锥直径(小端直径);
α—圆锥角;
$\alpha/2$—圆锥半角;
L—圆锥长度;
L_0—工件全长;
C—锥度

图 2.210　圆锥的各部分名称

(2) 圆锥的表示方法。

由于设计基准、测量方法等要求不同，在图样中圆锥的标注方法也不一致，根据在圆锥的 4 个基本参数中，只要知道任意 3 个参数，即可计算出其他 1 个未知参数。圆锥三要素标注方法和计算见表 2-58。

表 2-58　圆锥标注方法和计算

图　示	说　明	计　算
	图样上标注圆锥的 D、d 及 L，需要计算 C 和 $\alpha/2$	$C=(D-d)/L$ $\tan\alpha/2=(D-d)/(2L)$
	图样上标注圆锥的 D、d 及 L，需要计算 d 和 $\alpha/2$	$d=D-CL$ $\tan\alpha/2=C/2$
	图样上标注圆锥的 D、L 及 $\alpha/2$，需要计算 d 和 C	$d=D-2L\tan\alpha/2$ $C=2\tan\alpha/2$

续表

图示	说明	计算
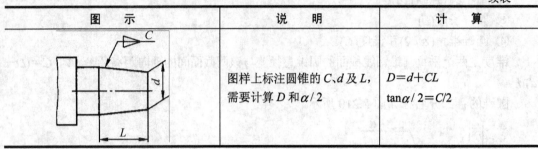	图样上标注圆锥的 C、d 及 L，需要计算 D 和 $\alpha/2$	$D=d+CL$ $\tan\alpha/2=C/2$

(3) 标准圆锥。

为了使用方便和降低生产成本，常用的工具、刀具上的圆锥都已标准化。圆锥的各部分尺寸，可按照规定的几个号码来制造。使用时只要号码相同，就能互配。标准工具圆锥已在国际上通用，即不论哪一个国家生产的机床或工具，只要符合标准圆锥都能达到互配性要求。

常用的标准工具圆锥有米制圆锥和莫氏圆锥两种。

① 米制圆锥。米制圆锥共有 8 个号码，即 4 号、6 号、80 号、100 号、120 号、140 号、160 号和 200 号。它的号码是指圆锥的大端直径，锥度固定不变，即 $C=1:20$。圆锥半角 $\alpha/2=1°25'56''$。

② 莫氏圆锥。莫氏圆锥是机器制造业中应用得最广泛的一种，如车床主轴孔、顶尖、钻头柄部及铰刀柄部等都是用莫氏圆锥。莫氏圆锥分成 7 个号码，即 0 号、1 号、2 号、3 号、4 号、5 号、6 号，最小的是 0 号，最大的是 6 号。每一型号公称直径大小分别为 $\phi9.045$、$\phi12.065$、$\phi17.78$、$\phi23.825$、$\phi31.267$、$\phi44.399$、$\phi63.348$。莫氏圆锥是从英制换算来的。当号数不同时，圆锥半角和尺寸都不同。莫氏圆锥的锥度和圆锥半角见表 2-59。

表 2-59 莫氏圆锥

圆锥号数	锥度(C：$2\tan\alpha/2$)	圆锥角(α)	圆锥半角($\alpha/2$)	斜度($\tan\alpha/2$)
0	1：19.212＝0.05205	2°58′54″	1°29′27″	0.0260
1	1：20.047＝0.04988	2°51′26″	1°25′43″	0.0249
2	1：20.020＝0.04995	2°51′41″	1°25′50″	0.0250
3	1：19.992＝0.05020	2°52′32″	1°26′26″	0.0251
4	1：19.254＝0.05194	2°58′31″	1°29′15″	0.0260
5	1：19.002＝0.05263	3°00′53″	1°30′26″	0.0263
6	1：19.180＝0.05214	2°59′12″	1°29′36″	0.0261

2) 车圆锥面的方法

在车床上车削圆锥面的方法主要有以下几种。

(1) 转动小滑板法。

车削长度较短、锥度较大的圆锥体或圆锥孔时，如图 2.211 所示，可以使用转动小滑板的方法。这种方法操作简便，并能保证一定的车削精度，适用于单件或小批量生产，是一种应用广泛的车削方法。

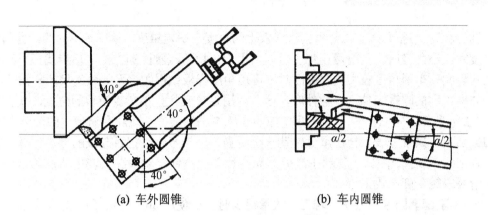

(a) 车外圆锥　　　　　　　(b) 车内圆锥

图 2.211　转动小滑板车圆锥面

① 小滑板转动角度原则。小滑板转动角度应是圆锥素线与车床主轴轴线夹角，即工件圆锥半角，使车刀进给轨迹与所要车削的圆锥素线平行即可。如果图样上没有注明圆锥半角，可计算得出。

 应用实例 2-11

车削如图 2.212 所示锥齿轮坯时，小滑板应转角度如下。

a. 车削圆锥面 1 时，小滑板轴线应与素线 OB 平行。素线 OB 与工件轴线 OD 的夹角为 α/2＝60°/2＝30°，即小滑板应逆时针转过 30°，如图 2.213(a)所示。

b. 车削圆锥面 2 时，小滑板轴线应与素线 BC 平行。素线 BC 与工件轴线 OD(CG)的夹角α/2＝90°−30°＝60°，即小滑板应顺时针转过 60°，如图 2.213(b)所示。

c. 车削圆锥面 3 时，小滑板轴线应与素线 AD 平行。素线 AD 与工件轴线的夹角为 α/2＝120°/2＝60°，即小滑板应顺时针转过 60°，如图 2.213(c)所示。

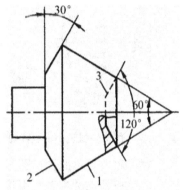

图 2.212　锥齿轮坯

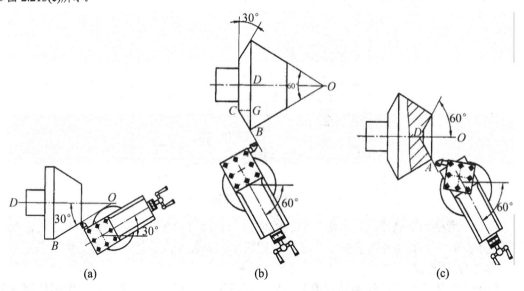

(a)　　　　　　　(b)　　　　　　　(c)

图 2.213　转动小滑板车锥齿轮坯锥面

② 找正小滑板角度方法。根据小滑板上的角度来确定锥度，精度是不高的，当车削标准锥度和较小角度时，一般可用锥度量规，用涂色检验接触面的方法，逐步找正小滑板所转动的角度。车削角度较大的圆锥面时，可用角度样板或用游标万能角度尺检验找正。

如果车削的圆锥工件已有样件时，这时可用百分表找正小滑板应转的角度，找正方法如图 2.214 所示。先把样件装夹于两顶尖间(车床主轴轴线应与尾座套筒轴线同轴)，然后在方刀架上装一只百分表，把小滑板转动一个所需的圆锥半角，把百分表的测量头垂直接触在样件上(必须对准中心)。移动小滑板，观察百分表指针摆动情况。若指针摆动为零，说明小滑板应转角度已找正。

③ 车削配套圆锥面方法。若工件数量很少时，可使用如图 2.215 所示方法车削。车削时，先把外锥体车削正确，这时不要变动小滑板的角度，只需把车孔刀反装，使切削刃向下，主轴仍然正转，即可车削圆锥孔。由于小滑板角度不变，因此可以获得很正确的圆锥配合表面。

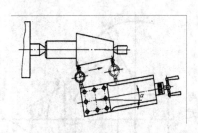

图 2.214　用样件找正小滑板转动角度

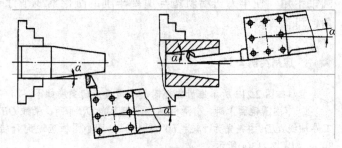

图 2.215　车削配套圆锥面方法

对于左右对称的圆锥孔工件，一般也可以用上述方法来保证精度。车削方法如图 2.216 所示。先把外端圆锥孔车削正确，不变动小滑板的角度，把车刀反装，摇向对面再车削里面一个圆锥孔。这种方法加工方便，不但能使两对称圆锥孔锥度相等，而且工件不需卸下，所以两锥孔可获得很高的同轴度。

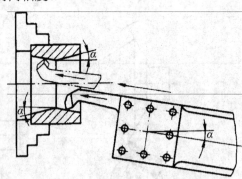

图 2.216　车削对称圆锥孔的方法

转动小滑板车削圆锥面，不能机动进给而只能手动进给车削，劳动强度大，工件表面粗糙度难控制。同时工件锥度受小滑板行程的限制，只能车削较短的圆锥工件。

(2) 偏移尾座法。

对于长度较长，锥度较小的圆锥体工件，可将工件装夹在两顶尖间，采用偏移尾座的车削方法。该车削方法可以机动进给车削圆锥面，劳动强度小，车出的锥体表面粗糙度值小。但因受尾座偏移量的限制，不能车锥度很大的工件。

偏移尾座的具体车削方法是把尾座水平偏移一个 s 值，使得装夹在前、后顶尖间的工件轴线和车床主轴轴线成一个夹角，这个夹角就是锥体的圆锥半角 $\alpha/2$，当工件旋转后，与车床主轴轴线平行移动的车刀刀尖的轨迹，就是被车削锥体的素线，如图 2.217 所示。

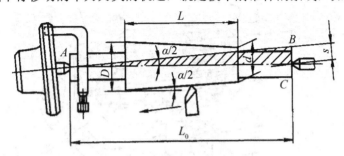

图 2.217 偏移尾座法车圆锥体

① 尾座偏移量的计算。尾座偏移量不仅和圆锥部分的长度 L 有关，而且还和两顶尖间的距离有关，这段距离一般可近似看作工件总长 L_0。偏移量可根据下列公式计算

$$s=[(D-d)/(2L)]L_0$$

或

$$s=(C/2)\times L_0=CL_0/2 \tag{2-22}$$

式中：s——尾座偏移量，mm；
$\quad\quad D$——最大圆锥直径，mm；
$\quad\quad d$——最小圆锥直径，mm；
$\quad\quad L$——圆锥长度，mm；
$\quad\quad L_0$——工件全长，mm。

 应用实例 2-12

用偏移尾座法车削如图 2.218 所示的锥形心轴，求尾座偏移量 s。

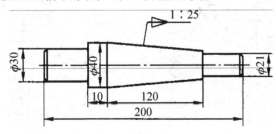

图 2.218 锥形心轴

解：根据公式(2-22)，得：

$$s=CL_0/2=(1/25)/2\times 200\text{mm}=4\text{mm}$$

② 控制尾座偏移量的方法。当尾座偏移量 s 计算出后，移动尾座的上部，一般是将尾座上部移向操作者方向，便于操作者测量。具体调整方法如图 2.219 所示，先松开尾座的

锁紧手柄 1 或紧固座螺母 3，然后调整两边的螺钉 4(拧松近操作者一端的螺钉，并拧紧远离操作者一端螺钉），尾座体 2 作横向移动，即可使尾座套 5 轴线对车床主轴轴线产生一个偏移量 s。调整后两边的螺钉要同时锁紧。

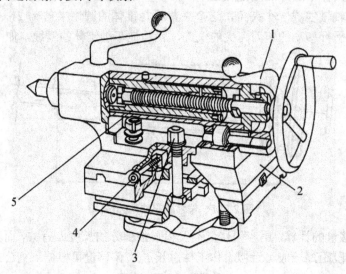

图 2.219　车床尾座

1—手柄；2—尾座体；3—紧固座螺母；4—螺钉；5—套筒

控制尾座偏移量的方法一般有以下几种。

a．应用尾座下层的刻度值控制偏移量，在移动尾座上层零线所对准的下层刻线上读出偏移量，如图 2.220 所示。采用这种方法比较简单，但由于标出的刻度值是以 mm 为单位的，很难一次准确地将偏移量调整精确。

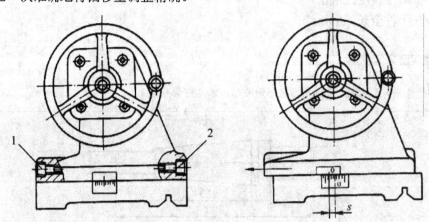

图 2.220　利用尾座刻度值移尾座

1、2—螺钉

b．应用中滑板刻度控制偏移量，方法是在方刀架上装夹一根铜棒，移动中滑板，使铜棒与尾座套筒接触后，消除刻度盘空行程后，记录中滑板刻度值，根据刻度把铜棒退出 s 的距离，如图 2.221 所示。然后偏移尾座上部，直至套筒接触铜棒为止。

c．应用百分表控制偏移量，方法是把百分表固定在刀架上，使百分表的测量头垂直接触尾座套筒，并与机床中心等高，调整百分表指针至零位，然后偏移尾座，偏移值就能从百分表上具体读出，然后将尾座固定，如图 2.222 所示。

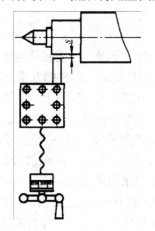

图 2.221　利用中滑板刻度控制偏移尾座

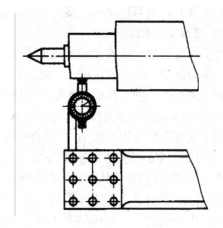

图 2.222　用百分表控制偏移尾座

应用实例 2-13

用偏移尾座方法车削一个圆锥体，计算出尾座偏移量 $s=3.5\text{mm}$，用中滑板刻度控制尾座偏移量，中滑板刻度值每格为 0.05mm，求中滑板退出时应转格数。

解：　　　　　　　　　　　$K=3.5\text{mm}/0.05\text{mm}=70(格)$

用以上两种方法取得的偏移量都是近似的，仅作初步找正圆锥半角使用，最后还需经过试车削找正。

d．应用锥度量棒或样件控制偏移量，方法是把锥度量棒或样件装夹在两顶尖间，并把百分表固定在刀架上，使测量头垂直接触量棒或样件的圆锥素线，并与机床中心等高，再偏移尾座，纵向移动床鞍，观察百分表指针在圆锥两端的读数是否一致。如读数不一致，再调整尾座位置，直至两端读数一致为止，如图 2.223 所示。这种方法找正锥度操作简便，而且精度较高。但应注意，所用的量棒或样件的总长度应等于被车削工件的长度，否则找正的锥度是不正确的。

(3) 宽刃车削法。

车削如图 2.224 所示的圆锥面时，可以用宽刃刀直接车出。车削时，锁紧床鞍，开始滑板进给速度略快，随着切削刃接触面的增加而逐渐减慢，当车到尺寸时车刀应稍作停留，使圆锥面粗糙度值减小。

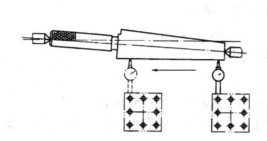

图 2.223　用锥度量棒控制偏移尾座

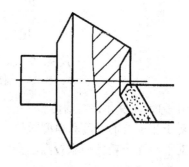

图 2.224　用宽刃刀车削圆锥面

用宽刃刀车削圆锥面时，宽刃刀的切削刃必须平直，切削刃与主轴轴线的夹角应等于工件圆锥半角$\alpha/2$。车床应具有很好的刚度，否则容易引起振动。当工件的圆锥素线大于切削刃长度时，也可以用多次接刀方法，但接刀必须平整。

(4) 靠模法车削。

对于长度较长、精度要求较高的锥体，一般采用靠模法车削。靠模装置能使车刀在作纵向进给的同时，还作横向进给，从而使车刀的移动轨迹与被加工零件的圆锥素线平行。

图 2.225 是一种车削圆锥表面的靠模装置。底座 1 固定在车床床鞍上，它下面的燕尾导轨和靠模体 5 上的燕尾槽滑动配合。靠模体 5 上装有锥度靠模 2，可绕中心旋转到与工件轴线交成所需的圆锥半角($\alpha/2$)。两只螺钉 7 用来固定锥度靠模，滑块 4 与中滑板丝杠 3 联接，可以沿着锥度靠模 2 自由滑动。当需要车圆锥时，用两只螺钉 11 通过挂脚 8，调节螺母 9 及拉杆 10 把靠模体 5 固定在车床床身上。螺钉 6 用来调整靠模斜度。当床鞍作纵向移动时，滑块就沿着靠板斜面滑动。由于丝杠和中滑板上的螺母是联接的，这样床鞍纵向进给时，中滑板就沿着靠模斜度作横向进给，车刀就合成斜进给运动。当不需要使用靠模时，只要把固定在床身上的两只螺钉 11 放松，床鞍就带动整个附件一起移动，使靠模失去作用。

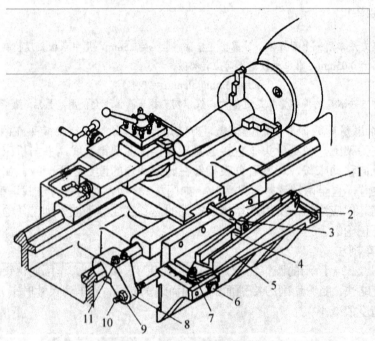

图 2.225 用靠模车圆锥的方法

1—底座；2—靠模；3—丝杠；4—滑块；5—靠模体；
6、7、11—螺钉；8—挂脚；9—螺母；10—拉杆

3) 圆锥角度和锥度的检验

对于相配合的锥度和角度零件，根据用途不同，规定不同的锥度和角度公差。

对于相配合精度要求较高的锥度零件，在工厂中一般采用涂色检验法，以测量接触面的大小来评定锥度精度。

角度和锥度的检验一般有以下几种方法。

(1) 用游标万能角度尺检验。

游标万能角度尺的结构原理如图 2.226(a)所示。它可以测量 0°～320°范围内的任何角度。

游标万能角度尺由主尺 1、基尺 5、游标 3、角尺 2、直尺 6、卡块 7 及制动器 4 等组成。基尺 5 可带动主尺 1 沿着游标 3 转动，转到所需角度时，可用制动器 4 锁紧。卡块 7 可将角尺 2 和直尺 6 固定在所需的位置上。

测量时，可转动背面的捏手 8，通过小齿轮 9 转动扇形齿轮 10，使基尺 5 改变角度。

游标万能角度尺的读数原理如图 2.226(b)所示。主尺每格为 1°，游标上总角度为 29°，并分成 30 格。因此，游标上每格的分度值为

$$29°/30 = 60' \times 29/30 = 58'$$

主尺 1 格和游标 1 格之间差值为

$$1° - 58' = 2'$$

即这种游标万能角度尺的分度值为 2′。

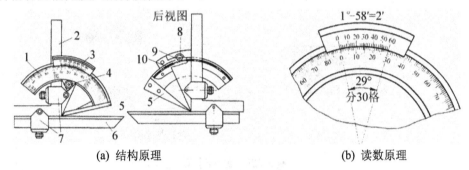

(a) 结构原理　　　　　　　　　　　　(b) 读数原理

图 2.226　游标万能角度尺

1—主尺；2—角尺；3—游标；4—制动器；5—基尺
6—直尺；7—卡块；8—捏手；9—小齿轮；10—扇形齿轮

游标万能角度尺的读数方法与游标卡尺相似。它的测量方法如图 2.227 所示。

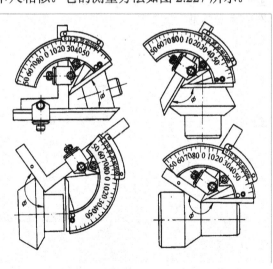

图 2.227　用游标万能角度尺测量工件的方法

(2) 用角度样板检验。成批和大量生产时，可使用专用的角度样板测量工件，用样板测量锥齿轮坯角度的方法，如图 2.228 所示。

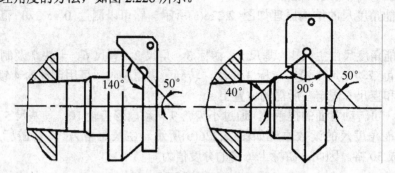

图 2.228 用样板测量锥齿轮坯的角度

(3) 用圆锥量规涂色法检验。在检验标准圆锥或配合精度要求高的工件时(如莫氏锥度和其他标准锥度)可用标准塞规或套规来检验，如图 2.229 所示。

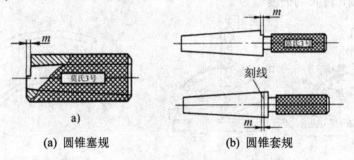

(a) 圆锥塞规　　　　　　(b) 圆锥套规

图 2.229 圆锥量规

用圆锥套规检验圆锥体时，用显示剂(印油、红丹粉)在工件表面顺着圆锥素线均匀地涂上三条线，涂色要求薄而均匀，如图 2.230(a)所示。检验时，手握圆锥套规轻轻套在工件圆锥上，如图 2.230(b)所示，稍加轴向推力并将套规转动约半周。取下套规后，若三条显示剂全长上擦去均匀，说明圆接触良好，锥度正确，如果显示剂被局部擦去，说明圆锥的角度不正确或圆锥素线不直。

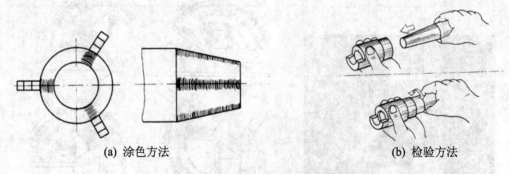

(a) 涂色方法　　　　　　(b) 检验方法

图 2.230 用圆锥套规检验圆锥体方法

2. 细长轴加工

工件长度与直径之比一般大于 25 倍($L/d>25$)，称为细长轴。细长轴因为本身刚性较差当受到切削力时,会引起弯曲、振动,加工起来很困难。L/d 值愈大,加工就愈困难。因此,在车削细长轴时要使用中心架和跟刀架来增加工件的刚性。

1) 中心架及其使用方法

中心架(centre rest)如图 2.231 所示。为了防止卡爪拉毛工件的表面,中心架三个卡爪的前端镶有铸铁、青铜(或夹布胶木和尼龙 1010)等材料,这些材料摩擦系数较小,不易跟钢件咬合。其中用青铜和尼龙 1010 制成的卡爪,使用效果更好。

中心架有以下三种使用方法。

(1) 中心架直接安装在工件的中间。

如图 2.232 所示这样支承,L/d 的值减少了一半,细长轴的刚性可增加好几倍。在工件装上中心架之前,必须在毛坯中间车一段安装中心架卡爪的沟槽,槽的直径比工件最后尺寸略大一些(以便精车)。车这条沟槽时吃力深度、走刀量必须选得很小,主轴转速亦不能开得很快,车好后用砂布打光。调整中心时必须先调整下面两个爪,然而把盖子盖好固定,最后调整上面一个爪。

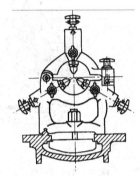

图 2.231 中心架

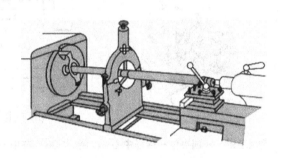

图 2.232 用中心架支承车细长轴

车削时,卡爪与工件接触处应经常加润滑油。为了使卡爪与工件保持良好的接触,也可以在卡爪与工件之间加一层砂布或研磨利,进行研磨泡合。

(2) 用过渡套筒安装中心架。

上面所介绍的方法,中心架的卡爪直接跟工件接触。同此,在三件上必须先车出搭中心架的沟槽。在细长轴中间要车削这样一条沟槽也是比校困难的。为了解决这个问题,可以用过渡套筒安装细长轴的办法,使卡爪不直接跟毛坯接触,而使卡爪跟过渡套筒的外表面接触,如图 2.233 所示。过渡套筒的两端各装有 4 个螺钉,用这些螺钉夹住毛坯工件,并调整套筒外圆的轴线与主轴旋转轴线相重合。

过渡套筒的校正方法如图 2.234 所示。在刀架上安装一个千分表,把过渡套筒套在工件上,用螺钉调整中心。转动工件,观察千分表跳动情况,逐步调整,并紧固四周螺钉。

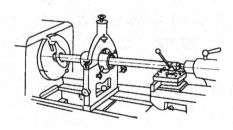

图 2.233 用过渡套筒安装细长轴

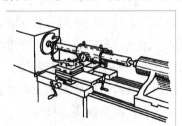

图 2.234 过渡套筒的调整方法

(3) 一端夹住一端搭中心架。车削长轴的端面、钻中心孔，和车削较长套筒的内孔、内螺纹时，都可用一端夹住一端搭中心架的方法，如图 2.235 所示。这种方法使用范围广泛，应用的机会很多。

调整中心架必须注意：工件轴心线必须与车头轴心线同轴，否则，在端面上钻中心孔时，会把中心钻折断；在中心架上镗孔时，会产生锥度，如图 2.236(b)所示；如果中心偏斜严重，工件转动时产生扭动，工件很快从三爪卡盘上掉下来，并把工件外圆表面夹伤。

在车削重型工件或工件转速较高时，为了减少中心架卡爪的磨损，可采用如图 2.237 所示的滚动轴承中心架。它的结构原理与一般中心架相同，不同的地方只在于在卡爪的前端安装了三个滚动轴承，使卡爪跟工件的滑动摩擦改变为滚动摩擦。

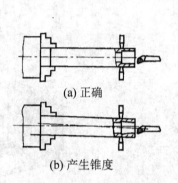
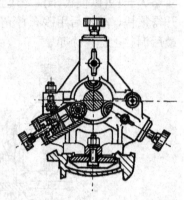

图 2.235　一端夹住一端搭中心架车削端面　　图 2.236　在中心架上镗孔产生锥度的原因　　图 2.237　带滚动轴承的中心架

2) 跟刀架(follower rest)及其使用方法

对不适宜调头车削的细长轴，不能用中心架支承，而要用跟刀架支承进行车削，以增加工件的刚性，如图 2.238 所示。跟刀架固定在大拖板上，它可以跟随车刀移动，抵消径向切削力，提高车削细长轴的形状精度和减小表面粗糙度值。跟刀架主要用来车削细长轴和长丝杠。

图 2.238(a)所示为两爪跟刀架，从跟刀架的设计原理来看，只需两只卡爪就可以，因为车刀给工件的切削抗力 F_r'，使工件贴在跟刀架的两个支承爪上。但是实际使用时，由于工件本身的向下重力，以及免不了的一些偶然弯曲，使得车削时工件往往因离心力会瞬时离开支承爪、接触支承爪时产生振动。所以比较理想的跟刀架需要用三爪跟刀架，如图 2.238(b)所示。此时，由三爪和车刀抵住工件，使工件上下、左右都不能移动，车削时稳定，不易产生振动。因此，车细长轴的一个非常关键的问题就是要应用三爪的跟刀架。国外已有很多车床把三爪跟刀架作为标准附件。

三爪跟刀架的结构如图 2.239 所示。用捏手 2 转动锥齿轮 3，经锥齿轮 4 转动丝杠 5，即可使卡爪 1 作向心或离心移动。

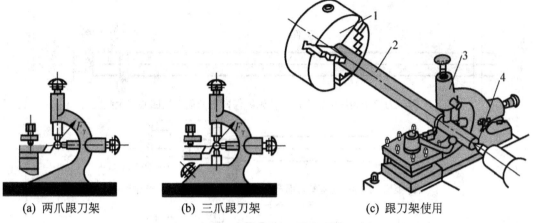

(a) 两爪跟刀架　　　　(b) 三爪跟刀架　　　　(c) 跟刀架使用

图 2.238　跟刀架支承长轴

1—三爪卡盘；2—工件；3—跟刀架；4—顶尖

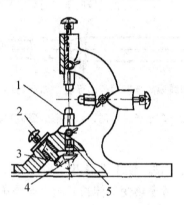

图 2.239　三爪跟刀架的结构

1—卡爪；2—捏手；3、4—锥齿轮；5—丝杠

3) 细长轴的车削

细长轴(spindly shaft)加工是一个比较困难的工艺问题。但它也有一定的规律性，主要掌握跟刀架的使用、工件热变形伸长以及合理选择车刀几何形状等三个关键技术，问题就迎刃而解。

(1) 跟刀架的选用。

根据前文分析可知，车细长轴时最好采用三只卡爪的跟刀架。使用时需注意跟刀架的卡爪与工件的接触压力不宜过大。如果压力过大，会把工件车成"竹节形"。其原因是：当刚开始车削时，工件在尾座端由顶针顶住很难变形，但车过一段距离以后卡爪就压向工件，使工件压向车刀，背吃刀量增加，车出的直径就小。当跟刀架继续移动后，其卡爪支承在小直径外圆处，与工件脱离，切削力使工件向外让开，背吃刀量减小，车出的直径变大，以后跟刀架卡爪又跟到大直径圆上，又把工件压向车刀，使车出的直径变小，这样连续有规律的变化，就会把细长的工件车成"竹节"形，如图 2.240 所示。如果跟刀架的卡爪压力过小或不接触，就不起作用，不能提高工件的刚度。因此，在调整跟刀架卡爪的压力时，要特别小心。当卡爪在加工过程中磨损以后，也应及时调整。

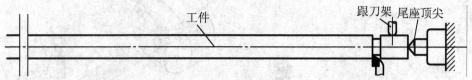

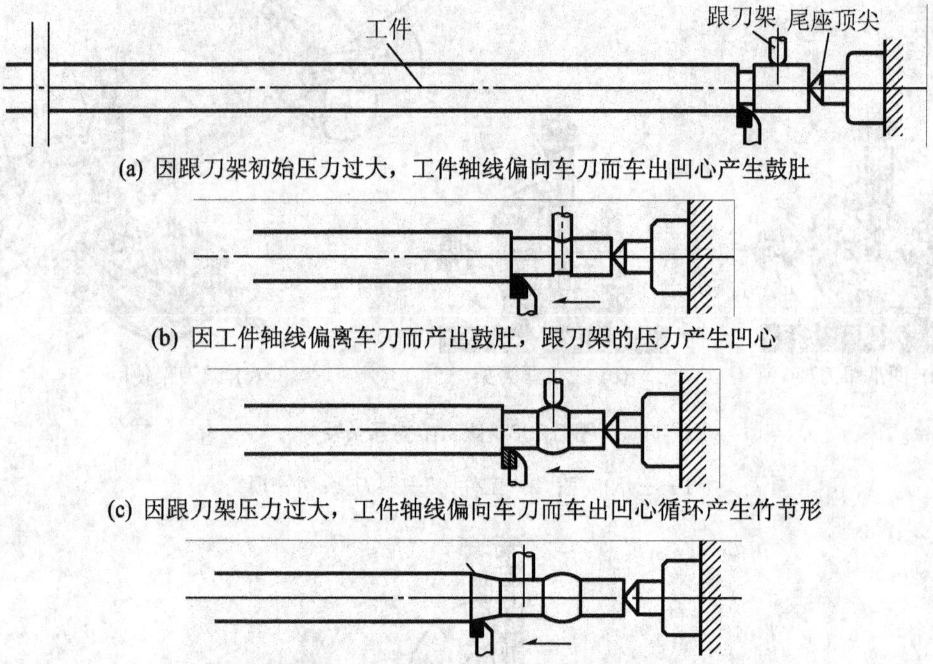

(a) 因跟刀架初始压力过大，工件轴线偏向车刀而车出凹心产生鼓肚

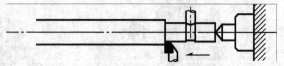

(b) 因工件轴线偏离车刀而产出鼓肚，跟刀架的压力产生凹心

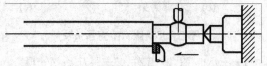

(c) 因跟刀架压力过大，工件轴线偏向车刀而车出凹心循环产生竹节形

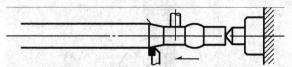

(d) 因工件轴线偏离车刀而车出鼓肚，如此循环而产生竹节形

图 2.240　车细长工件时，竹节形的形成过程示意图

(2) 工件的热变形伸长。

车削时，因切削热传导给工件，使工件温度升高，工件就开始伸长变形，这就叫"热变形"。在车削一般轴类时可不考虑热变形伸长问题、但是车削细长袖时，因为工件长，伸长量大，所以一定要考虑到热变形的影响。工件热变形伸长量可按下式计算：

$$\Delta L = \alpha L \Delta t$$

式中：ΔL——工件热变形伸长量，mm；

α——材料热膨胀系数，$\alpha = 11.5 \times 10^{-6} \text{°C}^{-1}$；

L——工件的总长，mm；

Δt——工件升高的温度，°C。

根据上例计算可知，如果 1500mm 长的轴，温度升高 30°C，轴要伸长 0.52mm。车削细长轴时，一般用两顶尖或用一夹一顶的装夹方法加工，它的轴向位置是固定的。如果热变形伸长 0.52mm，工件只能本身弯曲。细长轴一旦产生弯曲以后，加工就很难进行。因此加工细长轴时，对克服工件热变形方面一定要采取以下必要的措施。

① 使用弹性顶尖来补偿工件热变形伸长。图 2.241 所示是弹性活顶尖的结构。顶尖 1 用向心球轴承 2、滚针轴承 5 支承径向力，推力球轴承 4 承受轴向推力。在向心球轴承合推力球轴承之间，放置三片厚度为 2.5mm 的碟形弹簧 3。当工件变形伸长时，工件推动顶尖 1 通过向心球轴承，使碟形弹簧压缩变形。经长期生产实践证明，用弹性顶尖加工细长轴，可有效地补偿工件的热变形伸长，工件不易弯曲，车削可顺利进行。

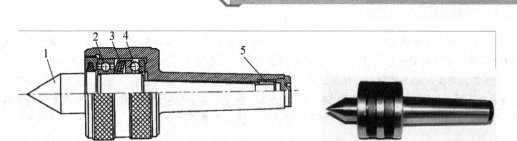

图 2.241 弹性活顶尖

1—顶尖；2—向心球轴承；3—蝶形弹簧；4—推力球轴承；5—滚针轴承

② 车削细长轴时，不论是低速切削还是高速切削，最好都使用切削液进行冷却，以减少工件温度上升。

③ 刀具应经常保持锐利状态，以减少车刀与工件的摩擦发热。

(3) 合理选择车刀的几何形状。

车细长轴时，由于工件刚性差，刀具几何形状对工件产生的振动非常敏感。如果车刀的几何形状选择不当，也不可能得到良好的效果选择时主要考虑以下几点。

① 为了减少径向分力，减少细长轴的弯曲，车刀的主偏角取 $\kappa_r=75°\sim 93°$。

② 为了减小切削力，应该选择较大的前角，取 $\gamma_0=15°\sim 30°$。

③ 车刀前面应该磨有 $R1.5\sim 3mm$ 的断屑槽，使切屑卷曲折断。

④ 选择负的刃倾角，取 $\lambda=-3°\sim -10°$，使切屑流向待加工表面。另一方面，车刀也容易切入工件，并可以减少切削力。

⑤ 刀刃粗糙度要小（$Ra0.2\sim 0.1\mu m$），并要经常保持锋利。

⑥ 为了减少径向切削力，刀尖半径应选得较小（$R<0.3mm$）。倒棱的宽度也应选得较小，取倒棱宽 $f=0.5s$（s 为走刀量，mm/r）。

车削细长轴时，因为工件刚性很差，切削用量应适当减小。用硬质含金车刀车削 $\phi 20\sim 40mm$，长 $1000\sim 1500mm$ 的细长轴时：

粗车　$v=40\sim 60m/min$，$t=1.5\sim 2.5mm$，$s=0.3\sim 0.5mm/r$；

半精车　$v=60\sim 80m/min$，$t=1\sim 1.5mm$，$s=0.2\sim 0.4mm/r$；

精车　$v=60\sim 100m/min$，$t=0.2\sim 0.5mm$，$s=0.15\sim 0.25mm/r$。

车削细长轴时，一般使用冷却性能较好的乳化液进行充分冷却。如果用高速钢车刀低速车削细长轴时，为了减少刀具磨损，可采用硫化切削油作为切削液。

细长轴的先进车削法——反向进给车削法

图 2.242 为反向进给车削法示意图，这种方法具有如下特点。

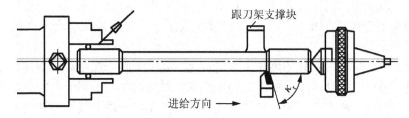

图 2.242 反向进给车削法

(1) 细长轴左端缠有一圈钢丝,利用三爪自定心卡盘夹紧,减小接触面积,使工件在卡盘内能自由地调节其位置,避免夹紧时形成弯曲力矩,在切削过程中发生的变形也不会因卡盘夹死而产生内应力。

(2) 尾座顶尖改成弹性顶尖。粗加工时,由于切削余量大,工件受的切削力也大,一般采用卡顶法,尾座顶尖采用弹性顶尖,可以使工件在轴向自由伸长。但是,由于顶尖弹性的限制,轴向伸长量也受到限制,因而顶紧力不是很大。在高速、大切削用量时,有使工件脱离顶尖的危险。采用卡拉法可避免这种现象的产生。

精车时,采用双顶尖法(此时尾座也应采用弹性顶尖)有利于提高精度,其关键是提高中心孔精度。

(3) 采用三个支承跟刀架,能抵消加工时径向切削分力的影响,从而减少切削振动和工件变形,避免"竹节"形。但必须注意仔细调整,使跟刀架的中心与机床顶尖中心保持一致。

(4) 采用反向进给,改变进给方向,使车刀由主轴向尾座方向作进给运动(此时应安装卡拉工具),这样刀具施加于工件上的进给力方向朝向尾座,而有使工件产生轴向伸长的趋势,而卡拉工具大大减少了由于工件伸长造成的弯曲变形。

(5) 采用车削细长轴的车刀。车削细长轴的车刀一般前角和主偏角较大,以使切削轻快,减小径向振动和弯曲变形。粗加工用车刀在前刀面上开有断屑槽,使断屑容易。精车用刀常有一定的正刃倾角,使切屑流向待加工面。

2.4.3 任务实施

一、长轴零件机械加工工艺规程编制

1. 长轴的技术要求

该工件为轴类工件,最大直径$\phi55mm$;总长度 845mm。有精加工外圆五处;1∶10 圆锥表面一处;M20 普通螺纹一处;表面粗糙度 $Ra1.6\mu m$ 四处,$Ra3.2\mu m$ 一处;形位公差基准为$\phi45mm$ 的中心轴线;对$\phi38mm$ 及$\phi40mm$ 的轴线有同轴度$\phi0.01mm$ 的要求;对 1∶10 圆锥表面有圆跳动要求。

2. 明确毛坯状况

该长轴材料为 45#钢,单件小批生产,且属于外圆直径相差不大的轴,故选择热轧圆钢作毛坯。

3. 拟订工艺路线

1) 确定加工方法

长轴各外圆表面的车削通常分为粗车、半精车、精车三个步骤。粗车的目的是切除大部分余量;半精车是修整预备热处理后的变形;精车则进一步使长轴在磨削加工前各表面具有一定的同轴度和合理的磨削余量。因此提高生产率是车削加工的主要问题。在不同的生产条件下一般采用的机械设备是:单件小批生产采用普通卧式车床;成批生产多用带有液压仿形刀架的车床或液压仿形车床;大批大量生产则采用液压仿形车床或多刀半自动车床。

采用液压仿形车床可实现车削加工半自动化,其上下料仍需手动,更换靠模、调整刀具都较简便,减轻了劳动强度,提高了加工效率,对成批生产是很经济的。仿形刀架的装卸和操作也很方便,成本低,能使普通卧式车床充分发挥使用效能。但是它的加工精度还不够稳定,不适宜进行强力切削,仍应继续改进。

多刀半自动车床主要用于大量生产中。它用若干把刀具同时车削工件的各个表面，因此缩短了切削行程和切削时间，是一种高生产率加工设备，但刀具的调整费时。

2) 划分加工阶段

长轴主要加工表面是 $\phi45$mm、$\phi38$mm、$\phi40$k6mm、$\phi55$mm 轴颈及外锥面。它们加工的尺寸精度在 IT5～IT6 之间，表面粗糙度 Ra 为 1.6～3.2μm。

长轴加工过程中的各加工工序和热处理工序均会不同程度地产生加工误差和应力。为了保证加工质量，稳定加工精度，长轴加工基本上划分为下列三个阶段。

(1) 粗加工阶段。

① 毛坯处理：毛坯下料(工序 1)。

② 粗加工：切去大部分加工余量。车端面、钻中心孔和粗车外圆等(工序 2～4)。

这一阶段的主要目的是：用大的切削用量切除大部分加工余量，把毛坯加工到接近工件的最终形状和尺寸，只留下少量的加工余量。通过这阶段还可以及时发现毛坯裂纹等缺陷，采取相应措施。

(2) 半精加工阶段。

① 半精加工前热处理：对于 45#钢一般采用调质处理，达到 220～240HBW(工序 5)。

② 半精加工：修研中心孔(定位锥孔)，半精车外圆、端面，加工圆锥面(工序 6～7)。

这个阶段的主要目的是：为精加工做好准备，尤其为精加工做好基面准备。对于一些要求不高的表面，在这个阶段加工到图样规定的要求。

(3) 精加工阶段。

两顶尖装夹，精车各外圆，粗车、精车锥面，车制螺纹，倒角，从而保证长轴最重要表面的精度(工序 7～9)。

这一阶段的目的是：把各表面都加工到图样规定的要求。

粗加工、半精加工、精加工阶段的划分大体以热处理为界。

由此可见，整个长主轴加工的工艺过程，就是以主要表面(轴颈、锥面)的粗加工、半精加工和精加工为主，适当插入其他表面的加工工序而组成的。这就说明，加工阶段的划分起主导作用的是工件的精度要求。

3) 长轴加工定位基准的选择

长轴加工中，为了保证各主要表面的相互位置精度，选择定位基准时，应遵循基准重合、基准统一等重要原则，并能在一次装夹中尽可能加工出较多的表面。

由于长轴外圆表面的设计基准是主轴轴心线，根据基准重合的原则考虑应选择长主轴两端的顶尖孔作为精基面。用顶尖孔定位，还能在一次装夹中将许多外圆表面及其端面加工出来，有利于保证加工面间的位置精度。所以，长轴在粗车之前应先加工顶尖孔。

4) 长轴主要加工表面加工工序安排

综上所述，长轴的工艺路线安排大体如下：下料→车端面，打中心孔→一夹一顶粗车外圆三处→调头，架中心架，钻另一端中心孔→热处理→研磨两端中心孔→两顶尖装夹，精车各外圆，粗车、精车锥面，车制螺纹，倒角，检查。

4．设计工序内容

1) 确定加工余量、工序尺寸及其公差

详见表 2-60。

2) 选择设备工装

(1) 设备选用。

CA6140 型普通车床。

(2) 工装选用。

① 夹具：三爪卡盘，活顶尖，合金顶尖，顶尖等。

② 刀具：45°外圆粗车刀，90°外圆粗车刀，90°外圆精车刀，三角螺纹车刀，倒角车刀，切断刀，B4 中心钻，研磨顶尖等。

③ 量具：300mm 卡尺，1000mm 钢板尺，50mm 卡尺，25～50mm 千分尺，50～75mm 千分尺，万能角度尺，百分表，三角螺纹环规。

④ 辅具：钻夹头 5 号、黄油、锉刀、毛刷、中心架等。

5. 长轴零件机械加工工艺过程

表 2-60 列出了长轴零件的机械加工工艺过程。

表 2-60 长轴零件机械加工工艺过程

序号	工序名称	工序内容	备注
1	下料	⌀60mm×850mm	
2	车端面打中心孔	在工件端面划出中心位置的十字线； 把 B4 中心钻装在尾座上，钻出中心孔	
3	粗车	装夹：把工件装卡在三爪卡盘上，另一端用活顶尖顶住； 用 90°外圆粗车刀粗车： 1) 粗车⌀40mm 外圆，直径到⌀45mm，长度到 470mm； 2) 粗车⌀45mm 外圆，直径到⌀50mm，长度到 18mm； 3) 粗车⌀55mm 外圆，直径到⌀60mm，长度到：卡爪外 3mm	车到不碰到顶尖为止
4	架中心架	调头装夹：用三爪卡盘夹住⌀60mm 外圆； 架中心架：用中心架架在工件端面左边 60mm 长位置处	中心架触爪处用全损耗系统用油(简称机油)充分润滑
	找正	找正工件位置。用转速 $n=100$r/min 开车，先调整中心架下边两只触爪轻轻接触工件，再调整上边一只触爪接触工件。用转速 $n=200$～300r/min 开车检查	
	粗车	用 45°外圆粗车刀粗车 1) 粗车工件端面，到尺寸：总长+1mm	
	钻中心孔	2) 用 B4 中心钻，钻中心孔 支顶尖：支活顶尖	
	粗车	3) 粗车 M20 螺纹轴外圆到⌀30mm	
	检查	4) 检查各部尺寸，合格，卸下工件	
5	调质	热处理	

续表

序号	工序名称	工序内容	备注
6	清洁	用手工方法去除中心孔内的黑皮等杂物	加注全损耗系统用油；研磨5min后，退出研磨刀；中心孔内锥面应光滑、完整
	装夹	把工件装夹在三爪卡盘上，另一端用尾座顶尖支承	
	检测	用百分表，检测工件中部位置的跳动量	
	研磨	用三爪卡盘，卡住工件。工件另一端，用尾座上的中心孔研磨刀支承在中心孔内。车床以 $n=300$ r/min 开动，研磨中心孔	
	检查	检查中心孔	
	研磨	用同样方法，研磨另一中心孔	
7	装夹	用三爪卡盘，夹住 ϕ30mm 外圆，另一端用活顶尖顶牢	转速 $n=500$ r/min 进给量：0.26mm/r 该工件虽然两端均有中心孔，但在精车加工时，仍采用一夹一顶的方式。这是因为，该工件的所有主要部位外圆尺寸，能够在一次装夹中车削完毕。这样避免了两顶尖装夹刚性不足，易产生振动的缺点。 转速 $n=750$ r/min；进给量：0.08mm/r
	半精车	用 90°外圆精车刀半精车 1) 半精车 ϕ38mm 外圆，直径到 ϕ39.5mm，长度到 32mm； 2) 半精车 ϕ40mm 外圆，直径到 ϕ42mm，长度到 440mm=(490−32−18)mm； 3) 半精车 ϕ55mm 外圆，直径到 ϕ57mm； 4) 用切断刀，车 820mm 长度尺寸	
	粗车	用 45°外圆粗车刀粗车 5) 粗车 1∶10 圆锥面，长度到 95mm； 6) 粗车 ϕ45mm 台阶外圆，直径到 ϕ47mm，长度到 18mm；	
	精车	用 90°外圆精车刀精车 7) 分两刀精车 $\phi 38^{+0.018}_{+0.009}$ mm，外圆长度到 32mm，表面粗糙度 Ra1.6μm； 8) 分两刀精车 $\phi 55^{+0.05}_{0}$ mm 外圆至尺寸，表面粗糙度 Ra1.6μm； 9) 精车 1∶10 圆锥面，表面粗糙度 Ra3.2μm； 10) 分两刀精车 $\phi 40^{+0.018}_{+0.02}$ mm 外圆至尺寸，表面粗糙度 Ra1.6μm； 11) 精车 $\phi 40^{0}_{-0.1}$ mm 两处，保证 22mm 长度尺寸位置； 12) 分两刀精车 $\phi 45^{+0.016}_{+0.002}$ mm 外圆至尺寸，表面粗糙度 Ra1.6μm	
	倒角	用 45°外圆车刀倒角 13) 倒 ϕ38mm 外圆锐角 1×45°； 14) 倒其余外圆锐角 0.5×45°	
	检查	检查各部尺寸	
8	调头装夹	用三爪卡盘夹住 ϕ15mm 左边 $\phi 40^{0}_{-0.1}$ mm 外圆部分，另一端用活顶尖顶牢	
	精车	1) 用 90°外圆精车刀，精车 M20 螺纹轴外圆至尺寸 ϕ19.8mm	
	倒角	2) 倒角车刀，倒 M20 螺纹轴外圆锐角 2×45°	
	车螺纹	3) 用三角螺纹车刀，车 M20 三角螺纹； 4) 用三角螺纹环规，检查三角螺纹	转速 $n=200$ r/min
	检查	检查工件各部尺寸，合格卸下工件	

二、长轴零件机械加工工艺规程实施

1. 任务实施准备

(1) 根据现有生产条件或在条件许可情况下，参观生产现场或完成零件的部分粗加工(可在校内实训基地，由兼职教师与学生根据机床操作规程、工艺文件共同完成。)

(2) 工艺准备(可与合作企业共同准备)。

① 毛坯准备：长轴零件材料为 45#钢，单件小批生产，且属于外圆直径相差不大的轴，故选择热轧圆钢作毛坯。(可由合作企业提供)

② 设备、工装准备。详见长轴零件机械加工工艺规程编制中相关内容。

③ 资料准备：机床使用说明书、刀具说明书、机床操作规程、产品的装配图以及零件图、工艺文件、《机械加工工艺人员手册》、5S 现场管理制度等。

(3) 准备相似零件，观看相关加工视频，了解其加工工艺过程。

2. 任务实施与检查

(1) 分组分析零件图样：根据图 2.208 长轴零件图，分析图样的完整性及主要的加工表面。根据分析可知，零件的结构工艺性较好。

(2) 分组讨论毛坯选择问题：长轴材料为 45#钢，且属于外圆直径相差不大的轴，故选择热轧圆钢作毛坯。

(3) 分组讨论零件加工工艺路线：确定加工表面的加工方案，划分加工阶段，选择定位基准，确定加工顺序，设计工序内容等。

(4) 长轴零件的加工步骤按其机械加工工艺过程执行(见表 2-60)。

(5) 长轴零件精度检验。

① 长度尺寸精度检验，用 300mm 卡尺，1000mm 钢板尺，50mm 卡尺测量。

② 外圆尺寸精度检验，可用外径千分尺测量。同轴度用百分表测量。

③ 圆锥尺寸测量用万能角度尺，径向圆跳动误差的检验将工件装夹于中心架的两顶尖间用百分表测量。

④ 螺纹尺寸用 M20 三角螺纹环规测量。

(6) 任务实施的检查与评价。

具体的任务实施检查与评价内容参见表 2-26。

 问题讨论

(1) 长轴零件加工时应注意哪些事项？

(2) 中心架、跟刀架如何使用？在什么情况下使用？

3. 长轴加工误差分析

细长轴刚性很差，切削加工时受切削力、切削热和振动等的影响，极易产生变形，出现直线度、圆柱度误差，不易达到图纸上的形位精度和表面质量等技术要求。为此必须从夹具、刀具、机床辅具、切削用量、工艺方法、操作技术等方面采取措施。加工时尽量控制切削温度。精车时，装夹力不宜过大，否则切削应力、切削热，将使工件的中间部分因热膨胀产生变形。

知识拓展

编制如图 2.243 所示的 CA6140 型车床主轴(spindle)机械加工工艺规程。生产类型为大批生产；材料为 45#钢；技术要求：局部高频淬火(ϕ90g5、短锥及莫氏 6 号锥孔)。

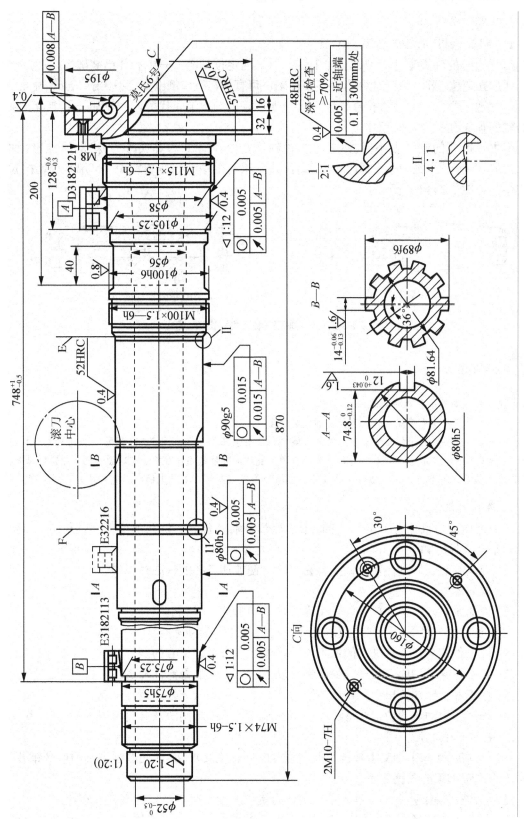

图 2.243 CA6140 型车床的主轴简图

加工要点分析如下。

1) 锥堵和锥堵心轴的使用

对于空心的轴类零件,当通孔加工后,原来的定位基准——中心孔已被破坏,此后必须重新建立定位基准。对于通孔直径较小的轴,可直接在孔口倒出宽度不大于 2mm 的 60°锥面,代替中心孔。而当通孔直径较大时,则不宜用倒角锥面代替,一般都采用锥堵或锥堵心轴的顶尖孔做为定位基准。

当主轴锥孔的锥度较小时(如车床主轴的锥孔为 1∶20 和莫氏 6 号)就常用锥堵,如图 2.244(a)所示。当锥度较大时(如 X62 型卧式铣床的主轴锥孔是 7∶24),可用带锥堵的拉杆心轴,如图 2.244(b)所示。

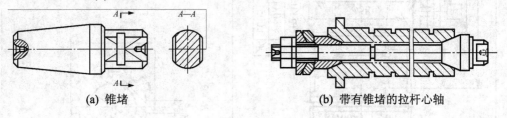

(a) 锥堵   (b) 带有锥堵的拉杆心轴

图 2.244 空心轴装夹用锥堵和锥堵心轴

特别提示

使用锥堵或锥堵心轴时应注意以下问题:

(1) 一般不宜中途更换或拆装,以免增加安装误差。

(2) 锥堵心轴要求两个锥面应同轴,否则拧紧螺母后会使工件变形。图 2.243 所示的锥堵心轴结构比较合理,其右端锥堵与拉杆心轴为一体,其锥面与顶尖孔的同轴度较好。而左端有球面垫圈,拧紧螺母时,能保证左端锥堵与孔配合良好,使锥堵的锥面和工件的锥孔以及拉杆心轴上的中心孔有较好的同轴度。

2) 深孔的加工

一般把长度与直径之比大于 5 的孔(即 $L/d \geqslant 5$)称为深孔。深孔加工比一般孔加工要困难和复杂,其原因如下。

(1) 刀具细而长,刚性差,钻头容易引偏,使被加工孔的轴心线歪斜。

(2) 排屑困难。

(3) 冷却困难,钻头散热条件差,容易丧失切削能力。

生产实际中一般采取下列措施来改善深孔加工的不利因素。

(1) 用工件旋转、刀具进给的加工方法,使钻头有自定中心的能力。

(2) 采用特殊结构的刀具——深孔钻,以增加其导向的稳定性和适应深孔加工的条件。

(3) 在工件上预加工出一段精确的导向孔,保证钻头从一开始就不引偏。

(4) 采用压力输送的切削润滑液并利用在压力下的冷却润滑液排出切屑。

3) 主轴锥孔加工

主轴前端锥孔和主轴支承轴颈及前端短锥的同轴度要求高,因此磨削主轴的前端锥孔,常常成为主轴加工的关键工序。

磨削主轴前端锥孔,一般以支承轴颈作为定位基准,有以下三种安装方式。

(1) 将前支承轴颈安装在中心架上,后支承轴颈夹在磨床床头的卡盘内。磨削前严格校正两支承轴颈，前端可调整中心架，后端在卡爪和轴颈之间垫薄纸来调整。这种方法辅助时间长，生产率低，而且磨床床头的误差会影响工件，但无须用专用夹具，因此常用于单件小批生产。

(2) 将前、后支承轴颈分别安装在两个中心架上，用千分表校正好中心架位置。零件通过弹性联轴器或万向接头与磨床床头连接。此种方式可保证主轴轴颈的定位精度，且不受磨床床头误差的影响，但调整中心架费时，质量不稳定，一般只在生产规模不大时使用。

(3) 成批生产时大多采用专用夹具加工，如图 2.245 所示。夹具由底座 6、支架 5 及浮动夹头 3 三部分组成，两个支架固定在底座上，作为工件定位基面的两段轴颈放在支架的两个 V 形块上，V 形块内镶有硬质合金，以提高耐磨性，并减少对零件轴颈的划痕。零件的中心高应正好等于磨头砂轮轴的中心高，否则将会使锥孔母线呈双曲线，影响内锥孔的接触精度。后端的浮动夹头用锥柄装在磨床主轴的锥孔内，零件尾端插入弹性套内，用弹簧将浮动夹头外壳连同零件向左拉，通过钢球压向镶有硬质合金的锥柄端面，限制零件的轴向窜动。采用这种浮动连接方式，可以保证零件支承轴颈的定位精度不受内圆磨床主轴回转误差的影响，也可减少机床本身振动对加工质量的影响。

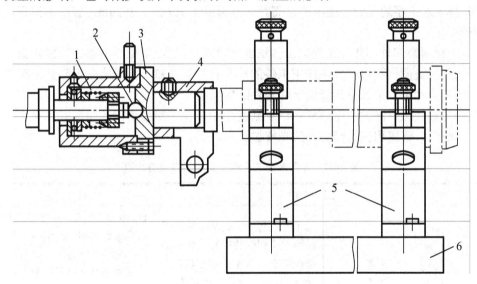

图 2.245　磨主轴锥孔专用夹具

1—弹簧；2—钢球；3—浮动夹头；4—弹性内套；5—支架；6—底座

4) 主轴各外圆表面的精加工和光整加工

主轴的精加工都是用磨削的方法，安排在最终热处理工序之后进行，用以纠正在热处理中产生的变形，最后达到所需的精度和表面粗糙度。磨削加工一般能达到的经济精度为 IT16 和经济表面粗糙度 Ra 为 0.8～0.2μm。对于一般精度的车床主轴，磨削是最后的加工工序。而对于精密的主轴还需要进行光整加工。

(1) 主轴支承轴颈的尺寸精度、形状精度以及表面粗糙度要求，可以采用精密磨削方法保证。磨削前应提高精基准的精度。

保证主轴前端内、外锥面的形状精度、表面粗糙度同样应采用精密磨削的方法。为了保证外锥面相对支承轴颈的位置精度，以及支承轴颈之间的位置精度，通常采用组合磨削法，在一次装夹中加工这些表面，如图 2.246 所示。机床上有两个独立的砂轮架，精磨在两个工位上进行，工位Ⅰ精磨前、后轴颈锥面，工位Ⅱ用角度成形砂轮，磨削主轴前端支承面和短锥面。

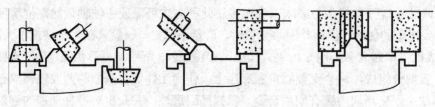

图 2.246　组合磨削

(2) 光整加工用于精密主轴尺寸公差等级 IT5 以上或表面粗糙度 Ra 低于 $0.1\mu m$ 的加工表面，其特点是：

① 加工余量都很小，一般不超过 0.2mm。
② 采用很小的切削用量和单位切削压力，变形小，可获得数值小的表面粗糙度。
③ 对上道工序的表面粗糙度要求高。一般都要求 Ra 低于 $0.2\mu m$，表面不得有较深的加工痕迹。
④ 除镜面磨削外，其他光整加工方法都是"浮动的"，即依靠被加工表面本身自定中心。因此只有镜面磨削可部分地纠正工件的形状和位置误差，而研磨只可部分地纠正形状误差，而其他光整加工方法只能用于降低表面粗糙度。

几种光整加工方法的工作原理和特点见表 2-61。由于镜面磨削的生产效率高、且适应性广，目前已广泛应用在机床主轴的光整加工中。

表 2-61　外圆表面的各种光整加工方法的比较

方法	工作原理		特　点
镜面磨削	砂轮　工件	加工方式与一般磨削相同，但需要用特别软的砂轮，较低的磨削用量，极小的切削深(1～2μm)，仔细过滤的冷却润滑液。修正砂轮时用极慢的工作台进给速度	(1) 表面粗糙度 Ra 可达 0.012～0.006μm，适用范围广； (2) 能够部分的修正上道工序留下来的形状和位置误差； (3) 生产效率高，可配备自动测量仪； (4) 对机床设备的精度要求很高
研磨	研磨套　工件	研磨套在一定的压力下与工件做复杂的相对运动，工件缓慢转动，带动磨粒起切削作用。同时研磨剂还能与金属表面层发生化学作用，加速切削作用。研磨余量为 0.01～0.02mm	(1) 表面粗糙度 Ra 可达 0.025～0.006μm，适用范围广； (2) 能部分纠正形状误差，不能纠正位置误差； (3) 方法简单可靠，对设备要求低； (4) 生产率很低，工人劳动强度大，正为其他方法所取代，但仍用得相当广泛

续表

方法	工作原理		特　点
超精加工		工件作低速转动和轴向进给(或工件不进给，磨头进给)，磨头带动磨条以一定的频率(每分钟几十次到上千次)沿工件的轴向振动，磨粒在工件表面上形成复杂轨迹。磨条采用硬度很软的细粒度油石。冷却润滑液用煤油	(1) 表面粗糙度 Ra 可达 $0.025\sim0.012\mu m$，适用范围广； (2) 不能纠正上道工序留下来的形状误差和位置误差； (3) 设备要求简单，可在普通车床上进行； (4) 加工效果受煤油质量的影响很大
双轮珩磨		珩磨轮相对工件轴心线倾斜 $27°\sim30°$，并以一定的压力从相对的方向压在工件表面上。工件(或珩磨轮)沿工件轴向作往复运动。在工件转动时，因摩擦力带动珩磨轮旋转，并产生相对滑动，起微量的切削作用。冷却润滑液为煤油或油酸	(1) 表面粗糙度 Ra 可达 $0.025\sim0.012\mu m$，不适用于带肩轴类零件和锥形表面； (2) 不能纠正上道工序留下来的形状误差和位置误差； (3) 设备要求低，可用旧机床改装； (4) 工艺可靠，表面质量稳定； (5) 珩磨轮一般采用细粒度磨料自制，使用寿命长； (6) 生产效率比上述三种都高

5) 主轴零件位置精度的检验

为提高检验精度和缩短检验时间，位置精度检验多采用专用检具，如图 2.247 所示。检验时，将主轴的两支承轴颈放在同一平板上的两个 V 形架上，并在轴的一端用挡铁、钢球和工艺锥堵挡住，限制主轴沿轴向移动。两个 V 形架中有一个的高度是可调的。测量时先用千分表调整轴的中心线，使它与测量平面平行。平板的倾斜角一般是 15°，使零件轴端靠自重压向钢球。

在主轴前锥孔中插入检验心棒，按测量要求放置千分表，用手轻轻转动主轴，从千分表读数的变化即可测量各项误差，包括锥孔及有关表面相对支承轴颈的径向跳动和端面跳动。

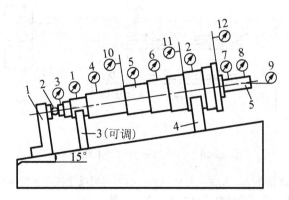

图 2.247　主轴位置精度检验示意图

1—挡铁；2—钢球；3、4—V 形架；5—检验心棒

锥孔的接触精度用专用锥度量规涂色检验，要求接触面积在70%以上，分布均匀而大端接触较"硬"，即锥度只允许偏小。这项检验应在检验锥孔跳动之前进行。

图 2.247 中各量表的功用如下：量表 7 检验锥孔对支承轴颈的同轴度误差；距轴端 300mm 处的量表 8 检查锥孔轴心线对支承轴颈轴心线的同轴度误差；量表 3、4、5、6 检查各轴颈相对支承轴颈的径向跳动；量表 10、11、12 检验端面跳动；量表 9 测量主轴的轴向窜动。

提高机械加工生产率的途径

劳动生产率是指工人在单位时间内制造的合格产品的数量或制造单件产品所消耗的劳动时间。劳动生产率是一项综合性的技术经济指标。提高劳动生产率，必须正确处理好质量、生产率和经济性三者之间的关系。应在保证质量的前提下，提高生产率，降低成本。劳动生产率提高的措施有很多，涉及产品设计、制造工艺和组织管理等多方面，这里仅就通过缩短单件时间来提高机械加工生产率的工艺途径作一简要分析。

由式(2-6)所示的单件时间组成，不难得知提高劳动生产率的工艺措施可有以下几个方面。

(1) 缩短基本时间。

在大批大量生产时，由于基本时间在单位时间中所占比重较大，因此通过缩短基本时间即可提高生产率。缩短基本时间的主要途径有以下几种。

① 提高切削用量。增大切削速度、进给量和背吃刀量，都可缩短基本时间，但切削用量的提高受到刀具耐用度和机床功率、工艺系统刚度等方面的制约。随着新型刀具材料的出现，切削速度得到了迅速的提高，目前硬质合金车刀的切削速度可达 200m/min，陶瓷刀具的切削速度达 500m/min。近年来出现的聚晶人造金刚石和聚晶立方氮化硼刀具切削普通钢材的切削速度达 900m/min。

在磨削方面，近年来发展的趋势是高速磨削和强力磨削。国内生产的高速磨床和砂轮磨削速度已达 60m/s，国外已达 90～120m/s；强力磨削的切入深度已达 6～12mm，从而使生产率大大提高。

② 采用多刀同时切削。图 2.248(a)所示为每把车刀实际加工长度只有原来的 1/3；图 2.248(b)所示为每把车刀的切削余量只有原来的 1/3；图 2.248(c)所示为用三把刀具对同一工件上不同表面同时进行横向切入法车削。显然，采用多刀同时切削比单刀切削的加工时间大大缩短。

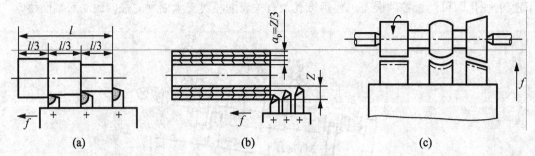

图 2.248 多把刀具同时加工几个表面

③ 多件加工。这种方法是通过减少刀具的切入、切出时间或者使基本时间重合，从而缩短每个工件加工的基本时间来提高生产率。多件加工的方式有以下三种。

a. 顺序多件加工。即工件顺着进给方向一个接着一个地安装，如图 2.249(a)所示。这种方法减少了刀具切入和切出的时间，也减少了分摊到每一个工件上的辅助时间。

b. 平行多件加工。即在一次进给中同时加工 n 个平行排列的工件。加工所需基本时间和加工一个工件相同，所以分摊到每个工件的基本时间就减少到原来的 $1/n$，其中 n 是同时加工的工件数。这种方式常见于铣削和平面磨削，如图 2.249(b)所示。

c. 平行顺序多件加工。该方法为顺序多件加工和平行多件加工的综合应用，如图 2.249(c)所示。这种方法适用于工件较小，批量较大的情况。

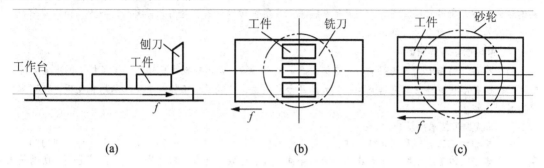

图 2.249 多件加工

④ 减少加工余量。采用精密铸造、压力铸造、精密锻造等先进工艺提高毛坯制造精度，减少机械加工余量，以缩短基本时间，有时甚至无须再进行机械加工，这样可以大幅度提高生产效率。

(2) 缩短辅助时间。

辅助时间在单件时间中也占有较大比重，尤其是在大幅度提高切削用量之后，基本时间显著减少，辅助时间所占比重就更高。此时采取措施缩减辅助时间就成为提高生产率的重要方向。缩短辅助时间有两种不同的途径，一是使辅助动作实现机械化和自动化，从而直接缩减辅助时间；二是使辅助时间与基本时间重合，间接缩短辅助时间。

① 直接缩减辅助时间。采用专用夹具装夹工件，工件在装夹中不需找正，可缩短装卸工件的时间。大批大量生产时，广泛采用高效气动、液动夹具来缩短装卸工件的时间。单件小批生产中，由于受专用夹具制造成本的限制，为缩短装卸工件的时间，可采用组合夹具及可调夹具。

此外，为减小加工中停机测量的辅助时间，可采用主动检测装置或数字显示装置在加工过程中进行实时测量，以减少加工中需要的测量时间。主动检测装置能在加工过程中测量加工表面的实际尺寸，并根据测量结果自动对机床进行调整和工作循环控制，例如，磨削自动测量装置。数显装置能把加工过程或机床调整过程中机床运动的移动量或角位移连续精确地显示出来，这些都大大节省了停机测量的辅助时间。

② 间接缩短辅助时间。为了使辅助时间和基本时间全部或部分地重合，可采用多工位夹具和连续加工的方法，图 2.250 所示为立式铣床上采用双工位夹具工作的实例。加工工件 1 时，工人在工作台的另一端装上工件 2；工件 1 加工完后，工作台快速退回原处，工人将夹具转 180°即可加工工件 2。

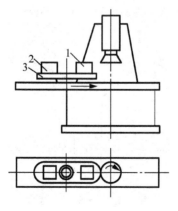

图 2.250 双工位夹具

1、2—工件；3—双工位夹具

(3) 缩短布置工作地时间。

布置工作地时间，大部分消耗在更换刀具上，因此必须减少更换刀具次数并缩减每次换刀所需的时间，提高刀具的耐用度可减少换刀次数。而换刀时间的减少，则主要通过改进刀具的安装方法和采用装刀夹具来实现。如采用各种快换刀夹、刀具微调机构、专用对刀样板或对刀样件以及自动换刀装置等，以减少刀具的装卸和对刀所需时间。例如，在车床和铣床上采用可转位硬质合金刀片刀具，既减少了换刀次数，又可减少刀具装卸、对刀和刃磨的时间。

(4) 缩短准备与终结时间。

缩短准备与终结时间的途径有：一是扩大产品生产批量，以相对减少分摊到每个工件上的准备与终结时间；二是直接减少准备与终结时间。扩大产品生产批量，可以通过工件标准化和通用化实现，并可采用成组技术组织生产。

(5) 机械加工技术经济分析。

制订机械加工工艺规程时，在同样能满足工件的各项技术要求下，一般可以拟订出几种不同的加工方案，而这些方案的生产效率和生产成本会有所不同。为了选取最佳方案就需进行技术经济分析。所谓技术经济分析就是通过比较不同工艺方案的生产成本，选出最经济的加工工艺方案。

生产成本是指制造一个零件或一台产品所必须的一切费用的总和。生产成本包括两大类费用：第一类是与工艺过程直接有关的费用称为工艺成本，占生产成本的70%～75%；第二类是与工艺过程无关的费用，如行政人员工资、厂房折旧、照明取暖等。由于在同一生产条件下与工艺过程无关的费用基本上是相等的，因此对零件工艺方案进行经济分析时，只要分析与工艺过程直接有关的工艺成本即可。

① 工艺成本的组成。工艺成本由可变费用和不变费用两大部分组成。

a. 可变费用。可变费用是与年产量有关并与之成正比的费用，用 "V" 表示(元/件)。包括：材料费、操作工人的工资、机床电费、通用机床折旧费、通用机床修理费、刀具费、通用夹具费。

b. 不变费用。不变费用是与年产量的变化没有直接关系的费用。当产量在一定范围内变化时，全年的费用基本上保持不变，用 "S" 表示(元/年)。包括：机床管理人员，车间辅助工人，调整工人的工资、专用机床折旧费、专用机床修理费、专用夹具费。

② 工艺成本的计算。

a. 零件的全年工艺成本为

$$E = V \cdot N + S \tag{2-23}$$

式中：E——零件(或零件的某工序)全年的工艺成本(元/年)；
　　　V——可变费用(元/件)；
　　　N——年产量(件/年)；
　　　S——不变费用(元/年)。

由式(2-23)可见，全年工艺成本 E 和年产量 N 成线性关系，如图2.251所示。它说明全年工艺成本的变化ΔE与年产量的变化ΔN成正比；又说明S为投资定值，不论生产多少，其值不变。

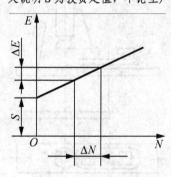

图 2.251　全年工艺成本

b. 零件的单件工艺成本为

$$E_d = V + \frac{S}{N} (元/件) \tag{2-24}$$

单件工艺成本 E 与年产量 N 呈双曲线关系，如图 2.252 所示。在曲线的 A 段，N 很小，设备负荷也低，即单件小批生产区，单件工艺成本 E 就很高，此时若产量 N 稍有增加(ΔN)将使单件成本迅速降低(ΔE)。在曲线 B 段，N 很大，即大批大量生产区。此时曲线渐趋水平，年产量虽有较大变化，而对单件工艺成本的影响却很小。这说明对某一个工艺方案，当 S 值(主要是专用设备费用)一定时，就应有一个与此设备能力相适应的产量范围。产量小于这个范围时，由于 S/N 比值增大，工艺成本就增加。这时采用这种工艺方案显然是不经济的，应减少使用专用设备数，即减少 S 值来降低工艺成本。当产量超过这个范围时，由于 S/N 比值变小，这时就需要投资更大而生产率更高的设备，以便减少 V 而获得更好的经济效益。

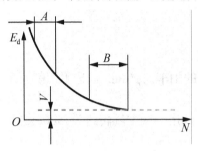

图 2.252　单件工艺成本

项 目 小 结

  本项目通过由简单到复杂的四个工作任务，详细介绍了加工轴类零件常用的车削工艺系统(车床、轴类零件、车刀、车床附件)、磨削工艺系统(磨床、砂轮、磨床附件)及其机械加工工艺规程的制订原则、方法及金属切削过程、典型表面加工操作方法、机床维护等相关知识。在此基础上，从完成任务角度出发，认真研究和分析在不同的生产批量和生产条件下，工艺系统各个环节间的相互影响，然后根据不同的生产要求及加工工艺规程的制订步骤，结合外圆表面加工方案及工艺尺寸链的计算，合理制订光轴、台阶轴、减速箱传动轴及长轴等零件的机械加工工艺规程，正确填写工艺文件并实施。在此过程中，使学生懂得机床安全生产规范，体验岗位需求，培养职业素养与习惯，积累工作经验。

  此外，通过学习机床型号编制、定位方法和定位元件、提高机械加工生产率的途径及机械加工技术经济分析的方法等知识，可以进一步扩大知识面，提高解决实际生产问题的能力。

思 考 练 习

1．车削加工工艺范围如何？
2．简述车工文明生产及安全生产规范。
3．CA6140 型车床由哪几部分组成？

4. 车床的润滑方法有哪些？

5. 车床如何进行维护和常规保养？

6. 车刀有哪七个基本角度？绘图说明。

7. 试述刀具前角、后角、主偏角、刃倾角的作用和选择方法。

8. 试比较焊接车刀、可转位车刀、高速钢车刀在结构与使用性能方面的特点。

9. 常用的车刀材料牌号及其特点有哪些？

10. 怎样正确安装车刀？

11. 三爪卡盘装夹工件的步骤有哪些？

12. 用四爪卡盘装夹工件，需要找正的目的是什么？

13. 简述车外圆的方法。

14. 简述车端面的方法。

15. 简述切断的方法。

16. 一次进给将 $\phi 60mm$ 的轴车到 $\phi 56mm$，选用切削速度 100m/min，计算背吃刀量及车床的主轴转速。

17. 车削 $\phi 50mm$ 的轴，选用车床主轴转速为 500r/min。如果用相同的切削速度车削 $\phi 25mm$ 的轴，求主轴转速。

18. 刃磨高速钢车刀和硬质合金车刀时，应分别选用什么砂轮？

19. 简述硬质合金外圆车刀的刃磨方法与步骤。

20. 工件定位与夹紧的区别是什么？

21. 什么是六点定位原理？常见的定位方式有哪几种？

22. V 形块的限位基准在哪里？怎样计算 V 形块的定位高度？

23. 对夹紧装置的基本要求有哪些？

24. 选择夹紧力的方向和作用点应遵循什么原则？

25. 中心孔的类型、选用方法各是什么？

26. 钻中心孔时，防止中心钻折断的方法有哪些？

27. 轴类零件的安装方式有哪些？各适合在什么条件下使用？顶尖孔起什么作用？试分析其特点。

28. 车床上工件定位的方法有哪些？夹紧时应注意哪些问题？

29. 车削时控制台阶长度的三种方法是什么？

30. 什么是零件的结构工艺性？

31. 试述零件在机械加工工艺过程中，安排热处理工序的目的、常用的热处理方法及其在工艺过程中安排的位置。

32. 试述零件加工过程中，划分加工阶段的目的和原则。

33. 粗基准、精基准的选择原则有哪些？如何处理在选择时出现的矛盾？

34. 某箱体零件上有一设计尺寸为 $\phi 72.5^{+0.03}_{0}$ mm 的孔需要加工，其材料为 45#钢，其加工工艺过程为：扩孔→粗镗→半精镗→精镗→精磨。已知各工序尺寸及公差如下：模锻孔为 $\phi 59^{+1}_{-2}$ mm；扩孔为 $\phi 64^{+0.46}_{0}$ mm；粗镗为 $\phi 68^{+0.30}_{0}$ mm；半精镗为 $\phi 70.5^{+0.19}_{0}$ mm；精镗为 $\phi 71.8^{+0.046}_{0}$ mm；精磨为 $\phi 72.5^{+0.03}_{0}$ mm。试计算各工序加工余量及余量公差。

35. 什么是时间定额？批量生产与大量生产时的时间定额分别怎样计算？

36．在大批大量生产条件下，加工一批直径为 $\phi 45_{-0.005}^{0}$ mm，长度为 68mm 的轴，表面粗糙度 Ra 为 0.16μm，材料为 45#钢，试安排其加工路线。

37．万能外圆磨床有哪几个部分组成？

38．试述磨削加工的特点。

39．试述磨削时切削液的作用、种类及特点。

40．如何修研中心孔？

41．为什么要划分粗、精磨？

42．在加工过程中可通过哪些方法保证工件的尺寸精度、形状精度和位置精度？

43．图 2.253 所示零件镗孔工序在 A、B、C 面加工后进行，并以 A 面定位。设计尺寸为 100±0.15mm，但加工时刀具按定位基准 A 调整。试计算工序尺寸 L 及其极限偏差。

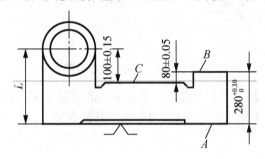

图 2.253

44．如图 2.254 所示，工件成批生产时用端面 B 定位加工表面 A(调整法)，以保证尺寸 $10_{-0.20}^{0}$ mm，试标注铣削表面 A 时的工序尺寸及其极限偏差。

45．图 2.255 所示零件在车床上加工阶梯孔时，尺寸 $10_{-0.40}^{0}$ 不便测量，而需要测量尺寸 x 来保证设计要求。试换算该测量尺寸。

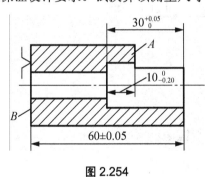

图 2.254

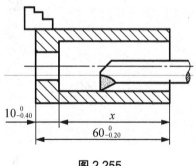

图 2.255

46．衬套内孔要求渗氮，其加工工艺过程为：(1)先磨内孔至 $\phi 142.78_{0}^{+0.04}$ mm；(2)渗氮处理深度为 L；(3)再终磨内孔至 $\phi 143_{0}^{+0.04}$ mm，并保证留有渗氮层深度为(0.4±0.1)mm，求渗氮处理深度 L 公差应为多大？

47．试分析如图 2.256 所示传动轴的零件图，制订其加工工艺规程，并填写相关工艺文件。(注：单件小批生产)

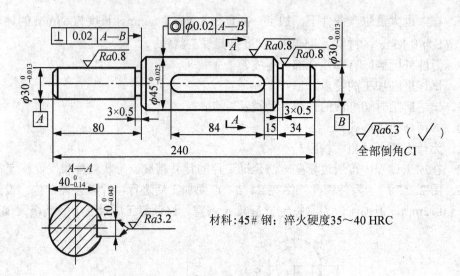

图 2.256 传动轴的零件图

48．试分析如图 2.257 所示输出轴的零件图，制订其加工工艺规程，并填写相关工艺文件。生产类型：单件小批生产，材料：45#钢，并经调质处理，硬度 235HBS。

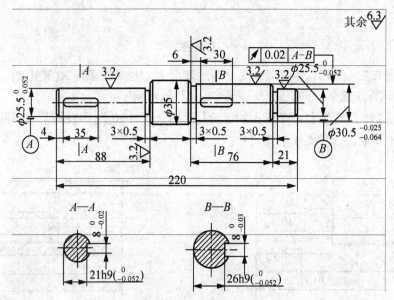

图 2.257 变速箱输出轴

49．三角螺纹各部分的尺寸如何计算？
50．螺纹车刀的类型有哪些？
51．车削螺纹的方法有哪些？
52．车螺纹时怎样防止乱扣？
53．测量螺纹的方法有哪些？
54．图 2.258 所示为阶梯轴零件简图。试对该零件进行工艺分析，并确定其加工工艺过程。

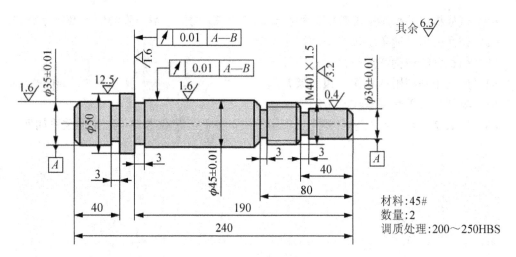

图 2.258　阶梯轴零件简图

55. 图 2.259 所示为一锥度心轴，材料选用 40Cr 钢，试编制锥度心轴的加工工艺过程，生产类型为单件小批生产。毛坯尺寸为 $\phi 40mm \times 160mm$。

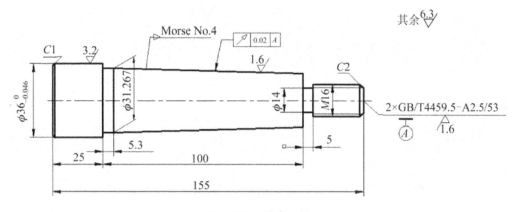

图 2.259　锥度心轴

56. 转动小滑板车削圆锥面有哪些优缺点？
57. 车削圆锥面时控制尾座偏移量的具体方法是什么？
58. 用偏移尾座法车削如图 2.260 所示圆锥体零件，试计算尾座的偏移量 s。

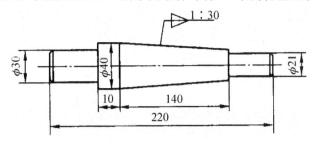

图 2.260　圆锥体零件

59. 简述用圆锥量规涂色检验工件锥度的方法。
60. 车削圆锥面时，车刀没有对准工件旋转轴线，对工件质量有哪些影响？

61. 试分析用偏移尾座法车削圆锥面时，产生锥度(角度)不正确的原因及防止方法。
62. 如何使用万能角度尺？
63. 细长轴的结构特点是什么？
64. 如何正确使用中心架、跟刀架？
65. 车削细长轴有哪些注意事项？
66. 什么是工艺成本？它由哪两类费用组成？单件工艺成本与年产量的关系如何？

项目 3

套筒类零件机械加工工艺规程编制与实施

教学目标

最终目标	能合理编制套筒类零件的机械加工工艺规程并实施，加工出合格的零件
促成目标	(1) 能正确分析套筒类零件的结构和技术要求 (2) 能根据实际生产需要合理选用设备、工装；合理选择金属切削加工参数 (3) 能合理编制套筒类零件机械加工工艺规程，正确填写相关工艺文件 (4) 能考虑加工成本，对零件的加工工艺进行优化设计 (5) 能正确刃磨钻头 (6) 能合理进行零件精度检验 (7) 能查阅并贯彻相关国家标准和行业标准 (8) 能进行设备的常规维护与保养，执行安全文明生产 (9) 能注重培养学生的职业素养与习惯

引言

套筒类零件是指在回转体零件中的空心薄壁件，在各类机器中应用很广，通常起支承、导向、连接及轴向定位等作用。

套筒类零件按其结构形状来划分，大体可以分为短套筒和长套筒两大类，如图 3.1 所示。其加工表面主要有内孔、外圆表面表面、端面。除了孔本身的尺寸精度和表面粗糙度要求外，还要求它们之间的相互位置精度，如内、外圆的同轴度，端面与内孔的垂直度，以及两平面的平行度等。其中端面和外圆加工，通常在车床上进行。套筒类零件的内孔，作为支承或导向的主要表面，一般都要求较高的尺寸精度(IT8～IT7)、较小的表面粗糙度 $Ra(1.6～0.2\mu m)$ 和较高的形位精度。

(a) 轴承套

(b) 液压缸

图 3.1　套筒类零件

任务 3.1　轴承套零件机械加工工艺规程编制与实施

3.1.1　任务引入

编制图 3.2 所示轴承套的机械加工工艺规程并实施。零件材料为 ZQSn6-6-3(锡青铜)，每批数量为 400 个。

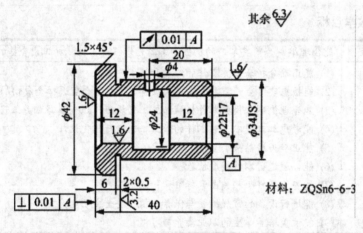

图 3.2　轴承套

3.1.2　相关知识

一、套筒类零件的加工特点

套筒类零件上的内孔作为主要加工表面，其加工比车削外圆要困难得多，原因如下。

(1) 孔加工是在工件内部进行的，观察切削情况很困难，尤其是孔小而深时，根本无法观察。

(2) 刀杆尺寸由于受孔径和孔深的限制，不能做得太粗，又不能太短，因此刚性很差，特别是加工孔径小、长度长的孔时，更为突出。

(3) 排屑和冷却困难。

(4) 圆柱孔的测量比外圆困难。

二、套筒类零件的内孔加工方法

套筒类零件的内孔，其加工方法根据使用的刀具不同，可分为车孔、钻孔(包括扩孔、锪孔)、铰孔、镗孔、拉孔、磨孔以及各种孔的光整加工和特种加工等。

1. 车孔

车孔是一种常用的孔加工方法。车孔可以把预制孔如铸造孔、锻造孔或把钻、扩出来的孔再加工到更高的精度和数值更小的表面粗糙度。车孔既可作半精加工，也可作精加工。车孔精度一般可达 IT8～IT7 级，表面粗糙度 Ra 为 3.2～0.8μm，精细车削可达到更小（$Ra<0.8μm$）。车孔时，可加工的直径范围很广。

如图 3.3 所示，在车床上可车削加工通孔、台阶孔和盲孔。

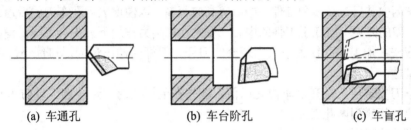

图 3.3　车内孔示意图

1) 内孔车刀

按被加工孔的类型，内孔车刀可分为通孔车刀和不通孔车刀两种，如图 3.4 所示。

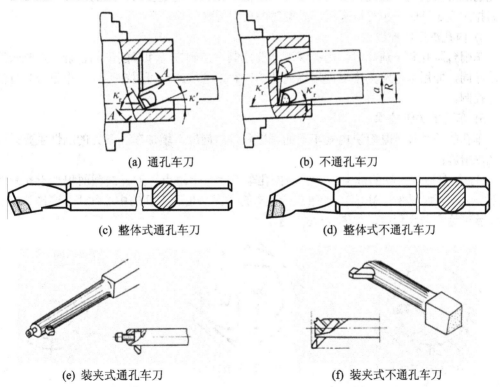

图 3.4　内孔车刀类型

内孔车刀是加工孔的刀具,其切削部分的几何形状基本上与外圆车刀相似。但是,内孔车刀的工作条件和车外圆有所不同,所以内孔车刀又有自己的特点。

内孔车刀的结构如图 3.4(c)、(d)所示,其特点是:把刀头和刀杆做成一体的。这种刀具因为刀杆太短,只适合于加工浅孔。加工深孔时,为了节省刀具材料,常把内孔车刀做成较小的刀头,然后装夹在用碳钢合金做成的、刚性较好的刀杆前端的方孔中。如图 3.4(e)所示,在车通孔的刀杆上,刀头和刀杆轴线垂直;在加工不通孔用的刀杆上,刀头和刀杆轴线安装成一定的角度,其刀杆的悬伸量是固定的,刀杆的伸出量不能按内孔加工深度来调整。如图 3.4(f)所示为方形刀杆,能够根据加工孔的深度来调整刀杆的伸出量,可以克服悬伸量是固定的刀杆的缺点。

2) 内孔车刀的安装

内孔车刀安装后,必须和工件的中心等高或稍高,以便增大内孔车刀的后角。从理论上讲,内孔车刀的刀尖不应低于工件的中心,否则在切削力作用下刀尖会下降,使孔径扩大。

通常应按被加工的孔径大小选用适合的刀杆,刀杆的伸出量应尽可能小,以使刀杆具有最大的刚性。

内孔车刀安装后,在开机车内孔以前,应先在毛坯孔内试走一遍,以防车孔时刀杆装得歪斜而使刀杆碰到内孔表面。

3) 车孔的切削用量

内孔加工的工作条件比车外圆困难,特别是内孔车刀安装以后,刀杆的悬伸长度经常比外圆车刀的悬伸长度大。因此,内孔车刀的刚性比外圆车刀低,更容易产生振动。于是车孔的进给量和切削速度都要比外圆车削时低。如果采用装在刀排上的刀头来加工内孔,当刀排刚度足够时,也可以采用车外圆时的切削用量。

4) 内孔深度的控制

车削台阶孔和不通孔时,内孔深度需要控制。控制方法和车削外圆台阶时控制长度的方法相同,即用纵进给刻度盘或用纵向死挡铁和定位块;也可用在刀杆上作记号等方法来进行控制。

5) 车孔的关键技术

车孔的关键技术是解决内孔车刀的刚性和排屑问题。增加车孔车刀的刚性主要采取以下几项措施:

(1) 尽量增加刀杆的截面。一般的内孔车刀有一个缺点,刀杆的截面积小于孔截面积的四分之一,如图 3.5(a)所示。如果让内孔车刀的刀尖位于刀杆的中心线上,这样刀杆的截面积就可达到最大程度,如图 3.5(b)所示。

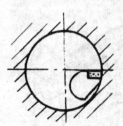
(a) 刀尖位于刀杆上面

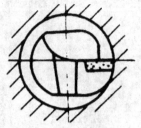
(b) 刀尖位于刀杆中心

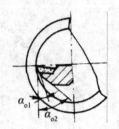

图 3.5 内孔车刀刀尖位置　　　　　图 3.6 内孔车刀两个后角

(2) 刀杆的伸出长度尽可能缩短，如果刀杆伸出太长，就会降低刀杆刚性，容易引起振动。因此，为了增加刀杆刚性，刀杆伸出长度只要略大于孔深即可。在选择内孔车刀的几何角度时，应该使径向切削力 F_r 尽可能小些。一般通孔粗车刀主偏角取 $\kappa_r=65°\sim75°$，不通孔粗车刀和精车刀主偏角取 $\kappa_r=92°\sim95°$，内孔粗车刀的副偏角 $\kappa_r'=15°\sim30°$，精车刀的副偏角 $\kappa_r'=4°\sim6°$。

(3) 为了使内孔车刀的后刀面既不和工件孔面发生干涉和摩擦，也不使内孔车刀的后角磨得过大时削弱刀尖强度，内孔车刀的后面一般磨成两个后角的形式，如图 3.6 所示。

(4) 为了使已加工表面不至于被切屑划伤，通孔的内孔车刀最好磨成正刃倾角，切屑流向待加工表面(前排屑)。不通孔的内孔车刀当然无法从前端排屑，只能从后端排屑，所以刃倾角一般取 $-2°\sim0°$。

6) 车孔常见的问题

车孔常见的问题见表 3-1。

表 3-1 车孔常见问题

问题	产生原因
内孔不圆	主轴承间隙过大；加工余量不均，没有分粗、精车；薄壁零件夹紧变形
内孔有锥度	刀具磨损；主轴轴线歪斜，需要校正主轴轴线和导轨平行；工件没有校正；刀杆刚性差，产生让刀；刀尖轨迹和主轴轴线不平行；刀杆过粗和工件内壁相碰
内孔不光	切削用量不当；车刀磨损；刀具振动；车刀几何角度不合理；刀尖低于工件中心

2. 钻孔

钻孔是用钻头在实体材料上加工孔，通常采用如图 3.7 所示麻花钻在钻床或车床上进行，但由于钻头强度和刚性比较差，排屑较困难，切削液不易注入，因此，钻孔属粗加工，可达到的尺寸精度等级为 IT13～IT11 级，表面粗糙度 Ra 为 50～12.5μm。

图 3.7 麻花钻

1) 钻床(drill press)

钻床是指主要用钻头在工件上加工孔的机床。通常工件固定不动，钻头旋转为主运动，钻头轴向移动为进给运动，操作可以是手动，也可以是机动。钻床结构简单，加工精度相对较低，可对工件进行钻孔、扩孔、铰孔、攻螺纹、锪沉孔及锪平面等加工如图 3.8 所示，是具有广泛用途的通用性机床。

在钻床上配有工艺装备时，可以进行镗孔；在钻床上配万能工作台还能进行分割钻孔、扩孔、铰孔。

钻床分为台式钻床、立式钻床、摇臂钻床、铣钻床、深孔钻床、平端面中心孔钻床、卧式钻床、多轴钻床等，其中立式钻床和摇臂钻床应用最为广泛。

(1) 立式钻床。立式钻床是应用较广的一种机床，其主参数是最大钻孔直径，常用的机床型号有 Z5125、Z5135 和 Z5140A 等几种。

立式钻床生产效率不高，大多用于单件小批生产的中小型工件加工，钻孔直径为

$\phi16mm\sim\phi80mm$。

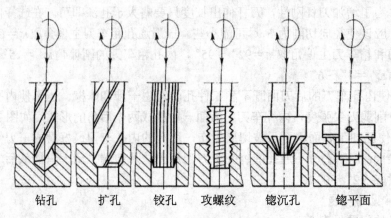

图 3.8 钻削加工方法

① 立式钻床的布局及传动运动。立式钻床的特点是主轴轴线垂直布置，而且位置是固定的。加工时，为使刀具旋转中心线与被加工孔的中心线重合，必须移动工件，因此立式钻床生产率不高，只适用于单件小批生产中加工中、小型零件上直径 $d\leqslant50mm$ 的孔。

立式钻床分圆柱立式钻床、方柱立式钻床和可调多轴立式钻床三个系列。图 3.9 所示为一方柱立式钻床外形图。主轴箱 3 中装有主运动变速传动机构、进给运动变速机构及操纵机构 5。加工时，主轴箱固定不动，转动操纵手柄，由主轴 2 随主轴套筒在主轴箱中作直线移动来完成进给运动。工作台 1 和主轴箱都装在立柱 4 的垂直导轨上，并可上下调整位置，以适应加工不同高度的工件。主轴回转方向的变换，靠电动机的正反转来实现。钻床的进给量 $f(mm/r)$ 是用主轴每转一转时，主轴的轴向位移来表示的。

工作台 1 在水平面内既不能移动，也不能转动。因此，当钻头在工件上钻好一个孔而需要钻第二个孔时，就必须移动工件的位置，使被加工孔的中心线与刀具回转轴线重合。

大批生产中，钻削平行孔系时，为提高生产效率应使用可调多轴立式钻床。这种机床加工时，全部钻头可一起转动，并同时进给，具有很高的生产率。

图 3.9 Z5140 型方柱立式钻床

1—工作台；2—主轴；3—主轴箱；4—立柱；5—操纵机构

② Z5140A 型方柱立式钻床的主要技术性能，见表 3-2。

表 3-2 Z5140A 型方柱立式钻床的主要技术参数

最大钻孔直径/mm	40
主轴中心线至导轨面距离/mm	335
主轴端面至底座工作面距离/mm	750
主轴行程/mm	250
主轴锥孔(莫氏)(No)	4 号
主轴转速范围/r·min^{-1}	40～1 600
主轴转速级数	9
进给量范围/mm·r^{-1}	0.125～0.5
进给量级数	4
工作台尺寸/mm	480×560
主轴箱水平移动距离/mm	1 250
主电机功率/kW	3
主轴最大进给抗力/N	1 250
主轴允许最大转矩/N·m	350
机床质量/kg	1 250
机床外形尺寸(长×宽×高)/mm	1 120×700×2 240

(2) 摇臂钻床(radial drilling machine)。对于体积和质量都比较大的工件，若用移动工件的方式来找正其在机床上的位置，则非常困难，此时可选用摇臂钻床进行加工。

摇臂钻床广泛地用于单件或批量生产中大、中型零件上直径 $d=\phi25mm\sim\phi125mm$ 孔的加工。常用的型号有 Z3035B、Z3040×16、Z3063×20 等。

① 摇臂钻床的布局及运动形式。图 3.10 所示为摇臂钻床的外形图。由图可知，主轴箱 4 装在摇臂 3 上，并可沿摇臂上的导轨做水平移动。摇臂 3 既可以绕立柱 2 转动，又可沿立柱 2 垂直升降。加工时，工件在工作台 6 或底座 1 上安装固定，通过调整摇臂 3 和主轴箱 4 的位置，使主轴 5 中心线与被加工孔的中心线重合。较小的工件可安装在工作台上，较大的工件可直接放在机床底座或地面上。

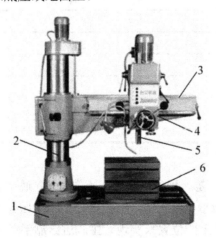

图 3.10 Z3040 型摇臂钻床

1—底座；2—主柱；3—摇臂；4—立轴箱；5—主轴；6—工作台

当摇臂钻床进行钻削加工时,钻头一边进行旋转切削,一边进行纵向进给,其运动形式如下。

a. 摇臂钻床的主运动为主轴的旋转运动。

b. 进给运动为主轴的纵向进给。

c. 辅助运动有:摇臂沿外立柱垂直移动,主轴箱沿摇臂长度方向的移动,摇臂与外立柱一起绕内立柱的回转运动。

常用的摇臂钻床型号有 Z3035、Z3040×16、Z3063×20 等。

② 万向摇臂钻床。加工任意方向和任意位置的孔和孔系时,可选用万向摇臂钻床。该类机床可在空间绕特定轴线作 360°的回转,机床上端装有吊环,可将工件调放在任意位置,机床的钻孔直径为 $\phi 25 mm \sim \phi 125 mm$。

③ 摇臂钻床的主要技术性能。Z3040、Z3050 型摇臂钻床的主要技术参数见表 3-3。

表 3-3　Z3040 型、Z3050 型摇臂钻床的主要技术参数

主要技术参数	产品型号	Z3040×16/1	Z3050×16/1
最大钻孔直径/mm		40	50
主轴中心线至立柱母线距离/mm	最大	1 600	1 600
	最小	350	350
主轴中心线至底座工作面距离/mm	最大	1 250	1 220
	最小	350	320
主轴行程/mm		315	315
主轴锥孔(莫氏)/No		4	5
主轴转速范围/r·min^{-1}		25~2 000	25~2 000
主轴转速级数		16	16
主轴进给量范围/mm·r^{-1}		0.04~3.2	0.04~3.20
主轴进给量级数		16	16
工作台尺寸/mm		500×630	500×630
主轴箱水平移动距离/mm		1 250	1 250
主电机功率/kW		3	4
机床质量/kg		3 500	3 500
机床外形尺寸(长×宽×高)/mm		2 500×1 060×2 655	2 500×1 060×2 655

(3) 其他钻床。

① 台式钻床简称台钻,是一种体积小巧、操作简便,通常安装在专用工作台上使用的小型立式钻床,如图 3.11 所示。台式钻床钻孔直径 $d=\phi 0.1 mm \sim \phi 13 mm$。其主轴变速一般通过改变三角带在塔型带轮上的位置来实现,主轴进给靠手动操作。由于最低转速较高,不适于铰孔和锪孔。

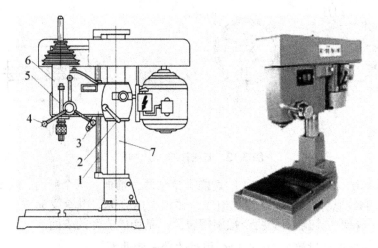

图 3.11 台钻

1—丝杆；2—紧固手柄；3—升降手柄；4—进给手柄；5—标尺杆；6—头架；7—立柱

② 中心孔钻床用于加工轴类零件两端面上的中心孔。

③ 深孔钻床用于加工孔深与直径比 $l/d>5$ 深孔。

2) 麻花钻(twist drill)

麻花钻按制造材料分，有高速钢麻花钻和硬质合金麻花钻两种。

(1) 麻花钻的结构要素。图 3.12 所示为标准麻花钻的结构图。它由工作部分、柄部和颈部三部分组成。

① 工作部分。

a．工作部分的组成。工作部分是钻头的主要组成部分，位于钻头的前半部分，也就是具有螺旋槽的部分，工作部分包括切削部分和导向部分。切削部分主要起切削的作用，导向部分主要起导向、排屑、切削部分备磨的作用，如图 3.12(a)、图 3.12(b)所示。

为了提高钻头的强度和刚性，其工作部分的钻心厚度(用一个假设圆直径——称为钻心直径 d_c 表示)一般为 $0.125 \sim 0.15 d_0$ (d_0 为钻头直径)，并且钻心呈正锥形，如图 3.12(d)所示，即从切削部分朝后方向，钻心直径逐渐增大，增大量在每 100mm 长度上为 1.4~2mm。为了减少导向部分和已加工孔孔壁之间的摩擦，对直径大于 1mm 的钻头，钻头外径从切削部分朝后方向制造出倒锥，形成副偏角，如图 3.12(c)所示。倒锥量在每 100mm 长度上为 0.03~0.12mm。

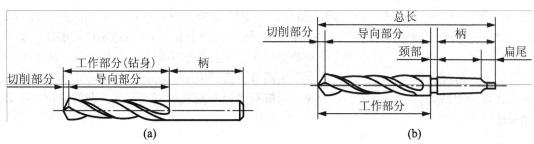

图 3.12 麻花钻结构图

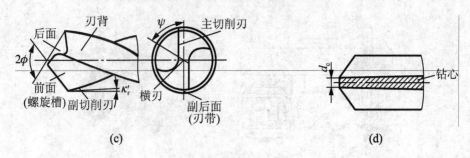

图 3.12 麻花钻结构图(续)

b. 麻花钻切削部分的组成。钻头的切削部分由两个前面、两个后面、两个副后面、两条主切削刃、两条副切削刃和一条横刃组成,如图 3.13 所示,其含义如下。

前面 A_γ ——靠近主切削刃的两个螺旋槽表面,是切屑流经的表面。

后面 A_α ——与工件过渡表面(即孔底)相对的端部两曲面。

副后面 A'_α ——又称刃带,是与工件已加工表面(即孔壁)相对的两条刃带。

主切削刃 S ——前面与后面的交线。

副切削刃 S' ——前面与副后面的交线。

横刃:两个后面的交线。

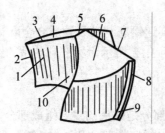

图 3.13 麻花钻切削部分组成

1—前面;2、8—副切削刃;3、7—主切削刃;4、6—后面;5—横刃;9—副后面;10—螺旋槽

横刃与主切削刃在端面上投影之间的夹角称为横刃斜角,横刃斜角 $\psi = 50°\sim55°$;主切削刃上各点的前角、后角是变化的,外缘处前角约为 $30°$,钻心处前角接近 $0°$,甚至是负值;两条主切削刃在与其平行的平面内的投影之间的夹角为顶角,标准麻花钻的顶角 $2\phi = 118°$,如图 3.12(c)所示。

② 柄部。柄部位于钻头的后半部分,起夹持钻头、传递转矩的作用,如图 3.12(a)、图 3.12(b)所示。根据柄部不同,麻花钻有莫氏锥柄(圆锥形)和直柄(圆柱形)两种。直径为 $\phi13\text{mm}\sim\phi80\text{mm}$ 的麻花钻多为莫氏锥柄,利用莫氏锥套(见图 3.14)与机床锥孔连接,莫氏锥套后端有一个扁尾榫,其作用是供楔铁把钻头从莫氏锥套中卸下。在钻削时,扁尾榫可防止钻头相对莫氏锥套打滑。刀具长度不能调节。直径为 $\phi0.1\text{mm}\sim\phi20\text{mm}$ 的麻花钻多为直柄,可利用钻夹头夹持住钻头。中等尺寸麻花钻两种形式均可选用。麻花钻有标准型和加长型。

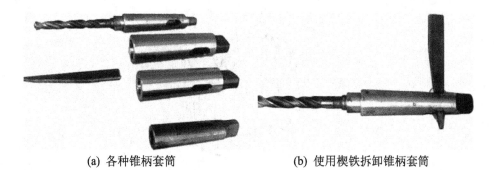

(a) 各种锥柄套筒　　　　　　(b) 使用楔铁拆卸锥柄套筒

图 3.14　锥柄套筒及其使用

③ 颈部。如图 3.12(b)所示。颈部是工作部分和柄部的连接处(焊接处)。颈部的直径小于工作部分和柄部的直径，其作用是便于磨削工作部分和柄部时砂轮的退刀；颈部还可作为打印标记处。小直径的直柄钻头不做出颈部。

(2) 麻花钻的使用特点。虽然是孔加工的主要刀具，长期以来一直被广泛使用，但是由于麻花钻在结构上存在着比较严重的缺陷，致使钻孔的质量和生产率受到很大影响，这主要表现在以下几个方面。

① 钻头主切削刃上各点的前角变化很大。钻孔时，外缘处的切削速度最大，而该处的前角最大，刀刃强度最薄弱，因此钻头在外缘处的磨损特别严重。

② 钻头横刃较长，横刃及其附近的前角为负值，达 $-55°\sim-60°$。钻孔时，横刃处于挤刮状态，轴向抗力较大。同时横刃过长，不利于钻头定心，易产生引偏，致使加工孔的孔径增大、孔不圆或孔的轴线歪斜等。

③ 钻削加工过程是半封闭加工。钻孔时，主切削刃全长同时参加切削，切削刃长，切屑宽，而各点切屑的流出方向和速度各异，切屑呈螺卷状，而容屑槽尺寸又受钻头本身尺寸的限制，因而排屑困难，切削液也不易注入切削区域，冷却和散热不良，大大降低了钻头的使用寿命。

(3) 群钻。针对标准高速钢麻花钻存在的缺陷，在实践中采取多种措施修磨麻花钻的结构。如修磨横刃，减少横刃长度，增大横刃前角，减小轴向受力状况；修磨前刀面，增大钻芯处前角；修磨主切削刃，改善散热条件；在主切削刃后面磨出分屑槽，利于排屑和切削液注入，改善切削条件；等等。

用麻花钻综合修磨而成的新型钻头，即"群钻"。图 3.15 是标准型群钻结构，适合于钻削碳素钢和低合金钢，其修磨主要特征如下。

① 将横刃磨短、磨低，改善横刃处切削条件。

② 将靠近钻心附近主刃修磨成一段顶角较大的内直刃和一段圆弧刃，以增大该段切削刃前角。同时，对称的圆弧刃在钻削过程中起到定心及分屑作用。

③ 在外直刃上磨出分屑槽，改善断屑、排屑情况。

经过综合修磨而成的群钻，切削性能显著改善。钻削轴向力比标准麻花钻下降 35%～50%，转矩降低 10%～30%，切削轻快省力；改善了散热、断屑及冷却润滑条件，耐用度比标准麻花钻提高了 3～5 倍；另外，生产率、加工精度、表面质量都有所提高。

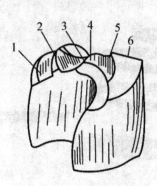

图 3.15 标准型群钻

1—分屑槽；2—月牙槽；3—横刃；4—内直刃；5—圆弧刃；6—外直刃

(4) 硬质合金钻头。目前，钻孔的刀具仍以高速钢麻花钻为主，但是，随着高速度、高刚性、大功率的数控机床、加工中心的应用日益增多，高速钢麻花钻已满足不了先进机床的使用要求。于是在 20 世纪 70 年代出现了硬质合金钻头和硬质合金可转位浅孔钻头等，硬质合金钻头日益受到人们的重视。

硬质合金麻花钻一般制成镶片焊接式，直径 $\phi 5$ mm 以下的硬质合金麻花钻制成整体的。

无横刃硬质合金钻头的结构如图 3.16 所示。无横刃硬质合金钻头的外形与标准高速钢麻花钻相似，在合金钢钻体上开出螺旋槽，其螺旋角比标准麻花钻略小($\beta=20°$)，钻心直径略粗，在钻体顶部焊有两块韧性好、抗粘结性强的硬质合金刀片，两块刀片在钻头轴心处留有 $b=0.8\sim1.5$ mm 的间隙。为了保证钻尖的强度，在靠近钻头轴心处的两块刀片切削刃被磨成圆弧形或折线形，而不靠近钻头轴心处的两块刀片切削刃被磨成直线形；圆弧刃或折线刃 B 处前角 $\gamma_{OB}=18°\sim20°$，直线刃 A 处前角为 $\gamma_{OA}=25°\sim28°$，在切削刃上磨出一定宽度的倒棱，以改善刃口的强度和散热条件；在前面处开出断屑台，以利于断屑、排屑；两条切削刃所形成的顶角为 $2\phi=125°\sim145°$，硬质合金刀片外缘处留有刃带，而合金钢钻体直径比硬质合金刀片外缘直径小，从而减少了钻削时无横刃硬质合金钻头与孔壁的摩擦。

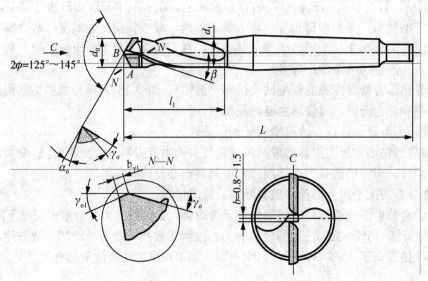

图 3.16 无横刃硬质合金钻头

(5) 麻花钻的装夹。

直柄麻花钻外形如图 3.17(a)所示，它通过辅助工具——钻夹头装夹后再装到机床上。钻夹头的前端有三个可以张开和收缩的卡爪，用来夹持钻头的直柄。卡爪的张开和收缩靠拧动滚花套来实现。钻夹头的后端是锥柄，将它插入车床尾座套筒的锥孔中来实现钻头和机床的联接，如图 3.17(b)所示。锥柄麻花钻可以直接或通过过渡套与机床联接。当钻头锥柄的锥度号数和尾座套筒锥孔的锥度号数相同时，可以直接把钻头插入，实现它们的联接；如果它们的锥度号数不同，就必须通过一个过渡套才能联接，如图 3.17(c)所示。

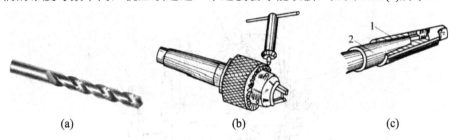

图 3.17　麻花钻的装夹

1—过渡套；2—钻头套柄

3) 钻床夹具的典型结构形式

钻床夹具简称钻模，主要用于加工孔及螺纹。它主要由钻套、钻模板、定位及夹紧装置、夹具体组成(如图 1.15)。

(1) 钻床夹具的主要类型。钻床夹具的类型较多，一般分为固定式、回转式、翻转式、盖板式和滑柱式等几种类型。

① 固定式钻模。在使用中，这类钻模与工件在机床上的位置固定不动，如图 3.18 所示，而且加工精度较高，主要用于立式钻床上加工直径较大的单孔或摇臂钻床加工平行孔系。

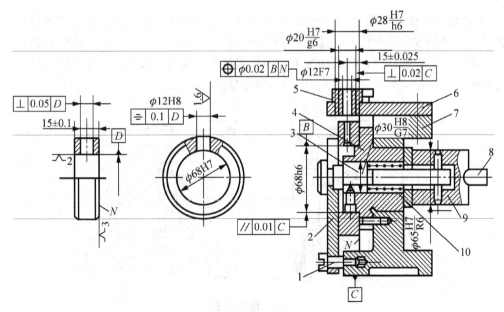

图 3.18　固定式钻模

1—螺钉；2—转动开口垫圈；3—拉杆；4—定位法兰；5—快换钻套；
6—钻模板；7—夹具体；8—手柄；9—圆偏心凸轮；10—弹簧

② 回转式钻模。这类钻模上带有回转分度装置，如图 3.19 所示，在不松开工件的情况下可加工分布在同一圆周上的多个轴向平行孔、垂直和斜交于工件轴线的多个径向孔或几个表面上的孔。

工件一次装夹中，靠钻模依次回转加工各孔，因此这类钻模必须有分度装置。回转式钻模使用方便、结构紧凑，在成批生产中广泛使用。一般为缩短夹具设计和制造周期，提高工艺装备的利用率，夹具的回转分度部分多采用标准回转工作台。

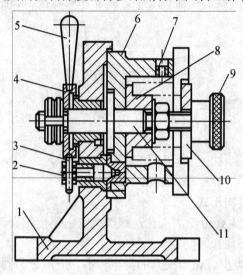

图 3.19　回转式钻模

1—夹具体；2—对定销；3—横销；4—螺套；5—手柄；6—转盘；
7—钻套；8—定位件；9—滚花螺母；10—开口垫圈；11—转轴

③ 翻转式钻模。如图 3.20 所示，夹具体在几个方向上有支承面，加工时用手将其翻转到各个所需的方向进行钻孔，适用于加工小型工件不同表面上的孔，孔径小于 ϕ10mm。它可以减少工件安装次数，提高被加工孔的位置精度。其结构较简单，加工时钻模一般手工进行翻转，所以夹具及工件质量应小于 10kg 为宜。

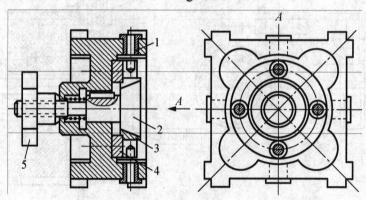

图 3.20　翻转式钻模

1—钻套；2—倒锥螺栓；3—胀套；4—支承板；5—夹紧螺母

④ 盖板式钻模。这种钻模只有钻模板而无夹具体，其定位元件和夹紧装置直接装在钻模板上。使用时把钻模板直接安装在工件的定位基面上，适用于体积大而笨重的工件上的小孔加工。夹具结构简单、轻便，易清除切屑；但是每次加工，夹具需在工件上装卸，较费时，故此类钻模的质量一般不宜超过 10kg。

如箱体零件的端面法兰孔，常用图 3.21 所示的盖板式钻模进行钻削，以箱体的孔及端面为定位基面，盖板式钻模像盖子一样置于图示位置并实现定位，靠滚花螺钉 2 旋进时压迫钢球使径向均布的三个滑柱 5 顶向工件内孔面，从而实现夹紧。若法兰孔位置精度要求不高时，可不设置夹紧结构，但先钻一个孔后，要插入一个销，再钻其他孔。

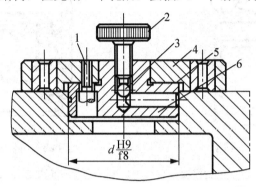

图 3.21　盖板式钻模

1—螺钉；2—滚花螺钉；3—钢球；4—钻模板；5—滑柱；6—定位销

⑤ 滑柱式钻模。滑柱式钻模是一种带有升降钻模板的通用可调夹具，其结构已标准化、规格化。这种钻模结构简单、操作方便，生产中应用较广。

图 3.22 所示为手动滑柱式钻模的通用结构，由夹具体、三根导向柱 6、钻模板 3 和传动、锁紧机构所组成。使用时只要根据工件的形状、尺寸和加工要求等具体情况，专门设计制造相应的定位、夹紧装置和钻套等，装在夹具体的平台和钻模板上的适当位置，就可用于加工。

使用时，通过转动手柄 5，使齿轮轴 1 上的斜齿轮带动斜齿条滑柱 2 和钻模板 3 上下升降；导向柱 6 起导向作用，保证钻模板位移的位置精度。为防止钻模板松动，该钻模设有自锁装置。齿轮轴 1 上斜齿轮的螺旋角为 45°，齿轮轴 1 的前端设有正向锥体 A 和反向锥体 B，锥度为 1∶5；当钻模下降通过夹紧元件压紧工件(图 3.22 中未画出)后，斜齿条滑柱再也不能往下降了；此时如再继续转动手柄 5 施力，便会使斜齿轮轴产生一轴向力，使齿轮轴 1 上锥体 A 楔紧在夹具体的锥孔中；由于锥孔的锥角(11.4°)小于两倍摩擦角，满足规定的自锁条件，故有自锁作用。加工完毕，转动手柄 5，由斜齿条滑柱 2 带动钻模板 3 上升到一定高度，由于钻模板 3 的自重作用，使齿轮轴 1 产生反向的轴向力，使齿轮轴 1 上锥体 B 楔紧在锥套 7 的锥孔中，将钻模板 3 锁在该高度位置上。

这种手动滑柱式钻模的机械效率较低，夹紧力不大，并且由于导向柱和导孔为间隙配合(一般为 H7/f7)，因此被加工孔的垂直度和孔的位置尺寸难以达到较高的精度。但是其自锁性能可靠，结构简单，操作方便，动作迅速，具有通用可调的优点，所以不仅广泛使用于大批大量生产，而且也已推广到小批生产中。该钻模特别适用于加工中、小型零件。

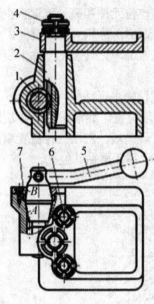

图3.22 手动滑柱式钻模

1—齿轮轴；2—斜齿条滑柱；3—钻模板；
4—锁紧螺母；5—手柄；6—导向柱；7—锥套

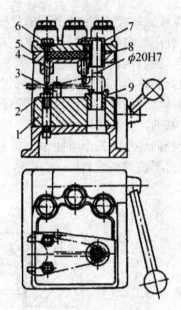

图3.23 滑柱式钻模应用实例

1—底座；2—可调支承；3—圆柱挡销；4—压柱；
5—压柱体；6—螺塞；7—钻套；8—衬套；9—定位锥套

图3.23所示为一个加工拨叉轴孔的滑柱式钻模的应用实例。该滑柱式钻模用来钻、扩、铰拨叉上的 $\phi 20H7$ 孔。工件分别以叉轴外圆、叉体平面和后侧面在夹具上的定位锥套9、两个可调支承2及圆柱挡销3上定位，限制工件的6个自由度。这些定位元件都装置在底座1上。工件定位后，转动手柄，通过齿轮、齿条传动机构使滑柱带动钻模板下降，由四个压柱4通过液性塑料对工件实施夹紧。刀具依次由快换钻套7引导，进行钻、扩、铰加工。图3.23中1～9所示的零件是专门设计制造的，钻模板也须作相应的加工，而其他件则为滑柱式钻模的通用结构。

除手动外，滑柱式钻模还可以采用其他动力装置，如气动、液压等。

(2) 钻模的设计要点。

① 钻模类型的选择。在设计钻模时，首先要根据工件的形状、尺寸、重量和加工要求，并考虑生产批量、工厂工艺装备的技术状况等具体条件，选择钻模类型和结构。在选型时要注意以下几点。

a. 工件被加工孔径大于 $\phi 10mm$ 时，宜采用固定式钻模(特别是钢件)。因此其夹具体上应有专供夹压用的凸缘或凸台。

b. 当工件上加工的孔处在同一回转半径，且夹具的总重量超过100N时，应采用具有分度装置的回转钻模，如能与通用回转台配合使用则更好。

c. 当在一般的中型工件某一平面上加工若干个任意分布的平行孔系时，宜采用固定式钻模在摇臂钻床上加工。大型工件则可采用盖板式钻模在摇臂钻床上加工。如生产批量较大，则可在立式钻床或组合机床上采用多轴传动头加工。

d. 对于孔的垂直度允差大于0.1mm和孔距位置允差大于±0.15mm的中小型工件，宜优先采用滑柱式钻模，以缩短夹具的设计制造周期。

② 钻套(drill bushing)的选择和设计。钻套安装在钻模板或夹具体上，用来确定工件

上加工孔的位置，引导刀具进行加工，提高加工过程中工艺系统的刚性并防振。钻套可分为标准钻套和特殊钻套两大类。标准钻套又分为固定钻套、可换钻套和快换钻套(JB/T 8045.1～3—1999)。

a．固定钻套。固定钻套分为 A、B 型两种，如图 3.24(a)、图 3.24(b)所示。钻套安装在钻模板或夹具体中，其配合为 H7/n6 或 H7/r6。固定钻套的结构简单，钻孔精度高，但磨损后不能更换，适用于单一钻孔工序和小批生产。

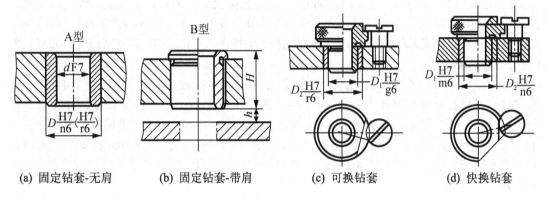

(a) 固定钻套-无肩　　(b) 固定钻套-带肩　　(c) 可换钻套　　(d) 快换钻套

图 3.24　钻套

b．可换钻套。其结构如图 3.24(c)所示。当工件为单一钻孔工序的大批量生产时，为便于更换磨损的钻套，选用可换钻套。钻套与衬套之间采用 H7/g6 或 H7/h6 配合，衬套与钻模板之间采用 H7/n6 或 H7/r6 配合。当钻套磨损后，可卸下螺钉(JB/T 8045.5—1999)，更换新的钻套。螺钉能防止加工时钻套的转动或退刀时随刀具自行拔出。

c．快换钻套。其结构如图 3.24(d)所示。当工件需钻、扩、铰多工序加工时，为能快速更换不同孔径的钻套，应选用快换钻套。快换钻套的有关配合同可换钻套。更换钻套时，将钻套削边转至螺钉处，即可取下钻套。削边的方向应考虑刀具的旋向，以免钻套随刀具自行拔出。

以上三类钻套已标准化，其结构参数、材料、热处理及配合类系等可查阅有关行业标准(GB/T 8045.1—1999 等)。

d．特殊钻套。当工件的结构形状或被加工孔位置不适合采用标准钻套时，可自行设计与工件相适应的特殊钻套。图 3.25 所示是几种特殊钻套的结构。

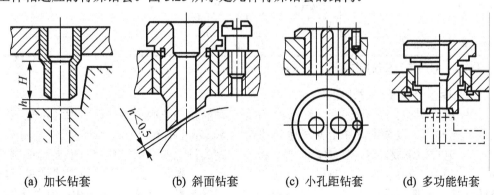

(a) 加长钻套　　(b) 斜面钻套　　(c) 小孔距钻套　　(d) 多功能钻套

图 3.25　特殊钻套

图 3.25(a)所示为加长钻套,在加工凹面上的孔时使用。为减少刀具与钻套的摩擦,可将钻套引导高度 H 以上的孔径放大。图 3.25(b)为斜面钻套,用于在斜面或圆弧面上钻孔,排屑空间的高 $h<0.5mm$,可增加钻头刚度,避免钻头引偏或折断。图 3.25(c)为小孔距钻套,用圆销确定钻套位置。图 3.25(d)为兼有定位与夹紧功能的钻套,在钻套与衬套之间,一段为圆柱间隙配合,一段为螺纹连接,钻套下端为内锥面,可使工件定位。

③ 钻套内孔的公称尺寸及极限与配合的选择。

a. 钻套内孔。钻套内孔(又称导向孔)直径的公称尺寸应为所用刀具的最大极限尺寸,并采用基轴制间隙配合。钻孔或扩孔时其公差取 F7 或 F8;粗铰时取 G7,精铰时取 G6。若钻套引导的是刀具的导向部分而不是切削部分,则可按基孔制的相应配合选取,如 H7/f7、H7/g6 或 H6/g5 等。

b. 导向长度 H。如图 3.25(a)所示,钻套的导向长度 H 对刀具的导向作用影响很大。H 较大时,刀具在钻套内不易产生偏斜,但会加快刀具与钻套的磨损;H 过小时,则钻孔时导向性不好。通常取导向长度 H 与其孔径之比为 $H/d=1\sim2.5$。当加工精度要求较高或加工的孔径较小时,由于所用的钻头刚性较差,则 H/d 值可取大些,如钻孔直径 $d<\phi5mm$ 时,应取 $H/d\geqslant2.5$;如加工两孔的距离公差为±0.05mm 时,可取 $H/d=2.5\sim3.5$;加工斜孔时,可取 $H/d=4\sim6$。

c. 排屑间隙 h。如图 3.25(a)所示,排屑间隙 h 是指钻套底部与工件表面之间的空间。如果 h 太小,则切屑排出困难,会损伤加工表面,甚至还可能折断钻头;如果 h 太大,则会使钻头的偏斜增大,影响被加工孔的位置精度。一般加工铸铁件时,$h=(0.3\sim0.7)d$;加工钢件时,$h=(0.7\sim1.5)d$;式中 d 为所用钻头的直径。对于位置精度要求很高的孔或在斜面上钻孔时,可将 h 值取得尽量小些,甚至可以取为零;加工斜孔时,$h=(0\sim0.2)d$。

d. 钻套材料:钻套必须有很高的硬度和耐磨性,常用材料为 T10A、T12A、CrMn 或 20 渗碳钢。一般 $d\leqslant\phi10mm$ 时,用 CrMn;$d\leqslant\phi25mm$ 时,用 T10A 或 T12A,经淬硬至 58~64HRC;$d>\phi25mm$,用 20 经渗碳(深度 0.8~1.2mm)淬火至 58~64HRC。

e. 钻套内外径配合的选择可参考表 3-4,其同轴度 $\leqslant\phi0.01mm$。

表 3-4　钻套的配合公差带的选择

配合关系		配合公差带
钻套与刀具(当孔径精度 IT8)		钻套孔径公差可选 F8、G7、G6
钻套与衬套	固定式[①]	H7/g6、H7/f7、H7/h6、H6/g5
	可换式	F7/m6、F7/k6
	快换式	
钻套(或衬套)与钻模板		H7/n6、H7/r6

① 如果钻套引导的是刀具的导柱部分,也可选用。

(3) 钻模板类型及其设计要点。

① 钻模板类型。用于安装钻套,确保钻套在钻模上的正确位置。钻模板通常是装配在夹具体或支架上,或与夹具体上的其他元件相连接,常见的有以下几种类型。

a. 固定式钻模板。这种钻模板是直接固定在夹具体上的,故钻套相对于夹具体也是固定的,钻孔精度较高。但是这种结构对某些工件而言,装拆不太方便。固定式钻模板与夹具体的连接,一般采用图 3.26 所示的三种结构:图(a)为整体铸造结构;图(b)为焊接结构;图(c)为用螺钉和销钉连接的钻模板。固定式钻模板结构简单、制造容易。

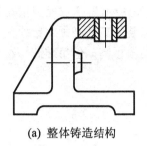
(a) 整体铸造结构

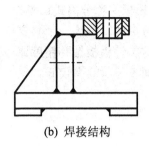
(b) 焊接结构

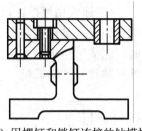
(c) 用螺钉和销钉连接的钻模板

图 3.26 固定式钻模板

b. 铰链式钻模板。这种钻模板通过铰链与夹具体固定支架相连接，钻模板可绕铰链销翻转，如图 3.27 所示。当钻模板防碍工件装卸或钻孔后需扩孔、攻螺纹时常采用这种结构。铰链销 1 与钻模板 5 的销孔配合为基轴制间隙配合(G7/h6)，与铰链座 3 的销孔配合为基轴制过盈配合(N7/h6)。钻模板 5 与铰链座 3 之间的配合为基孔制间隙配合(H8/g7)。钻套导向孔与夹具安装面的垂直度可通过调整两个支承钉 4 的高度加以保证。加工时，钻模板 5 由菱形螺母 6 锁紧。使用铰链式钻模板，装卸工件方便，但由于铰链销孔之间存在配合间隙，因此加工孔的位置精度比固定式钻模板低。

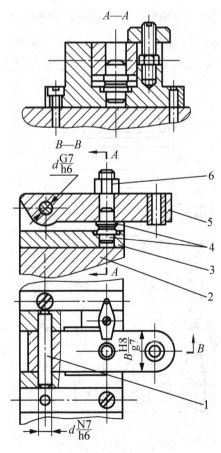

图 3.27 铰链式钻模板

1—铰链销；2—夹具体；3—铰链座；4—支承钉；5—钻模板；6—菱形螺母

c. 可卸式钻模板。可卸式钻模板又称分离式钻模板，图 3.28 所示为 3 种常见的可卸盖式钻模板，钻模板与夹具体是分离的，成为一个独立部分。当装卸工件必须将钻模板取下时，则应采用可卸式钻模板。这类钻模板钻孔精度比铰链式钻模板高，但每装卸一次工件就需装卸一次钻模板，装卸时间较长，效率较低。

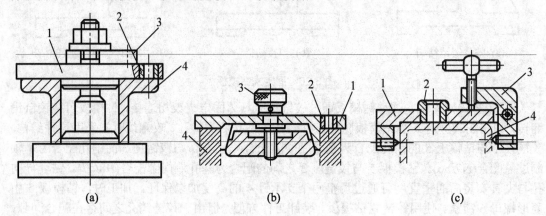

图 3.28 可卸盖式钻模板

1—钻模板；2—钻套；3—压板[图(b)为螺钉]；4—工件

d. 悬挂式钻模板。如图 3.29 所示，钻模板 5 的位置由导向滑柱 2 来确定，并悬挂在滑柱上，通过弹簧 1 和横梁 6 与机床主轴或主轴箱连接。这类钻模板多与组合机床或多轴箱联合使用。

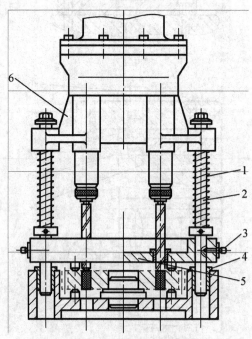

图 3.29 悬挂式钻模板

1—弹簧；2—导向滑柱；3—螺钉；4—套；5—钻模板；6—横梁

② 钻模板的设计要点。在设计钻模板的结构时，主要根据工件的外形大小、加工部位、结构特点、生产规模以及机床类型等条件而定。要求所设计的钻模板结构简单、使用方便、制造容易，并注意以下几点。

a. 在保证钻模板有足够刚度的前提下，要尽量减轻其重量。在生产中，钻模板的厚度往往按钻套的高度来确定，一般在 15～30mm 之间。如果钻套较高，可将钻模板局部加厚、设置加强肋。此外，钻模板一般不宜承受夹紧力。

b. 钻模板上安装钻套的底孔与定位元件间的位置精度直接影响工件孔的位置精度，因此至关重要。在上述各钻模板结构中，以固定式钻模板钻套底孔的位置精度最高，而以悬挂式钻模板钻套底孔的位置精度为最低。

c. 焊接结构的钻模板往往因焊接内应力不能彻底消除，而不易保持精度。一般当工件孔距公差大于±0.1mm 时方可采用。若孔距公差小于±0.05mm 时，应采用装配式钻模板。

d. 要保证加工过程的稳定性。如用悬挂式钻模板，则其导柱上的弹簧力必须足够大，以使钻模板在夹具体上能维持所需的定位压力。当钻模板本身的重量超过 80kg 时，导柱上可不装弹簧；为保证钻模板移动平稳和工作可靠，当钻模板处于原始位置时，装在导柱上经过预压的弹簧长度一般不应小于工作行程的 3 倍，其预压力不小于 15kg。

4) 钻孔操作注意事项

在钻孔时钻头往往容易产生偏移，其主要原因是：切削刃的刃磨角度不对称；钻削时在工件端面钻头没有定位好；工件端面与机床主轴轴线不垂直等。为了防止和减少钻孔时钻头偏移，操作时须注意以下事项。

(1) 钻头装入尾座套筒后，必须检查钻头轴线是否和工件的旋转轴线重合。如果不重合，则会使钻头折断。

(2) 在钻孔前，必须把端面车平，保证端面与钻头中心线垂直，工件中心处不允许留有凸头，否则钻孔时钻头不能定心，甚至使钻头折断。

(3) 当使用细长钻头钻孔时，为了不把孔钻歪，事先应该用中心钻或钻头在端面上预钻一个定心孔，以引导钻头钻削。

(4) 把钻头引向工件端面时，引入力不可过大，否则会使钻头折断。

(5) 钻小孔或深孔时选用较小的进给量，可减小钻削轴向力，钻头不易产生弯曲而引起偏移。

(6) 钻较深的孔时，要经常退出钻头清除切屑，这样做可以防止因为切屑堵塞使钻头折断。

(7) 钻通孔快要钻透时，要减少进给量，这样做可以防止钻头的横刃被"咬住"，使钻头折断。因为钻头轴向进给时钻头的横刃用较大的轴向力对材料进行挤压，当孔快要钻透时，横刃会突然把和它接触的那一块材料挤压掉，在工件上形成一个不规则的通孔；与此同时，钻头的横刃进入该孔中，就不再参加切削了。钻头的切削刃也进入了此孔中，切削厚度突然增加许多，钻头所承受的转矩突然增加，容易使钻头折断。

(8) 钻了一段深度以后，应该把钻头退出，停机测量孔径，用这个方法可防止孔径扩大，使工件报废。

(9) 当用钻头加工较长但要求不高的通孔时，可以调头钻孔，就是钻到大于孔长的一半以后，把工件调头安装，校正后再钻孔，一直将孔钻通。

(10) 钻钢料时，必须浇注充分的切削液，使钻头冷却。钻铸铁时可以不用切削液。

特别提示

钻孔时，钻头直径一般不超过 ϕ75mm，钻较大的孔(> ϕ30mm)时，常采用两次钻削，即先钻较小(被加工孔径的 0.5～0.7 倍)的孔，第二次再用大直径钻头进行扩钻，以减小进给抗力。

5) 钻孔时常见的问题(见表 3-5)

表 3-5 钻孔常见问题

问　　题	产生原因
孔扩大	钻头的顶角(2ϕ角)刃磨不正确；钻头的轴线和工件轴线不重合
孔歪斜	工件端面不平或与工件轴线不垂直；钻头刚性差，进给量过大
孔错位	顶角(2ϕ角)不等，且顶点不在钻头轴线上；尾座偏离中心

3. 扩孔和锪孔

1) 扩孔(broaching)

扩孔是用扩孔刀具对已钻的孔作进一步加工，以扩大孔径并提高精度和降低表面粗糙度。扩孔后的精度可达 IT11～IT10 级，表面粗糙度 Ra12.5～6.3μm。常用的扩孔刀具有麻花钻、专用扩孔钻等。一般工件的扩孔，可用麻花钻。对于孔的半精加工，可用扩孔钻。

(1) 用麻花钻扩孔。用大直径的钻头将已钻出的小孔扩大。例如，钻直径 ϕ50mm 的孔，可先用直径 ϕ25mm 的钻头钻孔，然后用 ϕ50mm 的钻头将孔扩大。扩孔时，因大钻头的横刃已经不参加切削，所以进给省力。但是应该注意，钻头外缘处的前角大，不能使进给量过大，否则使钻头在尾座套筒内打滑而不能切削。因此，在扩孔时，应把钻头外缘处的前角修磨得小些，并对进给量加以适当控制，决不要因为钻削轻松而加大进给量。

当扩台阶孔和不通孔时，往往需要将孔底扩平，一般就将麻花钻磨成平头钻作为扩孔钻使用，如图 3.30 所示。

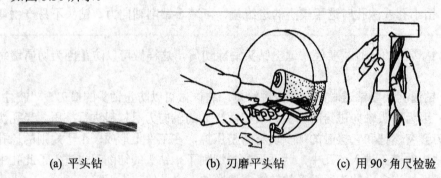

(a) 平头钻　　　(b) 刃磨平头钻　　　(c) 用 90°角尺检验

图 3.30　将麻花钻磨成 180°平头钻

① 用平头钻扩台阶孔。

扩台阶孔时，由于平头钻不能很好定心，扩孔开始阶段容易产生摆动而使孔径扩大，所以选用平头钻扩孔，钻头直径应偏小些，以留有余地。扩孔的切削速度一般应略低于钻孔的切削速度。

扩孔前先钻出台阶孔的小孔直径如图 3.31(a)所示。开动车床,当平头钻与工件端面接触时,记下尾座套筒上标尺读数,然后慢慢均匀进给,直至标尺上刻度读数到达所需深度时退出。

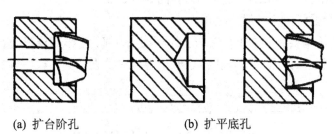

(a) 扩台阶孔　　　　　　　(b) 扩平底孔

图 3.31　用平头钻扩孔

② 用平头钻扩不通孔。

先按不通孔的直径和深度钻孔。注意:钻孔深度应从钻尖算起,并比所需深度浅 1~2mm。然后用与钻孔直径相等的平头钻再扩平孔底面,如图 3.31(b)所示。

控制不通孔深度的方法。用一薄钢板,紧贴在工件端面上,向前摇动尾座套筒,使钻头顶紧钢板,记下套筒上的标尺读数,当扩孔到终点时,在标尺读数上应加上钢板的厚度和不通孔的深度。

(2) 扩孔钻类型与选用。扩孔钻主要有高速钢扩孔钻和硬质合金扩孔钻两类。其用途为提高钻孔、铸造孔与锻造孔的孔径精度,使其精度达 IT11~IT10 级,表面粗糙度 Ra 达 12.5~6.3μm。

标准扩孔钻一般有 3~4 条主切削刃,其结构形式随直径不同而不同。有直柄、锥柄和套装三种形式,如图 3.32 所示。

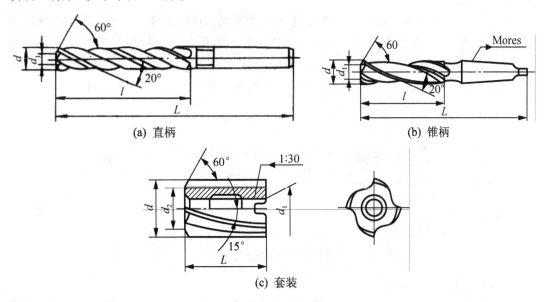

(a) 直柄　　　　　　　　　(b) 锥柄

(c) 套装

图 3.32　扩孔钻类型

扩孔钻与麻花钻相比,没有横刃,工作平稳,容屑槽小,刀体刚性好,工作中导向性好,故对于孔的位置误差有一定的校正能力。使用高速钢扩孔钻加工钢料时,切削速度可选为 15~40m/min,进给量可选为 0.4~2mm/r,故扩孔的加工质量和生产率都比麻花钻高。扩孔通常作为铰孔前的预加工,也可作为孔的最终加工。扩孔方法和所使用的机床与钻孔基本相似,扩孔余量$(D-d)$一般为$(1/8)D$。

① 扩孔钻的结构要素。扩孔钻结构分为柄部、颈部、工作部分三段。其切削部分则有:主切削刃、前刀面、后刀面、钻心和棱边五个结构式要素,具体如图 3.33 所示。

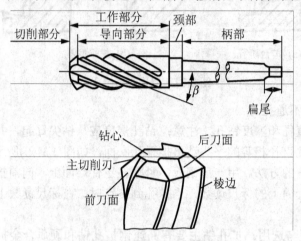

图 3.33 扩孔钻的结构要素

② 扩孔钻的选择。扩孔钻的形式随直径不同而不同。扩孔直径较小时,可选用直柄式扩孔钻;扩孔直径为 $\phi 10mm \sim \phi 32mm$ 时,可选用锥柄式扩孔钻;扩孔直径为 $\phi 25mm \sim \phi 80mm$ 时,可选用套式扩孔钻。

扩孔直径在 $\phi 20mm \sim \phi 60mm$ 之间,且机床刚性好、功率大时,可选用图 3.34 所示的可转位扩孔钻。这种扩孔钻的两个可转位刀片的外刃位于同一个外圆直径上,并且刀片径向可作微量(±0.1mm)调整,以控制扩孔直径。

当孔径大于 100mm 时,切削力矩很大,故很少应用扩孔,而应采用镗孔。

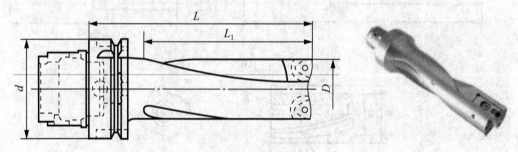

图 3.34 可转位扩孔钻

2) 锪孔(counter sinking)

对工件上的已有孔进行孔口型面的加工称为锪削,如图 3.35 所示。锪削又分锪孔和锪平面。

锪钻用于加工各种埋头螺钉沉孔、锥孔和凸台面等。常见的锪钻有三种：圆柱形沉头锪钻、锥形锪钻及端面锪钻，如图 3.35 所示。

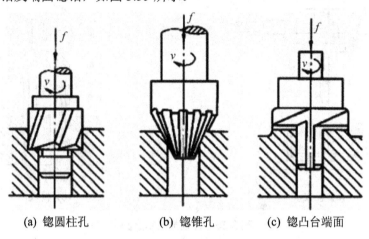

(a) 锪圆柱孔　　　　　(b) 锪锥孔　　　　　(c) 锪凸台端面

图 3.35　锪削加工

圆柱形沉头锪钻的端刃主要起切削作用，周刃作为副切削刃，起修光作用。为了保持原有孔与埋头孔同心，锪钻前端带有导柱，可与已有的孔滑配，起定心作用。

锥形锪钻顶角有 60°、75°、90° 及 120° 共 4 种，其中 90° 的用得最广泛。锥形锪钻有 6~12 个刀刃。

端面锪钻用于锪削与孔垂直的孔口端面(凸台平面)。小直径孔口端面可直接用圆柱形沉头锪钻加工，较大孔口的端面可另行制作锪钻。

锪削时，切削速度不宜过高，钢件需加润滑油，以免锪削表面产生径向振纹或出现多棱形等质量问题。在单件小批生产时，常把麻花钻改制成锪钻来使用。

4. 铰孔(reaming)

铰孔是用铰刀对未淬火孔进行精加工的一种方法，在生产中应用很广。对于较小的孔，相对于内圆磨削及精镗而言，铰孔是一种较为经济实用的加工方法。

铰孔时，因切削速度低，加工余量少(一般只有 0.1~0.3mm)，使用的铰刀刀齿多、结构特殊(有切削和校正部分)、刚性好、精度高等因素，故铰孔后的质量比较高，孔径尺寸精度一般为 IT9~IT6 级，表面粗糙度 Ra 可达 1.6~0.4μm，甚至更细。

铰孔分手铰和机铰，如图 3.36 所示，手铰尺寸精度可达 IT6 级，表面粗糙度 Ra 为 0.8~0.4μm。机铰生产率高，劳动强度小，适宜于大批大量生产。铰孔主要用于加工中、小尺寸的孔，孔径一般在 $\phi1$~$\phi100$mm 范围。铰孔时以本身孔作导向，故不能纠正位置误差，因此孔的有关位置精度应由铰孔前的预加工工序保证。

1) 铰刀

铰刀是对半精加工孔进行精加工的一种刀具，应用十分普遍。铰刀加工孔直径的范围为 $\phi1$~$\phi80$mm，它可以加工圆柱孔、圆锥孔、通孔和盲孔。它可以在钻床、车床、数控机床等多种机床上进行铰削(又称机铰)，也可以用手工进行铰削。

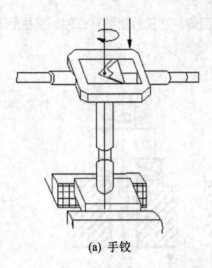
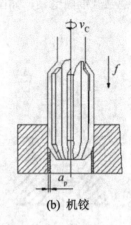

(a) 手铰　　　　　　　　　　　(b) 机铰

图 3.36　铰削加工示意图

(1) 铰刀类型。铰刀按刀具材料分为高速钢铰刀和硬质合金铰刀；按加工孔的形状分为圆柱铰刀和圆锥铰刀；按铰刀直径调整方式分为整体式铰刀和可调式铰刀。铰刀一般按使用方式分为手用铰刀和机用铰刀两种形式。手用铰刀与机用铰刀的主要区别：后者工作部分较短，齿数较少，柄部较长；前者相反。

铰刀基本类型如图 3.37 所示。

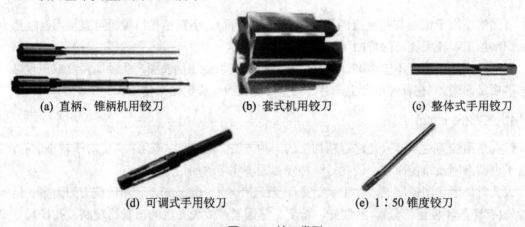

(a) 直柄、锥柄机用铰刀　　　(b) 套式机用铰刀　　　(c) 整体式手用铰刀

(d) 可调式手用铰刀　　　　　(e) 1∶50 锥度铰刀

图 3.37　铰刀类型

机用铰刀可分为带柄的和套式的。直柄铰刀直径为 $\phi6 \sim \phi20$mm，小孔直柄铰刀直径为 $\phi1 \sim \phi6$mm；锥柄铰刀直径为 $\phi10 \sim \phi32$mm，如图 3.37(a)所示。套式的直径为 $\phi25 \sim \phi80$mm，如图 3.37(b)所示。手用铰刀可分为整体式[见图 3.37(c)]和可调式[见图 3.37(d)]两种。铰削不仅可以用来加工圆柱孔，也可用锥度铰刀加工圆锥孔，如图 3.37(e)所示。

加工精度为 IT8～IT9 级，表面粗糙度 Ra 为 $0.8 \sim 1.6 \mu m$ 的孔时，多选用通用标准铰刀。加工 IT6～IT7 级，表面粗糙度 Ra 为 $0.8 \mu m$ 的孔时，可采用机夹硬质合金刀片的单刃铰刀。这种铰刀的结构如图 3.38 所示，刀片 3 通过楔套 4 用螺钉 1 固定在刀体上，通过螺钉 7、销 6 可调节铰刀尺寸。导向块 2 可采用粘结和铜焊固定。机夹单刃铰刀应有很高的刃磨质量。因为精密铰削时，半径上的铰削余量在 $10 \mu m$ 以下，所以刀片的切削刃口要磨得异常锋利。

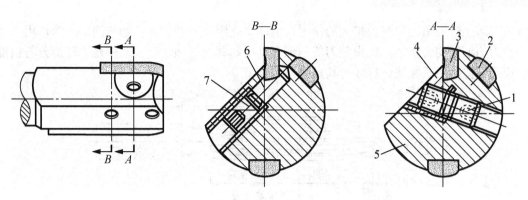

图 3.38 机夹硬质合金刀片的单刃铰刀

1、7—螺钉；2—导向块；3—刀片；4—楔套；5—刀体；6—销

机用铰刀与机床常用浮动连接，以防止铰削时孔径扩大或产生孔的形状误差。铰刀与机床主轴浮动连接所用的浮动夹头如图 3.39 所示。浮动夹头的锥柄 1 安装在机床的锥孔中，铰刀锥柄安装在锥套 2 中，挡钉 3 用于承受轴向力，销钉 4 可传递转矩。由于锥套 2 的尾部与大孔、销钉 4 及小孔间均有较大间隙，所以铰刀处于浮动状态。

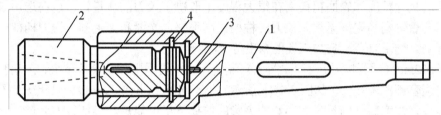

图 3.39 铰刀的浮动夹头

1—锥柄；2—锥套；3—挡钉；4—销钉

铰削精度为 IT7～IT6 级，表面粗糙度 Ra 为 1.6～0.8μm 的大直径通孔时，可选用专门设计的浮动铰刀，如图 3.40 所示。

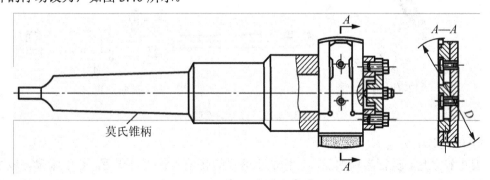

图 3.40 浮动铰刀

(2) 铰刀结构要素。铰刀是由工作部分、柄部和颈部三部分组成，如图 3.41 所示。工作部分分为切削部分和校准部分。切削部分又分为引导锥和切削锥。引导锥使铰刀能方便地进入预制孔。切削锥起主要的切削作用。校准部分又分为圆柱部分和倒锥部分，圆柱部分起修光孔壁、校准孔径、测量铰刀直径以及切削部分的后备作用。倒锥部分起减少孔壁

摩擦、防止铰刀退刀时孔径扩大的作用。柄部是夹固铰刀的部位，起传递动力的作用。手用铰刀的柄部均为直柄，机用铰刀的柄部有直柄和莫氏锥柄之分。颈部是工作部分与柄部的连接部位，用于标注、打印刀具尺寸。

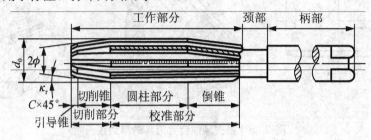

图 3.41　铰刀的组成

(3) 金刚石铰刀。金刚石铰刀是采用电镀的方法将金刚石磨料颗粒包镶在 45#钢(或 40Cr)刀体上制得的。用金刚石铰刀铰孔，铰削质量很高，加工精度可达 IT5～IT4 级，表面粗糙度值 Ra 可低于 0.05μm。

2) 铰刀的选用和装夹

铰孔的尺寸精度和表面粗糙度在很大程度上取决于铰刀的质量，所以在选用铰刀时应检查刃口是否锋利和完好无损。铰刀圆柱柄也应平整、光滑和无毛刺。铰刀柄部一般有精度等级标记，选用时要与被加工孔的精度等级相符。

大于 ϕ12mm 的圆柱柄机铰刀如图 3.42(a)所示，一般采用浮动套筒装夹，浮动套筒锥柄再装入尾座套筒的锥孔内，如图 3.42(b)所示。小于 ϕ12mm 机铰刀一般圆柱上无销孔，要用钻夹头装夹，注意装夹的长度在不影响夹紧的前提下尽可能短。锥柄铰刀通过渡套筒插入车床尾座套筒的锥孔中。这种安装方法要求铰刀的轴线和工件旋转轴线严格重合，否则铰出的孔径将会扩大。当它们不重合时，一般总是靠调尾座的水平位置来达到重合。

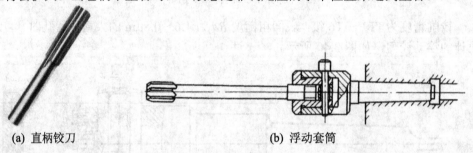

(a) 直柄铰刀　　　　　　　　　(b) 浮动套筒

图 3.42　铰刀的安装

3) 内孔铰削余量

铰孔前内孔要进行半精加工，半精加工的目的就是为铰孔留合适的铰削余量，铰削余量一般为 0.08～0.15mm，用高速钢铰刀铰削余量取小值，用硬质合金铰刀则取大值。铰孔前孔径表面不可过于粗糙，表面粗糙度 Ra<6.3μm。

铰孔前的半精加工有两种常用方法：一种是用车孔的方法留铰削余量，这种方法能弥补钻孔所带来的轴线不直或径向跳动等缺陷，使铰孔达到同轴度和垂直度的要求；另一种是当孔径尺寸小于 ϕ12mm 时，用车孔的方法留铰削余量就比较困难，通常采用扩孔的方法作为铰孔前的半精加工，由于扩孔本身不能修正钻孔造成的缺陷，因此在钻孔时要采取定中心措施。例如，用钻中心孔的方法作为钻头导向或用挡铁支顶等。总之，要尽可能地减少钻头的摆动量。铰孔前工件孔口要先倒角，这样容易使铰刀切入。

4) 铰孔切削用量

铰孔的切削速度一般小于 5m/min。根据选定的切削速度和孔径大小调整车床主轴转速。进给量可选大一些，因为铰刀有修光部分，铰钢件时，$f=0.2\sim1.0$mm/r，铰铸铁或有色金属时，进给量还可以再大一些。背吃刀量 a_p 是铰孔余量的一半。

5) 铰孔用切削液

铰钢件孔一般加注乳化液，铰铸件孔加煤油或不加切削液。

6) 铰削的工艺特点

为了保证铰孔时的加工质量，应注意如下几点。

(1) 合理选择底孔。底孔(前道工序加工的孔)好坏，对铰孔质量影响很大。底孔精度低，就不容易得到较高的铰孔精度。例如，上一道工序造成轴线歪斜，由于铰削量小，且铰刀与机床主轴常采用浮动连接，故铰孔时就难以纠正。对于精度要求高的孔，在精铰前应先经过扩孔、镗孔或粗铰等工序，使底孔误差减小，才能保证精铰质量。

(2) 合理使用铰刀。铰刀是定尺寸精加工刀具，使用得合理与否，将直接影响铰孔的质量。铰刀的磨损主要发生在切削部分和校准部分交接处的后刀面上。随着磨损量的增加，切削刃钝圆半径也逐渐加大，致使铰刀切削能力降低，挤压作用明显，铰孔质量下降，实践经验证明，使用过程中若经常用油石研磨该交接处，可提高铰刀的耐用度。铰削后孔径是扩大或收缩以及其数值的大小，与具体加工情况有关。在批量生产时，应根据现场经验或通过试验来确定，然后才能确定铰刀外径，并研磨之。为了避免铰刀轴线或进给方向与机床回转轴线不一致，出现孔径扩大或"喇叭口"现象，铰刀和机床一般不用刚性连接，而可采用浮动夹头来装夹刀具。

(3) 铰孔的精度和表面粗糙度主要不取决于机床的精度，而取决于铰刀的精度、铰刀的安装方式、加工余量、切削用量和切削液等条件。例如在相同的条件下，在钻床上铰孔和在车床上铰孔所获得的精度和表面粗糙度基本一致。

7) 铰孔时的注意事项。

(1) 铰孔前先用试棒和千分表把尾座中心调整到与车头主轴旋转中心重合。

(2) 铰孔时切削刃超出孔末端约 3/4 时，即反向摇动尾座手轮，将铰刀从孔内退出。注意机床主轴仍保持顺转不变，切不可反转，以防损坏铰刀刃口。

(3) 孔的精度和光洁度是由铰刀的刀刃来保证的，所以铰刀的刀刃必须很好保护，不准碰毛。

(4) 铰刀用钝以后，应到工具磨床上去修磨，不要用油石去研磨刃带。

(5) 铰刀用毕以后要擦清，涂上防锈油。

8) 铰孔常见的问题(见表 3-6)

表 3-6 铰孔常见问题

问　　题	产生原因
孔径扩大	① 铰刀直径过大； ② 铰刀刃有径向跳动； ③ 切削速度过高产生积屑瘤； ④ 冷却不充分

续表

问 题	产生原因
内孔表面粗糙度达不到要求	① 铰刀刃不锋利; ② 铰孔前粗糙度不高,切削液选用不恰当; ③ 铰孔余量过大或过小,切削速度过高,产生积屑瘤

5. 镗孔(boring)

镗孔是用镗刀对锻出、铸出或已钻出孔进一步加工的方法,镗孔可扩大孔径,提高精度,减小表面粗糙度,还可以较好地纠正原来孔轴线的偏斜。镗孔可以分为粗镗、半精镗和精镗。精镗孔的尺寸精度可达 IT8~IT7,表面粗糙度 Ra 值 1.6~0.8μm。对于直径较大的孔,几乎全部采用镗孔的方法。镗孔可以在多种机床上进行加工,相关内容将在项目 4 作详细介绍。

6. 拉孔(broaching)

在拉床上用拉刀加工工件的工艺过程,称为拉削加工。拉削工艺范围广,不但可以加工各种形状的通孔,还可以拉削平面及各种组合成形表面。图 3.43 所示为适用于拉削加工的典型工件截面形状。由于受拉刀制造工艺以及拉床动力的限制,过小或过大尺寸的孔均不适宜拉削加工(拉削孔径一般为 10~100mm,孔的深径比一般不超过 5),盲孔、台阶孔和薄壁孔也不适宜拉削加工。

1) 拉床

如图 3.44 所示,拉床是用拉刀加工工件各种内外成形表面(见图 3.43,主要是用来加工孔或键槽)的机床。拉削时,一般工件不动,机床只有拉刀的直线运动,它是加工过程的主运动,进给运动则靠拉刀本身的结构来实现。按工作性质的不同,拉床可分为内拉床和外拉床。拉床一般都是液压传动,它只有主运动,结构简单。液压拉床的优点是运动平稳,无冲击振动,拉削速度可无级调节,拉力可通过压力来控制。拉床的生产效率高,加工质量好,精度一般为 IT9~IT7,表面粗糙度 Ra 值 1.6~0.8μm。但由于一把拉刀只能加工一种尺寸表面,且拉刀较昂贵,所以拉床主要用于大批量生产。

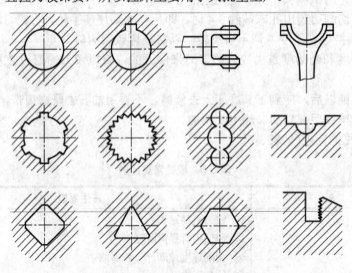

图 3.43 拉削加工的典型工件截面形状

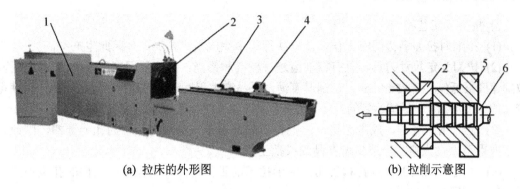

(a) 拉床的外形图　　　　　　　　(b) 拉削示意图

图 3.44　卧式内拉床的外形及工件安装

1—床身；2—支承座；3—滚柱；4—护送夹头；5—工件；6—拉刀

2) 拉刀

拉刀是用于拉削的成形刀具。如图 3.45 所示，拉刀是多齿刀具，刀具表面上有多排刀齿，各排刀齿的尺寸和形状从切入端至切出端依次增加和变化。在拉削时由于切削刀齿的齿高逐渐增大，因此每个刀齿只切下一层较薄的切屑，最后由几个刀齿用来对孔进行校准。拉刀切削时不仅参加切削的刀刃长度长，而且同时参加切削的刀齿也多，因此，孔径能在一次拉削中完成。因此，它是一种高效率的加工方法。

图 3.45　圆孔拉刀

拉刀能拉削各种形状的孔，如圆孔、花键孔、键槽、多边孔和成形表面等。拉刀按加工表面部位的不同，分为内拉刀和外拉刀；按工作时受力方式的不同，分为拉刀和推刀。推刀常用于校准热处理后的型孔。

拉刀的种类虽多，但结构组成都类似。如图 3.45 所示，普通圆孔拉刀的结构组成如下。

(1) 柄部：用以拉床夹头夹持拉刀，带动拉刀进行拉削。

(2) 颈部：是前柄与过渡锥的连接部分，可在此处打标记。

(3) 过渡锥：起对准中心的作用，使拉刀顺利进入工件预制孔中。

(4) 前导部：起导向和定心作用，防止拉孔歪斜，并可检查拉削前的孔径尺寸是否过小，以免拉刀第一个切削齿载荷太重而损坏。

(5) 切削齿：承担全部余量的切除工作，由粗切齿、过渡齿和精切齿组成。

(6) 校准齿：用以校正孔径，修光孔壁，并作为精切齿的后备齿。

(7) 后导部：用以保持拉刀最后正确位置，防止拉刀在即将离开工件时，工件下垂而损坏已加工表面或刀齿。

(8) 后托柄：用作直径大于 60mm 既长又重拉刀的后支承，防止拉刀下垂。直径较小的拉刀可不设后托柄。

拉刀常用高速钢整体制造，也可做成组合式。硬质合金拉刀一般为组合式，但硬质合金拉刀制造困难。

3) 拉削的工艺特点

(1) 拉削时拉刀多齿同时工作，在一次行程中完成粗、精加工，因此生产率高。

(2) 拉刀为定尺寸刀具，且有校准齿进行校准和修光；拉床采用液压系统，传动平稳，拉削速度很低(v_c=2～5m/min)，切削厚度薄，不易产生积屑瘤，因此拉削过程平稳，可获得较高的加工质量，一般能达到的尺寸公差等级为IT8～IT7，表面粗糙度 Ra 值为 1.6～0.4μm。

(3) 拉刀制造复杂，成本昂贵，一把拉刀只适用于一种规格尺寸的孔或键槽，因此拉削主要用于大批大量生产或定型产品的成批生产。

(4) 拉削不能加工台阶孔和盲孔。由于拉床的工作特点，某些复杂工件的孔也不宜进行拉削，如箱体上的孔。

(5) 拉削过程只有主运动，没有进给运动，进给量是由拉刀的齿升量来实现的。

(6) 拉削过程和铰孔相似，都是以被加工孔本身作为定位基准，因此不能纠正孔的位置误差。

7. 磨孔(grinding)

对于淬硬工件的孔加工，磨孔是主要的加工方法。内孔为断续圆周表面(如有键槽或花键的孔)、阶梯孔及盲孔时，常采用磨孔作为精加工。磨孔时，砂轮的尺寸受被加工孔径尺寸的限制，一般砂轮直径为工件孔径的 50%～90%；磨头轴的直径和长度也取决于被加工孔的直径和深度。故磨削速度低，磨头的刚度差，磨削质量和生产率均受到影响。

内圆表面的磨削可以在内圆磨床上进行，也可以在万能外圆磨床上进行。内圆磨床的主要类型有普通内圆磨床、半自动内圆磨床、无心内圆磨床、坐标磨床和行星内圆磨床等。不同类型的内圆磨床其磨削方法是不相同的。其中以普通内圆磨床应用最广。

1) 普通内圆磨床

(1) 内圆磨床组成。图 3.46 为普通内圆磨床外形图。它主要由床身 1、工作台 2、头架 3、砂轮架 4 和滑鞍 5 等组成。磨削时，砂轮轴的旋转为主运动，头架带动工件旋转运动为圆周进给运动，工作台带动头架完成纵向进给运动，横向进给运动由砂轮架沿滑鞍的横向移动来实现。磨锥孔时，需将头架转过相应角度。

普通内圆磨床的另一种形式为砂轮架安装在工作台上作纵向进给运动。

图 3.46 普通内圆磨床

1—床身；2—工作台；3—头架；4—砂轮架；5—滑鞍

(2) 普通内圆磨床的磨削方法。图 3.47 所示为普通内圆磨床的工艺范围。磨削时，根据工件的形状和尺寸不同，可采用纵磨法[见图 3.47(a)、(b)、(c)、(d)]、横磨法[见图 3.47(e)、(f)]，有些普通内圆磨床上备有专门的端磨装置，可在一次装夹中磨削内孔和端面[见图 3.47(b)]，这样不仅容易保证内孔和端面的垂直度，而且生产效率较高。

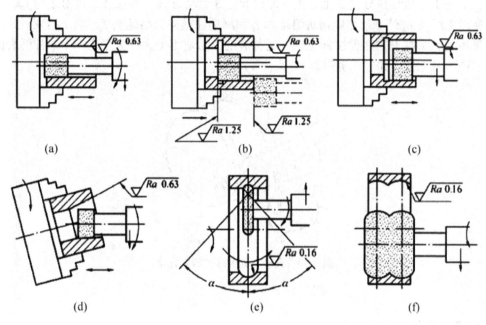

图 3.47　普通内圆磨床的工艺范围

如图 3.47(a)所示，纵磨法机床的运动有：砂轮的高速旋转运动作主运动 n_s，头架带动工件旋转作圆周进给运动 f_w，砂轮或工件沿其轴线往复作纵向进给运动 f_a，在每次(或几次)往复行程后，工件沿其径向作一次横向进给运动 f_r。这种磨削方法适用于形状规则、便于旋转的工件。

横磨法无须纵向进给运动 f_a，如图 3.47(e)、(f)所示，横磨法适用于磨削带有沟槽表面的孔。

(3) 内圆磨削的工艺特点及应用范围。内圆磨削与外圆磨削相比，有以下特点。

① 砂轮直径受到被加工孔径的限制，直径较小。砂轮很容易磨钝，需要经常修整和更换，增加了辅助时间，降低了生产率。

② 砂轮直径小，即使砂轮转速高达每分钟几万转，要达到砂轮圆周速度 25~30m/s 也是十分困难的，由于磨削速度低，因此内圆磨削比外圆磨削效率低。

③ 砂轮轴的直径尺寸较小，而且悬伸较长，刚性差，磨削时容易发生弯曲和振动，从而影响加工精度和表面粗糙度。内圆磨削精度可达 IT8~IT6，表面粗糙度 Ra 值可达 0.8~0.2μm。

④ 切削液不易进入磨削区，磨屑排除较外圆磨削困难。

虽然内圆磨削比外圆磨削加工条件差，但仍然是一种常用的精加工孔的方法。特别适用于淬硬的孔、断续表面的孔(带键槽或花键槽的孔)和长度较短的精密孔加工。磨孔不仅能保证孔本身的尺寸精度和表面质量，还能提高孔的位置精度和轴线的直线度；用同一砂轮，可以磨削不同直径的孔，灵活性大。内圆磨削可以磨削圆柱孔(通孔、盲孔、阶梯孔)、圆锥孔及孔端面等。

2) 无心内圆磨床磨削

图 3.48 所示为无心内圆磨床的磨削方法。磨削时，工件 4 支承在滚轮 1 和导轮 3 上，压紧轮 2 使工件紧靠在导轮 3 上，工件即由导轮 3 带动旋转，实现圆周进给运动 f_w。砂轮除了完成主运动 n_s 外，还作纵向进给运动 f_a 和周期性横向进给运动 f_r。加工结束时，压紧轮沿箭头 A 方向摆开，以便装卸工件。这种磨削方法适用于大批大量生产中，外圆表面已精加工的薄壁工件，如轴承套等。

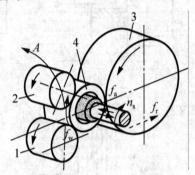

图 3.48 无心内圆磨床的磨削方法

1—滚轮；2—压紧轮；3—导轮；4—工件

8. 孔加工的特点及加工方案

1) 孔加工的特点

由于孔加工是对工件内表面的加工，对加工过程的观察、控制困难，加工难度要比外圆表面等开放型表面的加工大得多。孔的加工过程主要有以下特点。

(1) 孔加工刀具多为定尺寸刀具，如钻头、铰刀等，在加工过程中，刀具磨损造成的形状和尺寸的变化会直接影响被加工孔的精度。

(2) 由于受被加工孔直径大小的限制，切削速度很难提高，影响加工效率和加工表面质量，尤其是在对较小的孔进行精密加工时，为达到所需的速度，必须使用专门的装置，对机床的性能也提出了更高的要求。

(3) 刀具的结构受孔的直径和长度的限制，刚性较差。在加工时，由于轴向力的影响，容易产生弯曲变形和振动，孔的长径比(孔深度与直径之比)越大，刀具刚性对加工精度的影响就越大。

(4) 孔加工时，刀具一般是在半封闭的空间工作，切屑排除困难；冷却液难以进入加工区域，散热条件不好。切削区热量集中，温度较高，影响刀具的耐用度和加工质量。

2) 内圆表面加工方案

常用的内圆表面加工方案见表 3-7。

表 3-7 孔加工方案汇总表

序号	加工方案	经济精度等级	表面粗糙度 Ra/μm	适用范围	
1	钻	IT13~IT11	12.5	加工未淬火钢及铸铁的实心毛坯,也可用于加工有色金属(但表面粗糙度稍粗糙,孔径小于15~20mm)	
2	钻→铰	IT9~IT8	3.2~1.6		
3	钻→铰→精铰	IT8~IT7	1.6~0.8		
4	钻→扩	IT11~IT10	12.5~6.3	同上,但孔径大于15~20mm	
5	钻→扩→铰	IT9~IT8	3.2~1.6		
6	钻→扩→粗铰→精铰	IT7	1.6~0.8		
7	钻→扩→机铰→手铰	IT7~IT6	0.4~0.1		
8	钻→扩→拉	IT9~IT7	1.6~0.1	大批大量生产(精度由拉刀的精度而定),各种形状的通孔	
9	粗镗(或扩孔)	IT12~IT11	12.5~6.3	除淬火钢外的各种材料,毛坯有铸出孔或锻出孔	
10	粗镗(粗扩)→半精镗(精扩)	IT9~IT8	3.2~1.6		
11	粗镗(扩)→半精镗(精扩)→精镗(铰)	IT8~IT7	1.6~0.8		
12	粗镗(扩)→半精镗(精扩)→精镗→浮动镗刀精镗	IT7~IT6	0.8~0.4		
13	粗镗(扩)→半精镗→磨孔	IT8~IT7	0.8~0.2	主要用于淬火钢也可用于未淬火钢,但不宜用于有色金属	
14	粗镗(扩)→半精镗→粗磨→精磨	IT7~IT6	0.2~0.1		
15	粗镗→半精镗→精镗→金刚镗	IT7~IT6	0.4~0.05	主要用于精度要求高的有色金属加工	
16	钻→(扩)→粗铰→精铰→珩磨	IT7~IT6	0.2~0.25	小孔	精度要求很高的孔
17	钻→(扩)→拉→珩磨			大批大量生产	
18	粗镗→半精镗→精镗→珩磨			大孔	
19	以研磨代替上述方案中的珩磨	IT6级以上	<0.1	精度要求很高的孔	
20	钻(粗镗)→扩(半精镗)→精镗→金刚镗→脉冲滚挤	IT7~IT6	0.1	主要用于有色金属及铸件上的小孔	

二、车削内沟槽(inside groove)

1. 常见内沟槽类型

常见的内沟槽有:矩形(直槽)、圆弧形、梯形等几种。按沟槽所起的作用又可分为:退刀槽、空刀槽、密封槽和油、气通道槽等几种。

1) 退刀槽

当不是在内孔的全长上车内螺纹时,需要在螺纹终了位置处车出直槽,以便车削螺纹时把螺纹车刀退出,如图 3.49(a)所示。

2) 空刀槽

槽的形状也是直槽。空刀槽的作用有如下几种。

(1) 在内孔车削或磨削内台阶孔时,为了能消除内圆柱面和内端面连接处不能得到直角的影响,通常需要在靠近内端面处车出矩形空刀槽来保证内孔和内端面垂直,如图 3.49(a)所示。

(2) 当利用较长的内孔作为配合孔使用时,为了减少孔的精加工时间,使孔在配合时两端接触良好,保证有较好的导向性,常在内孔中部车出较宽的空刀槽。这种形式的空刀槽,常用在有配合要求的套筒类零件上,如各种套装工刀具、圆柱铣刀、齿轮滚刀等,如图 3.49(b)所示。

(3) 当需要在内孔的部分长度上加工出纵向沟槽时,为了断屑,必须在纵向沟槽终了的位置上,车出矩形空刀槽。如图 3.49(c)所示是为了插内齿轮齿形而车出的空刀槽。

3) 密封槽一种截面形状是梯形,可以在它的中间嵌入油毡来防止润滑滚动轴承的油脂渗漏,如图 3.49(a)所示。另一种是圆弧形的,用来防止稀油渗漏,如图 3.49(d)所示。

4) 油、气通道在各种油、气滑阀中,多用矩形内沟槽作为油、气通道。这类内沟槽的轴向位置有较高的精度要求,否则,油、气应该流通时不能流通,应该切断时不能切断,滑阀不能工作,如图 3.49(e)所示。

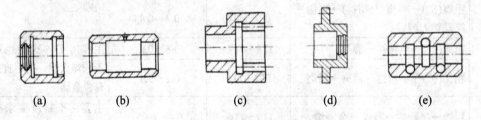

图 3.49 常见内孔沟槽

2. 内沟槽车刀的选用

内沟槽车刀有整体式和装夹式两种。如图 3.50(a)所示,整体式用于孔径尺寸较小,而装夹式则用于孔径尺寸较大。使用装夹式应正确选择刀柄直径,刀头伸出长度应大于槽深 1~2ram,同时要保证刀头伸出长度如刀柄直径应小于内孔直径,如图 3.50(b)所示。

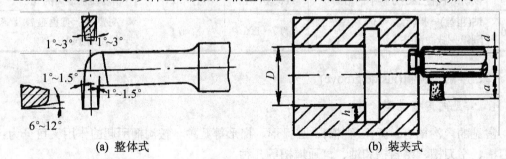

图 3.50 内孔沟槽车刀

3. 内沟槽车刀的装夹

(1) 主切削刃应与内孔素线平行,否则会使槽底歪斜,原因与车外沟槽相同。装夹时先用刀架螺钉将车刀轻轻固定,然后摇动床鞍手轮,使车刀进入孔口,摇动中滑板手柄,使主切削刃靠近孔壁,目测主切削刃与内孔素线是否平行,不符要求可轻轻敲击刀杆使其转动,达到平行后,即可拧紧刀架螺钉,将车刀固定。

(2) 摇动床鞍手轮使沟槽车刀在孔内试移动一次,检查刀杆与孔壁是否相碰。

4. 内沟槽车削方法

内沟槽车削方法基本与车外沟槽相似,窄沟槽可利用主切削刃宽度一次车出,如图 3.51(a)所示。沟槽宽度大于主切削刃则可分几刀将槽车出,如图 3.51(b)所示。如沟槽深度很浅,宽度又很宽时,可采用纵向进给的车削方法,如图 3.51(c)所示。

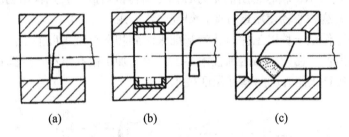

图 3.51 内沟槽车削方法

三、套筒类零件的安装

套筒类零件加工除保证尺寸精度外,还须同时保证图样规定的各项形位公差,其中同轴度和垂直度是套筒类零件加工中最常见的,通常采用以下三种加工方法以保证其位置精度。

1. 在一次装夹中完成工件的内、外圆和端面的加工

对于尺寸不大的套筒零件,可用棒料毛坯,在一次装夹下完成外圆、内孔和端面的加工。这样能够保证外圆和内孔的同轴度和外圆内孔与端面的垂直度等精度要求。这是单件小批生产中常用的一种加工方法。但是,要多次换用不同的刀具和相应的切削用量,故生产率不高,如图 3.52 所示。

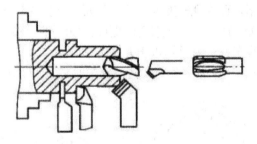

图 3.52 一次装夹下完成外圆、内孔和端面的加工

2. 以内孔为基准保证位置精度

中小型的套、带轮、齿轮等零件,一般可用心轴,以内孔作为定位基准来保证工件的同轴度和垂直度。心轴由于制造容易,使用方便,因此在工厂中应用得很广泛。常用的心轴有以下几种。

1) 实体心轴

实体心轴有不带台阶和带台阶的两种。不带台阶的实体心轴有 1∶1000～1∶5000 的锥度,又称小锥度心轴,如图 3.53(a)所示。这种心轴的特点是制造容易,加工出的零件精度较高。缺点是轴向无法定位,承受切削力小,装卸不太方便。图 3.53(b)所示是台阶式心轴,它的圆柱部分与零件孔保持较小的间隙配合,工件靠螺母来压紧。优点是一次可以装夹多个零件,缺点是精度较低。如果装上开口垫圈,装卸工件就很方便。

2) 胀力心轴

胀力心轴依靠材料弹性变形所产生的胀力来固定工件,由于装卸方便,精度较高,工厂中用得很广泛。可装在机床主轴孔中的胀力心轴如图 3.53(c)所示。根据经验,胀力心轴塞的锥角最好为 30°左右,最薄部分壁厚 3～6mm。为了使胀力保持均匀,槽子可做成三等分,如图 3.53(d)所示,临时使用的胀力心轴可用铸铁做成,长期使用的胀力心轴可用弹簧钢(65Mn)制成。这种心轴使用最方便,得到广泛采用。

用心轴装夹工件是一种以工件内孔为基准来达到相互位置精度的方法,其特点是设计制造简单、装卸方便、比较容易达到技术要求。但当加工内孔很小、外圆很大,定位长度较短的工件时,应该采用外圆为基准保证技术要求。

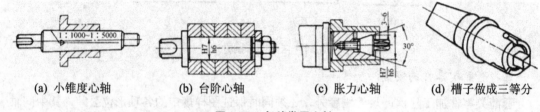

(a) 小锥度心轴　　(b) 台阶心轴　　(c) 胀力心轴　　(d) 槽子做成三等分

图 3.53　各种常用心轴

3. 用外圆为基准保证位置精度

工件以外圆为基准保证位置精度时,零件的外圆和一个端面必须在一次装夹中精加工,然后作为定位基准。

以外圆为基准车削薄壁套筒时,要特别注意夹紧力引起的工件变形。如图 3.54(a)所示,工件夹紧后会略微变成三角形,但车孔后所得的是一个圆柱孔。当松开卡爪拿下工件,它就弹性复原,外圆圆柱形,而内孔则变成弧形三边形,如图 3.54(b)所示。如用内径千分尺测量时,各个方向直径 D 仍相等,但已变形,因此称为等直径变形。

为减少薄壁零件的变形,一般采用以下几种方法。

(1) 工件分粗、精车。粗车时夹紧力大些,精车时夹紧力小些,这样可以减少变形。

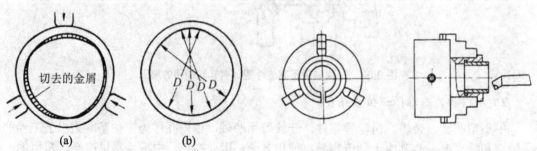

图 3.54　薄壁工件的变形　　　　图 3.55　应用开缝套筒装夹薄壁工件

(2) 应用开缝套筒。由于开缝套筒接触面大,夹紧力均匀分布在工件外圆上,不易产生变形。这种方法还可以提高三爪自定心卡盘的安装精度,能达到较高的同轴度,如图3.55所示。

(3) 应用软爪卡盘装夹工件。

软卡爪是用未经淬火的钢料(45#钢)制成的。这种卡爪可以自己制造,就是把原来的硬卡爪前半部拆下如图3.56(a)所示,换上软卡爪2,用两只螺钉3紧固在卡爪的下半部1上,然后把卡爪车成所需要的形状,工件4就可夹在上面。如果卡爪是整体式的,在旧卡爪的前端焊上一块钢料也可制成软卡爪,如图3.56(b)所示。

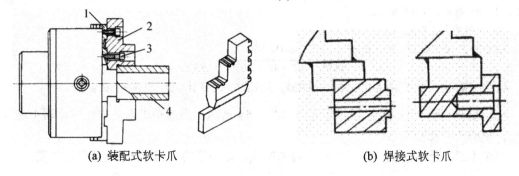

(a) 装配式软卡爪　　　　　　　　　　(b) 焊接式软卡爪

图3.56　应用软卡爪装夹工件

1—卡爪的下半部;2—软卡爪;3—螺钉;4—工件

软卡爪的最大特点是工件虽经几次装夹,仍能保持一定的相互位置精度(一般在0.05mm以内),可减少大量的装夹找正时间。其次,当装夹已加工表面或软金属工件时,不易夹伤工件表面,又可根据工件的特殊形状相应地车制软爪,以装夹工件。软卡爪在工厂中已得到越来越广泛的使用。

四、套筒类零件的检验方法

圆柱孔检验的内容包括尺寸、形状和位置精度等。

1. 尺寸精度的检验

孔的尺寸精度要求较低时,可采用钢直尺、内卡钳或游标卡尺测量。精度要求较高时,可以用以下几种方法。

(1) 内卡钳。在孔口试切削或位置狭小时,使用内卡钳显得灵活方便。内卡钳与外径千分尺配合使用也能测量出较高精度(IT7~IT8)的内孔。这种检验孔径的方法,是生产中最常用的一种方法。

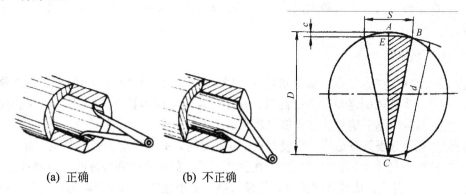

(a) 正确　　　　　　　(b) 不正确

图3.57　用内卡钳测量孔径

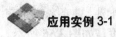

应用实例 3-1

要求测量 $\phi 40^{+0.039}_{0}$ 的孔径，测量和测量计算如图 3.57 所示。

先把内卡钳两只脚的张开尺寸 d 调到孔的最小极限尺寸，即令 $d=40\text{mm}$，d 值用外径千分尺量得。把内卡钳的两只脚一起伸进孔中，令一只脚固定在 C 点，另一只脚在孔中左右摆动，可以按下式计算出允许的摆动距离 S，即

$$S=\sqrt{8dE} \tag{3-1}$$

式中：d——孔的最小极限尺寸(mm)；

E——孔的上偏差(mm)。

在本例中 $E=0.039\text{mm}$，$d=40\text{mm}$，代入公式(3-1)，得

$$S=\sqrt{8dE}=\sqrt{8\times40\times0.039}\approx3.53(\text{mm})$$

估计出测量时卡钳的摆动距离后，和允许值比较，如果实测值小于计算值，就说明孔径合格。

(2) 塞规。用塞规检验孔径的情况，如图 3.58 所示。当通端进入孔内，而止端不进入孔内，说明工件孔径合格。

测量不通孔用的塞规，为了排除孔内的空气，在塞规的外圆上(轴向)开有排气槽。

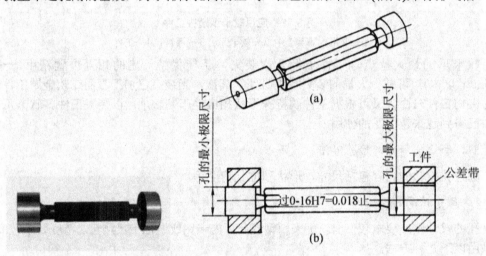

图 3.58 塞规的使用方法

(3) 内径千分尺。内径千分尺的使用方法如图 3.59 所示，测量时，内径千分尺应在孔内摆动，在直径方向应找出最大尺寸，轴向应找出最小尺寸，这两个重合尺寸，就是孔的实际尺寸。

2. 形状精度的检验

在车床上加工的圆柱孔，其形状精度一般仅测量孔的圆度和圆柱度(一般测量锥度)两项形状偏差。当孔的圆度要求不很高时，在生产现场可用内径百分(千分)表在孔的圆周上各个方向去测量，测量结果的最大值与最小值之差的一半即为圆度误差。

使用内径百分表测量是属于比较测量法。测量时，必须摆动内径百分表，如图 3.60 所示。所得的最小尺寸是孔的实际尺寸。在生产现场，测量孔的圆柱度时，只要在孔的全长上取前、后、中几点，比较其测量值，其最大值与最小值之差的一半即为孔全长上圆柱度。

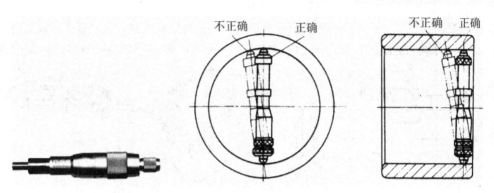

图 3.59　内径千分尺的使用方法

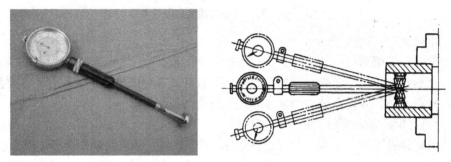

图 3.60　内径百分表的使用方法

内径百分表也可以测量孔的圆度。测量时，只要在孔径圆周上变换方向，比较其测量值。内径百分表与外径千分尺或标准套规配合使用，也可以比较出孔径的实际尺寸。

3. 位置精度的检验

1) 径向圆跳动的检验方法

一般套类工件测量径向圆跳动时，都可以用内孔作基准，把工件套在精度很高的心轴上，用百分表(或千分表)来检验，如图 3.61 所示。百分表在工件转一周中的读数差，就是径向圆跳动误差。

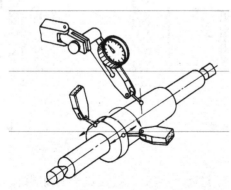

图 3.61　用百分表检验径向圆跳动

如图 3.62(a)所示，对于某些外形比较简单而内部形状比较复杂的套筒，不能安装在心轴上测量径向圆跳动时，可把工件放在 V 形架上轴向定位，如图 3.62(b)所示。以外圆为基准来检验；测量时，用杠杆式百分表的测杆插入孔内，使测杆圆头接触内孔表面，转动工件，观察百分表指针跳动情况。百分表在工件旋转一周中的读数差，就是工件的径向圆跳动误差。

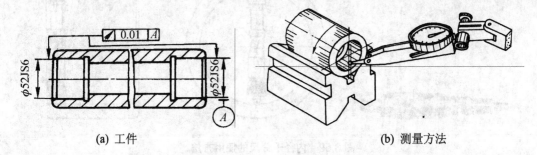

(a) 工件　　　　　　　　　　　　　(b) 测量方法

图 3.62　用 V 形块检验径向圆跳动

2) 端面圆跳动的检验方法

检验套类工件端面圆跳动的方法，如图 3.63 所示。先把工件安装在精度很高的心轴上，利用心轴上极小的锥度使工件轴向定位，然后把杠杆式百分表的圆测头靠在所需要测量的端面上，转动心轴，测得百分表的读数差，就是端面圆跳动误差。

3) 端面对轴线垂直度的检验方法

端面圆跳动是当工件绕基准轴线无轴向移动回转时，所要求的端面上任一测量直径处的轴向跳动Δ。垂直度是整个端面的垂直误差。如图 3.63(a)所示的工件。当端面是一个平面时，其端面圆跳动量为Δ，垂直度也为Δ，两者相等。如端面不是一个平面，而是凹面，如图 3.63(b)所示。虽然其端面圆跳动量为零，但垂直度误差为ΔL。因此仅用端面圆跳动来评定垂直度是不正确的。

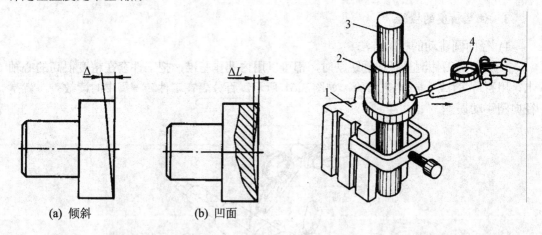

(a) 倾斜　　　(b) 凹面

图 3.63　端面圆跳动和垂直度的区别　　　　图 3.64　检验工件端面垂直度的方法

1—V 形架；2—工件；3—心轴；4—百分表图

检验端面垂直度，必须经过两个步骤。首先要检查端面圆跳动是否合格，如果符合要求，再用第二个方法检验端面的垂直度。对于精度要求较低的工件可用刀口直尺检查。当端面圆跳动检查合格后，再把工件 2 安装在 V 形架 1 上的小锥度心轴 3 上，并放在精度很高的平板上检查端面的垂直度。检查时，先找正心轴的垂直度，然后用百分表 4 从端面的最里一点向外拉出，如图 3.64 所示。百分表指示的读数差，就是端面对内孔轴线的垂直度误差。

3.1.3 任务实施

一、轴承套零件机械加工工艺规程编制

图 3.2 所示是一个较为典型的轴承套零件，材料为 ZQSn6-6-3，每批数量为 400 件。加工时，应根据工件的毛坯材料、结构形状、加工余量、尺寸精度、形状精度和生产纲领，正确选择定位基准、装夹方法和加工工艺过程，以保证达到图样要求。

1. **分析轴承套零件的结构和技术要求**

1) 套筒类零件的结构特点

由于套筒类零件的功用不同，其结构和尺寸有着很大的差别，但从结构上看仍有共同点，即零件的主要表面为同轴度要求较高的内外圆表面；零件壁厚较薄且易变形；零件长度一般大于直径等。

2) 套筒类零件的技术要求

套筒类零件的外圆表面多以过盈或过渡配合与机架或箱体孔相配合，起支承作用。内孔主要起导向作用或支承作用，常与运动轴、主轴、活塞、滑阀相配合。有些套筒的端面或凸缘端面有定位或承受载荷的作用。套筒类零件虽然形状、结构不一，但仍有共同特点和技术要求，根据使用情况可对套筒类零件的外圆与内孔提出如下要求。

(1) 内孔与外圆的精度要求：外圆直径精度通常为 IT7～IT5，表面粗糙度 Ra 为 3.2～0.63μm，要求较高的可达 0.04μm；内孔作为套类零件支承或导向的主要表面，要求内孔尺寸精度一般为 IT7～IT6，为保证其耐磨性要求，对表面粗糙度要求较高(Ra 为 1.6～0.1μm，有的高达 0.025μm)。有的精密套筒及阀套的内孔尺寸精度要求为 IT5～IT4，也有的套筒(如液压缸、气缸缸筒)由于与其相配的活塞上有密封圈，故对尺寸精度要求较低，一般为 IT8～IT9，但对表面粗糙度要求较高，Ra 一般为 2.5～1.6μm。

(2) 几何形状精度要求：通常将外圆与内孔的几何形状精度控制在直径公差以内；对精密轴套有时控制在孔径公差的 1/2～1/3，甚至更严。对较长套筒除圆度有要求以外，还应有孔的圆柱度要求。套筒类零件外圆形状精度一般应在外径公差以内。

(3) 位置精度要求：主要应根据套筒类零件在机器中的功用和要求而定。如果内孔的最终加工是在套筒装配(如机座或箱体等)之后进行时，可降低对套筒内、外圆表面的同轴度要求；如果内孔的最终加工是在装配之前进行时，则内、外圆表面的同轴度要求较高，通常同轴度为 0.01～0.06mm。套筒端面(或凸缘端面)常用来定位或承受载荷，对端面与外圆和内孔轴线的垂直度要求较高，一般为 0.05～0.01mm。

3) 分析轴承套零件的结构和技术要求

该轴承套的长度与直径之比为 $L/D<5$，属短套筒类。内孔 $\phi22$ 是重要加工表面，外圆 $\phi34$ 和左端面均与内孔 $\phi22$ 有较高的位置精度要求；零件壁厚较薄，加工中易变形。

其技术要求如下。

(1) 内孔与外圆的精度要求：
① 外圆直径精度为 IT7，表面粗糙度 Ra 为 1.6μm。
② 内孔尺寸精度为 IT7，表面粗糙度 Ra 为 1.6μm。

(2) 几何形状精度要求：外圆与内孔的几何形状精度控制在直径公差以内即可。

(3) 位置精度要求：主要应根据套筒类零件在机器中的功用和要求而定。

① $\phi 34js7$ 外圆对 $\phi 22H7$ 孔轴线的径向圆跳动公差为 0.01mm。

② 左端面对 $\phi 22H7$ 孔轴线的垂直度公差为 0.01mm。

2. 明确轴承套毛坯状况

1) 套筒类零件的材料

套筒类零件材料的选择主要取决于零件的功能要求、结构特点及使用时的工作条件。套筒类零件一般用钢、铸铁、青铜、黄铜或粉末冶金等材料制成。有些特殊要求的套类零件(如滑动轴承)可采用双层金属结构或选用优质合金钢。双层金属结构是应用离心铸造法在钢或铸铁轴套的内壁上浇注一层巴氏合金等轴承合金材料,采用这种制造方法虽增加了一些工时,但能节省有色金属,而且又提高了轴套的使用寿命。

2) 套筒类零件的毛坯

套类零件的毛坯制造方式的选择与毛坯结构、尺寸、材料和生产批量的大小等因素有关。孔径较大(一般直径大于 20mm)时,常采用无缝钢管、带孔的锻件或铸件;孔径较小(一般直径小于 20mm)时,一般多选择热轧或冷拉棒料,也可采用实心铸件;大批大量生产时,可采用冷挤压、粉末冶金等先进的毛坯制造工艺,不仅节约原材料,而且生产率及毛坯质量精度均可提高。

3) 套筒类零件的热处理

套筒类零件的功能要求和结构特点决定了套筒类零件的热处理方法有渗碳淬火、表面淬火、调质、高温时效及渗氮。

该轴承套零件材料为(铸造)锡青铜 ZQSn6-6-3,毛坯选的是棒料。

3. 拟订轴承套的加工工艺路线

1) 确定加工方案

套筒类零件的主要加工表面为内孔和外圆。外圆表面加工根据精度要求可选择车削和磨削。内孔加工方法的选择比较复杂,需根据零件结构特点、孔径大小、长径比、精度及表面粗糙度要求以及生产规模等各种因素进行考虑。对于精度要求较高的孔,往往需采用几种方法顺次进行加工。

轴承套内孔 $\phi 22$ 是重要加工表面,精度为 IT7 级,需经粗加工、半精加工和精加工等三个加工阶段才能完成,采用铰孔可以满足要求。内孔的加工顺序为:钻孔→车孔→铰孔。

轴承套外圆为 IT7 级精度,采用精车可以满足要求。

由于外圆对内孔的径向圆跳动要求在 0.01mm 内,用软卡爪装夹无法保证。因此精车外圆时应以内孔为定位基准,使轴承套在小锥度心轴上定位,用两顶尖装夹,如图 3.65 所示。这样可使定位基准和设计基准一致,容易达到图样要求。

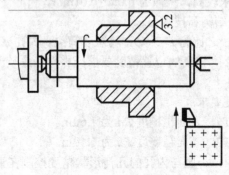

图 3.65 心轴装夹轴承套

车、铰内孔时，应与端面在一次装夹中加工出，以保证端面与内孔轴线的垂直度在 0.01mm 以内。

2) 划分加工阶段

套筒类零件在进行加工时，会因切除大量金属后引起残余应力重新分布而变形。应将粗精加工分开，先粗加工，再进行半精加工和精加工，主要表面精加工放在最后进行。

该轴承套加工划分为三个加工阶段，即粗车(外圆)、钻孔；车孔、铰孔；精车(外圆)。

3) 选择定位基准

套筒类零件各表面的设计基准一般是孔的中心线，其加工的定位基准，最常用的是法兰凸台端面、内孔。采用法兰凸台端面、内孔作为基准可保证各外圆轴线的同轴度以及端面与轴线的垂直度要求，并符合基准重合和基准统一的原则。

对于短套筒零件，可直接夹紧外圆加工内孔，加工外圆时则可采用心轴或气压胀胎夹具。

4) 加工顺序安排

应遵循加工顺序安排的一般原则，如先粗后精、先主后次等。

外圆表面加工顺序应为：先粗车、半精车，再精车。

该轴承套的加工工艺路线为：毛坯→粗加工外圆、端面和孔→半精、精加工内孔和端面→精加工外圆→钻油孔。

4. 设计工序内容

1) 工序加工余量、工序尺寸及其公差的确定

粗车时，各端面、外圆、内孔各按图样加工尺寸分别留余量 0.5mm、1mm、2mm；车内孔后分别留 0.14、0.06 的粗、精铰余量；精加工：外圆车到图样规定尺寸。

2) 选择设备工装

(1) 设备与夹具选用。

外圆、内孔加工设备和夹具：CA6140 型普通车床、心轴、三爪卡盘(硬爪与软爪装夹)等。

钻削加工设备和夹具：立式钻床、固定式钻模(专用夹具)。

(2) 刀具选用。45°外圆车刀，90°外圆车刀，3mm 车槽刀，$\phi 3mm$ A 型中心钻，45°内孔车刀，麻花钻$\phi 4mm$，$\phi 18mm$ 以及 $\phi 22H7$ 机用铰刀。

(3) 量具选用。游标卡尺，外径千分尺，塞规。

(4) 辅具选用。钻夹头。

3) 确定切削用量及时间定额

(1) 钻孔时的切削用量和切削液。

① 背吃刀量 a_p：钻孔时的背吃刀量是钻头直径的一半，因此它是随钻头直径大小而改变的。

② 切削速度 v_c：钻孔时切削速度可按下式计算：

$$v_c = \pi D n / 1\,000 \tag{3-2}$$

式中：v_c——切削速度(m/min)；

D——钻头直径(mm)；

n——工件转速(r/min)。

用高速钢钻头钻钢料时,切削速度一般为 20~40m/min;钻铸铁时,应稍低些。

③ 进给量 f:

在车床上,钻头的进给量是用手慢慢转动车床尾座手轮来实现的。使用小直径钻头钻孔时,进给量太大会使钻头折断。高速钢钻头钻削不同材料的切削用量可参考表 3-8 选取或查相关手册。

表 3-8 常用高速钢钻头钻孔切削用量

工件材料	工件材料牌号或硬度	切削用量	钻头直径 d/mm			
			1~6	6~12	12~22	22~50
铸铁	160~200HBS	V_c/(m/min)	16~24			
		f/(mm/r)	0.07~0.12	0.12~0.2	0.2~0.4	0.4~0.8
	200~240HBS	V_c/(m/min)	10~18			
		f/(mm/r)	0.05~0.1	0.1~0.18	0.18~0.25	0.25~0.4
	300~400HBS	V_c/(m/min)	5~12			
		f/(mm/r)	0.03~0.08	0.08~0.15	0.15~0.2	0.2~0.3
钢	35、45#钢	V_c/(m/min)	8~25			
		f/(mm/r)	0.05~0.1	0.1~0.2	0.2~0.3	0.3~0.45
	15Cr、20Cr	V_c/(m/min)	12~30			
		f/(mm/r)	0.05~0.1	0.1~0.2	0.2~0.3	0.3~0.45
	合金钢	V_c/(m/min)	8~15			
		f/(mm/r)	0.03~0.08	0.05~0.15	0.15~0.25	0.25~0.35

工件材料		切削用量	钻头直径 d/mm		
			3~8	8~28	25~50
铝	纯铝	V_c/(m/min)	20~50		
		f/(mm/r)	0.03~0.2	0.06~0.5	0.15~0.8
	铝合金(长切屑)	V_c/(m/min)	20~50		
		f/(mm/r)	0.05~0.25	0.1~0.6	0.2~1.0
	铝合金(短切屑)	V_c/(m/min)	20~50		
		f/(mm/r)	0.03~0.1	0.05~0.15	0.08~0.36
铜	黄铜、青铜	V_c/(m/min)	60~90		
		f/(mm/r)	0.06~0.15	0.15~0.3	0.3~0.75
	硬青铜	V_c/(m/min)	25~45		
		f/(mm/r)	0.05~0.15	0.12~0.25	0.25~0.5

在刀具的产品资料中,提供切削刀具的相关数据。这些数据也有助于决定哪种刀具是适宜加工工件材料的刀具。

④ 钻孔用的切削液。钻孔时孔里积累的热量会导致钻尖卷曲,使其切削刃变钝,甚至崩刃或造成钻头在孔中折断。使用适宜的切削液能保持钻头刃部处于相对较低的工作温度,还能保持工件润滑。润滑有助于钻尖保持其锋利的切削刃,并延长其寿命。切削液的选择可参考表 3-9。

表 3-9 切削液的选择

工件材料	钢 料	铝	铸铁、黄(青)铜	镁 合 金
冷却或润滑方式	加注充分的切削液,可查相关手册	煤油	一般不用切削液。如果需要,也可用乳化液	切忌用切削液,只能用压缩空气来排屑和降温

(2) 铰孔时的切削用量和切削液。

① 铰孔时的切削用量。铰孔的余量视孔径和工件材料及精度要求等而异。对孔径为 $\phi 5 \sim 80mm$、精度为 IT7～IT10 的孔,一般分粗铰和精铰。余量太小时,往往不能全部切去上道工序的加工痕迹,同时由于刀齿不能连续切削而以很大的压力沿孔壁打滑,使孔壁的质量下降。余量太大时,则会因切削力大,发热多引起铰刀直径增大及颤动,致使孔径扩大。铰孔加工余量可参见表 3-10。

表 3-10 铰孔前孔的直径及铰孔加工余量 (mm)

加工余量	孔 径				
	$\phi 6 \sim \phi 12$	$> \phi 12 \sim \phi 18$	$> \phi 18 \sim \phi 30$	$> \phi 30 \sim \phi 50$	$> \phi 50 \sim \phi 75$
粗 铰	0.08	0.10	0.14	0.18	0.20
精 铰	0.04	0.05	0.06	0.07	0.10
总余量	0.12	0.15	0.20	0.25	0.30

合理选用切削速度可以减少积屑瘤的产生,防止表面质量下降。铰铸铁件时选 8～10m/min;铰削钢件时的切削速度要比铸铁件时低,粗铰为 4～10m/min,精铰为 1.5～5m/min。

铰孔的进给量也应适中。进给量太小,使切屑过薄,致使刀刃不易切入金属层而打滑,甚至产生啃刮现象,破坏了表面质量,还会引起铰刀振动,使孔径扩大;进给量太大,则背向力也大,孔径可能扩大。一般铰削钢件时 $f=0.3 \sim 2mm/r$,铰削铸铁件时 $f=0.5 \sim 3mm/r$。机铰的进给量可比钻孔时高 3～4 倍,一般可取 0.5～1.5mm/r。

② 铰削时的切削液。铰孔时正确选用切削液,对降低摩擦系数,改善散热条件以及冲走细屑均有很大作用,因而选用合适的切削液除了能提高铰孔质量和铰刀耐用度外,还能消除积屑瘤,减少振动,降低孔径扩张量。浓度较高的乳化油对降低粗糙度的效果较好,硫化油对提高加工精度效果较明显。铰削一般钢件时,通常选用乳化油和硫化油;铰削铸铁件时,一般不加切削液,如要进一步提高表面质量,也可选用润湿性较好、粘性较小的煤油做切削液。

5. 轴承套机械加工工艺过程

该轴承套属于短套,其直径尺寸和轴向尺寸均不大,粗加工可以单件加工,也可以多件加工。由于单件加工时,每件都要留出工件装夹的长度,因此原材料浪费较多,所以这里采用同时加工 5 件的方法来提高生产率。

其机械加工工艺过程见表 3-11。

表 3-11 轴承套机械加工工艺过程

工序号	工序名称	工序内容		定位与夹紧
1	下料	棒料，按 5 件合一下料		
2	钻中心孔	车端面，钻中心孔		三爪卡盘夹外圆
		调头，车另一端面，钻中心孔		
3	粗车	车外圆 $\phi42$，长度≥45	5 件同加工，尺寸均相同	中心孔
		车分割槽 $\phi20\times3$，总长 40.5		
		车外圆 $\phi34js7$ 至 $\phi35$，保证 $\phi42$ 长 6.5		
		车退刀槽 2×0.5		
		两端倒角 C1.5		
4	钻	钻 $\phi22H7$ 孔至 $\phi20$ 成单件		软爪夹 $\phi42$ 外圆
5	车、铰	车大端面，总长 40 至尺寸		软爪夹 $\phi35$ 外圆
		车内孔 $\phi22H7$，留 0.2 铰削余量		
		车内槽 $\phi24\times16$ 至尺寸		
		粗、精铰孔 $\phi22H7$ 至尺寸		
		倒角(孔两端)		
6	精车	精车 $\phi34js7$ 至尺寸；车台阶平面 6 至尺寸；倒角		$\phi22H7$ 小锥度心轴，两顶尖装夹
7	钻	钻径向 $\phi4$ 油孔		$\phi22$ 内孔及大端面，钻夹具
8	检验	检验入库		

二、轴承套零件机械加工工艺规程实施

1. 任务实施准备

(1) 根据现有生产条件或在条件许可情况下，以班级学习小组为单位，根据小组成员共同编制的轴承套零件机械加工工艺过程卡片进行加工，由企业兼职教师与小组选派的学生代表根据机床操作规程、工艺文件，共同完成零件的加工。其余小组学生对加工后的零件进行检验，判断零件合格与否。

(2) 工艺准备(可与合作企业共同准备)。

① 毛坯准备：轴承套零件毛坯选择锡青铜圆棒料，规格 $\phi46mm\times235mm$。(可由合作企业提供)

② 设备、工装准备。详见轴承套机械加工工艺规程编制中相关内容。

③ 资料准备：机床使用说明书、刀具说明书、机床操作规程、零件图、工艺文件、《机械加工工艺人员手册》、5S 现场管理制度等。

(3) 准备相似零件，参观生产现场或观看相关加工视频。

2. 任务实施与检查

1) 分组分析零件图样

根据图 3.2 轴承套零件图,分析图样的完整性及主要的加工表面。根据分析可知,本零件的结构工艺性较好。

2) 分组讨论毛坯选择问题

该零件在机器中主要起支承作用,要求耐磨并承受一定的载荷,且生产类型属小批生产,零件材料为(铸造)锡青铜 ZQSn6-6-3,故毛坯选用棒料。

3) 分组讨论零件加工工艺路线

确定加工表面的加工方案,划分加工阶段,选择定位基准,确定加工顺序,设计工序内容(如确定工序尺寸及其公差,确定切削用量)等。

4) 轴承套零件的加工步骤

按机械加工工艺规程执行(见表 3-11)。

5) 轴承套零件精度检验

因为轴承套零件是在一次装夹中完成工件的内外圆和端面加工的,一般情况下零件的形位公差是能保证的。测量要点如下:

(1) 外圆测量用外径千分尺,要测量圆周两点。
(2) 内孔测量用塞规检验。
(3) 长度用游标卡尺检验。
(4) 垂直度用表分表检验,如图 3.64 所示。

6) 任务实施的检查与评价

具体的任务实施检查与评价内容见表 2-26。

讨论问题:
(1) $\phi 22H7$ 内孔如何测量?
(2) 轴承套加工时采用的精基准和粗基准各是哪个表面?

3. 轴承套加工误差分析

轴承套加工过程中常见问题及产生原因见表 3-12。

表 3-12 轴承套加工常见问题

常见问题	产生原因
尺寸精度达不到要求	① 操作者粗心大意,看错图样; ② 没有进行试切削; ③ 内孔铰不出,孔径尺寸超出,主要是留铰余量太少、尺寸已经车大;孔径超差主要是铰刀公差本身已经大于零件公差,机床尾座没有对准零位线; ④ 量具有误差或测量不正确
表面粗度达不到要求	① 切削用量选择不当; ② 车刀几何角度刃磨不正确,或车刀已磨损; ③ 车床刚性差,滑板镶条过松或主轴太松引起振动等; ④ 铰刀本身已拉毛或铰刀已磨损
形位公差达不到要求	① 零件在车削时没有夹紧,造成松动; ② 车削内孔时,刀杆碰孔壁而造成内外圆本身已不同轴; ③ 车削端面时,吃刀量太大,造成工件走动,使垂直度达不到要求

任务 3.2 滚花螺母机械加工工艺规程编制与实施

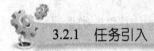

3.2.1 任务引入

编制如图 3.66 所示的滚花螺母的机械加工工艺规程并实施。材料为 45#钢,毛坯采用热轧圆钢,小批生产,技术要求:调质 235HBS。

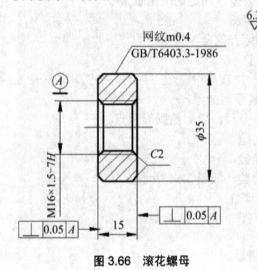

图 3.66 滚花螺母

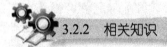

3.2.2 相关知识

一、套螺纹和攻螺纹

除了车螺纹外,对于直径和螺距较小的螺纹,可以用板牙或丝锥来加工。

板牙和丝锥是一种成形、多刃螺纹切削工具。使用板牙、丝锥加工螺纹,操作简单,可以一次切削成形,生产效率较高。

1) 套螺纹

用板牙在圆柱件上套螺纹,一般用在不大于 M16 或螺距小于 2mm 的外螺纹。

(1) 板牙有固定式和开缝式(可调式)两种。固定式板牙的结构形状,如图 3.67(a)所示。板牙上的排屑孔可以容纳和排出切屑,排屑孔的缺口与螺纹的相交处形成前角 $\gamma_o=15°\sim 20°$ 的切削刃,在后面磨有 $\alpha_o=7°\sim 9°$ 的后角,切削部分的 $2\kappa_r=50°$。板牙两端都有切削刃,因此正反面都可以使用。

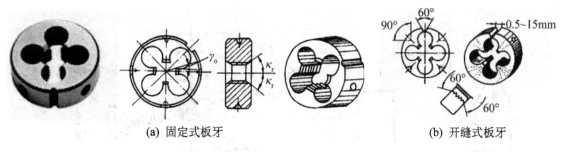

(a) 固定式板牙　　　　　　　　　　(b) 开缝式板牙

图 3.67　板牙结构形状

开缝式板牙的结构形状如图 3.67(b)所示,其板牙螺纹孔的大小可作微量的调节。板牙孔的两端带有 60°的锥度部分,是板牙的切削部分。

(2) 套螺纹工具如图 3.68 所示。对于车床套螺纹工具,如图 3.68(b)所示,在工具体左端孔内可装夹板牙,螺钉用于固定板牙,套筒上有长槽,套螺纹时工具体可自动随着螺纹向前移动。销钉用来防止工具体切削时转动。

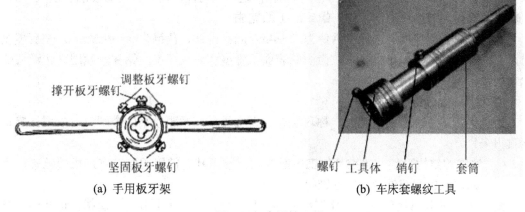

(a) 手用板牙架　　　　　　　　　　(b) 车床套螺纹工具

图 3.68　套螺纹工具

(3) 对套螺纹前的工件要求。为保证套螺纹时牙型正确(不乱牙),齿面光洁,对套螺纹前的工件要求如下。

① 螺纹大径应车到下偏差,保证在套螺纹时省力,且板牙齿部不易崩裂。
② 工件的前端面应倒小于 45°的倒角,直径小于螺纹的小径,使板牙容易切入。
③ 装夹在套螺纹工具上的板牙的两平面应与车床主轴轴线垂直。
④ 尾座套筒轴线与主轴轴线应同轴,水平偏移不应大于 0.05mm。

(4) 套螺纹方法。

① 手工套螺纹:套螺纹前应检查圆杆直径,太大难以套入,太小则套出螺纹不完整。套螺纹的圆杆必须倒角,如图 3.69(a)所示。手工套螺纹时板牙端面与圆杆垂直,如图 3.69(b)所示,开始转动板牙架时,要稍加压力,套入几扣后,即可转动,不再加压。套螺纹过程中要时常反转,以便断屑。在钢件上套螺纹时,亦应加机油润滑。

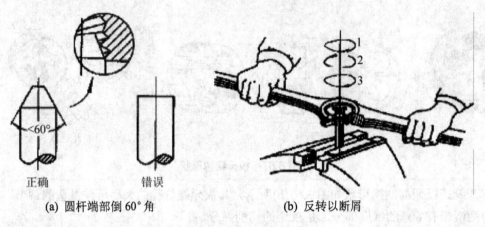

(a) 圆杆端部倒 60°角　　　　(b) 反转以断屑

图 3.69　手工套螺纹

② 车床套螺纹：套螺纹时，先把螺纹大径车至要求，并倒角，接着把装有套螺纹工具的尾座拉向工件，不能跟工件碰撞，然后固定尾座，开动车床，转动尾座手柄，当工件进入板牙后，手柄就停止转动，由工具体自动轴向进给。当板牙切削到所需要的长度尺寸时，主轴迅速倒转，使板牙退出工件，螺纹加工即完成。

套螺纹时切削速度的选择：钢件为 2~4m/min；铸铁、黄铜为 4~6m/min。在套螺纹时，正确选择切削液，可提高螺纹齿面的表面粗糙度和螺纹精度，钢件一般用乳化液或硫化切削油；铸铁可使用煤油。

2) 攻螺纹(tapping)

用丝锥加工工件上的内螺纹，称攻螺纹。直径较小或螺距较小的内螺纹可以用丝锥直接攻出来。

(1) 丝锥的结构形状。丝锥是加工内螺纹的标准刀具。常用的丝锥有：机用丝锥、手用丝锥、螺母丝锥和圆锥管螺纹丝锥等。

图 3.70 所示是常用的三角形牙型丝锥的结构形状。丝锥上面开有容屑槽，这些槽形成了丝锥的切削刃，同时也起排屑作用。它的工作部分由切削锥与校准部分组成。切削锥是切削部分，铲磨成有后角的圆锥形，它担任主要切削工作。校准部分有完整齿形，用以控制螺纹尺寸参数。

 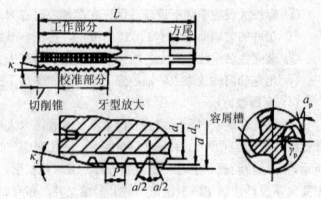

图 3.70　丝锥结构图

(2) 机用丝锥攻螺纹。将丝锥装夹在套螺纹工具上。攻螺纹工具与套螺纹工具相似，只要将中间工具体改换成能装夹丝锥的工具体即可，如图3.71所示。

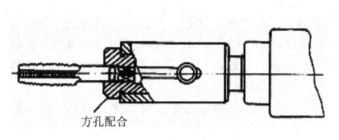

图 3.71 攻螺纹工具

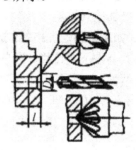

图 3.72 钻螺纹孔和孔口倒角

在车床上攻螺纹前，先进行钻孔，孔口倒角要大于内螺纹大径尺寸，如图3.72所示。并找正尾座套筒轴线与主轴轴线同轴，移动尾座向工件靠近，根据攻螺纹长度，在丝锥上作好长度标记。开车攻螺纹时，转动尾座手柄，使套筒跟着丝锥前进，当丝锥已攻进数牙时，手柄可停止转动，让攻螺纹工具自动跟随丝锥前进直到需要尺寸，然后开倒车退出丝锥即可。

(3) 手用丝锥攻螺纹。手用丝锥在车床上攻螺纹时，一般分头攻、二攻，要依次攻入螺纹孔内，操作方法如下。

① 用铰杠套在丝锥方榫上锁紧，如图3.73所示，用顶尖轻轻顶在丝锥尾部的中心孔内，使丝锥前端圆锥部分进入孔口。

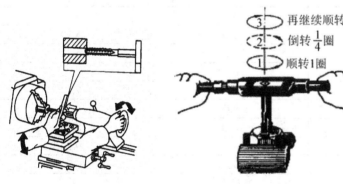

图 3.73 丝锥的装夹　　　图 3.74 攻丝操作　　　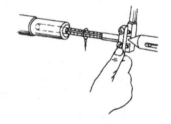　图 3.75 攻螺纹长度控制

② 将主轴转速调整至最低速，以使卡盘在攻螺纹时不会因受力而转动。

③ 攻螺纹时，用左手扳动铰杠带动丝锥作顺时针转动，同时右手摇动尾座手轮，使顶尖始终与丝锥中心孔接触(不能太紧或太松)，以保持丝锥轴线与机床轴线基本重合。攻入1~2牙后，用手逆时针扳铰杠半周左右以作断屑，然后继续顺时针扳转攻螺纹，顶尖则始终随进随退。随着丝锥攻进的深度增加而应该逐渐增加反转丝锥断屑的次数，直至丝锥攻出孔口1/2以上，再用二攻重复攻螺纹至中径尺寸。攻螺纹时应加注切削液润滑，以减小螺纹的表面粗糙度值。

④ 手工攻丝时，将丝锥头部垂直放入孔内，转动铰杠，适当加些压力，直至切削部分全部切入后，即可用两手平稳地转动铰杠，不加压力旋到底。为了避免切屑过长而缠住丝

锥,操作时,应如图3.74所示,每顺转1圈转后,轻轻倒转1/4圈,再继续顺转。对钢料攻丝时,要加乳化液或机油润滑;对铸铁攻丝时,一般不加切削液,但若螺纹表面要求光滑时,可加些煤油。

⑤ 如果攻不通孔内螺纹,则由于丝锥前端有段不完全牙,因此钻孔深度要大于螺纹长度,其大小按下式计算:孔的深度=要求的螺纹长度+0.7 螺纹外径。螺纹攻入深度的控制方法有两种:一种是将螺纹攻入深度预先量出,用线或铁丝扎在丝锥上作记号,如图3.75所示。另一种方法是测量孔的端面与铰杠之间的距离。

(4) 攻螺纹前钻底孔的钻头直径确定。常用普通螺纹攻螺纹前钻底孔的钻头直径见表3-13。

表3-13 常用普通螺纹攻螺纹前钻底孔的钻头直径

计算公式　　$P<1\text{mm}\ \ d_2=d-P$
　　　　　　$P\geqslant 1\text{mm}$　钢等韧性材料　$d_2=d-P$
　　　　　　　　　　　铸铁等脆性材料　$d_2=d-(1.05\sim 1.1)P$
式中,P为螺距;d_2——攻螺纹前钻头直径;d——螺纹公称直径。

(单位 mm)

公称直径 d		螺距 P	钻头直径(d_2)	
			加工铸铁、青铜、黄铜	加工钢、纯铜、可锻铸铁
4	粗	0.70	3.30	3.30
	细	0.50	3.50	3.50
5	粗	0.80	4.20	4.20
	细	0.50	4.50	4.50
6	粗	1.00	4.90	5.00
	细	0.75	5.20	5.20
8	粗	1.25	6.60	6.70
	细	1.00	6.90	7.00
		0.75	7.10	7.20
10	粗	1.50	8.40	8.50
	细	1.25	8.60	8.70
		1.00	8.90	9.00
		0.75	9.20	9.20
12	粗	1.75	10.10	10.20
	细	1.50	10.40	10.50
		1.25	10.60	10.70
		1.00	10.90	11.00
14	粗	2.00	11.80	12.00
	细	1.50	12.40	12.50
		1.25	12.60	12.70
		1.00	12.90	13.00
16	粗	2.00	13.80	14.00
	细	1.50	14.40	14.50
		1.00	14.90	15.00

续表

		粗	2.50	15.30	15.50
18		2.00	15.80	16.00
	细	1.50	16.40	16.50
		1.00	16.90	17.00
	粗	2.50	17.30	17.50
20		2.00	17.80	18.00
	细	1.50	18.40	18.50
		1.00	18.90	19.00
	粗	2.50	19.30	19.50
22		2.00	19.80	20.00
	细	1.50	20.40	20.50
		1.00	20.90	21.00
	粗	3.00	20.70	21.00
24		2.00	21.80	22.00
	细	1.50	22.40	22.50
		1.00	22.90	23.00

二、滚花

滚花是用滚花刀来挤压工件，使其表面产生塑性变形而形成的花纹。有些工具和机器零件的捏手部分，为了增加摩擦力和使零件美观，常常在零件表面上滚出不同的花纹。例如：千分尺上的微分筒，各种滚花螺母、螺钉等。这些花纹，一般是在车床上用滚花刀滚压而成的。

1. 花纹的种类和选择

花纹一般有直纹和网纹两种，并有粗细之分。花纹的粗细由模数 m 来决定，模数小，花纹细。

2. 滚花刀

滚花刀可做成单轮、双轮，如图 3.76 所示。图 3.76(a)所示单轮滚花刀是滚直纹用的。图 3.76(b)所示双轮滚花刀是滚网纹用的，由一个左旋和一个右旋的滚花刀组成一组。滚花刀的直径一般为 20～25mm。

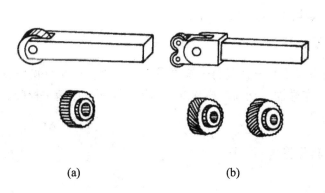

(a)　　　　　　　(b)

图 3.76　滚花刀的种类

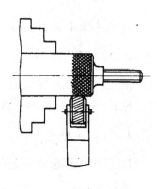

图 3.77　滚花方法

3. 滚花方法

滚花时会产生很大的径向挤压力，因此滚花前，根据工件材料的性质，须把滚花部分的直径车小(0.8~1.2)m(m 为花纹模数)。然后把滚花刀装夹在刀架上，使滚花刀的表面与工件平行接触，如图 3.77 所示，装准中心。在滚花刀接触工件时，必须用较大的压力，使工件刻出较深的花纹，否则就容易产生乱纹。这样来回滚压 1~2 次，直到花纹凸出为止。为了减少开始时的径向压力，可先把滚花刀表面宽度的一半与工件表面相接触，或把滚花刀装得与工件表面有一很小的夹角(类似车刀的副偏角)，这样比较容易切入。在滚压过程中，还必须经常加润滑油和清除切屑，以免损坏滚花刀和防止滚花刀被切屑滞塞而影响花纹的清晰程度。滚花时应选择较低的切削速度。

4. 滚花安全操作

(1) 滚花时，工件必须装夹牢固。用毛刷加切削液时，毛刷不能与工件和滚花刀接触，以免轧坏毛刷。

(2) 滚花时产生的径向压力很大，要防止工件顶弯，对薄壁零件要防止变形。

(3) 滚花时不准用手去摸工件，以免发生事故。

3.2.3 任务实施

一、滚花螺母零件机械加工工艺规程编制

1. 分析滚花螺母的结构特点和技术要求

滚花螺母 M16 螺纹轴线为基准。ϕ40mm 外圆端面对 M16 螺纹轴线的垂直度 0.05mm。滚花网纹的模数是 0.4。

根据螺纹标记，M16×1.5－7H 的中径尺寸 $D_2 = 16 - 0.6495P = 15.026$，小径尺寸 $D_1 = 16 - 1.0825P = 14.376$，中径的上、下偏差 $D_2 = \phi 15.026_0^{+0.236}$，小径的上下偏差 $D_1 = \phi 14.376_0^{+0.375}$。内螺纹 M16×1.5－7H，由于直径及螺距都较小，可用丝锥加工，攻螺纹前的螺纹底孔可以用钻头钻出，由于钻削精度较差，需要再车孔保证精度。

2. 明确毛坯状况

毛坯选择 45#圆棒料，调质钢，规格 ϕ40mm×180mm。

3. 拟订工艺路线

滚花螺母的机械加工工艺路线为：下料—(调质)—车端面—钻中心孔—车外圆—滚花—钻孔—车孔—倒角—攻内螺纹—车端面—切断—换软爪，车另一端面—倒角—检验。

4. 设计工序内容

1) 确定加工余量、工序尺寸及其公差

见表 3-14。

表 3-14 滚花螺母加工过程

序号	加工内容	简　图
1	下料	
2	在三爪自定心卡盘上夹住φ40mm 毛坯外圆 ① 车端面，用 45°外圆车刀，车平即可； ② 钻中心孔，在尾架上安装 A2.5 中心钻。	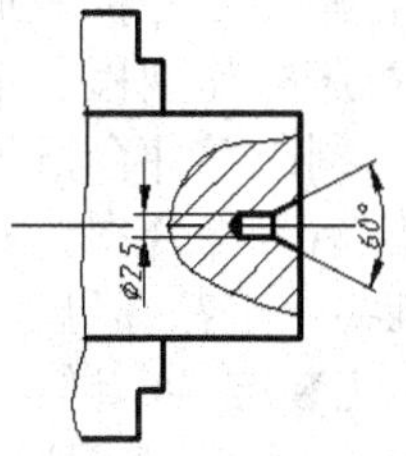
3	一夹一顶装夹工件 ① 车φ35mm 外圆，滚花外圆尺寸应比图样中实际外圆尺寸φ35mm 小(0.8～1.6)mm； ② 滚花，滚花刀的模数是 0.4 网纹。	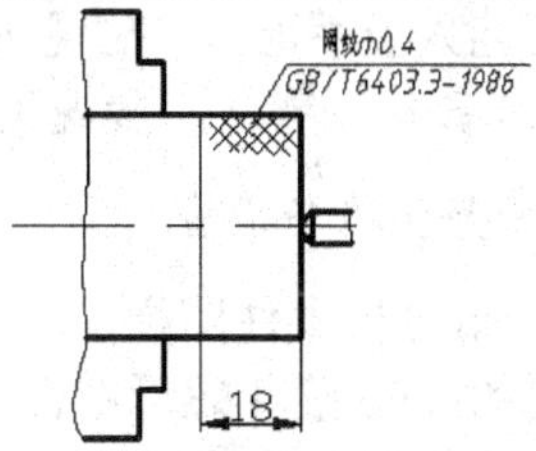
4	只用三爪卡盘装夹 ① 钻孔，用φ13 麻花钻钻孔，深度大于 18mm； ② 车孔，用内孔车刀车孔，尺寸至φ14.5mm； ③ 倒角 C2； ④ 攻螺纹，用 M16×1.5 丝锥； ⑤ 切断。	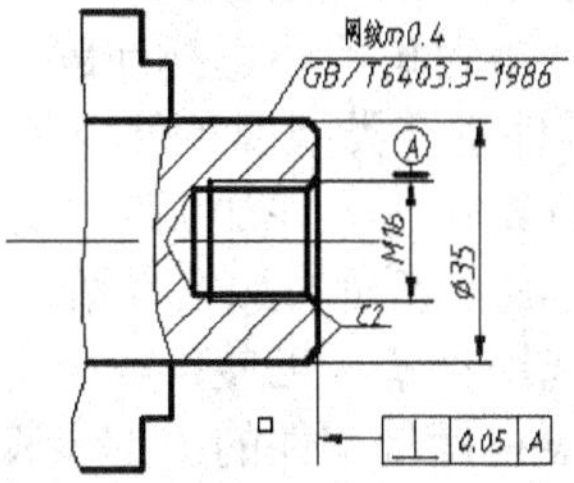
	用三爪自定心卡盘软爪夹住滚花外圆 ① 校正外圆； ② 车端面，取总长 15mm； ③ 内外圆倒角 C2。	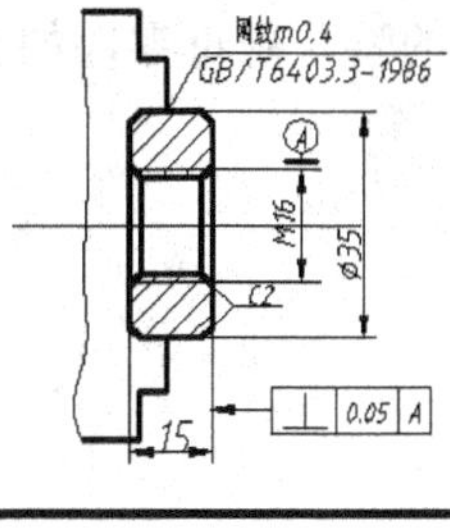

2) 选择设备工装

(1) 设备、夹具选用。CA6140 型普通车床，三爪自定心卡盘，选用硬爪与软爪装夹。

(2) 刀具选用。φ13mm 麻花钻，丝锥 M16×1.5，90°外圆车刀，45°外圆车刀，A 型 φ2.5mm 中心钻，75°内孔车刀，3mm 切断刀等。

(3) 量具准备。游标卡尺，螺纹环规。

(4) 辅具准备。钻夹头、扳手等。

5. 滚花螺母零件机械加工工艺过程

滚花螺母加工过程见表 3-14。

二、滚花螺母零件机械加工工艺规程实施

1. 任务实施准备

(1) 根据现有生产条件或在条件许可情况下，以班级学习小组为单位，根据小组成员共同编制的滚花螺母零件机械加工工艺过程卡片进行加工，由企业兼职教师与小组选派的学生代表根据机床操作规程、工艺文件，共同完成零件的加工。其余小组学生对加工后的零件进行检验，判断零件合格与否。

(2) 工艺准备(可与合作企业共同准备)

① 毛坯准备：滚花螺母零件选择45#毛坯圆棒料(调质钢)，规格$\phi 40mm \times 180mm$。

② 设备、工装准备。详见轴承套机械加工工艺规程编制中相关内容。

③ 资料准备：机床使用说明书、刀具说明书、机床操作规程、零件图、工艺文件、《机械加工工艺人员手册》、5S现场管理制度等。

(3) 准备相似零件，参观生产现场或观看相关加工视频。

2. 任务实施与检查

1) 分组分析零件图样

根据图 3.66 滚花螺母零件图，分析图样的完整性及主要的加工表面。根据分析可知，本零件的结构工艺性较好。

2) 分组讨论毛坯选择问题

该零件生产类型属单件小批生产，材料为45#钢，故毛坯选用45毛坯圆棒料(调质钢)。

3) 分组讨论零件加工工艺路线

确定加工表面的加工方案，划分加工阶段，选择定位基准，确定加工顺序，设计工序内容(如选用设备、工装)等。

4) 滚花螺母零件的加工步骤

按机械加工工艺规程执行(见表3-14)。

加工完成的滚花螺母零件如图 3.78 所示。

图 3.78　滚花螺母零件

5) 滚花螺母零件精度检验

滚花螺母内径、外径、长度用游标卡尺测量，内螺纹 M16×1.5-7H 的精度检验用螺纹环规综合测量。

6) 任务实施的检查与评价

具体的任务实施检查与评价内容参见表 2-26。

问题讨论

① 内螺纹加工方法有哪几种？加工注意事项有哪些？

② 滚花加工的目的是什么？

任务 3.3　支架套零件机械加工工艺规程编制与实施

3.3.1　任务引入

某企业接到订单，要求加工如图 3.79 所示的支架套，零件材料为 GCr15，淬火硬度为 60HRC，零件非工件面防锈，采用烘漆，生产纲领为 100 件/年。编制支架套零件机械加工工艺规程并实施。

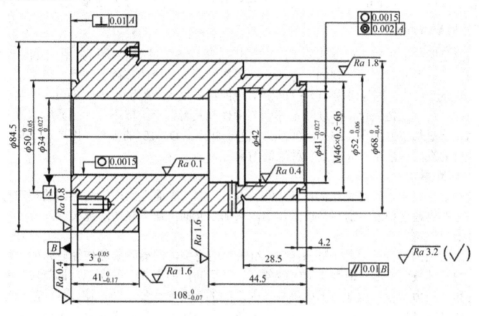

图 3.79　支架套

3.3.2　相关知识

套筒类零件内孔加工精度要求很高和表面粗糙度值要求很小时，内孔精加工之后还要进行精密加工。常用的精密加工方法有精细镗、珩磨、研磨、滚压等。研磨多用于手工操作，工人劳动强度较大，通常用于批量不大且直径较小的孔。而精细镗、珩磨、滚压由于加工质量和生产率都比较高，应用比较广泛。

1. 高速精细镗(high speed fine boring)

高速精细镗是近年来发展起来的一种很有特色的镗孔方法。由于最初是使用金刚石作刀具材料，所以又称金刚镗。这种方法广泛应用于不适宜采用内圆磨削加工的有色金属合金及铸铁的套筒内孔精密加工，例如发动机的气缸孔、连杆孔、活塞销孔以及变速箱的主轴孔等。由于高速精细镗切削速度高和切屑截面很小，因而切削力非常小，这就保证了加工过程中工艺系统弹性变形小，故可获得较高的加工精度和表面质量，孔径精度可达 IT7～IT6 级，表面粗糙度 Ra 可达 0.8～0.1μm。孔径在 ϕ15～100mm 范围内，尺寸误差可保持在

5～8μm 以内，还能获得较高的孔轴心线的位置精度。为保证加工质量，高速精细镗常分预、终两次进给。

目前普遍采用采用硬质合金 YT30、YT15、YG3X 或人工合成金刚石和立方氮化硼作为高速精细镗刀具的材料，其主要特点是主偏角较大(45°～90°)，刀尖圆弧半径较小，故径向切削力小，有利于减小变形和振动。当要求表面粗糙度 Ra 小于 0.08μm 时，须使用金刚石刀具。金刚石刀具主要适用于铜、铝等有色金属及其合金的精密加工。

为获得高的加工精度和小的表面粗糙度值要求，减少切削变形对加工质量的影响，高速精细镗常采用精度高、刚性好、传动平稳、能实现微量进给、具有高转速的金刚镗床，并使切削速度较高(切钢为 200m/min；切铸件为 100m/min；切铝合金为 300m/min)，加工余量较小(约 0.2～0.3mm)，进给量较小(0.03～0.08mm/r)，以保证加工质量。

2. 珩磨(honing)

珩磨是磨削加工的一种特殊形式，是用 4～6 根砂条组成的珩磨头(见图 3.80(a))对内孔进行加工的一种高效率的光整加工方法，需要在磨削或精镗的基础上进行。珩磨的加工精度高，珩磨后尺寸公差等级为 IT7～IT6 级，表面粗糙度 Ra 值为 0.2～0.05μm。珩磨的加工范围很广，可加工铸铁件、淬硬和不淬硬的钢件以及青铜等，但不宜加工易堵塞油石的塑性金属。珩磨加工的孔径为 $\phi 5$～$\phi 500$mm，也可加工 L/D＞10 的深孔，因此广泛应用于加工发动机的汽缸、液压缸筒以及各种炮筒的孔等。

1) 珩磨原理

在一定压力下，珩磨头上的砂条(油石)与工件加工表面之间产生复杂的的相对运动，珩磨头上的磨粒起切削、刮擦和挤压作用，从加工表面上切下极薄的金属层。

2) 珩磨方法

珩磨所用的工具是由若干砂条(油石)组成的珩磨头，四周砂条能作径向张缩，并以一定的压力与孔表面接触，珩磨头上的砂条有三种运动，如图 3.80(a)所示，即旋转运动、往复运动和加压力的径向运动。珩磨头与工件之间的旋转和往复运动，使砂条的磨粒在孔表面上的切削轨迹形成交叉而又不相重复的网纹。珩磨时砂条便从工件上切去极薄的一层材料，并在孔表面形成交叉而不重复的网纹切痕，如图 3.80(b)所示，这种交叉而不重复的网纹切痕有利于储存润滑油，使工件表面之间易形成一层油膜，从而减少工件间的表面磨损。

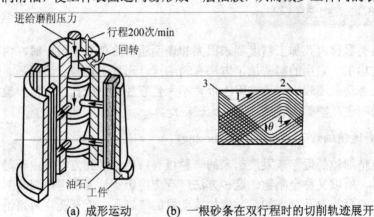

(a) 成形运动　　(b) 一根砂条在双行程时的切削轨迹展开

图 3.80　珩磨的成形运动及其切削轨迹

1、2、3、4—纹痕形成的顺序；θ—网纹交角

3) 珩磨的特点

(1) 珩磨时砂条与工件孔壁的接触面积很大，磨粒的垂直负荷仅为磨削的 1/50~1/100。此外，珩磨的切削速度较低，一般在 100m/min 以下，仅为普通磨削的 1/30~1/100。在珩磨时，注入的大量切削液，可使脱落的磨粒及时冲走，还可使加工表面得到充分冷却，所以工件发热少，不易烧伤，而且变形层很薄，从而可获得较高的表面质量。

(2) 珩磨可达较高的尺寸精度、形状精度和较小值的表面粗糙度。由于在珩磨时，表面的突出部分总是先与砂条接触而先被磨去，直至砂条与工件表面完全接触，因而珩磨能对前道工序遗留的几何形状误差进行一定程度的修正，孔的形状误差一般小于 0.005mm。

(3) 珩磨头与机床主轴采用浮动连接，珩磨头工作时，由工件孔壁作导向，沿预加工孔的中心线作往复运动，故珩磨加工不能修正孔的相对位置误差，因此，珩磨前在孔精加工工序中必须安排预加工以保证其位置精度。一般镗孔后的珩磨余量为 0.05~0.08mm，铰孔后的珩磨余量为 0.02~0.04mm，磨孔后珩磨余量为 0.01~0.02mm。余量较大时可分粗、精两次珩磨。

(4) 珩磨的生产率高，机动时间短，珩磨一个孔仅需 2~3min，加工质量高。

3. 研磨(grinding)

研磨也是孔常用的一种光整加工方法，需要在精镗、精铰或精磨之后进行。

研磨孔的原理与研磨外圆相同。在研具与工件加工表面之间加入研磨剂，在一定压力下两表面做复杂的相对运动，使磨粒在工件表面上滚动或滑动，起切削、刮擦和挤压作用，从加工表面上切下极薄的一层材料，得到极高的尺寸精度和表面粗糙度值极小的表面。按研磨方式可分为手工研磨和机械研磨两种。

研磨孔所用的研具材料、研磨剂、研磨余量等均与三磨外圆相似。套筒零件孔的研磨方法如图 3.81 所示。图中的研具为可调式研磨棒，由锥形心轴和研套组成。拧动两端的螺母，即可在一定范围内调整直径的大小。研套上的槽和缺口，在调整时研套能均匀地张开或收缩，并可存贮研磨剂。研磨前，将套上工件的研磨棒安装在车床上，涂上研磨剂，调整研磨棒直径使其对工件有适当的压力，即可进行研磨。研磨时，研磨棒旋转，手握工件往复移动。图 3.82 为固定式研磨棒，多用于单件小批生产。其中，图 3.82(a)为带槽铸铁粗研棒，便于存贮研磨剂，棒的直径可用螺钉调节；图 3.82(b)为精研用的光滑研磨棒，用低碳钢制成。

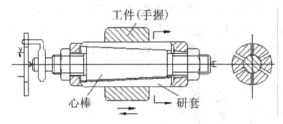

图 3.81 套筒类零件研磨孔的方法

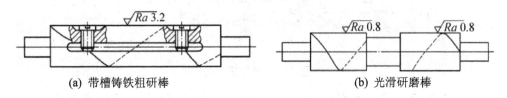

(a) 带槽铸铁粗研棒　　　　　　　　　(b) 光滑研磨棒

图 3.82 固定式研磨棒

研磨具有如下特点。

(1) 所有研具采用比工件软的材料制成，这些材料为铸铁、铜、青铜、巴氏合金及硬木等。有时也可用钢做研具。研磨时，部分磨粒悬浮于工件与研具之间，部分磨粒则嵌入研具的表面层，工件与研具作相对运动，磨料就在工件表面上切除很薄的一层金属(主要是上工序在工件表面上留下的凸峰)。

(2) 研磨不仅是用磨粒加工金属的机械加工过程，同时还有化学作用。磨料混合液(或研磨膏)使工件表面形成氧化层，使之易于被磨料所切除，因而大大加速了研磨过程的进行。

(3) 研磨时研具和工件的相对运动是较复杂的，因此，每一磨粒不会在工件表面上重复自己的运动轨迹，这样就有可能均匀地切除工件表面的凸峰。

(4) 因为研磨是在低速、低压下进行的，所以工件表面的形状精度和尺寸精度高(IT6～IT5级)，表面粗糙度 Ra 值为 $0.1～0.008\mu m$，且具有残余压应力及轻微的加工硬化，但不能提高工件表面间的位置精度，孔的位置精度只能由前工序保证。

(5) 手工研磨工作量大，生产率低；研磨之前孔必须经过磨削、精铰或精镗等工序，对于中小尺寸孔，研磨加工余量约为 0.025mm。研磨对机床设备的精度条件要求不高；金属材料和非金属材料都可加工，如钢、铸铁、铜、铝、硬质合金等金属材料以及半导体、陶瓷、光学玻璃等非金属材料。

(6) 壳体或缸筒类零件的大孔，需要研磨时可在钻床或改装的简易设备上进行，由研磨棒同时作旋转运动和轴向移动。但研磨棒与机床主轴需成浮动连接。否则，研磨棒轴线与孔轴线发生偏斜时，将造成孔的形状误差。

4. 滚压(rolling)

孔的滚压原理与滚压外圆相同，是利用经过淬硬和精细抛光过的、可自由旋转的滚柱或滚珠，对工件表面进行挤压，以提高加工表面质量的一种机械强化加工方法。滚压加工可减小表面粗糙度值 2～3 级，提高硬度 10%～40%，表面层耐疲劳强度一般提高 30%～50%，近年来已用滚压工艺来代替珩磨工艺，效果很好。内孔经滚压后，精度在 0.01mm 以内，表面粗糙度 Ra 约为 $0.1\mu m$，且表面硬化耐磨，生产效率提高了数倍。目前珩磨和滚压还在同时使用，其原因是滚压对铸件的质量有很大的敏感性，铸件硬度不均，表面疏气孔和砂眼等缺陷对滚压有很大影响，因此对铸件滚压工艺尚未采用。

图 3.83 所示为一油缸滚压头，滚压内孔表面的圆锥形滚柱 3 支承在锥套 5 上。滚压时，圆锥形滚柱与工件有一个斜角，使工件弹性能逐渐恢复，以避免工件孔壁的表面粗糙度值变大。

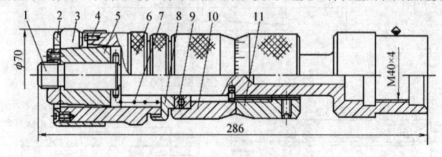

图 3.83　油缸滚压头

1—心轴；2—盖板；3—圆锥形滚柱；4—销子；5—锥套；6—套圈；7—压缩弹簧；
8—衬套；9—止推轴承；10—过渡套；11—调节螺母

内孔滚压前，需先通过调节螺母 11 调整滚压头的径向尺寸。旋转调节螺母可使其相对心轴 1 沿轴向移动，当其向左移动时，推动过渡套 10、止推轴承 9、衬套 8 及套圈 6，经销子 4 使圆锥形滚柱沿锥套的表面左移，结果使滚压头的径向尺寸缩小。当调节螺母向右移动时，由压缩弹簧 7 压移衬套，经止推轴承使过渡套始终紧贴调节螺母的左端面，同时衬套右移时，带动套圈经盖板 2 使圆锥形滚柱也沿轴向位移，结果使滚压头的径向尺寸缩小。滚压头径向尺寸应根据孔的滚压过盈量确定，一般钢材的滚压过盈量为 0.1～0.12mm，滚压后孔径增大 0.02～0.03mm。

径向尺寸调整好的滚压头，滚压过程中圆锥形滚柱所受的轴向力经销子、套圈、衬套作用在止推轴承上，而最终还是经过过渡套、调节螺母及心轴传至与滚压头右端 M40×4 相连的刀杆上。当滚压完毕后，滚压头从内孔反向退出时，圆锥形滚柱会受到一个向左的轴向力，此力传给盖板 2，经套圈、衬套及压缩弹簧，实现了向左移动，使滚压头直径缩小，保证了滚压头从孔中退出时不碰伤已经滚压好的孔壁。滚压头完全退出孔壁后，在压缩弹簧的作用下复位，使径向尺寸又恢复到原调数值。

滚压速度一般可取 V_c＝60～80m/min，进给量 f＝0.25～0.35mm/r。切削液采用 50%硫化油加 50%柴油或煤油。

3.3.3 任务实施

一、支架套零件机械加工工艺规程编制

1. 分析支架套零件的结构特点和技术要求

该零件是某测角仪上的主体支架套，属于轴向尺寸较小的短套类零件，其技术要求及结构特点分析如下。

主孔 $\phi 34^{+0.027}_{0}$ 内安装滚针轴承的滚针及仪器主轴颈；断面 B 是止推面，要求有较小的表面粗糙度值。外圆及孔均有阶梯，并且有横向需要加工的孔。外圆台阶面螺孔，用来固定转动摇臂。因传动要求精度高，所以对孔的圆度和圆柱度有较高的要求。材料为轴承钢 GCr15，淬火硬度 60HRC，零件的非工作面防锈，采用烘漆。该零件的主要加工面为内、外圆柱面，且内外圆表面粗糙度值要求较小，内外圆同轴度、圆柱面与端面的垂直度要求也很高，是加工的难点。对于薄壁套筒类零件加工难度就更大，加工过程中要注意采取一系列措施解决其受力变形问题。

其技术要求如下：

(1) 内孔与外圆的精度要求：

① 内孔：该支架套的内孔尺寸精度最高处为 IT7。内孔的形状精度要求非常高，最高处圆度公差为 0.0015mm。内孔表面粗糙度值要求也非常高，最高处为 Ra0.1μm。

② 外圆：该零件的外圆部分的要求无论是尺寸精度还是形状精度及表面质量要求都不高。

(2) 内、外圆间的同轴度：该零件的内、外圆同轴度要求最高处为 0.002mm。

(3) 孔轴心线与端面的垂直度：该零件端面与内孔的垂直度要求达到 0.01mm，尤其是该零件的左端面加工要求非常高，表面粗糙度值 Ra 达到 0.4μm。

2. 明确毛坯状况

该支架套零件材料为 GCr15，生产类型为单件小批生产，且属于轴向尺寸较小的短套类零件，故可选择棒料毛坯，规格为：$\phi 90mm \times 115mm$。

3. 拟订工艺路线

1) 确定各表面加工方法

套筒类零件的主要加工表面为内孔和外圆。外圆表面加工根据精度要求可选择车削和磨削。内孔加工方法的选择比较复杂，对于精度要求较高的孔，往往需采用几种方法顺次进行加工。该支架套的内孔精度要求高，表面粗糙度要求也很高，因而最终采用精细磨孔。该孔的加工顺序为：钻孔—半精车孔—粗磨孔—精磨孔—精细磨孔。

2) 划分加工阶段

支架套加工工艺划分较细。淬火前为粗加工阶段，粗加工阶段又可分为粗车和半精车阶段。淬火后加工工艺划分也较细。在精加工阶段，也可分为两个阶段，喷漆前为精加工阶段，喷漆后为精密加工阶段。

3) 选择定位基准

套筒类零件各表面的设计基准一般是孔的中心线，其加工的定位基准，最常用的是法兰凸台端面、内孔。先终加工孔，然后以孔为精基准最终加工外圆。这种方法由于所用夹具(通常为心轴)结构简单且制造和安装误差较小，因此可获得较高的位置精度，并符合基准重合和基准统一的原则，在套筒类零件加工中一般多采用此法。

4) 确定加工顺序

该支架套零件在内孔、外圆的加工顺序安排上，为了获得外圆与孔的同轴度，应考虑先加工内孔，再以内孔为基准加工外圆的加工顺序，即采用可胀心轴以孔定位，磨出各段外圆，既保证了各段外圆的同轴度，又保证了外圆与孔的同轴度。

该支架套的加工工艺路线为：毛坯→粗加工外圆、端面和孔→半精车外圆、内孔和端面→钻孔→热处理→精加工外圆→粗磨孔→热处理、喷漆→磨端面→粗研端面→精磨孔→精研端面→检验。

特别提示

套筒类零件加工中的主要工艺问题

一般套筒类零件在机械加工中的主要工艺问题是保证内外圆的相互位置精度(即保证内、外圆表面的同轴度以及轴线与端面的垂直度要求)和防止变形。

1. 保证套筒类零件表面相对位置精度的方法

套筒类零件内外圆表面的同轴度以及端面与孔轴线的垂直度要求一般都较高，一般可用以下方法来满足：

(1) 在一次安装中完成内、外圆表面及端面的全部加工。这种方法消除了工件的安装误差，所以可获得很高的相对位置精度。但是，由于这种方法的工序比较集中，对于尺寸较大(尤其是长径比较大者)的套筒安装不便，故该法多用于尺寸较小的轴套零件加工。如该零件的孔的最终加工，要保证阶梯孔的同轴度要求，采用一次安装将两段阶梯孔磨出。

(2) 套筒类零件主要表面加工分在几次安装中进行。这时，又有两种不同的安排：一种是先终加工孔，然后以孔为精基准最终加工外圆。这种方法由于所用夹具(通常为心轴)结构简单且制造和安装误差较小，因此可获得较高的位置精度，在套筒类零件加工中一般多采用此法。另一种是先加工外圆，然后以外圆为精基准最终加工孔。采用此法时，工件装夹迅速可靠，但因一般卡盘安装误差较大，加工后的工件位置精度低。同轴度要求较高时，则必须采用定心精度较高的夹具，如弹性膜片卡盘、液压塑料夹头、经过修磨的三爪自定心卡盘和软爪等。

2. 防止套筒类零件变形的工艺措施

套筒类零件的结构特点是孔壁较薄，在加工过程中常因夹紧力、切削力、内应力和切削热等因素的影响而产生变形。为防止变形常采取以下工艺措施。

(1) 将粗、精加工分开进行。为减少切削力和切削热的影响，使粗加工产生的变形在精加工中得以纠正。

(2) 减少夹紧力的影响。在工艺上可采取以下措施。

① 采用径向夹紧时，夹紧力不应集中在零件的某一径向截面上，而应使其分布在较大的面积上，以减小零件单位面积上所承受的夹紧力。如可将零件安装在一个适当厚度的开口圆环中，再连同此环一起夹紧。也可采用增大接触面积的特殊卡爪。以孔定位时，宜采用涨开式心轴装夹。

② 夹紧力的位置宜选在零件刚性较强的部位，以改善在夹紧力作用下薄壁零件的变形。例如，在加工具有头部凸台的套筒类零件中，直接夹紧头部凸台处等。

③ 改变夹紧力的方向，将径向夹紧改为轴向夹紧，如图 3.84 所示。再如在该支架套零件加工中，因零件加工精度要求很高，内孔圆度要求为 0.0015mm，任何微小的径向变形都有可能使内孔圆度超差，在该零件加工工序 12 中以左端面定位，找正外圆，轴向压紧在外圆台阶上以减小夹紧时的径向变形。

④ 在零件上制出加强刚性的工艺凸台或工艺螺纹以减少夹紧变形，加工时用特殊结构的卡爪夹紧，如图 3.85 所示，加工终了时将凸边切去。再如液压缸加工工艺过程表 3-16 的工序 2 中，先车出 M88mm×1.5mm 螺纹供后续工序装夹时使用；在工序 3 中利用该工艺螺纹将零件固定在夹具中，加工完成后，在工序 5 车去该工艺螺纹。

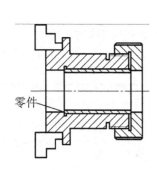

图 3.84 轴向夹紧零件

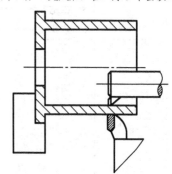

图 3.85 辅助凸台的作用

(3) 减小切削力对变形的影响。

① 增大刀具主偏角和前角，使加工时刀刃锋利，减少径向切削力。

② 将粗、精加工分开，使粗加工产生的变形能在精加工中得到纠正，并采取较小的切削用量。

③ 内外圆表面同时加工，使切削力抵消。

(4) 热处理放在粗加工和精加工之间。这样安排可减少热处理变形的影响。套筒类零件热处理后一般会产生较大变形，在精加工时可得到纠正，但要注意适当加大精加工的余量。如该支架套零件的喷漆工序，在安排上不能放大最终工序，否则将破坏精密加工所获得的加工精度和表面质量。

4. 设计工序内容

1) 确定加工余量、工序尺寸及其公差

详见表 3-15。

2) 选择设备工装

(1) 设备选用：CA6140、M1432B、M2120A、Z5125A、研磨机。

(2) 工装选用：

① 夹具：三爪卡盘、$\phi 34$ 外圆可胀心轴、顶尖等。

② 刀具：各类车刀、$\phi 30$、$\phi 3$、$\phi 2.5$ 钻头、M3 丝锥、内、外磨砂轮、研具等。

③ 量具：游标卡尺、内径百分表、外径千分尺、圆度仪、表面粗糙度仪等。

④ 辅具：研磨剂、铰杠、卡箍、锉刀等。

5. 支架套零件机械加工工艺过程

该支架套零件的加工工艺过程见表 3-15。

表 3-15 支架套零件的机械加工工艺过程　　　　　　　　　　(单位：mm)

工序号	工序名称	工序内容	定位及夹紧
1	下料	棒料 $\phi 90 \times 115$	
2	粗车	1) 车端面； 2) 车外圆 $\phi 84.5$ 至 $\phi 87 \times 45$； 3) 钻孔 $\phi 30 \times 60$	三爪夹一端
		4) 调头车外圆 $\phi 68$ 至 $\phi 70 \times 67$； 5) 车 $\phi 52$ 至 $\phi 54 \times 28$； 6) 钻孔 $\phi 38 \times 44.5$	三爪夹大端
3	半精车	1) 半精车左端面及外圆 $\phi 84.5$、$\phi 34_0^{+0.027}$ 及 $\phi 50$，留磨削余量 0.5； 2) 倒角及切槽	三爪夹小端
		3) 调头车右端面； 4) 车外圆 $\phi 68$ 至尺寸； 5) 车 $\phi 52$，留磨削余量 0.5； 6) 车 M46×0.5 螺纹，长 4.2 至 4.4； 7) 车孔 $\phi 41_0^{+0.027}$，留磨削余量 0.5； 8) 切 $\phi 42$ 槽，切外圆斜槽两处，并倒角	三爪夹大端
4	钻	1) 钻各端面轴向孔 2) 钻径向孔 3) 攻螺纹	三爪夹外圆
5	热处理	淬火 60～62HRC	
6	磨外圆	1) 磨外圆 $\phi 84.5$ 至尺寸； 2) 磨外圆 $\phi 50$ 及 $3_0^{+0.06}$、端面； 调头磨外圆 $\phi 52$ 及 28.5 端面，并保证该三段外圆同轴度 $\phi 0.002$	$\phi 34$ 外圆可胀心轴
7	粗磨内孔	1) 校正 $\phi 52$ 外圆； 2) 粗磨内孔 $\phi 34_0^{+0.027}$ 及 $\phi 41_0^{+0.027}$，留磨削余量 0.2	外圆及端面
8	检查		
9	热处理	发蓝	

续表

工序号	工序名称	工序内容	定位及夹紧
10	喷漆	烘漆	
11	磨平面	磨右端面，留研磨余量，平行度 0.01	左端面
12	粗研	粗研左端面，表面粗糙度 Ra 值 0.8μm，垂直度 0.01	左端面
13	磨孔	精磨孔 $\phi 41_0^{+0.027}$ 及 $\phi 34_0^{+0.027}$，一次安装下磨削	端面定位、找正外圆，轴向压紧
		精细磨孔 $\phi 41_0^{+0.027}$ 及 $\phi 34_0^{+0.027}$ 至尺寸	
14	精研	精研左端面达到表面粗糙度 Ra 值 0.4μm	左端面
15	检验	圆度仪测圆柱度及检测 $\phi 34$、$\phi 41$ 尺寸	

二、支架套零件机械加工工艺规程实施

1. 任务实施准备

(1) 根据现有生产条件或在条件许可情况下，参观生产现场或完成零件的部分粗加工(可在校内实训基地，由兼职教师与学生根据机床操作规程、工艺文件共同完成。)

(2) 工艺准备(可与合作企业共同准备)

① 毛坯准备：支架套零件材料为 GCr15，生产类型为单件小批生产，且属于轴向尺寸较小的短套类零件，故选择棒料毛坯，规格为：$\phi 90 \times 115$。(可由合作企业提供)

② 设备、工装准备。详见支架套零件机械加工工艺规程编制中相关内容。

③ 资料准备：机床使用说明书、刀具说明书、机床操作规程、产品的装配图以及零件图、工艺文件、《机械加工工艺人员手册》、5S 现场管理制度等。

(3) 准备相似零件，观看相关加工视频，了解其加工工艺过程。

2. 任务实施与检查

1) 分组分析零件图样

根据图 3.79 支架套零件图，分析图样的完整性及主要的加工表面。根据分析可知，零件的结构工艺性较好。

2) 分组讨论毛坯选择问题

支架套零件材料为 GCr15，毛坯采用棒料形式。

3) 分组讨论零件加工工艺路线

确定加工表面的加工方案，划分加工阶段，选择定位基准，确定加工顺序，设计工序内容等。

4) 支架套零件的加工步骤

按其机械加工工艺过程执行(见表 3-15)。

5) 任务实施的检查与评价

具体的任务实施检查与评价内容参见表 2-26。

 问题讨论

① 支架套零件采用哪种夹紧方式磨内孔？这是为什么？

② 支架套零件的热处理工序是怎样安排的？

知识拓展

一、液压缸零件机械加工工艺规程编制

图 3.86 所示为一液压缸筒图。该液压缸的长径之比为 $L/D>5$,属典型的长套筒零件。为保证活塞在液压缸中移动顺利且不漏油,除提出的图中各项技术要求外,还特别要求:内孔必须光洁无纵向划痕;若为铸铁材料时,要求组织致密,不得有砂眼、针孔及疏松,必要时用泵检漏。

该零件材料为无缝钢管,生产类型为成批生产。试编制其机械加工工艺规程。

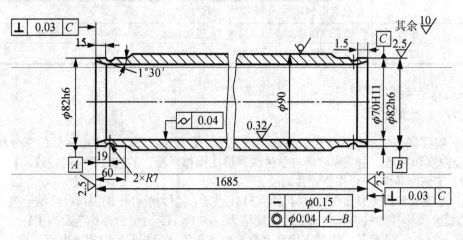

图 3.86 液压缸筒图

1. 加工要点分析

液压缸(hydraulic cylinder)为典型的长套筒零件,结构简单,壁薄容易变形。其加工方法和工件安装方式与短套筒零件相比都有较大的区别,具体见表 3-16 液压缸的机械加工工艺过程中相关内容。

表 3-16 液压缸加工工艺路线

工序	工序名称	工序内容	定位与夹紧
1	下料	无缝钢管切断 $\phi 90 \times 1700$(调质,HB241~285,全长弯曲度≤2.5mm)	
2	车	(1) 车 $\phi 82$mm 外圆至 $\phi 88$mm 及 M88×1.5 螺纹(工艺用)	三爪卡盘夹一端,大头顶尖顶另一端(软卡爪)
		(2) 车端面及倒角	三爪卡盘夹一端,搭中心架托 $\phi 88$mm 处
		(3) 调头车 $\phi 82$mm 外圆至 $\phi 84$mm	三爪卡盘夹一端,大头顶尖顶另一端
		(4) 车另一端面及倒角,取总长 1686mm(留加工余量 1mm)	三爪卡盘夹一端,搭中心架托 $\phi 88$mm 处
3	镗孔	(1) 半精镗孔至 $\phi 68$mm	一端用 M88×1.5mm 螺纹固定在夹具中,另一端搭中心架
		(2) 精镗至 $\phi 69.85$mm	
		(3) 精铰(浮动镗刀镗孔)至 $\phi 70±0.02$mm,表面粗糙度 Ra 值为 2.5μm	

续表

工序	工序名称	工序内容	定位与夹紧
4	滚压孔	用滚压头滚压孔至尺寸要求,表面粗糙度值 Ra 为 $0.32\mu m$	一端用 M88×1.5mm 螺纹固定在夹具中,另一端搭中心架
5	车	(1) 车去工艺螺纹,车外圆 $\phi 82h6$ 至尺寸,割 $R7$ 圆槽	软爪夹一端,以孔定位顶另一端
		(2) 镗内锥孔 1°30′ 及车端面	软爪夹一端,中心架托另一端(百分表找正孔)
		(3) 调头,车外圆 $\phi 82h6$ 至尺寸,割 $R7$ 圆槽	软爪夹一端,顶另一端
		(4) 镗内锥孔 1°30′ 及车端面,保证总长 1685mm	软爪夹一端,顶另一端
6	检验	检验入库	

2. 液压缸加工工艺分析

1) 结构特点

该液压缸内孔与活塞相配,因此表面粗糙度、形状精度及位置精度要求都较高。为保证活塞在液压缸内移动顺利,对该液压缸内孔有圆柱度要求,对内孔轴线有直线度要求,内孔轴线与两端面间有垂直度要求,内孔轴线对两端支承外圆($\phi 82h6$)的轴线有同轴度要求。除此之外还特别要求:内孔必须光洁,无纵向刻痕;若为铸铁材料时,则要求其组织致密,不得有砂眼、气孔及疏松,必要时要用泵验漏。

2) 选择定位基准

该零件长而壁薄,为保证内外圆的同轴度,加工外圆时,参照空心主轴的装夹方法,即以内孔的轴线为定位基准,采用双顶尖顶孔口的锥面或一头夹紧一头用顶尖顶孔口。加工内孔量,与一般深孔加工时的装夹方法相同,一般采用夹一端,另一端用中心架支承外圆。采用法兰凸台端面,内孔与外圆互为基准可保证内孔轴线的同轴度以及端面与内孔轴线的垂直度要求,并符合基准重合和基准统一的原则。

3) 加工方法的选择

该零件内孔的尺寸精度要求不高,但为保证活塞与内孔相对运动顺利,对孔的形状精度要求较高,表面质量要求也较高。因而粗加工采用镗削,精加工采用镗孔和浮动铰孔以保证较高的圆柱度和孔的直线度要求。该液压缸内孔精加工后的终加工采用滚压以提高表面质量。也有不少套筒类零件以精细镗、珩磨、研磨等精密加工作为最终工序。内孔经滚压后,尺寸误差在 0.01mm 以内,表面粗糙度值 Ra 为 $0.16\mu m$ 或更小,且表面经硬化后更为耐磨。但是目前对铸造液压缸尚未采用滚压工艺,原因是铸件表面的缺陷(如疏松、气孔、砂眼、硬度不均匀等),哪怕是很微小,都对滚压有很大影响,会导致滚压加工产生适得其反的效果。对于淬硬套筒的孔精加工,也不宜采用滚压。

由于该零件毛坯采用无缝钢管,毛坯精度高,加工余量小,内孔加工时,可直接进行半精镗,因此内孔的加工方案为:半精镗—精镗—精铰—滚压。

4) 夹紧方式的选择

该零件壁薄,采用径向夹紧易变形。但由于轴向长度大,加工时需要两端支承,因此经常要装夹外圆表面。为使外圆受力均匀,先在一端外圆表面上加工出工艺螺纹,使下面的工序都能由工艺螺纹夹紧外圆,当终加工完孔后,再车去工艺螺纹达到外圆要求的尺寸。

二、深孔加工工艺基础

1) 深孔加工的工艺特点

通常把孔的深度与直径之比 $L/D>5$ 的孔称为深孔。深孔按长径比又可分为以下三类。

(1) $L/D=5\sim 20$ 属一般深孔。如各类液压缸体的孔。这类孔在卧式车床、钻床上用深孔刀具或接长的麻花钻就可以加工。

(2) $L/D=20\sim30$ 属中等深孔。如各类机床主轴孔。这类孔在卧式车床上须用深孔刀具加工。

(3) $L/D=30\sim100$ 属特殊深孔。如枪管、炮管、电机转子等。这类孔必须使用深孔机床或专用设备，并使用深孔刀具加工。

深孔加工与一般孔加工相比，生产率较低，难度大。深孔加工工艺主要有以下特点：由于零件较长，工件安装常用一夹一托方式(图 3.87)，孔的粗加工多选用深孔钻削或镗削(拉削或推镗)，对要求较高的孔则采用铰削(浮动铰削)、珩磨或滚压等工艺方法。

深孔加工时，工件与刀具的运动形式有以下三种。

(1) 工件旋转、刀具不旋转只作进给。这种加工方式多在卧式车床上用深孔刀具或用接长的麻花钻加工中小型套筒类与轴类零件的深孔时应用。

(2) 工件旋转、刀具旋转并作进给。这种加工方式大多用深孔钻镗床和深孔刀具加工大型套筒类零件及轴类零件的深孔。这种加工方式由于钻削速度高，因此钻孔精度及生产率较高。

上述两种加工方法都不易使深孔的轴线偏斜，尤其后者更为有利，但设备比较复杂。

(3) 工件不旋转、刀具旋转并作进给。这种钻孔方式主要应用在工件特别大且笨重，工件不宜转动或孔的中心线不在旋转中心上。这种加工方式易产生孔轴线的歪斜，钻孔精度较差。

2) 深孔加工存在问题

(1) 深孔加工的刀杆细长，强度和刚度比较差，在加工时容易引偏和振动，因此，在刀头上设置支承导向极为重要。

(2) 切屑排除困难。如果切屑堵塞则会引起刀具崩刃，甚至折断。因此需要采取强制排屑措施。

(3) 刀具冷却散热条件差，切削液不易注入切削区，使刀具温度升高，刀具的耐用度降低，因此必须采用有效的冷却方式。在深孔加工时，必须采取各种工艺措施解决以上三个主要方面的问题。

针对上述三方面问题，工艺上常采用如下措施。

(1) 为解决刀具引偏，宜采取工件旋转的方式及改进刀具导向结构。

(2) 为解决散热和排屑，采用压力输送切削液以冷却刀具和排出切屑；同时改进刀具结构，使其既能有一定压力的切削液输入和断屑，又有利于切屑的顺利排出。

3) 深孔钻削方式

在单件小批生产中，深孔钻削常在普通车床或转塔车床上用加长的麻花钻加工。有时工件作两次安装，从两端钻成。钻削时钻头须多次退出，以排除切屑和冷却刀具。采用这种钻削方法劳动强度大且生产效率低。在成批、大量生产中，普遍采用深孔钻床和使用深孔钻头进行加工(图 3.87)。图 3.87(a)是一种内排屑方式的深孔钻削示意图，图 3.87(b)是一种外排屑方式的深孔钻削示意图。

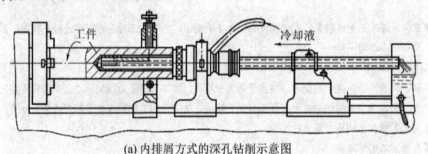

(a) 内排屑方式的深孔钻削示意图

图 3.87 深孔钻削示意图

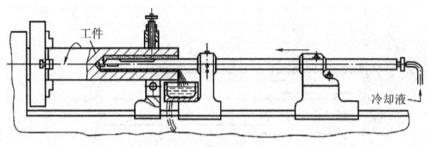

(b) 外排屑方式的深孔钻削示意图

图 3.87 深孔钻削示意图(续)

4) 深孔精加工

经过钻削的深孔，若需要进一步提高孔的尺寸精度和直线度以及表面粗糙细化等，可采用镗刀头镗孔和浮动镗孔(浮动铰孔)。

深孔镗削与一般镗削不同，它所采用的机床是深孔钻床，在钻杆上装上深孔镗头(螺纹连接)，如图 3.88 所示。其结构是前后均有导向块，前导向块由两块硬质合金组成，后导向块由四块硬质合金组成，镗刀尺寸用对刀块调整其尺寸。前导向块轴向位置应在刀尖后面 2mm 左右。这种镗刀的进给方式是采用推镗前排屑方式，改变了过去拉镗方法，因为拉镗时虽然刀杆受力(拉力)状态较好，但安装工件、调整尺寸都比较困难，生产率低。

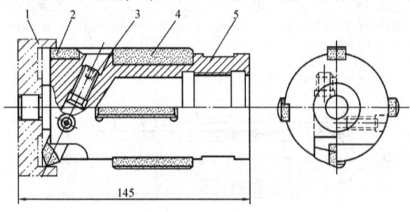

图 3.88 深孔镗头

1—对刀块；2—前导向块；3—调节螺钉；4—后导向块；5—刀体

5) 冷却和排屑方式

深孔加工难度大，技术要求高，这是深孔加工的特点所决定的。因此，设计和使用深孔钻时应注意钻头的导向，防止偏斜；保证可靠的断屑和排屑；采取有效的冷却和润滑措施。

在深孔加工中，冷却(特别是刀具切削部分的冷却)和排屑是要解决的首要问题，由于在切削过程中，切削热的绝大部分传入切屑，如果切屑能顺利通畅地排出，在排屑的同时也就达到了冷却的目的。目前，排屑方式有外排屑、内排屑和喷吸三种方式。

下面介绍几种常见深孔钻的工作原理与结构特点：

(1) 单刃外排屑深孔钻。单刃外排屑深孔钻又称枪钻，主要用于加工直径 $d=3\sim20$mm，孔深与直径之比 $l/d>100$ 的小深孔，其工作原理如图 3.89 所示。切削时高压切削液(为 3.5～10MPa)从钻杆和切削部分的进液孔注入切削区域，以冷却、润滑钻头，切屑经钻杆与切削部分的 V 形槽冲出，因此称之为外排屑。

这种外排屑方式的特点是：刀具结构简单，不需用专用设备和专用辅具，排屑空间大，但切屑排出时易划伤孔壁，孔表面粗糙度值较大，适合于小直径深孔钻及深孔套料钻。

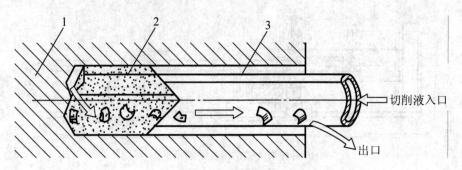

图 3.89 单刃外排屑深孔钻工作原理

1—工件；2—切削部分；3—钻杆

枪钻的特点是结构较简单，钻头背部圆弧支承面在切削过程起导向定位作用，切削稳定，孔加工直线性好。

(2) 错齿内排屑深孔钻。错齿内排屑深孔钻适于加工直径 $d>20$ mm，孔深与直径比 $l/d<100$ 的直径较大的深孔，其工作原理如图 3.90 所示。切削时高压切削液(2～6MPa)由工件孔壁与钻杆的表面之间的间隙进入切削区，以冷却、润滑钻头切削部分，并利用高压切削液把切屑从钻头和钻管的内孔中冲出。

错齿内排屑深孔钻的切削部分由数块硬质合金刀片交错排列焊接在钻体上，实现了分屑，便于切屑排出；切屑是从钻杆内部排出而不与工件已加工表面接触，切屑不会划伤已加工的孔壁，所以可获得好的加工表面质量；分布在钻头前端的硬质合金导向条，使钻头支承在孔壁上，实现了切削过程中的导向，增大了切削过程的稳定性。

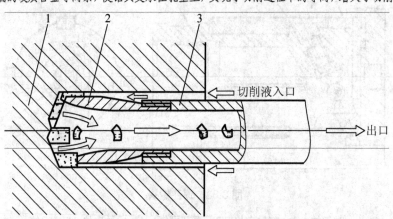

图 3.90 错齿内排屑深孔钻工作原理

1—工件；2—钻头；3—钻杆

(3) 喷吸钻。喷吸钻适用于加工直径 $d=16$～65mm，孔深与直径比 $l/d<100$ 的中等直径一般深孔。喷吸钻主要由钻头、内钻管、外钻管三部分组成，钻头部分的结构与错齿内排屑深孔钻基本相同，其工作原理如图 3.91 所示。工作时，切削液以一定的压力(一般为 0.98～1.96MPa)从内外钻管之间输入，其中 2/3 的切削液通过钻头上的小孔压向切削区，对钻头切削部分及导向部分进行冷却与润滑；另外 1/3 切削液则通过内钻管上月牙形槽喷嘴喷入内钻管，由于月牙形槽缝隙很窄，喷入的切削液流速增大而形成一个低压区，切削区的高压与内钻管内的低压形成压力差，使切削液和切屑一起被迅速"吸"出，提高了冷却和排屑效果，所以喷吸钻是一种效率高，加工质量好的内排屑深孔钻。

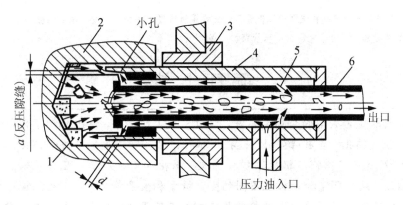

图 3.91 喷吸钻工作原理

1—钻头；2—工件；3—钻套；4—外钻管；5—月牙形槽喷嘴；6—内钻管

内排屑方式的特点是：可增大刀杆外径，提高刀杆刚度，有利于提高进给量和生产率。采用高压切削液将切屑从刀杆中冲出来，冷却排屑效果好，也有利于刀杆的稳定，从而提高孔的精度和降低孔的表面粗糙度值。但机床必须装有受液器与液封，并须预设一套供液系统。

三、套筒类零件的特种加工方法

随着生产发展的需要和科学技术的进步，许多高熔点、高硬度、高强度、高脆性、高韧性等难切削材料不断出现，同时各种复杂结构与特殊工艺要求的零件也越来越多，采用传统的切削加工方法往往难以满足要求，各种特种加工方法相继出现，迅速发展。特种加工方法是直接利用电能、化学能、声能和光能进行加工的方法。特种加工方法主要用于对硬质合金、钛合金、耐热钢、不锈钢、淬火钢、金刚石、宝石、陶瓷等切削性能较差材料的加工，以及各种模具上特殊断面的型孔、喷油嘴和喷丝头上的小孔、窄缝和高精度细长零件、薄壁零件、弹性元件等低刚度零件的加工。常用的特种加工方法有电火花加工(如图 3.92 所示)、电解加工、超声波加工、激光加工、电子束加工、粒子束加工、振动切削加工等。当前，许多特种加工正在向高精度、高表面质量方向发展，出现了精密电火花加工和精密电解加工，开展了提高激光加工精度(如加工小孔)的研究，有些加工方法，如电子束加工，粒子束加工本身就是一种超精密加工方法，是原子、分子加工单位级的水平，这些方法可以去除、沉积一个分子和一个原子。因此，特种加工具有以下特点。

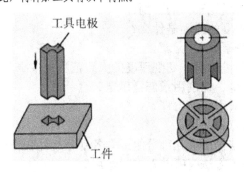

图 3.92 电火花加工孔

(1) 特种加工主要不是依靠刀具和磨料来进行切削，而是利用电能、光能、声能、热能和化学能等来去除零件上的多余金属和非金属材料，因此工件和工具之间没有明显的切削力，只有微小的作用力，两者在机理上有很大不同。

(2) 特种加工不仅可以去除零件上的多余金属和非金属材料，而且还可以进行附着加工、结合加工和注入加工。附着加工可使工件被加工表面覆盖一层材料，即镀膜等；结合加工是使两个工件或两种材料结合在一起，如激光焊接、化学粘接等；注入加工是将某些金属离子注入到工件表层，以改变工件表层的结构，达到要求的物理力学性能。

(3) 特种加工中工具的硬度和强度可以低于工件的硬度和强度，因为它主要不是靠机械力来切削，有些工具甚至无损耗，如激光加工、电子束加工、离子束加工等。

项目小结

本项目选取较为典型的套筒类零件，通过三个工作任务，详细介绍了常用的孔加工方法，如车孔、钻孔、扩孔(锪孔)、铰孔、拉孔、磨孔等的工艺系统(机床、套筒零件、刀具、夹具)及其加工操作、机床维护和螺纹、滚花加工等知识。在此基础上，从完成任务角度出发，认真研究和分析在不同的生产批量和生产条件下，工艺系统各个环节间的相互影响，然后根据不同的生产要求及机械加工工艺规程的制订原则与步骤，结合常用孔加工方案，合理制订轴承套、滚花螺母、支架套等零件的机械加工工艺规程，正确填写工艺文件并实施。在此过程中，使学生懂得机床安全生产规范，体验岗位需求，培养职业素养与习惯，积累工作经验。

此外，通过学习液压缸、深孔加工工艺及套筒类零件特种加工工艺等基础知识，可以进一步扩大知识面，提高解决实际生产问题的能力。

思考练习

1. 标准高速钢麻花钻由哪几部分组成？切削部分包括哪些几何参数？
2. 标准麻花钻的缺点是什么？
3. 试述钻模的类型、特点及应用场合。
4. 钻套分哪几种？各用在什么场合？
5. 试分析钻孔、扩孔和铰孔三种孔加工方法的工艺特点，并说明这三种孔加工工艺之间的联系。
6. 简述不通孔车刀与通孔车刀的区别。
7. 车削内孔时产生锥度的原因是什么？
8. 钻孔时应注意哪些事项？
9. 普通麻花钻使用的进给量、切削速度的大致范围是多少？
10. 铰孔时的加工余量、切削用量怎样确定？
11. 铰孔时为什么要采用浮动刀杆？
12. 试述拉削工艺特点和应用。
13. 常用圆孔拉刀的结构由哪几部分组成？各部分起什么作用？
14. 内圆表面常用加工方法有哪些？如何选用？
15. 套筒类零件的毛坯常选用哪些材料？其毛坯的选择具有哪些特点？
16. 装夹套筒类零件常用的心轴种类有哪些？各适合用在什么场合？
17. 保证套筒类零件的相互位置精度有哪些方法？试举例说明这些方法的特点和适用性。
18. 简述攻螺纹和套螺纹的步骤。
19. 滚花时应注意哪些事项？
20. 试编制图 3.93 所示衬套零件的加工工工艺，材料：ZCuSn10Zn2，生产类型：单件小批生产。

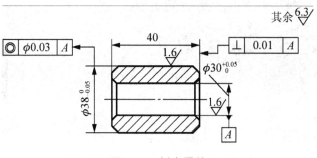

图 3.93 衬套零件

21．试编制图 3.94 所示轴套零件的加工工工艺，材料：45，生产类型：单件小批生产。

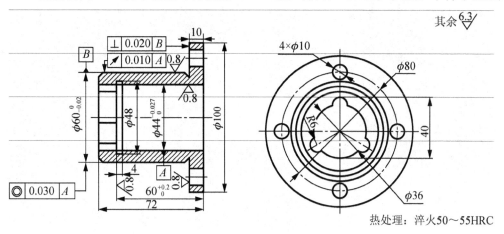

图 3.94 轴套零件

22．编制如图 3.95 所示的轴套零件机械加工工艺规程，材料：45#钢，单件小批生产，调质处理。

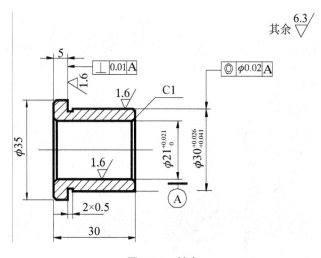

图 3.95 轴套

23．加工薄壁套筒零件时有哪些技术难点？解决这些难点，工艺上一般采取哪些措施？

24．试分析比较外排屑、内排屑和喷吸式深孔钻的工作原理、优缺点和使用范围。

附录

附录1 机械加工余量

1.1 模锻件内外表面加工余量

表 F1-1 模锻件内外表面加工余量 (mm)

锻件重量/kg		一般加工精度 F_1	磨削加工精度 F_2	锻件形状复杂系数 S_1 S_3	厚度(直径)方向	锻件单边余量							
						水平方向						
大于	至					大于	0	315	400	630	800	1250	1600
						至	315	400	630	800	1250	1600	2500
0	0.4				1.0~1.5		1.0~1.5	1.5~2.0	2.0~2.5				
0.4	1.0				1.5~2.0		1.5~2.0	1.5~2.0	2.0~2.5	2.0~3.0			
1.0	1.8				1.5~2.0		1.5~2.0	1.5~2.0	2.0~2.7	2.0~3.0			
1.8	3.2				1.7~2.2		1.7~2.2	2.0~2.5	2.0~2.7	2.0~3.0	2.5~3.5		
3.2	5.0				1.7~2.2		1.7~2.2	2.0~2.5	2.0~2.7	2.5~3.5	2.5~4.0		
5.0	10.0				2.0~2.5		2.0~2.5	2.0~2.5	2.3~3.0	2.5~3.5	2.7~4.0	3.0~4.5	
10.0	20.0				2.0~2.5		2.0~2.5	2.0~2.7	2.3~3.0	2.5~3.5	2.7~4.0	3.0~4.5	
20.0	50.0				2.3~3.0		2.0~3.0	2.5~3.0	2.5~3.5	2.7~4.0	3.0~4.5	3.5~4.5	
50.0	150.0				2.5~3.2		2.5~3.5	2.5~3.5	2.7~3.5	2.7~4.0	3.0~4.5	3.5~4.5	4.0~5.5
150.0	250.0				3.0~4.0		2.5~3.5	2.5~3.5	2.7~4.0	3.0~4.5	3.0~4.5	3.5~5.0	4.0~5.5
					3.5~4.5		2.7~3.5	2.7~3.5	3.0~4.0	3.0~4.5	3.5~5.0	4.0~5.0	4.5~6.0
					4.0~5.5		2.7~4.0	3.0~4.0	3.0~4.5	3.5~4.5	3.5~5.0	4.0~5.5	4.5~6.0

注：本表适用于在热模锻压力机、模锻锤、平锻机及螺旋压力机上生产的模锻件。

例：锻件重量为3kg，在1600t热模锻压力机上生产，零件无磨削精加工工序，锻件复杂系数为S3，长度为480mm时，查出该零件加工余量是：厚度方向为1.7~2.2mm，水平方向为2.0~2.7mm。

表 F1-2 锻件内孔直径的机械加工余量 (mm)

孔径		孔深				
大于	至	大于 0	63	100	140	200
		至 63	100	140	200	280
0	25	2.0	—	—	—	—
25	40	2.0	2.6	—	—	—
40	63	2.0	2.6	3.0	—	—
63	100	2.5	3.0	3.0	4.0	—
100	160	2.6	3.0	3.4	4.0	4.6
160	250	3.0	3.0	3.4	4.0	4.6

表 F1-3　锻件形状复杂系数 S 分级表

级别	S 数值范围	级别	S 数值范围
简单	$S_1 > 0.63 \sim 1$	较复杂	$S_3 > 0.16 \sim 0.32$
一般	$S_2 > 0.32 \sim 0.63$	复杂	$S_4 \leq 0.16$

注：当锻件为薄形圆盘或法兰件，其厚度与直径之比≤0.2时，直接确定为复杂系数。

1.2 磨削加工余量

1. 环形工件磨削加工余量表

表 F1-4　环形工件磨削加工余量表　　　　　　　　　　(mm)

工件直径 D	35、45、50 钢		T8、T10A 钢		Cr12MoV 合金钢	
	外圆留量	内孔留量	外圆留量	内孔留量	外圆留量	内孔留量
6～10	0.25～0.50	0.30～0.35	0.35～0.60	0.25～0.30	0.30～0.45	0.20～0.30
11～20	0.30～0.55	0.40～0.45	0.40～0.65	0.35～0.40	0.35～0.50	0.30～0.35
21～30	0.30～0.55	0.50～0.60	0.45～0.70	0.35～0.45	0.40～0.50	0.30～0.40
31～50	0.30～0.55	0.60～0.70	0.55～0.75	0.45～0.60	0.50～0.60	0.40～0.50
51～80	0.35～0.60	0.80～0.90	0.65～0.85	0.50～0.65	0.60～0.70	0.45～0.55
81～120	0.35～0.80	1.00～1.20	0.70～0.90	0.55～0.75	0.65～0.80	0.50～0.65
121～180	0.50～0.90	1.20～1.40	0.75～0.95	0.60～0.80	0.70～0.85	0.55～0.70
181～260	0.60～1.00	1.40～1.60	0.80～1.00	0.65～0.85	0.75～0.90	0.60～0.75

注：1. $\phi 50$ 以下，壁厚10以上者，或长度为100～300者，用上限。
　　2. $\phi 50 \sim \phi 100$，壁厚20以下者，或长度为200～500者，用上限。
　　3. $\phi 100$ 以上者，壁厚30以下者，或长度为300～600者，用上限。
　　4. 长度超过以上界线者，上限乘以系数1.3；加工粗糙度不低于 $Ra 6.4$，端面留磨量0.5。

2. $\phi 6$ 以下小孔研磨量表

表 F1-5　$\phi 6$ 以下小孔研磨量表　　　　　　　　　　(mm)

材　料	直径上留研磨量
45	0.05～0.06
T10A	0.015～0.025
Cr12MoV	0.01～0.02

注：1. 本表只适用于淬火件。
　　2. 应按孔的最小极限尺寸来留研磨量，淬火前小孔需钻、铰粗糙度达 $Ra 1.6$ 以上。当长度 L 小于15mm时，表内数值应加大20%～30%。

3. 导柱衬套磨削加工余量表

表 F1-6　导柱衬套磨削加工余量表　　　　　　　　　　(mm)

衬套内径与导柱外径	衬套		导柱
	外圆留量	内孔留量	外圆留量
25～32	0.7～0.8	0.4～0.5	0.5～0.65
40～50	0.8～0.9	0.5～0.65	0.6～0.75
60～80	0.8～0.9	0.6～0.75	0.7～0.90
100～120	0.9～1.0	0.7～0.85	0.9～1.05

1.3　总加工余量

表 F1-7　总加工余量　　　　　　　　　　(mm)

常见毛坯	手工造型铸件	自由锻件	模锻件	圆棒料
总加工余量	3.5～7	2.5～7	1.5～3	1.5～2.5

1.4　工序余量

表 F1-8　工序余量　　　　　　　　　　(mm)

加工方法	粗车	半精车	高速精车	低速精车	磨削	研磨
总加工余量	1～1.5	0.8～1	0.4～0.5	0.1～0.15	0.15～0.25	0.003～0.025

附录 2

表 F2-1 标准公差数值(摘自 GB/T 1800.1—2009)

基本尺寸/mm		\multicolumn{20}{c}{标准公差等级}
大于	至	IT01	IT0	IT1	IT2	IT3	IT4	IT5	IT6	IT7	IT8	IT9	IT10	IT11	IT12	IT13	IT14	IT15	IT16	IT17	IT18
		\multicolumn{11}{c	}{(μm)}	\multicolumn{9}{c}{(mm)}
—	3	0.3	0.5	0.8	1.2	2	3	4	6	10	14	25	40	60	0.10	0.14	0.25	0.40	0.60	1.0	1.4
3	6	0.4	0.6	1	1.5	2.5	4	5	8	12	18	30	48	75	0.12	0.18	0.30	0.48	0.75	1.2	1.8
6	10	0.4	0.6	1	1.5	2.5	4	6	9	15	22	36	58	90	0.15	0.22	0.36	0.58	0.90	1.5	2.2
10	18	0.5	0.8	1.2	2	3	5	8	11	18	27	43	70	110	0.18	0.27	0.43	0.70	1.10	1.8	2.7
18	30	0.6	1	1.5	2.5	4	6	9	13	21	33	52	84	130	0.21	0.33	0.52	0.84	1.30	2.1	3.3
30	50	0.6	1	1.5	2.5	4	7	11	16	25	39	62	100	160	0.25	0.39	0.62	1.00	1.60	2.5	3.9
50	80	0.8	1.2	2	3	5	8	13	19	30	46	74	120	190	0.30	0.46	0.74	1.20	1.90	3.0	4.6
80	120	1	1.5	2.5	4	6	10	15	22	35	54	87	140	220	0.35	0.54	0.87	1.40	2.20	3.5	5.4
120	180	1.2	2	3.5	5	8	12	18	25	40	63	100	160	250	0.40	0.63	1.00	1.60	2.50	4.0	6.3
180	250	2	3	4.5	7	10	14	20	29	46	72	115	185	290	0.46	0.72	1.15	1.85	2.90	4.6	7.2
250	315	2.5	4	6	8	12	16	23	32	52	81	130	210	320	0.52	0.81	1.30	2.10	3.20	5.2	8.1
315	400	3	5	7	9	13	18	25	36	57	89	140	230	360	0.57	0.89	1.40	2.30	3.60	5.7	8.9
400	500	4	6	8	10	15	20	27	40	63	97	155	250	400	0.63	0.97	1.55	2.50	4.00	6.3	9.7
500	630	4.5	6	9	11	16	22	30	44	70	110	175	280	440	0.70	1.10	1.75	2.8	4.4	7.0	11.0
630	800	5	7	10	13	18	25	35	50	80	125	200	320	500	0.80	1.25	2.00	3.2	5.0	8.0	12.5
800	1000	5.5	8	11	15	21	29	40	56	90	140	230	360	560	0.90	1.40	2.30	3.6	5.6	9.0	14.0

表 F2-2　各类机床主轴转速表

序号	机床名称	机床型号	主轴转速/r·min^{-1}
1	卧式车床	CA6140	正转 24 级：10，12，16，20，25，32，40，50，63，80，100，125，160，200，250，320，400，450，500，560，710，900，1120，1400
2	立式钻床	Z525	9 级：97，140，195，272，392，545，680，960，1360

参 考 文 献

[1] 龚雪，陈则钧．机械制造技术[M]．北京：高等教育出版社，2008．
[2] 金福昌．车工(初级)．北京：机械工业出版社，2005．
[3] 胡家富．铣工(中级)．北京：机械工业出版社，2006．
[4] 倪森寿．机械制造工艺与装备．北京：化学工业出版社，2002．
[5] 王凤平．机械制造工艺学．北京：机械工业出版社，2011．
[6] 杜可可．机械制造技术基础课程设计指导．北京：人民邮电出版社，2007．
[7] 吴国华．金属切削机床．北京：机械工业出版社，1999．
[8] 张世昌，等．机械制造技术基础．北京：高等教育出版社，2006．
[9] 马敏莉．机械制造工艺编制及实施．北京：清华大学出版社，2011．
[10] 顾崇衔，等．机械制造工艺学．西安：陕西科学技术出版社，1990．
[11] 李昌年．机床夹具设计与制造．北京：机械工业出版社，2010．
[12] 机械工程师手册编委会．机械工程师手册．2版．北京：机械工业出版社，2000．
[13] 乔世民．机械制造基础．北京：高等教育出版社，2003．
[14] 史美堂．金属材料及热处理．上海：上海科学技术出版社，1980．
[15] 朱超，段玲．互换性与零件几何量检测．北京：清华大学出版社，2012．

北京大学出版社高职高专机电系列规划教材

序号	书号	书名	编著者	定价	出版日期
\multicolumn{6}{c}{机械类基础课}					
1	978-7-301-10464-2	工程力学	余学进	18.00	2008.1 第3次印刷
2	978-7-301-13653-9	工程力学	武昭晖	25.00	2011.2 第3次印刷
3	978-7-301-13655-3	工程制图	马立克	32.00	2008.8
4	978-7-301-13654-6	工程制图习题集	马立克	25.00	2008.8
5	978-7-301-13574-7	机械制造基础	徐从清	32.00	2012.7 第3次印刷
6	978-7-301-13573-0	机械设计基础	朱凤芹	32.00	2008.8
7	978-7-301-13656-0	机械设计基础	时忠明	25.00	2012.7 第3次印刷
8	978-7-301-13662-1	机械制造技术	宁广庆	42.00	2010.11 第2次印刷
9	978-7-301-19848-3	机械制造综合设计及实训	裘俊彦	37.00	2013.4
10	978-7-301-19297-9	机械制造工艺及夹具设计	徐勇	28.00	2011.8
11	978-7-301-13260-9	机械制图	徐萍	32.00	2009.8 第2次印刷
12	978-7-301-13263-0	机械制图习题集	吴景淑	40.00	2009.10 第2次印刷
13	978-7-301-18357-1	机械制图	徐连孝	27.00	2012.9 第2次印刷
14	978-7-301-18143-0	机械制图习题集	徐连孝	20.00	2013.4 第2次印刷
15	978-7-301-15692-6	机械制图	吴百中	26.00	2012.7 第2次印刷
16	978-7-301-22916-3	机械图样的识读与绘制	刘永强	36.00	2013.8
17	978-7-301-23354-2	AutoCAD 应用项目化实训教程	王利华	42.00	2014.1
18	978-7-301-17122-6	AutoCAD 机械绘图项目教程	张海鹏	36.00	2013.8 第3次印刷
19	978-7-301-17573-6	AutoCAD 机械绘图基础教程	王长忠	32.00	2013.8 第2次印刷
20	978-7-301-19010-4	AutoCAD 机械绘图基础教程与实训(第2版)	欧阳全会	36.00	2014.1 第3次印刷
21	978-7-301-17609-2	液压传动	龚肖新	22.00	2010.8
22	978-7-301-20752-9	液压传动与气动技术(第2版)	曹建东	40.00	2014.1 第2次印刷
23	978-7-301-13582-2	液压与气压传动技术	袁广	24.00	2013.8 第5次印刷
24	978-7-301-19436-2	公差与测量技术	余键	25.00	2011.9
25	978-7-5038-4861-2	公差配合与测量技术	南秀蓉	23.00	2011.12 第4次印刷
26	978-7-301-19374-7	公差配合与技术测量	庄佃霞	26.00	2013.8 第2次印刷
27	978-7-301-13652-2	金工实训	柴增田	22.00	2013.1 第4次印刷
28	978-7-301-13651-5	金属工艺学	柴增田	27.00	2011.6 第2次印刷
29	978-7-301-17608-5	机械加工工艺编制	于爱武	45.00	2012.2 第2次印刷
30	978-7-301-23868-4	机械加工工艺编制与实施(上册)	于爱武	42.00	2014.3
31	978-7-301-21988-1	普通机床的检修与维护	宋亚林	33.00	2013.1
32	978-7-5038-4869-8	设备状态监测与故障诊断技术	林英志	22.00	2011.8 第3次印刷
33	978-7-301-22116-7	机械工程专业英语图解教程(第2版)	朱派龙	48.00	2013.9
34	978-7-301-23198-2	生产现场管理	金建华	38.00	2013.9
\multicolumn{6}{c}{数控技术类}					
1	978-7-301-17707-5	零件加工信息分析	谢蕾	46.00	2010.8
2	978-7-301-17148-6	普通机床零件加工	杨雪青	26.00	2013.8 第2次印刷
3	978-7-301-17679-5	机械零件数控加工	李文	38.00	2010.8
4	978-7-301-13659-1	CAD/CAM 实体造型教程与实训 (Pro/ENGINEER 版)	诸小丽	38.00	2012.1 第3次印刷

序号	书号	书名	编著者	定价	出版日期
5	978-7-301-17557-6	CAD/CAM 数控编程项目教程(UG 版)	慕 灿	45.00	2012.4 第 2 次印刷
6	978-7-5038-4865-0	CAD/CAM 数控编程与实训(CAXA 版)	刘玉春	27.00	2011.2 第 3 次印刷
7	978-7-301-21873-0	CAD/CAM 数控编程项目教程(CAXA 版)	刘玉春	42.00	2013.3
8	978-7-301-13261-6	微机原理及接口技术(数控专业)	程 艳	32.00	2008.1
9	978-7-5038-4866-7	数控技术应用基础	宋建武	22.00	2010.7 第 2 次印刷
10	978-7-301-13262-3	实用数控编程与操作	钱东东	32.00	2013.8 第 4 次印刷
11	978-7-301-14470-1	数控编程与操作	刘瑞已	29.00	2011.2 第 2 次印刷
12	978-7-301-20312-5	数控编程与加工项目教程	周晓宏	42.00	2012.3
13	978-7-301-20945-5	数控铣削技术	陈晓罗	42.00	2012.7
14	978-7-301-21053-6	数控车削技术	王军红	28.00	2012.8
15	978-7-301-17398-5	数控加工技术项目教程	李东君	48.00	2010.8
16	978-7-301-21119-9	数控机床及其维护	黄应勇	38.00	2012.8
17	978-7-301-20002-5	数控机床故障诊断与维修	陈学军	38.00	2012.1

模具设计与制造类

序号	书号	书名	编著者	定价	出版日期
1	978-7-301-13258-6	塑模设计与制造	晏志华	38.00	2007.8
2	978-7-301-18471-4	冲压工艺与模具设计	张 芳	39.00	2011.3
3	978-7-301-19933-6	冷冲压工艺与模具设计	刘洪贤	32.00	2012.1
4	978-7-301-20414-6	Pro/ENGINEER Wildfire 产品设计项目教程	罗 武	31.00	2012.5
5	978-7-301-16448-8	Pro/ENGINEER Wildfire 设计实训教程	吴志清	38.00	2012.8
6	978-7-301-22678-0	模具专业英语图解教程	李东君	22.00	2013.7
7	978-7-301-23892-9	注射模设计方法与技巧实例精讲	邹继强	54.00	2014.2

电气自动化类

序号	书号	书名	编著者	定价	出版日期
1	978-7-301-18519-3	电工技术应用	孙建领	26.00	2011.3
2	978-7-301-17569-9	电工电子技术项目教程	杨德明	32.00	2012.4 第 2 次印刷
3	978-7-301-22546-2	电工技能实训教程	韩亚军	22.00	2013.6
4	978-7-301-22923-1	电工技术项目教程	徐超明	38.00	2013.8
5	978-7-301-12390-4	电力电子技术	梁南丁	29.00	2010.7 第 2 次印刷
6	978-7-301-17730-3	电力电子技术	崔 红	23.00	2010.9
7	978-7-301-12182-5	电工电子技术	李艳新	29.00	2007.8
8	978-7-301-19525-3	电工电子技术	倪 涛	38.00	2011.9
9	978-7-301-12392-8	电工与电子技术基础	卢菊洪	28.00	2007.9
10	978-7-301-16830-1	维修电工技能与实训	陈学平	37.00	2010.7
11	978-7-301-12180-1	单片机开发应用技术	李国兴	21.00	2010.9 第 2 次印刷
12	978-7-301-20000-1	单片机应用技术教程	罗国荣	40.00	2012.2
13	978-7-301-21055-0	单片机应用项目化教程	顾亚文	32.00	2012.8
14	978-7-301-17489-0	单片机原理及应用	陈高锋	32.00	2012.9
15	978-7-301-22390-1	单片机开发与实践教程	宋玲玲	24.00	2013.6
16	978-7-301-17958-1	单片机开发入门及应用实例	熊华波	30.00	2011.1
17	978-7-301-16898-1	单片机设计应用与仿真	陆旭明	26.00	2012.4 第 2 次印刷
18	978-7-301-19302-0	基于汇编语言的单片机仿真教程与实训	张秀国	32.00	2011.8
19	978-7-301-12181-8	自动控制原理与应用	梁南丁	23.00	2012.1 第 3 次印刷
20	978-7-301-19638-0	电气控制与 PLC 应用技术	郭 燕	24.00	2012.1

序号	书号	书名	编著者	定价	出版日期
21	978-7-301-18622-0	PLC 与变频器控制系统设计与调试	姜永华	34.00	2011.6
22	978-7-301-19272-6	电气控制与 PLC 程序设计(松下系列)	姜秀玲	36.00	2011.8
23	978-7-301-12383-6	电气控制与 PLC(西门子系列)	李 伟	26.00	2012.3 第 2 次印刷
24	978-7-301-18188-1	可编程控制器应用技术项目教程(西门子)	崔维群	38.00	2013.6 第 2 次印刷
25	978-7-301-23432-7	机电传动控制项目教程	杨德明	40.00	2014.1
26	978-7-301-12382-9	电气控制及 PLC 应用(三菱系列)	华满香	24.00	2012.5 第 2 次印刷
27	978-7-301-14469-5	可编程控制器原理及应用（三菱机型）	张玉华	24.00	2009.3
28	978-7-301-22315-4	低压电气控制安装与调试实训教程	张 郭	24.00	2013.4
29	978-7-301-22672-8	机电设备控制基础	王本轶	32.00	2013.7
30	978-7-301-18770-8	电机应用技术	郭宝宁	33.00	2011.5
31	978-7-301-17324-4	电机控制与应用	魏润仙	34.00	2010.8
32	978-7-301-21269-1	电机控制与实践	徐 锋	34.00	2012.9
33	978-7-301-12389-8	电机与拖动	梁南丁	32.00	2011.12 第 2 次印刷
34	978-7-301-18630-5	电机与电力拖动	孙英伟	33.00	2011.3
35	978-7-301-16770-0	电机拖动与应用实训教程	任娟平	36.00	2012.11
36	978-7-301-22632-2	机床电气控制与维修	崔兴艳	28.00	2013.7
37	978-7-301-22917-0	机床电气控制与 PLC 技术	林盛昌	36.00	2013.8
38	978-7-301-18470-7	传感器检测技术及应用	王晓敏	35.00	2012.7 第 2 次印刷
39	978-7-301-20654-6	自动生产线调试与维护	吴有明	28.00	2013.1
40	978-7-301-21239-4	自动生产线安装与调试实训教程	周 洋	30.00	2012.9
41	978-7-301-19319-8	电力系统自动装置	王 伟	24.00	2011.8
42	978-7-301-18852-1	机电专业英语	戴正阳	28.00	2013.8 第 2 次印刷

相关教学资源如电子课件、电子教材、习题答案等可以登录 www.pup6.com 下载或在线阅读。

扑六知识网(www.pup6.com)有海量的相关教学资源和电子教材供阅读及下载(包括北京大学出版社第六事业部的相关资源)，同时欢迎您将教学课件、视频、教案、素材、习题、试卷、辅导材料、课改成果、设计作品、论文等教学资源上传到 pup6.com，与全国高校师生分享您的教学成就与经验，并可自由设定价格，知识也能创造财富。具体情况请登录网站查询。

如您需要免费纸质样书用于教学，欢迎登录第六事业部门户网(www.pup6.cn)填表申请，并欢迎在线登记选题以到北京大学出版社来出版您的大作，也可下载相关表格填写后发到我们的邮箱，我们将及时与您取得联系并做好全方位的服务。

扑六知识网将打造成全国最大的教育资源共享平台，欢迎您的加入——让知识有价值，让教学无界限，让学习更轻松。

联系方式：010-62750667，xc96181@163.com，linzhangbo@126.com，欢迎来电来信。